皇龍寺

황룡사9층목탑의 높이

- 분황사7층 석판탑
- 고선사지탑
- 감은사지동탑

신라의
신비로운 건축술의 감동과 함께
이제까지 지구상에 지어진 건축물 중에서
가장 과학적이었던
우리 선조들의
건축술을 분석해 본다

황룡사9층목탑의 높이

머리글

황룡사9층목탑은 아주 많이 들어들 보셨을 겁니다.
엄청 유명한 탑이었나 봅니다. 하지만 아쉽게도 현재는 존재하지 않는답니다. 그래도 흔적은 남겨 놓았답니다. 찰주본기(刹柱本記)에 창건시부터 다시 지을 때까지의 상세한 기록들이 남아 있답니다. 기록 중 가장 중요한 것은 탑규모가 기록되어 있다는 것입니다. 비록 탑높이만 나와 있지만 그게 어딥니까! 굴러온 떡이잖아요 ~ㅎㅎ~
탑의 형태나 폭 정도만이라도 기록되어 있으면 좋으련만 저희들의 바람사항일 겁니다. 저희들은 이 굴러온 떡(?)인 탑높이를 근거로 이 황룡사탑을 풀어내야 한답니다. 저 혼자만의 힘으로는 부족할 겁니다. 여러분들도 힘을 보태주셔야 이 훌륭한 탑을 풀어낼 겁니다.

요즈음 황룡사지에 가보시면 조금은 황량한 느낌이 드실겁니다. 허허벌판 느낌이 조금 드실겁니다. 아니! 실제로 허허벌판이 맞답니다. 다행인 것은 분황사가 붙어 있어 그래도 조금은 안온한 느낌은 드실겁니다.
그나마 두 사찰이 붙어 있어서 다행이네요. 이 분황사에 가보시면 분황사탑이 현재 3층탑으로 남아 있답니다. 그 시대에는 사찰에다가 아주 큼직한 탑을 짓는 것이 유행(?)이었나 봅니다. 황룡사탑 같은 경우는 워낙 커서 대웅전 등이 힘을 발휘하지 못했을 수도 있겠네요? 그래도 분황사탑은 사용공간(예불공간)이 별로 없어서 대웅전 등은 어깨에 힘을 조금 주었을 것 같답니다 ~ㅎㅎ~

근데, 이 분황사탑은 어떤 기록도 없는 것 같답니다. 황룡사탑은 그나마 탑높이라도 기록이 남아 있는데 분황사탑은 아무 것도 보이질 않네요. 그렇다고, 이 분황사탑을 안풀 수도 없는 노릇이랍니다. 빠이 쳐다만 보고 있으면 서로가 민망스럽겠죠! 그래도 다행인 것은 분황사탑류의 탑들이 아직도 많이 남아있으니 이것을 참조해서 맞을지 틀릴지는 모르겠지만 야튼 풀어낼 겁니다.

아마 틀릴 확률이 아주 높겠죠 ~ㅋㅋ~

이번 여행길은 안압지(동궁과 월지) 동쪽이 되어 버렸네요. 황룡사와 분황사를 거쳐서 더 동쪽으로 가다 보면 고선사지탑(지금은 경주국립박물관으로 옮겼답니다)과 감은사지탑이 나올겁니다. 다행히 이 두 석탑은 실측치수가 나와 있어서 아주 가볍게 풀어 보았답니다. 이 두 석탑은 아마 규모로 봐서 석탑전성기에 만들어진 것 같기도 하네요. 동쪽으로 가는 김에 조금만 더 가시면 대왕암(문무대왕 수중릉)도 보시고 시원한 동해바다 구경도 하실 수 있답니다.

아무튼 황룡사탑과 분황사탑의 흔적이 별로 남아 있지는 않지만 그래도 제가 한번 도전해 보겠습니다. 도전해 본다는 것은 그 자체로도 기분이 좋아진답니다. 여러분들도 저와 같이 한번 도전해 보시면 기분이 아주 상쾌해지실 겁니다. 틀리면 어떻습니까! 맞으면 상을 주나요 ~ㅋㅋ~ 어떤 결과가 나와도 그 어떤 증명을 할 수가 없을 겁니다.

그래도 우리들 모두 한번 도전해 봅시다 ~ㅎㅎ~

2025년 8월

정상현 씀

皇龍寺

황룡사9층목탑의 높이

Contents

PART 1 _ 신라사찰목탑

Contents

Contents

PART 2 _ 신라의 석판탑

PART 3 _ 신라의 석탑

PART 4 _ 신라탑의 개념과 원리 및 용어와 약자

Contents

Contents

皇龍寺

황룡사9층목탑

Part 1. 신라사찰목탑

신라사찰목탑 중 황룡사9층목탑은 많이들 들어도 보셨고 사찰목탑 중 가장 유명한 탑일 겁니다. 그런데, 아쉽게도 소실돼 버리고 지금은 흔적도 없이 사라져 버렸답니다. 오로지 기록물에 탑 높이만 나와있답니다. 이제 이 황룡사9층목탑을 오로지 탑높이만 갖고 풀어야 하는 상황이랍니다. 각층층고와 형태가 4각형인지 8각형인지도 알아내어야 하며, 더 중요한 것은 몇 칸 건물이며 탑폭이 얼마인지도 알아내어야겠죠. 같이 한번 도전해 봅시다.

그런데, 이 황룡사9층목탑을 풀어내려면 기본적으로 사찰목탑의 기본개념을 먼저 알아내는 것이 순서가 맞을 것 같답니다. 사찰목탑을 어떤 개념도 없이 달랑 9층목탑 한개만 지었을 리는 없을 것 같답니다. 먼저 5층목탑도 지어보고 7층목탑을 거쳐서 사찰목탑의 완성형인 9층목탑을 지었을 확률이 제일 높겠죠.
물론 1·3층 사찰목탑을 지었는지 건너 뛰었는지는 잘 모르겠지만!
그래서, 황룡사9층목탑을 푸는 것이 주목적이긴 하나 이걸 풀기 위해 주로 사찰목탑의 전반적인 사항에 대해 같이 검토해 볼 겁니다. 어떤 기록이나 흔적에 구체적으로 황룡사9층목탑에 대한 것이 있으면 그걸 따르겠지만 현재는 알 수 있는 방법이 없네요.

이제 방향설정이 된 것 같네요. 상식적으로 볼 때 발생 가능한 여러 경우의 수로 사찰목탑에 접근한 후 황룡사9층목탑이 이럴 거라고 하는 것이 맞을겁니다. 저히들이 아무리 추정을 해서 이럴 거라고 해도 어떠한 증명도 할 수 있는 방법이 없답니다. 그냥 이렇게 생겼을 거라고 생각하는 정도 밖에는 별 수가 없답니다. 참 아쉬운 실정이랍니다.

그래서, 황룡사9층목탑편 내용은 주로 사찰목탑의 전반적인 사항을 말씀드릴겁니다.
물론 9층목탑이 주가 되겠죠. 제목이 황룡사9층목탑이 어울릴 것 같지만 신라사찰목탑이라고 했답니다. 사찰목탑 개념이 더 중요하다는 말이겠죠? 진짜(?) 황룡사9층목탑은 별도(XI편)로 말씀드리겠습니다.

이제 풀어봐야겠죠.

I. 황룡사9층사찰목탑 기록분석

1. 기록물 개요

2019년 봄에 경주에서 발간되는 경주신문을 보다가 희한한(?) 기사를 보게 되었답니다. 바로, "황룡사 찰주본기에 새긴 숨결"이라는 제목이었답니다.
이게 무슨 말이지 하면서 읽어보았답니다. 제가 한 번도 들어보지도 못했던 내용이었답니다.
머! 이런 게 다 있었지? 근데 난 왜 몰랐지? 모르는 게 한 두갠가? ~ㅋㅋ~
그리하야 황룡사 찰주본기(皇龍寺 刹柱本記)에 관심을 갖기 시작했답니다.

물론, 주 내용은 황룡사9층목탑과 관련이 있는 내용이었답니다. 사실은 제가 황룡사9층목탑을 풀기 위해서 손을 대었는데 실제로는 엉뚱한(?) 9층탑을 이제까지 풀었더랍니다. 엉뚱한 9층탑(?)을 풀면서도 9층탑과 관계없이 황룡사에는 자체의 9층목탑이 있었을 거라는 생각은 계속하고는 있었답니다. 어떻게 생겼으며 탑 규모가 얼마인지는 비록 알 수는 없었지마는? 제가 황룡사 찰주본기라는 기사내용을 보지 않았더라면 황룡사9층목탑은 어차피 알 수 있는 방법이 없으니 아마 눈 딱 감고 모른 체하고 그냥 지나쳐 갔을 수도 있었답니다. 아니, 어쩌면 영원히 묻혀져 버렸었을지도 모른답니다. 그런데 묘하게도 행운이 따라 주었답니다. 그럼 전 행운아 ~ㅎ~

찰주본기를 보는 순간 정신이 번쩍 들더랍니다. 그래서 인터넷을 샅샅이 뒤져 보았답니다. 그래서 아주 귀중한 자료를 찾아내는 데 성공했답니다. 귀중한 자료는 바로 이것이랍니다.
물론 탑규모(탑높이만)가 기록되어 있는 유일한 자료랍니다.

구 분	철반이상	철반이하	계
황룡사 찰주본기	7步	30步 3尺	37步 3尺
삼국유사	42尺	183尺	225尺

[표 1] 황룡사 찰주본기와 삼국유사에서의 황룡사 9층목탑 규모(높이 기준)

* 탑 높이 구분(尺의 해석에 따른 높이 차이)
  - 周尺說 ≒ 40m
  - 唐尺說 ≒ 65m
  - 高麗尺說 ≒ 80m

*(Notes) 어떤 분이 취합해서 정리해 놓은 내용임, 이분께 감사드립니다.
저는 삼국유사에 있는 치수를 별도로 본 적은 없음.

그리고 심초석 안내판에는 "황룡사 목탑지에는 심초석과 함께 64개의 초석이 있었으나 현재는 62개의 초석이 존재한다"라고 적혀있답니다. 이것이 귀중한 자료의 전부랍니다.
아쉬운 것은 탑 형태나 탑 폭 정도는 있으면 좋으련만 오로지 높이만 나와 있답니다. 그나마 다행인 것은 안내판에 초석이 64개라고 적혀있으니 4면 7칸 4각형건물(8기둥x8기둥=64기둥, 심초석 기둥(중앙기둥) 포함시는 정확히는 65개 기둥임)이라는 건 직감적으로 인지가 가능하답니다.

맞긴 맞나요? 요즘은 계산만 나오면 헷갈리기 시작한답니다 ~ㅋ~

그런데, 한가지 문제점이 있답니다. 이 64개 초석이 있다고 적혀있는 안내판의 근거가 문제랍니다. 찰주본기에 적혀있는 것인지 아님, 삼국유사에 적혀있는 것인지 아무런 표기가 없다는 거랍니다. 하다못해 '황룡사9층탑지를 정리(발굴)하다 보니까 60몇 개의 초석이 있더라' 라고라도 표기해 놓는 것이 상식적으로 보이는데 아무런 표기가 없네요! 참! 알다가도 모를 일이랍니다. 어디에 있는 안내판일까요? 제가 수십 번 이상을 황룡사지에 가 보았는데 62개 초석은 고사하고 1개의 초석도 옳게 보지 못했는데(한 10개정도의 초석은 있음, 황룡사 목탑초석은 아닌 것으로 보이며, 아마도 어떤 기둥 초석의 견습용으로 보임) 그 62개의 초석이 어디에 있는지 궁금하네요? 저만 가면 초석이 증발되나? ~ㅋㅋ~ 아님, 제가 못 본 것일까요?

그건 그렇고, 이 찰주본기와 삼국유사에 나와 있는 치수를 갖고 이 황룡사9층목탑을 한번 풀어봅시다. 푸실 수 있으신 분 혹시 계십니까? 손 한번 번쩍 들어 보이소! 저는 제일 처음 치수를 보니 눈앞이 캄캄하더랍니다.

어떻게 풀지? 그냥 상식적으로 풀면 되지 뭐 ~ 맞습니다. 바로 상식적으로 풀면 될 겁니다. 저 혼자 힘으로는 버거우니 우리 모두 같이 힘을 합쳐서 있는 상식 없는 상식 다 동원해 한번 풀어봅시다. 재미있으실 겁니다.

시작할까요?

2. 기록물의 치수 분석(높이 기준)

어떤 치수가 나오면 치수분석(숫자분석)부터 먼저 해보는 것이 순서이겠죠. 알고 있는 것이 치수밖에 없기 때문이랍니다. 탑 총높이가 찰주본기: 37보(步) 3척(尺), 삼국유사: 225척(尺)이랍니다. 이 치수는 다른 높이일까요. 아님, 같은 높이일까요? 만약 같은 높이라면 왜 표기법이 다를까요? 현재로선 알 수 있는 방법이 없답니다.

좀 더 분개(分介: 원래 상업용어이긴 하나 여기서는 구체적으로 더 세분화한다는 의미로 쓰일겁니다. 적당한 건축용어가 없네요?)해서 보실까요.

구 분	철반이상	철반이하 →	철반이하를 몸통부와 지하층으로 분리		계
			몸통부	지하층	
찰주본기	7步	30步 3尺	= 30步	+ 3尺	37步 3尺
곱 수	x 6		x 6	x 1	
삼국유사	= 42尺	183尺	= 180尺	+ 3尺	225尺

[표 2] 두 치수 비교표 : 가로로

참고로 철반이상과 이하 구분은 크게 이렇게 생각해 볼 수가 있을 것 같답니다.

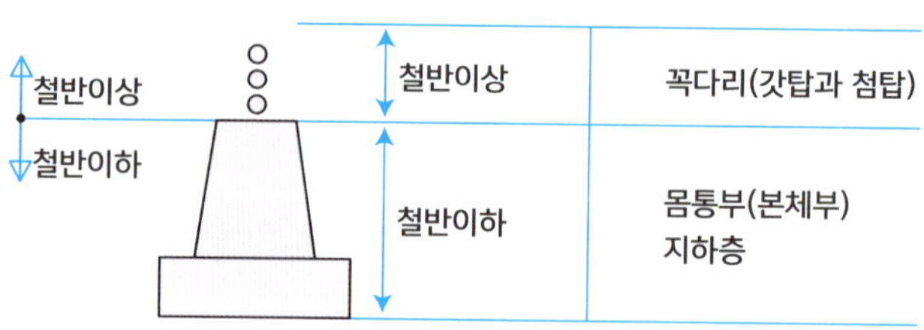

[그림 1] 철반이상과 이하 구분 기준

저는 제일 처음 철반이상·이하라는 말이 무슨 말인지 무지 헷갈리더랍니다. 가만히 생각해 보니 꼭다리와 몸통을 간단히 표기한 것이더랍니다.

상기 비교표를 세로로 다시 서로 비교해 봅시다.

구 분		찰주본기	곱수	삼국유사	비고
1. 철반이상		7步	x 6 =	42尺	
2. 철반이하		30步 3尺 ↓분리		183尺 ↓분리	}치수분리
	몸통부	30步	x 6 =	180尺	
	지하층	3尺	x 1 =	3尺	尺은 동일
계		37步 3尺	=	225尺	두 치수가 동일

[표 3] 철반이상과 이하 구분 세부비교: 세로로

"자"라는 애기는 많이 들어본 것도 같은데 "보"라는 말은 처음 들어 보네요. 혹시 축지법 대가의 1步가 6尺? 신라인들의 일반보폭은 0.6(2자)이랍니다. 무려 보폭이 3배나 되네요. 거인국에 사는 친구들의 보폭인가 봅니다. 치수 분석을 해보시면, 찰주본기와 삼국유사가 서로 다른 치수표기로 되어 있지마는 이렇듯 다르게 표기된 치수가 결과적으로는 똑같은 높이라는 걸 인지하실 겁니다. 즉 찰주본기의 1步는 삼국유사의 6尺에 해당한다는 말이랍니다. 왜 이 步가 6尺인지는 알 수가 없답니다. 보의 진법 자체는 10진법으로 보이는데 보의 내용을 보면 보는 6진법으로 보이기도 하고? 어쩌면 최소한 황룡사9층탑 건립 당시에는 6진법을 썼다는 이야기? 12진법의 반? 알 수 없어라?

삼국유사의 尺은 정확히 10진법을 사용했네요. 아마도 이 步는 진법을 떠나서 단순히 길이에만 사용되는 기본치수단위로만 사용되었을 확률이 높답니다. 그러니 진법개념과는 무관할 수도 있답니다. 그럼 두 개의 다른 치수개념을 알았으니 탑높이를 다시 분석해 보실까요.

아주 간단하답니다.

[Notes] 현행 도량형의 1間(칸)도 6尺이라네요.

[그림 2] 황룡사9층목탑 높이 기본치수개념도 : 1步 = 6尺

어! 탑높이가 67.5m(신라기준)네! 현재 m법으로는 30~40cm 더 높을겁니다 ~
우찌 알지 ~ㅎㅎ~

황룡사9층목탑의 높이 알아내는게 와이리 쉽노. 지가 알아서 기어나오네 ~ 책제목 숙제가 다 끝나뿐네 ~ㅎㅎ~ 싱겁죠! 손도 별로 대지도 않았는데 벌써 황룡사9층목탑의 반은 풀어버렸네요. 몸통높이 54m에 9개층을 집어넣는 것은 눕어 떡먹기보다 더 쉬울 겁니다.
아직도 이것 못 집어넣는 친구가 있나요? 아직도 헷갈리신다구요? 아이고 머리야 ~ 저 집에 갈랍니데이. 집에 가게 차비나 주이소 ~ㅋ~ 저라면 발로 밟아 꾸겨서라도 54m에 9개층을 가지런히 넣을겁니다.

탑높이 67.5÷2.7(높이 기준수)=25, 탑높이 67.5=6+7+5=18 → 1+8=9, 67.5÷0.3=225′ →2+2+5=9, 하! 2.7로도 잘 나누어지고 탑높이와 탑높이의 자의 숫자합도 9니까 뭔지는 잘은 모르겠지만 아마도 맞는가 보다 ~ㅎㅎ~ 제가 편의상 1尺(1자)을 30cm로 했으나, 실제 1자 길이는 석탑 등을 분석해 보면 1~3mm 정도 더 긴 것으로 추정된답니다. 즉, 옛날(신라시대 기준) 1尺은 30.1~30.3cm 정도인 것으로 현재까진 파악되고 있답니다. 참고로, 우리가 많이 써왔던 1평= 6′x 6′= 1보x1보 ≒ 3.3㎡랍니다. 저는 1평이 6′x 6′라는 얘기는 들어 봤는데 1보 x 1보라는 말은 처음 들어보네요? 사실은 제가 만든 것이니 처음 들어볼 수 밖에 없답니다. 모르죠, 모두 다 알고 있는데 저만 몰랐는지? 아마 이 1步는 우리가 잘 때 덮는 이불의 크기가 아닐까 하는 생각도 해 본답니다. 순수 개인생각이랍니다. 어쨌든 오래 사용되어 왔던 평의 개념이 요즘은 ㎡로 표기하기로 했답니다. 이불보, 보자기, 보따리 등이 보(6′)와 관련이 있나? 혹시 보짜 돌림?

높이만 인지했다고 탑의 구조를 알 수는 없겠죠. 높이만 알아도 충분하다꼬요? 과연 그럴까요? 그래도 형태나 내부구조를 어느 정도는 파악해야 황룡사9층목탑에 대해서 쪼께 안다고 어깨에 힘을 줄 수가 있겠죠.
아닌가? 앞의 높이치수개념에서 지하층(실제는 반지하보다 더 낮음) 층고 0.9(3′)를 유심히 보셔야 된답니다.

이 사찰목탑의 지하층은 기본적으로 6R(6단)로 구성되어 있답니다(쥐꼬리만하니 기단부가 아닐까하고 탑높이에서 빼면 큰일 납니데이?). 제가 석탑 등을 풀어보면서 인지한 것이랍니다.
6R= 0.9가 되려면 R(단높이)은 0.15가 될 겁니다. 이 단높이가 15cm라는 건 황룡사9층목탑의 처마각이 ⊿4(일반목탑 개념기준)라는 걸 의미한답니다.
만약 지하층고가 1.08이면 단높이 R= 0.18로 처마각이 ⊿3 또는 ⊿6이 나오게 될겁니다.
물론 일반목탑개념 기준일 경우랍니다.

이제 어느 정도 황룡사9층목탑의 기본개념에 대해 인지했으니 구체적으로 풀어보셔야지요. 아셔야 될 것도 있으며 경우의 수가 제법 발생될 수 있으니 차분히 순서대로 풀어봅시다.

II. 황룡사9층 사찰목탑 건립기간

1. 황룡사9층목탑 건립기간

사찰목탑을 보시기 전에 꼭 짚고 넘어가야 할 것이 있으니 한번 봅시다.
바로 황룡사9층목탑 건립기간이겠죠. 이 시공기간은 9층목탑의 규모나 형태를 파악하는 데 무지 중요할 수도 있답니다. 황룡사 찰주본기를 한번 들여다 볼까요.

선덕여왕 14년 을사년(645)에 처음 건립하기 시작하여 4월... 에 찰주를 세우고 이듬해에 모두 마쳤다. 탑의 철반이상은 높이가 7步이고 그 이하는 높이가 30보 3자이다.

이 내용으로 미루어 보면 "4월 ... 에 찰주를 세우고"라는 말이 있는데, 여기에 나오는 찰주가 무얼 의미하는지는 저로서는 확실히 모르겠으나 아마도 어떤 기초판(주초)위에 무슨 기둥인지는 모르겠으나 기둥을 세우기 시작했다는 의미로 보인답니다.

하여튼 황룡사9층목탑 건립시 시공기간은 아마도 645년 봄 해동이 다 된 시점인 3월 중순(양력 기준?) 이후에 시작하여(주초 시공시점기준? 기초공사기간도 고려하여?) 646년이 다 갈 때까지인 걸로 추정이 되니 시공기간이 약 1년 8~10개월 정도로 보인답니다.

2. 황룡사9층목탑 재건립기간

(탑을 세운 지)190여 년이 지나 문성왕대에 이르니 오래되어 동북쪽으로 기울어졌다. 무너질까 염려하여 고쳐 세우고자 여러 재목을 모은 지 30여 년이 되었으나 아직 고쳐 세우지 못하였다. 지금의 왕이 즉위한 지 11년인 함통연간 신묘년(879)에 탑이 기울어진 것을 안타깝게 여겨 왕의 친동생인 상재상 이간 김위홍이 책임자가 되고, ~시공관련자 이름~ 그해 8월 12일 처음으로 낡은 것을 없애고 새 것을 짓도록 하였다. 그 안에 다시 무구정경에 의거하여 작은 석탑 99개에 각각의 석탑마다 사리 하나씩을 넣고 다라니 네 가지와 경전 1권 책 위에 사리 1구를 안치하여 철반의 위에 넣었다(이듬해 7월에 9층을 모두 마쳤다....) 라고 되어 있네요. 찰주본기의 찰주도 헷갈리지만, 이 철반이 무얼 의미하는지도 헷갈리네요. 전신만신 헷갈리는 것뿐이네요? 9층목탑의 높이구분에서도 철반이 나오는데 도통 이 철반이 무엇일까요? 철반 안에 넣는 것은 이해를 하겠는데 철반 위에 뭘 넣죠?

그리고 어감상으로는 철반이 철로 만든 밥상같은 느낌이 물씬 풍기네요? 그렇다면 혹시 꼭다리 제일 밑에 있는 의자가 철반? 그럼, 의자가 아니라 철밥상? ~ㅋ~ 아님. 철반티? 아! 철반티 머리에 이고 장사하실려면 우리 아지매 어깨가 쪼께 고생할 듯? 황룡사9층목탑 높이구분에서의 철반은 몸통부와 꼭다리 사이에 뭔지는 모르겠으나 얹혀 있는 것 같네요.

그것이 중요한 게 아니라 바로 재건립기간이 저희들로서는 더 중요하답니다.

기록을 보시면 재건립 전에 미리 30여 년에 걸쳐서 목재 등 준비를 마친 상태에서 879년 8월 12일에 기존 건축물을 해체한 후 짓기 시작하여 880년 7월에 9층을 마쳤네요. 9층 위에 있는 꼭다리 포함 공사기간인지 9층 몸통부까지만의 공사기간인지는 확실치가 않네요.
어찌 되었건 재건립에 소요된 공사기간은 준비기간을 제외하고 또한 기존 건축물해체나 기초판 보강기간이 얼마나 소요되었는지는 모르겠으나, 하여튼 공사기간은 대충 12개월(879. 8~880. 7) 정도로 보인답니다. 신문에 난 찰주본기 내용을 보다 보면 시간이 거꾸로 흘러가는 대목을 보실 수가 있으실 겁니다. 보실까요.(신문기사내용 기준임)

[이듬해 7월에 9층을 모두 마쳤다(여기까지가 재건립 종료시점임), 그러나 찰주가 움직이지 않아 왕께서 찰주에 본래 봉안한 사리가 어떠한지 염려하여 이간인 승지에게 임진년(872년) 11월 6일에 여러 신하를 이끌고 가 보도록 하였다. 기둥을 들게 하고 보았더니 주초의 구덩이 안에 금과 은으로 만든 고좌가 있고 그 위에 사리가 든 유리병을 봉안해 두었었다] ... 함통13년 임진년(872년) 11월 25일 적음.

이 내용을 보시면 7~8년이 거꾸로 되어 있는 것 같답니다. 역으로 분석해 보면 함통13년이 872년이니 함통11년은 아마도 870년인 것으로 보인답니다(아마도 연도표기가 잘못된 것 같음, 신문기사내용 앞쪽에는 경문왕11년(871)부터 중수가 추진되었다고 적혀있네요? 알 수 없어라 ~ㅋㅋ~). 이 내용이 맞다면 실제 재건립 공사기간은 871.8~872.7로 보인답니다. 그런데 어떤 인터넷에 나와 있는 내용을 보면, 872년에 탑을 헐고 중수해 873년에 마쳤다. 872년 11월 25일에 박거물이 찰주본기를 지어 사리내함의 안팎에 새겼다라고 나오네요?(그렇다면, 시공 도중에 찰주본기를 지어 사리내함의 안팎에 새겼다가 되네요?) 어쨌든 애럽네요? 재미있는 건 내용 속에 보시면 찰주가 움직이지 않아서도 나오지만, 기둥을 들어서 주초까지 볼 수가 있네요.

찰주는 뭐고 기둥은 또 뭐죠? 주초를 볼 수가 있다는 건 건물 전체를 다 들어 올린다는 말이 되는데 신하 여러 명이 9층 목탑을 들어 올릴 수가 있을까요? 농담도 찐하네요 ~ㅋㅋ~
만약 이 말이 성립되려면 찰주는 움직일 수 있는 그 어떤 무엇이라야 되겠죠? 만약에 찰주가 기둥이라고 가정을 하면 1층 어딘가에 있는 나지막한 기둥이라야 신하 몇 명이 번쩍 들고 주초를 볼 수가 있겠죠. 만일 중앙기둥(Cc)이 찰주라면 이 놈이 움직이는 순간 탑 전체가 괴로울 겁니다. 그렇다면 혹시 찰주를 세운다는 의미는 어쩌면 비밀공간(?)을 확보했다는 의미? 어쩌면 찰주는 기둥이 아닌 사리함 등을 보관하는 비밀금고? 찰주본기(刹柱本記)라는 말을 음미(?)해 보면 이 찰주(사찰의 기둥)는 사찰의 어떤 중요한 보물을 지칭하는 말 같은 느낌이 물씬 풍기며(?), 어떤 기둥을 지칭하는 말 같지는 않아 보이네요? 모르죠. 비밀공간(사리함 등을 보관)을 만든 다음 그 위에 도난(?) 방지를 위해 나지막한 기둥을 세운 것을 총칭하는 말일 수도 있답니다.

근데, 건물에는 기둥이라는 말이 있을 수도 있는데, 사찰에 웬 기둥? 무슨 기둥이죠? 찰주도 찰주지만 잠깐 전에 말씀드린 철반의 위에 넣은(?) 사리함 등은 또 무엇이죠. 찰주와는 또 다른 비밀금고? 비밀금고가 한 개가 아니라 2개씩이나 있나? 부자 절인가 보네요 ~ 아이구 두야! 뭐 좀 쉬운 게 없나? 농담은 농담이고 공사기간을 추정시 최초의 건립기간이 중요하겠죠. 약 1년 8개월이 약간 더 걸린 걸로 보인답니다.

이 정도의 공사기간이라면 이 황룡사9층목탑은 무지 간단한 구조가 되어야 할 것 같네요. 만약 8각 일반목탑형같이 복잡구조는 공사기간이 최소 3~5년은 족히 소요될 겁니다. 사실 목탑같은 목조건축물의 공정표를 어떻게 짜야 하는지는 모르겠지만 그래도 감으로는 어느 정도 추정이 가능하답니다. 감으로 공정표를 짠다? 말 자체가 너무 웃긴답니다. 제가 생각해도 웃기네요. 그래서 이 공사기간이 저의 발목을 잡아서 8각 일반목탑형이 아주 마음에 들기는 하나 멀리하게 되고(?) 아주 스마트(?)하면서도 멋진 황룡사9층목탑을 생각하게 되었답니다. 물론 어떤 근거가 있는 것은 아무것도 없답니다. 오로지 높이만 갖고 풀어야만 한답니다. 하! 애럽네?

어찌 되었건 찰주본기의 찰주가 무엇이며 어떻게 생겼는지는 모르지만, 황룡사9층목탑의 공사기간은 알아내었답니다. 이 공사기간을 고려하여 가장 간단하면서도 멋진 사찰목탑에 접근해 보겠습니다. 어느 형태가 더 합리적인지는 이 글을 읽으시는 분의 몫이랍니다.

3. 황룡사 찰주본기에 새긴 숨결

참고로 제가 혹시 착각했을 수도 있으므로, 이 '황룡사 찰주본기에 새긴 숨결'이라는 신문기사 내용의 원문을 소개해 드리니 한번 읽어보십시오. 읽기가 조금은 힘들기는 하나 황룡사 건립 기간 등 아주 중요한 내용이 있으므로 지루하시더라도 한번 읽어 보이소 ~ㅎ~ (신문내용 원본으로 연도나 연호의 연도는 읽으시는 분이 직접 확인해보세요)

폐사지 풍광에도 천년향기 얼비치는 황룡사 구층목탑 중심 주춧돌인 심초석 사리공 내 유물 '찰주본기' 비밀을, 처음 눈으로 가슴으로 맡으며 감개무량 했던 국립경주박물관 황룡사특별전,(2018.5.25 ~ 9.2) 형용할 수 없을 만치 벅찬 감동에 홀린 듯 넋을 빼고 들여다보았던 지난 기억이 새롭다. 특별전과 연계해 발표된 학술대회 논고 "황룡사찰주본기의 분석" 수정 보완한 판독해석 이용현 강연을 경청하면서 출토유물을 통해 옛사람들이 남긴 유구한 역사의 찬란함을 천년숨결로 함께 호흡한다는 것이 삶의 지극한 깊이인 양 마음빛이 아름답게 느껴지기도 했다.

872년 경문왕 12년에 무너진 황룡사를 다시 세우면서 중앙 심초석(心礎石)의 사리공(舍利孔) 안에 사리내함(舍利內函)을 봉안하였다. 찰주본기가 발굴된 황룡사9층목탑 심초석 안내판에는 〔황룡사 목탑지는 심초석과 함께 64개의 초석이 있었으나, 현재는 62개의 초석이 존재한다. 심초석은 황룡사9층목탑의 가운데 기둥을 받치던 석재이며, 현재 노출되어 있는 것은 초석을 덮고 있는 암석이다. 심초석은 동서 435㎝, 남북300㎝의 부정형의 긴 타원형이며, 두께는 104~128㎝로 무게는 약 30여톤으로 알려져 있다. 1978년 발굴 조사시, 심초석 사리공에는 경문왕 12년(872)에 제작된 찰주본기 명문이 적힌 금동사리함과 사리장엄구가 발견되었으며 심초석 하부에는 청동제 팔찌, 청동제 그릇 등이 발견되었다.〕

《찰주본기》는 4장의 금동사각판 벽을 세운 상자모양으로 안쪽에 연꽃무늬를 새긴 뚜껑을 만들어 덮은 방형함 형식이나 현재는 뚜껑 없이 경첩으로 이어진 금동판을 펼쳐 놓은 모습이다. 상자 앞쪽 여닫는 문 안팎으로 수호신인 금강역사상을 새겨 놓았다. 안쪽 바깥쪽 6면 명문 기록은 당대 신라에서 유행했던 왕희지(王羲之)체와 구양순(歐陽詢)체가 섞인 날카롭고 뾰족한 칼끝으로 글자의 윤곽을 따라 가는 선으로 그린 쌍구체(雙鉤體)법이다.

제1판 내면에서는 '황룡사 찰주본기'라는 제목과 박거물이라는 지은이 이름이 새겨져 있다. 이어 선덕여왕(善德女王) 12년 자장(慈藏)이 중국의 종남산에서 원향선사에게 황룡사에 9층 탑을 세우면 해동의 아홉나라가 모두 신라에 항복할 것이라는 말을 듣고 돌아와 고한 뒤 이 탑의 조성이 추진되었다고 적혀있다.

제2판 내면에는 선덕여왕 15년에 탑이 완성된 뒤 90여 년이 지나 탑이 기울어 경문왕(景文王) 11년(871)부터 중수가 추진되었다고 적혀있다.

제3판 내면에는 이듬해까지의 중수 과정과 창건·중수 과정을 정리한 목적이 적혀있다. 외면의 제3판부터 제1판까지는 김위홍 등 중수를 주도한 관리들에 이어 여기에 참여한 승려들과 내·외직(內外職) 관리들, 황룡사·감은사(感恩寺)의 승려들이 나열되고 마지막으로 글을 새긴 이들이 언급되었다. 황룡사9층목탑 찰주본기는 황룡사9층목탑의 건립부터 중수에 이르는 과정을 상세히 기록하여 고대 탑지(塔誌) 중에서 최고의 가치를 지니고 있으며, 그 기록이 삼국유사 탑상4 황룡사구층탑조와 거의 유사

한 점도 이 찰주본기의 가치를 증명해준다. 1964년 도굴되었다가 1966년 회수된 황룡사 심초석 사리공 내 유물 가운데 찬란한 기록을 펼친 찰주본기, 황수영에 의해 그 판독이 공표 되었으며 변선웅에 의해 성전(成典) 중심의 분석이 이루어졌다. 처음 74행 905자의 내용이 공표 되었다가 1행 말미에 교찬(敎撰) 2자가 추가되어 907자로 보고되었다. 관련 내용의 전체 해석문은 정병삼에 의해 최초로 정리되었다.

《황룡사 찰주본기》 시독(侍讀)이자 우군대감(右軍大監)이며 성공(省公)을 겸한 신(臣) 박거물(朴居勿)이 왕명을 받들어 지음.

황룡사 구층탑은 선덕대왕 때에 세운 것이다. 전에 선종랑(善宗郎)이라는 진골 귀인이 있었다. 그는 어려서 살생을 좋아하여 매를 놓아 꿩을 잡았는데, 그 꿩이 눈물을 흘리며 울자 이에 감동하여 마음을 일으켜 출가하여 도에 들어갈 것을 청하고 법명을 자장(慈藏)이라 하였다. 선덕여왕이 즉위한 지 7년째 되는 당나라 정관(貞觀) 12년 우리나라 인평(仁平) 5년 무술년(638)에 사신 신통(神通)을 따라 당나라에 들어갔다. 선덕여왕 12년 계묘년(643)에 신라로 돌아오고자 하여 종남산(終南山)의 원향선사(圓香禪師)에게 머리 조아려 사직하니 선사가 "내가 관심(觀心)으로 그대 나라를 보매, 황룡사에 구층탑을 세우면 해동(海東)의 여러 나라가 모두 그대의 나라에 항복할 것이다"라고 하였다. 자장이 이 말을 듣고 본국에 돌아와 선덕여왕께 청했다. 이에 왕은 이간(伊干) 용수(龍樹)를 감독으로 하여 대장(大匠)인 백제의 아비지(阿非知) 등과 소장(小匠) 200명을 데리고 이 탑을 세우도록 하였다. 선덕여왕 14년 을사년(645)에 처음 건립하기 시작하여 4월......에 찰주(刹柱)를 세우고 이듬해에 모두 마쳤다. 탑의 철반(鐵盤) 이상은 높이가 7보이고 그 이하는 높이가 30보 3자이다. 과연 삼한통합을 이루어 군신과 백성이 안락한 것은 구층목탑의 위력에 힘입은 것이다. (탑을 세운지)백 구십여년을 지나 문성왕대(文聖王代)에 이르니 오래되어 동북쪽으로 기울어졌다. 무너질까 염려하여 고쳐 세우고자 여러 재목(材木)을 모은지 30여년이 되었으나 아직 고쳐 세우지 못하였다. 지금의 왕이 즉위한 지 11년인 함통(咸通) 연간 신묘년(879)에 탑이 기울어진 것을 안타깝게 여겨 왕의 친동생인 상재상(上宰相) 이간 김위홍(金魏弘)이 책임자가 되고 사주(寺主)인 혜흥(惠興)을 문승(聞僧)이자 수감전(脩監典)으로 삼아 그들과...... 대통(大統)이자 정법화상(政法和尙)인 대덕(大德) 현량(賢亮)과 대통이자 정법화상인 대덕 보연(普緣) 그리고 강주보(康州輔)인 중아간 김견기(金堅其) 등 승려와 관인들이 그해 8월 12일 처음으로 낡은 것을 없애고 새 것을 짓도록 하였다.

그 안에 다시 『무구정경(無垢淨經)』에 의거 하여 작은 석탑 99개에 각각의 석탑마다 사리 하나씩을 넣고, 다라니 네 가지와 경전 1권 책 위에 사리 1구를 안치하여 철반의 위에 넣었다. <이듬해 7월에 9층을 모두 마쳤다. 그러나 찰주가 움직이지 않아 왕께서 찰주에 본래 봉안한 사리가 어떠한지 염려하여 이간인 승지(承旨)에게 임진년(872) 11월 6일에 여러 신하를 이끌고 가보도록 하였다. 기둥을 들게 하고 보았더니 주초(柱礎)의 구덩이 안에 금과 은으로 만든 고좌(孤坐)가 있고 그 위에 사리가 든 유리병을 봉안해 두었었다> 그 물건은 불가사의한데 다만 날짜와 사유를 적은 것이 없었다. 25일에 본래대로 해두고 다시 사리 백개와 법사리 두 가지를 봉안하였다. (왕이)사유를 적고 창건한 근원과 고쳐 세운 연고를 간단히 기록하게 하여, 만겁이 지나도록 후세의 사람들에게 드러나도록 하였다.

함통13년 임진년(872) 11월 25일 적음.

– 김경애 : 경북문화관광해설사

[황룡사 찰주본기에 새긴 숨결] 2019년 04월 26일 경주신문]

Ⅲ. 사찰목탑의 기본개념

아주 간단한 것이지만 그래도 기본적인 것이므로 알고 갑시다.

1. 우수선

이 우수선이라는 용어는 듣기도 많이 들었지만 오래간만에 들어보실 겁니다.
모든 탑에서 이 우수선은 무지 중요한 역할을 담당하고 있는 것 같답니다. 이 우수선이 존재하지 않으면 지붕날개길이는 제멋대로 왔다 갔다 하겠죠. 아잉가? 맞습니다, 반드시 지붕날개길이는 어떤 법칙을 따라야 일정한 길이를 유지할 수가 있답니다. 짧으면 비가 들어올 것이며, 너무 길면 지붕판이 축 처질 수도 있답니다. 이 우수선법칙은 1층지붕이 중심이 될 겁니다. 일반목탑의 1층 지붕우수선은 1우수선이라고 말씀드렸답니다. 기억나실 겁니다. 한 번 더 보실래요.

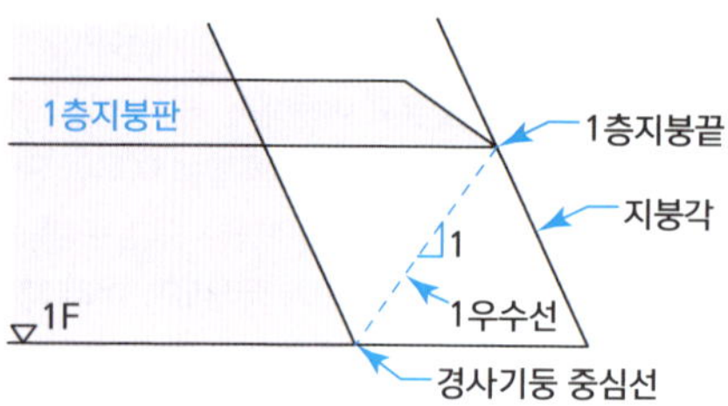

[그림 3] 일반목탑의 1층지붕 : 1우수선 개념

이 일반 목탑의 1우수선지붕판(지붕날개)은 무지 긴 편이랍니다. 그만큼 지붕판이 강해야 하니 당연히 1층지붕판이 두꺼워질 겁니다.
그렇다면 사찰목탑의 1층지붕우수선은 얼마가 적당할까요? 일반목탑식으로 1우수선으로 할까요?

저는 겁이 나서 못 할 것 같답니다. 1우수선 다음에 뭐가 있죠? 바로 2우수선일 겁니다. 사실은 2우수선이 일반적으로 우수선으로는 가장 합리적일 수도 있답니다. 일반목탑은 좀 특이하네요. 일반적으로 사찰목탑은 외부기둥이 수직일 겁니다.

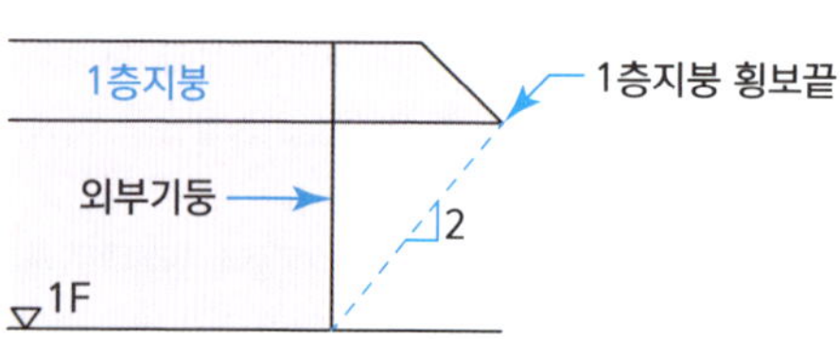

[그림 4] 사찰목탑의 1층지붕 : 2우수선 개념

제일 적합한 1층 지붕우수선은 2우수선이 될 것 같네요. 물론 8각형이더라도 2우수선을 적용할 겁니다.
이 2우수선의 지붕 끝선은 지붕 끝 횡보 기준이랍니다. 실제로 기와는 이 횡보보다 더 튀어나오겠죠.

제가 서까래 밑에 횡보가 있다고 가정한 것이랍니다. 만약 처마 끝횡보가 없이 서까래만 있을 경우는 서까래 끝선이 될 확률이 높을 겁니다.

제가 1층 지붕우수선을 2우수선으로 했지만 2층부터의 상부층 지붕은 거의 대부분의 경우에 1~2우수선 사이가 될 겁니다.

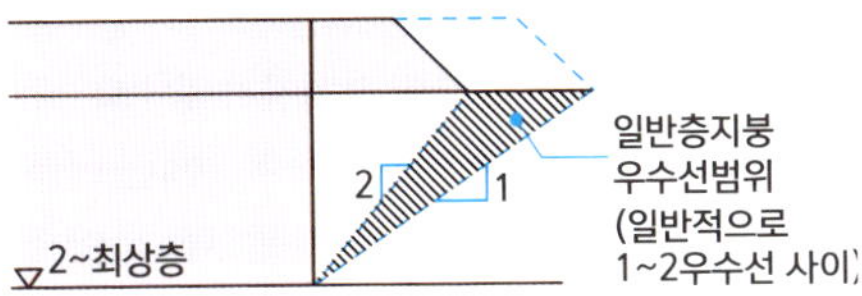

[그림 5] 2층 이상의 지붕우수선범위 개념도

즉, Δ1~Δ2 사이에 우수선이 오게 된답니다. 어쩌면 1~2우수선 사이가 외부의 비를 막는 데는 최상의 조건이 될 겁니다.
물론, 2우수선보다 적으므로 지붕하중은 더 늘어나겠죠.

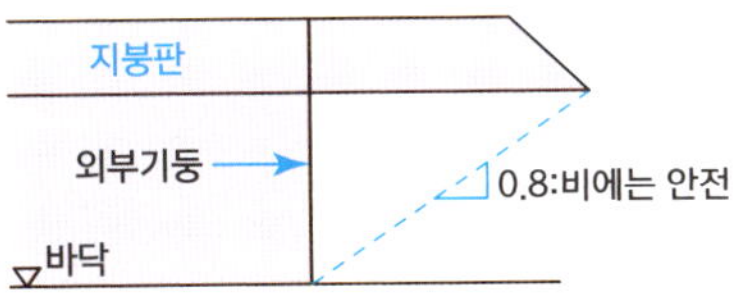

[그림 6] 지붕우수선이 1우수선보다 적을 경우

그런데 지붕각을 잡다보면 윗층 지붕으로 갈수록 지붕우수선이 1우수선보다 적을 경우도 발생된답니다. 보실래요? 이런 식으로 Δ1보다 적을 경우는 지붕하중으로 인해 지붕판이 처질 수도 있답니다. 보시기에도 지붕판이 너무 길게 느껴지실 겁니다.

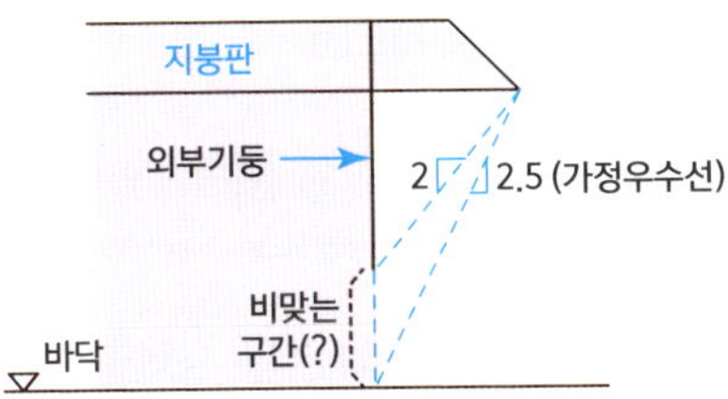

[그림 7] 지붕우수선이 2우수선보다 클 경우

또 어떤 경우에는 2우수선보다 더 크게 나오는 경우도 있답니다.
봅시다. 보기에는 아주 날씬하게 생기긴 생겼는데 2우수선보다 높아서 2우수선 하부쪽에는 비를 쪼께 맞게 생겼답니다.

Δ1보다 적어도 머리가 아프지만, Δ2보다 커도 문제가 있네요.
여러가지를 생각하다 보면 제일 적당한 우수선의 범위는 1~2우수선 (Δ1~Δ2)사이가 될 것 같답니다. 이 1~2우수선을 다 적용할지 1우수선보다 적은 우수선도 인정해 줄지는 지금으로서는 미지수랍니다. 다만, 2우수선보다 큰 우수선은 건물 외부 하부쪽에 비가 들이치면 건물이 쪼께 아플 것 같아서(?) 적용하지는 않을 겁니다. 1우수선보다 적은 우수선이 구조적으로 안전할 것 같다고 판단되면 적용할 수도 있답니다.

참 애럽죠, 모든 경우의 수에 1~2우수선이 다 적용이 잘 안되네요. 그래도 최대로 맞추어야겠죠.

2. 지붕두께와 최상층지붕 경사각(물매)

1층지붕이 2우수선이 기본이므로 일반목탑보다는 지붕판두께가 얇아도 될 것 같네요. 각층의 지붕두께가 동일해야 할까요? 아니면 일반목탑식으로 증감계수를 발생시켜야 할까요? 과연 9층목탑 1층지붕두께는 얼마가 적당할까요? 머리가 나쁜 저로서는 도저히 감이 잡히지가 않네요.
임의로 막 집어넣을까요? 그래도 건축기사의 최소한의 품위(?)는 지켜야겠죠. 처음에는 이렇게 생각했답니다. 전탑 전층의 지붕판두께를 1.8m로 통일시켜 보았답니다. 지붕판두께가 얇으니 상층으로의 지붕판두께를 줄이기는 물론 힘이 들 겁니다. 지붕판두께를 1.8m로 통일을 시켜보니 건물폭(특히 1층폭)이 아주 좁을 시는 최상층에 비록 완경사이기는 하지만 최상층지붕을 기와로 덮을 수는 있는데 건물폭이 넓어지면 최상층지붕에 기와이기는 거의 힘들더랍니다.

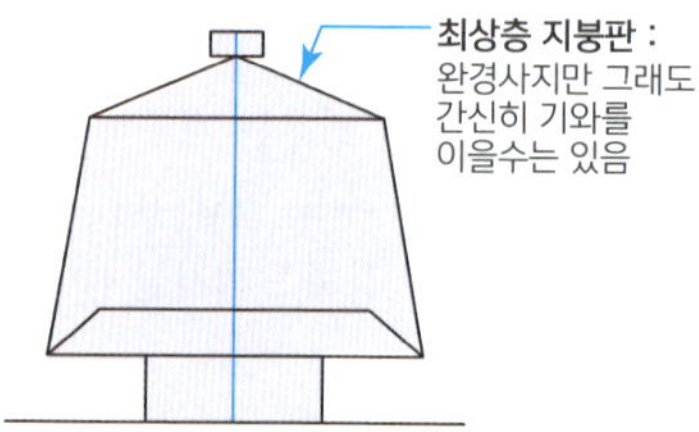

[그림 8] 건물폭이 아주 좁을 경우 :
최상층 기와이기가 쉽지는 않지만
그래도 가능은 함.

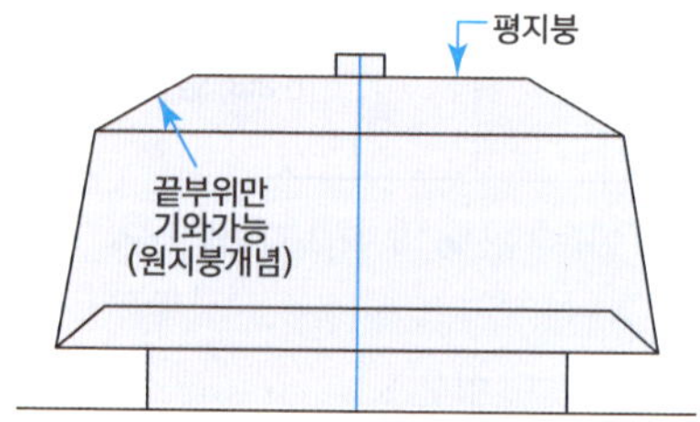

[그림 9] 건물폭이 넓을 경우 :
최상층지붕 상부가 평지붕화되면서
끝 부위만 기와이기가 가능함.

보시듯이 건물폭이 아주 좁으면 어찌 되었건 완경사지붕이라도 발생이 가능하며, 건물폭이 넓어지면 최상층지붕이 평지붕화된답니다. 어떻게 할까 고민만 했지 뾰족한 대안이 없었답니다. 아무리 쳐다봐도 사찰목탑의 최상층지붕꼬라지(?)가 말이 아니더랍니다. 그래서 길고 긴 장고에 들어가서 두가지의 묘책을 생각해 내었답니다.
첫째는 9층목탑 1층지붕판두께를 1.8m에서 2.7m로 90cm를 더 키우는 안이었답니다. 그렇게 되면 지붕판두께에 변화(윗층으로 갈수록 얇아짐)를 주어도 되며, 그냥 전 층 지붕두께를 2.7로 하더라도 최상층 지붕경사가 약간 더 양호해지더랍니다.

또한 각 탑마다 1층 지붕판두께를 18cm씩 줄일 수가 있더랍니다. 즉 7층목탑 1층지붕판두께는 9층목탑 1층지붕판두께보다 18cm가 적은 2.7-0.18=2.52가 되겠죠.
처음 생각했던 전층 전탑 지붕판두께 1.8m보다는 조금은 진화(?)가 된 것도 같은데 그래도 영 시원치가 않더랍니다. 그래서, 두 번째로 생각해 낸 것이 바로 최상층층고를 증가시키는 안이랍니다. 무슨 말인고 하니 최상층층고를 높이면 자연스럽게 최상층 지붕판두께가 두꺼워지면서 최상층 지붕경사(물매)의 모양새가 쪼께 더 좋아지더랍니다. 그려봅시다.

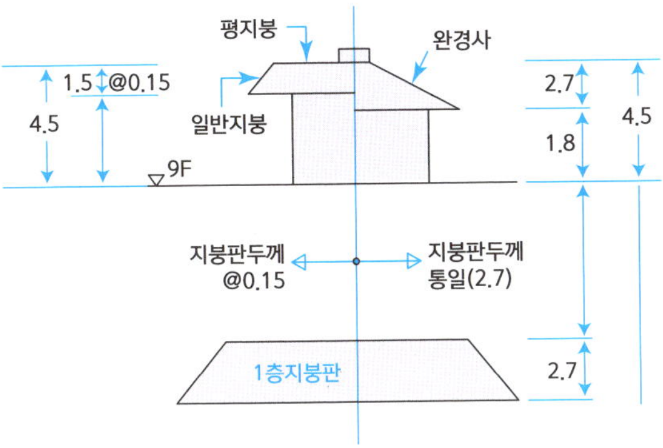

[그림 10] 첫째, 9층목탑 1층지붕판두께 2.7인 경우 : 2가지 경우의 수가 발생됨.

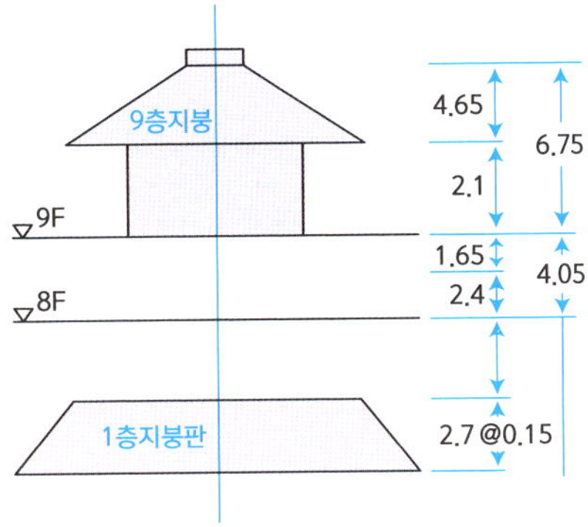

[그림 11] 둘째, 9층목탑 9층층고증가안 : 1층 지붕판두께 2.7에 @0.15 적용

그림에서 보듯이 첫 번째 생각한 9층목탑 1층지붕두께가 2.7m일 때는 두 가지의 경우의 수가 발생된답니다.[물론 9층층고는 기준층층고비례안(기본 이론)을 따른 것이랍니다] 하나는 9층지붕판두께가 1층지붕두께와 같이 2.7로 해서 완경사가 발생되며, 다른 하나는 지붕두께를 @0.15로 줄여서 9층지붕두께가 1.5m가 되면서 평지붕이 발생되는 안이랍니다. 두 번째의 최상층(9층)층고증가안은 9층지붕전체를 어느 정도의 물구배(물매)를 두면서 기와로 완전히 덮을 수 있는 안이랍니다. 어찌 되었든 제일 처음 생각했던 안(모든 지붕두께가 1.8m)보다는 많이 좋아진 것 같답니다.

마음에 조금 드시는지요? 기본적으로 두 번째인 최상층층고증가안을 채택할 예정이랍니다. 쪼께 제 마음에 들거들랑요? 아무리 그래도 만약의 경우의 수에 대비하기 위해서 첫째 안도 고려하고 있답니다. 채택 예정인 이 최상층층고증가안의 최상층지붕두께가 비록 많이 두꺼워는 져서 물매가 그럴듯하게 보이기는 하나 그래도 문제는 있답니다. 첫 번째 문제는 건물폭(1층폭)의 영향을 무지 많이 받는답니다. 건물폭이 좁으면 지붕이 뾰족해지며, 건물폭이 넓을수록 최상층지붕물매가 완경사화 된답니다.

두 번째 문제는 최상층 지붕물매(경사각도)와 하부층 지붕물매와의 조화(비슷한 물매)가 잘되지 않고 물매 차이가 심하게 발생될 수 있답니다.

그려볼까요.

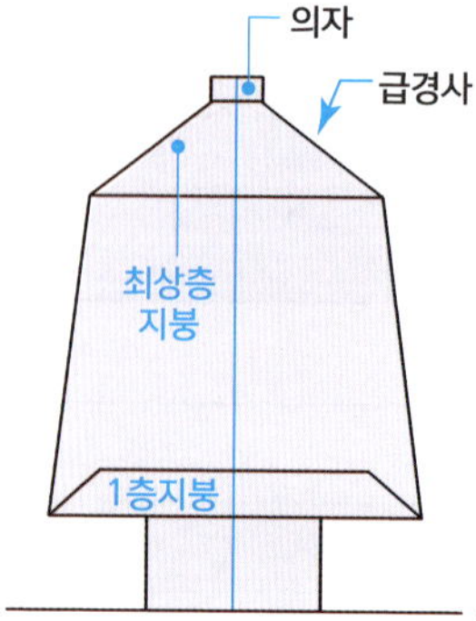

[그림 12] 건물폭이 좁을시 : 급경사지붕

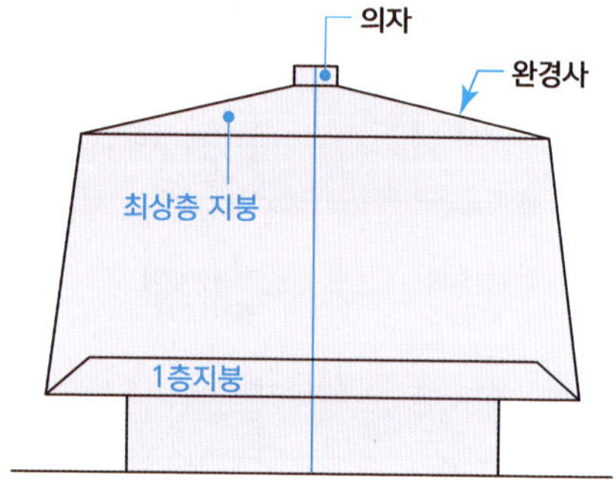

[그림 13] 건물폭이 넓어 질수록 : 완경사지붕化

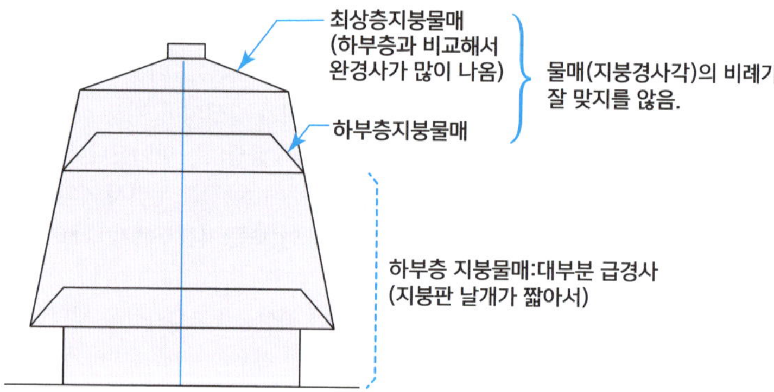

[그림 14] 최상층 지붕물매와 하부층 지붕의 물매가 조화가 잘 안됨

이 최상층층고증가안(물론 문제는 다른 안도 마찬가지로 발생이 됨)의 심각한 문제를 근본적으로 해결할 수 있는 방법은 현재로서는 존재하지 않는답니다. 무슨 이런 정답이 다 있죠? 그럼, 이제까지 제가 뭐했죠? 놀고 있었나? 문제점의 핵심은 바로 건물폭과 최상층층고(물론 각층 지붕판두께 포함)에 있답니다. 건물폭이 정해져 있으면 거기에 맞추어서 발로 밟는 한이 있더라도 어떻게라도 해결이 가능한데 탑높이만 알았지(기록물 근거) 도통 이 놈의 건물폭은 알 수가 없기 때문이랍니다.

그래서 가장 지붕경사각(물매)이 매끄러운 건물폭과 건물형태를 찾아내어야겠죠.

그럼 만사 ok ~ㅎㅎ~

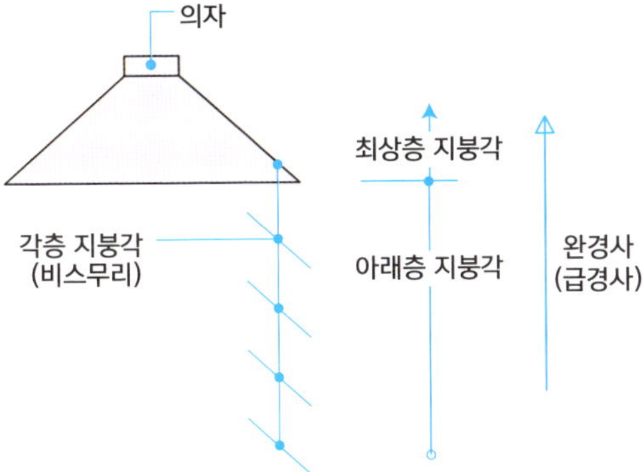

[그림 15] 매끄러운 지붕경사각:물매가 자연스럽게 전층지붕에 잘 조화가 되어야 함

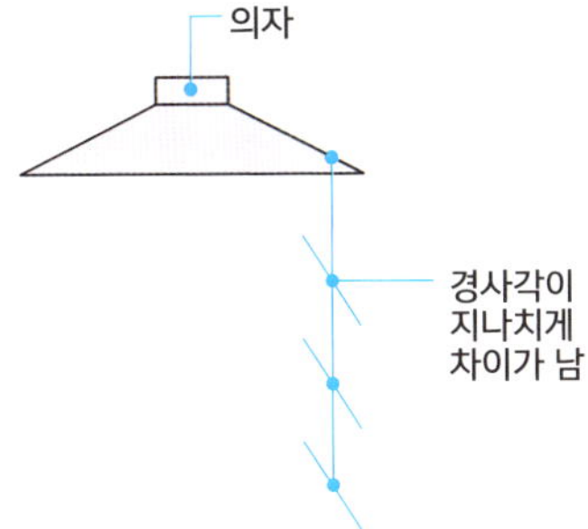

[그림 16] 지붕경사각이 많이 차이가 날 경우

이 매끄러운 지붕경사각은 윗층으로 갈수록 완경사화되든지 아님, 급경사화되든지 간에 자연스럽게 각도가 변화가 되어서 크게 눈에 띄지 않아야겠죠. 예를 들면, 윗층으로 완경사로 실컷 잘 가다가 갑자기 최상층지붕이 급경사가 되면 외관상 보기가 쪼께 그럴 겁니다.

그래도 괜찮은가?

이제부터 저희들이 해야 할 일의 방향은 결정이 되어 있을 겁니다. 바로 건물폭과 층고를 잘 조절해서 아주 매끄러운 지붕물매의 건축물을 찾아내면 되겠죠. 쉬울까요? 어려울까요?

아무래도 힘을 합쳐야 될 것 같네요 ~ㅎㅎ~

3. 임의 지정치수

목탑의 형태는 대충 이렇게 생겼을 겁니다.

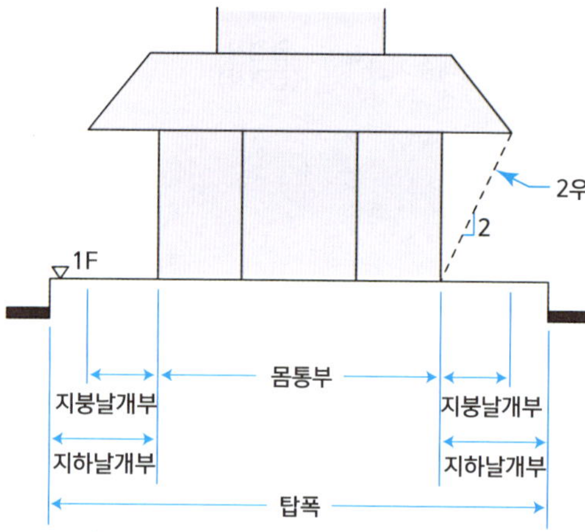

[그림 17] 목탑의 형태

크게 몸통부와 2개의 지붕 날개부로 구성이 되어 있을 겁니다. 물론 지하층은 진입계단 등으로 폭이 더 넓을 겁니다. 여기서 지붕날개는 2우수선의 지배(1층지붕 기준)를 받겠죠.

문제는 이 몸통부 폭이랍니다.

1칸일 수도 3칸일 수도 5칸일 수도 7칸일 수도... 무제한으로 나갈 겁니다. 그리고 각 칸이 동일 폭일 수도 있을 수 있으며 각 칸 폭이 다를 수도 있을 겁니다. 그러면 중요한 각 칸의 폭을 알아내든지 아니면 칸폭을 지정해 줘야만 건물폭을 알 수가 있답니다. 그 시절의 칸폭을 알 수 있는 방법이 없으므로 칸폭을 지정할 수 밖에는 없을 겁니다. 혹시 그 시대의 칸폭을 아시는 분이 계시면 한 수 알으켜 주이소. 따르겠습니다? 아무도 모르시는 것 같아서 제가 임의로 치수를 부여하겠습니다. 시비는 붙지 말아 주이소. 사실 저도 전혀 모르거들랑요? 어찌 되었건 풀기 위해 저희들이 뭉쳤잖습니까? 같이 풀어 보입시데이 ~ 임의 치수를 A라고 하겠습니다.

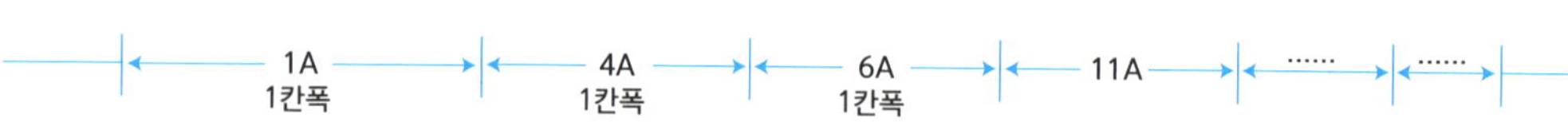

[그림 18] 각 칸의 폭

칸폭이 천차만별이네요. 1A, 2A, 4A, …… 11A, …… 끝이 안 비네? 그럼, 이 칸폭 1A와 6A가 있다면, 이 두 칸폭은 폭이 같을까요? 아님, 6A폭이 1A보다 6배가 클까요? 헷갈리시죠?

일반적으로 6A가 6배 클 것으로 생각들 하기 쉽답니다. 저는 같을 수도 있다고 생각하는 놈이랍니다. 제가 아주 특이한 놈(?)으로 보일 수도 있답니다.

자! 볼까요. 6A의 A를 1이라고 해봅시다. 6A= 6x1=6이 되겠죠, 아닌가? 다시 1A의 A를 6으로 해볼까요 1A= 1x6=6이 나오네요. 어! 실제값의 폭은 6으로 6A=1A가 되네요? 그 참 희한하네? 제 계산이 틀렸나요? 예! 계산은 정확히 맞답니다. 초강력 계산기를 두드려서 나온 숫자거들랑요. 그렇다면 궤변? 계산이 맞는데 왠 궤변? 맞습니다, 궤변도 아니고 틀리지도 않았답니다.
상기의 칸폭이 1A든 8A이든 실제의 칸폭은 다를 수도 같을 수도 있답니다.
이유가 뭘까요? 바로 접근방법의 차이일 뿐이랍니다. 바로 A의 치수가 주어져 있지 않고 가변적이기 때문이랍니다. A의 치수가 주어지지 않는 한 1A든 6A든 칸폭의 숫자들은 의미가 별로 없답니다. 즉 제가 1A라고 표기를 하든 6A라고 표기를 하든 A가 고정 치수가 되었을 때만 칸폭이 6A치수가 1A치수의 6배가 된다는 걸 의미한답니다. 그럼, 눈치 9단들이신 분들이니 금방 인지하셨으리라 믿습니다. 6A, 8A가 중요한 게 아니라 A가 중요한 걸 아셨을 겁니다.

이제 이 놈의 A를 알아내는 숙제가 남았네요. 오늘 밤새도록 풀어도 내일 아침에 제출 못하게 생겼네요? 힘들수록 쉽게 생각해야죠, 물론 힘도 합쳐야 할 겁니다. A의 정체를 밝힙시다.
제가 왜 A라고 했을까요? x로 하면 멀쩡하던 머리가 갑자기 지끈지끈 아파오기 시작하기 때문일 겁니다. 자 들어가 봅시다. A가 뭐죠? 건물폭의 치수를 결정하는 임의의 숫자랍니다. 즉, 이 A가 건물폭을 결정하는 수랍니다. 이제까지 건물폭에 대해서 확실히 알고 있는 숫자가 뭐였죠? 바로 이거랍니다. 건물폭은 반드시 1.08의 배수가 되든지 2.7의 배수가 되어야 한다는 거랍니다. 1.08=1+0+8=9, 2.7=2+7=9

하! 공통적으로 숫자 합이 9라는 숫자가 나오네요. 그렇다면 이 A는 9의 배수가 되면 좋을 겁니다. 벌써 반은 풀어버렸네 ~~ 9의 배수의 숫자라! 만만할 겁니다. 한번 나열해 볼까요? 9, 18, 27, 36, 45, 54, 63, 72, 81, 90, 99, 108, 117, 126 …… 정말 밤새겠네 ~ㅎ~ 건물로 들어갈 수 있는 폭을 고려해 보면 칸폭을 1A라고 가정 시 9~63cm는 폭이 너무 좁아서 들어가기가 쪼께 애렵겠죠, 옆으로 들어 가겠다꼬요 ~ 117cm 이상의 9의 배수는 너무 넓어서 들어가기가 조금은 허전(?)할 겁니다. 그렇다면 들어가기에 딱 어울리는 폭은 72~108cm로 칸폭이 1A라고 할 때 가장 적당한 폭이 된답니다. 정면 칸폭이 너무 좁다고요? 별 말씀을! 1A만 있나요 2A, 3A, 4A, 6A도 있답니다. A라는 숫자가 주어지면 폭 키우는 것은 엿장수 마음대로랍니다. 그럼 A=0.72, 0.81, 0.9, 0.99, 1.08로 5개만 있네요. 목탑종류가 몇 개였죠? 1층, 3층, 5층, 7층, 9층목탑, 어! 이것도 5개네, 계산이 맞기는 맞나?

드디어 짝을 찾았네요. 9층목탑 너는 A를 1.08로 하게, 7층목탑 너는 A를 0.99로……
1층 막내목탑 너는 A를 0.72로 하게 ~ 오늘 저녁 숙제는 다 풀었네? 이렇게 숙제를 제출하면 100점 만점에 몇 점? 샘맴이랍니다 ~ㅎㅎ~ 이제까지는 기본이 되는 A만 풀어본 것이랍니다.

근데, 이 A가 맞는지 틀리는지는 아무도 모른답니다. 어떤 증명을 할 수가 없기 때문이겠죠. 확률적으로는 분명히 틀렸겠지만? 그래도 다른 방법이 없기 때문에 제가 지정한 이 A를 가지고 목탑을 풀겠습니다. 이 A만으로는 정면 칸폭을 풀 수가 없겠죠.

이 A가 몇 개가 적당한지를 검토해 봐야 할 겁니다. 칸폭을 1A, 2A, 3A, 4A, 5A, 6A 정도로 비교해 봅시다. 다 검토하기 힘드니 9층목탑 1A=1.08로 비교해 봅시다.

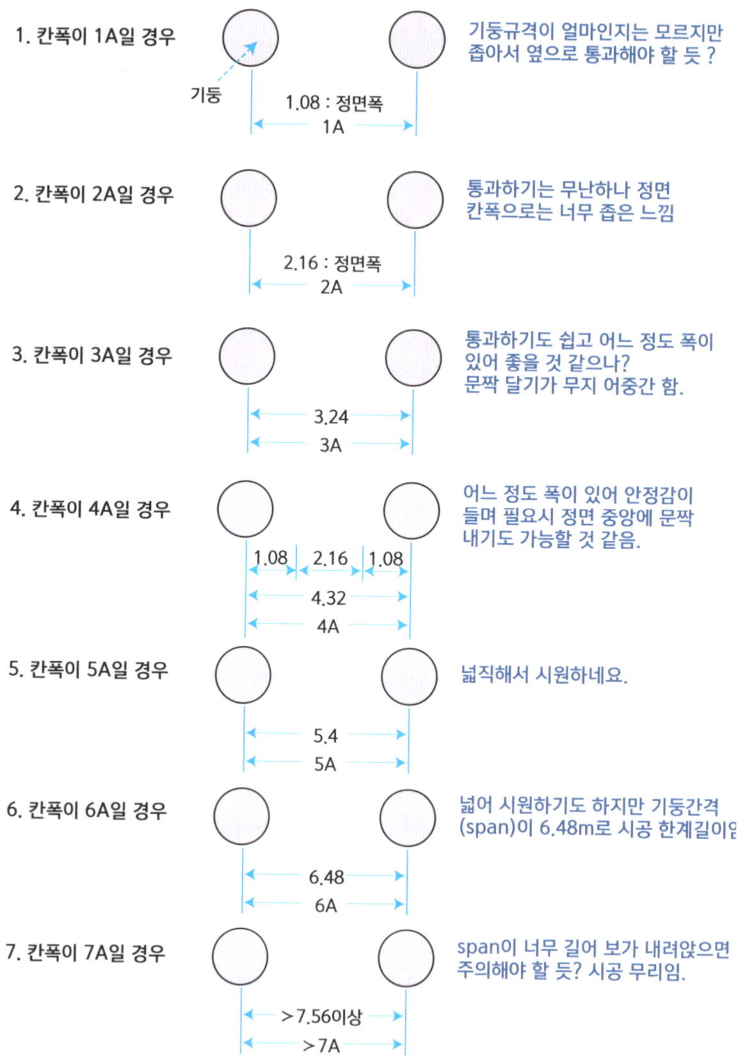

[그림 19] 9층목탑 1A=1.08 기준 : 정면 칸폭 비교

정면 칸폭을 비교해 보시니 감이 조금 잡히실 겁니다. 칸폭이 1A~3A는 너무 좁은 느낌이 들며, 7A이상은 기둥간격이 너무 넓어서 구조적으로 쪼께 문제가 있을 수 있답니다. 적당한 칸폭은 4A, 5A, 6A 정도가 되겠네요.

A도 알았고 칸폭도 어느 정도 알았으니 이젠 눈 감고도 목탑을 푸실 수가 있으실 겁니다. 그래도 아마 첩첩산중일 겁니다.

이 A가 무지 헷갈리는 숫자랍니다. 칸폭 4A를 보실까요?

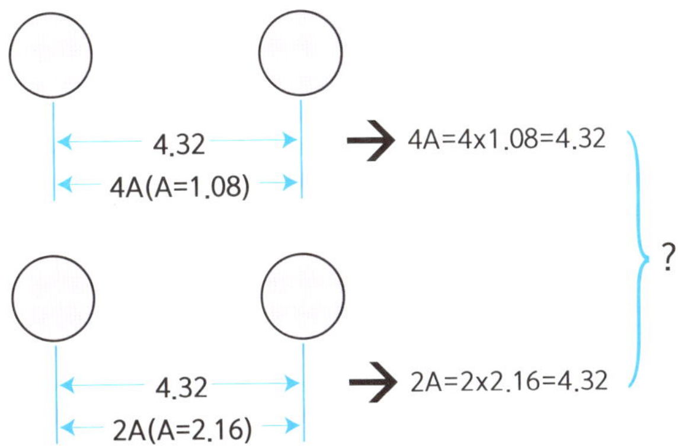

[그림 20] 임의지정치수 A의 값에 따른 치수개념

A를 1.08로 해서 4A이지, A가 2.16이 되면 2A가 된답니다. 그렇다면, A는 1.08이 될 수도, 2.16이 될 수도 있답니다. 어느 A값이 맞을까요? 제일 처음 말씀드렸을 겁니다. A는 지정하기 나름이랍니다. 저는 9층목탑의 A를 1.08로 지정하겠습니다.

A는 2.16도 되기는 되나 가마이 보시면 2.16은 1.08x2랍니다. 이럴 경우는 기본수인 1A는 1.08로 하는 것이 더 합리적일 것 같답니다.

4. 기둥규격 산출개념

참고삼아 제가 기둥규격도 표기할 겁니다. 외부 수직기둥이 일반목탑은 8각기둥이었지만 사찰목탑기둥은 확실치는 않지만 원형기둥으로 가정하겠습니다. 기둥규격의 산출근거(?)를 잠깐 봅시다. 물론 순수 제 개인생각일 겁니다. 기둥규격의 근거는 규격이 제일 적은 1층목탑의 외벽기둥을 기준으로 했답니다. 1·3층목탑을 지었는지 알 수는 없지만 일단 지었을 거라고 가정했답니다.

자! 봅시다.

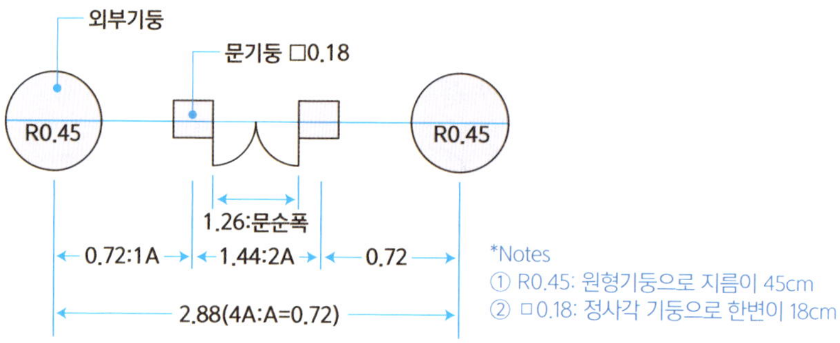

[그림 21] 1층 목탑 : 정면 중앙칸 기준

1층목탑의 A는 0.72랍니다. 기억나세요? 외벽기둥을 R0.45로 하면 보폭은 R0.45x1.2÷3=0.18이 나온답니다. 문기둥을 원형으로 하면 R=0.225가 되며, 사각기둥으로 하면 □0.18이 될 겁니다. 이것은 기억이 나실 겁니다.

오래간만에 보폭 계산을 해 보신 겁니다.
보폭 = 주기둥폭x1.2배÷3 = R0.45x1.2÷3 = 0.18이 된답니다.

- 샛기둥(문기둥) = 주기둥폭÷2 = R0.45÷2 = R0.225(원형샛기둥 기준시)
- 샛기둥(문기둥) = 주기둥폭x1.2배÷3 = R0.45x1.2÷3 = □0.18(사각샛기둥 기준시: 보폭과 동일)

제가 일반목탑의 샛기둥을 주기둥폭의 반으로 가정했으나 사찰목탑은 보폭과 같은 4각 샛기둥으로 할까 생각 중에 있답니다. 아마 일반목탑의 샛기둥도 4각으로 할 수도 있답니다.
이 샛기둥으로 4각기둥이 좋은 것이 보폭과 샛기둥이 똑같은 면이라는 거랍니다.

보실까요.

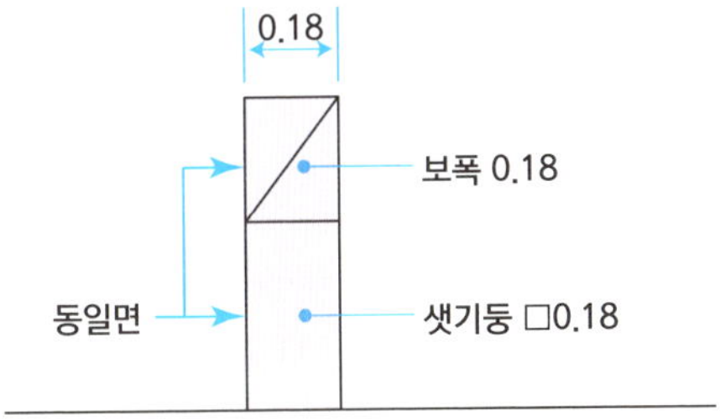

[그림 22] 샛기둥이 4각 기둥일시 : 동일면

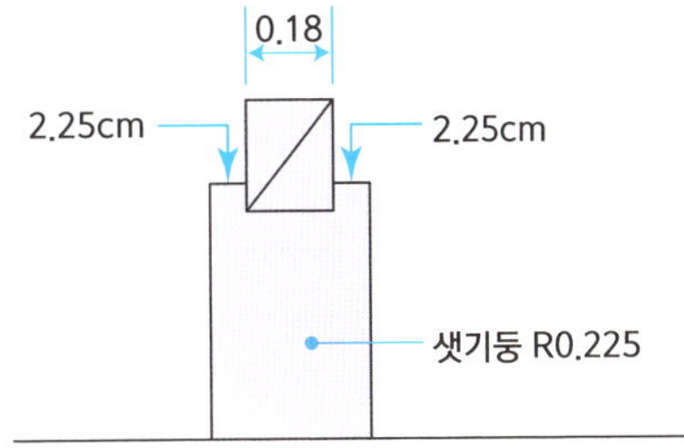

[그림 23] 샛기둥이 원형 기둥일시
: 원형 기둥이 보 보다 튀어나옴

샛기둥이 4각기둥일 경우는 보와 샛기둥면이 민자로 일치가 된답니다. 반면, 샛기둥이 원형일 경우는 샛기둥이 보를 2.25cm씩 감싸고 있답니다. 구조적으로는 원형이 약간 좋을지는 모르나 모양새가 쪼께 그렇네요. 하여튼 사찰목탑에서는 4각샛기둥으로 할까 합니다. 1층목탑의 문설주(샛기둥)를 □0.18로 최소 샛기둥으로 가정했답니다. 18cm기둥보다 더 작을 경우는 아무리 샛기둥일지라도 기둥역할을 제대로 수행할 수가 없을 것 같더랍니다. 사실 이 □0.18기둥도 약간은 약할 것도 같기는 하지만 그래도 버틸 수 있다고 생각하고 최소 기둥규격으로 가정하고 기둥규격을 정했답니다. 내부계단 단수나 어떤 상황으로 기둥규격이 가변적일 수도 있답니다.

그러면 모든 기둥규격은 역분석법으로 자동으로 나올 겁니다. 샛기둥이 □0.18이므로 1층 외부기둥은 R0.45가 될 것이며 1층목탑 중앙기둥 1Cc는 R0.6이 되며, 4단계(1단계: 15cm) 위인 9층목탑 중심기둥 1Cc는 R1.2[0.6(1층목탑 중심기둥)+0.15x4단계]가 될 겁니다. 그런데, 4각형과 8각형 건물의 기둥규격이 약간 다른 것 같답니다. 8각형 건축물이 기둥규격이 0.15 더 큰 것 같답니다.

기둥규격 알아내는 것도 아무것도 아니죠. 일단, 사찰목탑기둥은 원형기둥이 어울릴 것 같아 원형기둥으로 가정해 보았답니다.

IV. 사찰목탑의 각탑층고

1. 기준층층고비례안과 최상층층고증가안 개념

층고접근에 앞서서 층고개념부터 아시면 이해가 쉬울겁니다.
층고는 기본적으로 일반목탑형식인 기준층층고비례안이 기본이며, 사찰목탑의 등장(?)으로 최상층 지붕이 뾰족지붕(?) 개념이 있는 것 같아서 최상층층고를 키우는 최상층층고증가안이 하나 더 생겼답니다. 물론 다른 안들도 생각해 볼 수는 있답니다.
아주 간단히, 9층목탑을 기준으로 기준층층고비례안과 최상층층고증가안을 비교해 봅시다.

9층목탑(황룡사탑)의 순수 몸통부(1~9층 층고合) 높이는 기록에 54m로 나와있답니다. 이 54m 높이에 두가지 안의 9개층을 1·2·3층 비례공법과 기준층층고비례공법을 적용해서 아주 부드러우면서 가지런하게 넣으시면 된답니다 ~ 0.1mm도 틀리면 안됩니데이 ~
이 54m 안에 9개층을 가지런히 넣으실 수 있으신 분은 사찰목탑을 떡주무르듯(?) 하실 수 있으신 분이랍니다. 시간나시면 한번들 도전해 보이소. 정가꺼 컨닝하면 '요놈아!' 할 겁니다 ~ㅋㅋ~

(1) 기준층층고비례안
이 안은 층고개념의 기본이며, 1층부터 최상층(9층)까지 서서히 층고가 줄어드는 안으로 최상층 층고가 제일 낮으며, 최상층 지붕은 수평지붕이 된답니다. 보실까요.

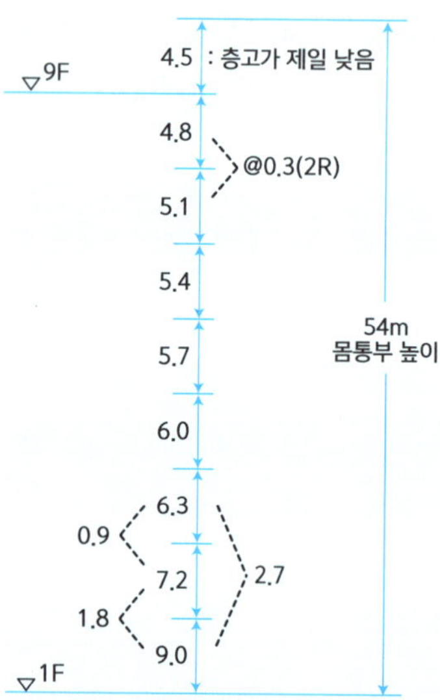

[그림 24] 9층목탑 층고 : 기준층층고비례안

좌측에서 보시듯, 1·2·3층은 1·2·3층 층고비례공법을 따르며, 3층부터는 기준층층고비례공법(@0.3)을 따르고 있네요.
물론, 층고를 분개하면 또 다른 법칙들도 따를 겁니다.

(2) 최상층층고증가안

이 안은 8층까지 층고가 줄어들다가 최상층(9층)층고가 커지는 안이랍니다.

즉, 최상층(9층)을 정식지붕(뾰족지붕)이 가능하도록 9층 하부층들의 층고를 빼앗아(?) 와서 9층이 챙기는(?) 안이랍니다. 밑층들이 자존심이 쪼께 상할 듯 ~ㅋㅋ~

물론, 각 층고 치수조절의 기본은 기준층층고비례안의 층고가 될겁니다. 즉, 몸통부 높이(54m)는 같다는 말이겠죠. 이 몸통부 높이는 바뀌는 치수가 아입니데이! 한번 봅시다.

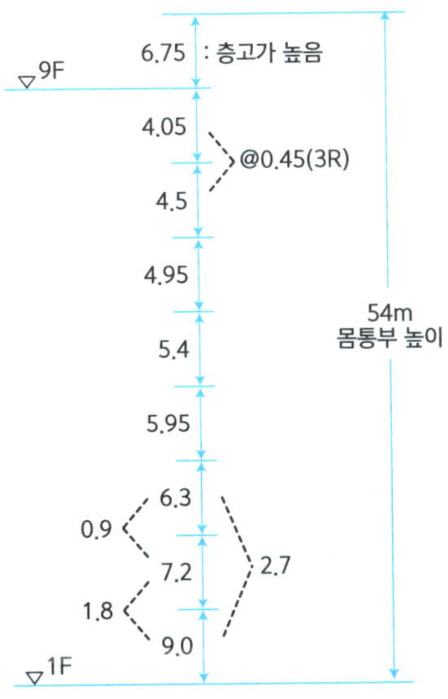

[그림 25] 9층목탑 층고 : 최상층층고증가안

보시니 최상층(9층)층고가 도톰하죠!

이제, 뾰족지붕 성립 조건이 된 것 같네요.

이 최상층층고증가안은 제가 생각해 본 안과 다른 안도 있을 수 있겠죠!

조건을 달리하면 제법 나올 수 있는 안이랍니다.

그런데, 기준층층고비례안은 한가지 뿐일 겁니다.

2. 층고 접근과정

다음은 제가 층고에 접근할 때 여러 경우의 수를 고려한 어떤 과정을 보여줄 겁니다.
쉽게 애기드리면, 이럴 경우는 이게 좋지 않을까하는 과정이겠죠. 접근을 하다 보면 한번에 끝나는 경우는 별로 없으며, 새로운 것(예기치 못한 것)들이 자꾸 나타나더랍니다.
혹시! 정가가 돌팔이 출신 ~ㅋㅋ~

(1) 8각형 기준일 때(일반목탑형 기준)

① 기준층층고비례안 기준

a. 최초안

저는 제일 처음 사찰목탑도 일반목탑과 동일하게 8각형이므로 지붕각이나 경사기둥이 있을 것이며 당연히 공통수도 있을 것으로 생각했답니다. 또한, 탑 규모가 크므로 탑 총높이와 탑높이도 2.7의 배수가 되어야 한다고 생각하고 탑높이와 각층 층고를 계산했답니다.
탑 총높이가 9층목탑이 67.5m이므로 67.5÷5=13.5로 각 탑총높이만 13.5m의 증감계수를 적용했답니다. 일반목탑은 갓탑까지가 탑 높이가 되며 첨탑은 그냥 탑높이에서 제외했으므로 탑 총높이(탑 전체 높이)라는 용어는 없었답니다. 일반 목탑에서는 탑높이에 비해서 첨탑높이가 미미하여 그냥 높이에서 제외시켰는데, 석탑이나 사찰목탑을 풀다 보면 이 첨탑높이가 차지하는 비중이 너무나 크더랍니다.

그래서, 고심 끝에 갓탑높이까지는 일반목탑과 동일하게 탑높이로 하고 첨탑을 포함한 높이까지를 탑의 총높이로 하기로 했답니다. 즉 석탑류나 사찰목탑에서는 첨탑이 엄청 중요한 의미를 갖고 있다고 보시면 되겠습니다. 바로 첨탑이 석탑류나 사찰목탑의 꽃이라고 생각하시면 되겠답니다. 일반목탑과 사찰목탑을 구분하기 위해서 전에도 잠깐 말씀드렸듯이 일반목탑(관공서)을 탑이라고 하며, 사찰목탑을 목탑이라고 부르겠습니다. 즉, 9층탑이면 9층 일반목탑이 되며, 9층목탑이라고 하면 9층 사찰목탑이 될 겁니다. 저는 층고가 아주 쉬울거라 생각을 했었는데, 풀면 풀수록 이 층고가 무지 중요하기도 하지만 건물형태에 영향을 크게 미친다는 것을 인지하기 시작했답니다.

그러다 보니 층고는 각 탑마다 한가지의 고유 층고만 있는 것이 아니라 어떤 조건에 따라서 각 탑의 층고도 가변적일 수도 있다는 생각을 하기 시작했답니다. 이제 상황에 따른 각 탑의 층고들을 한번 생각해봅시다. 먼저, 처음에 생각한 탑 총높이증감계수@13.5m를 기준으로 각 탑의 탑높이와 각층 층고를 한번 보실까요. 물론 처음에는 사찰목탑도 일반목탑과 기본형태가 같다고 생각한 것이랍니다. 즉, 8각형이며 계단단높이도 일반목탑과 같다고 생각한 것이랍니다.

최초안을 보실까요?

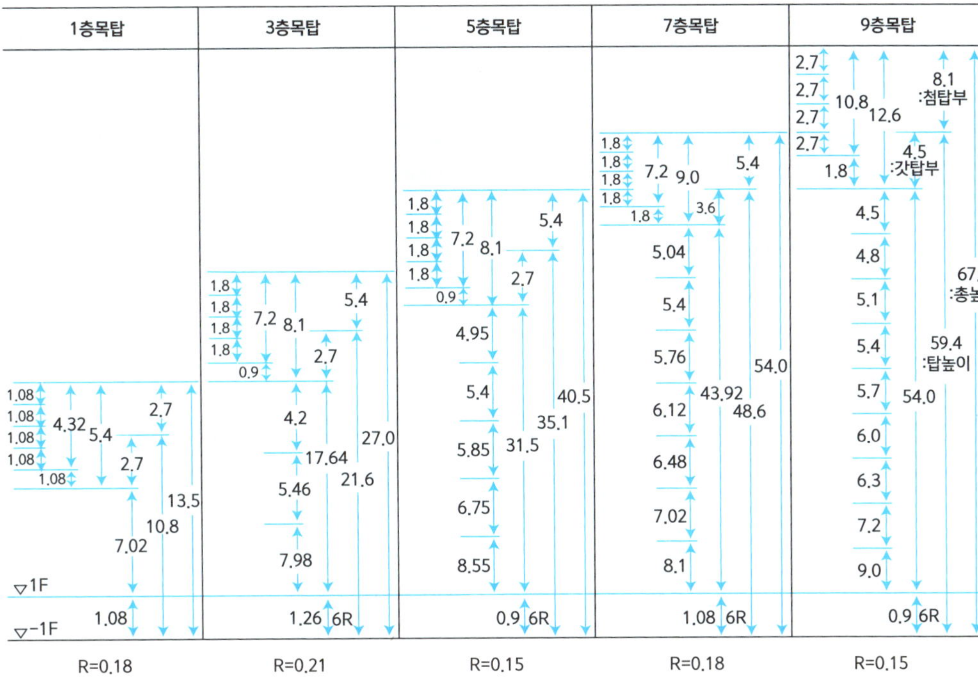

[그림 26] 처음 생각한 각 탑 높이: 8각 일반 목탑형 기준
* 탑높이, 탑총높이: 2.7배수안 기준

이 최초안은 탑 총높이와 탑높이를 2.7의 배수로 가정했으며, 또한 계단 단높이(R)를 일반 목탑에 맞춘 안이랍니다.

그러다 보니 꼭다리에 문제가 발생된 것같은 생각이 들기 시작하더랍니다.

7층목탑의 꼭다리를 한번 보실까요.(9층목탑 꼭다리는 양호)

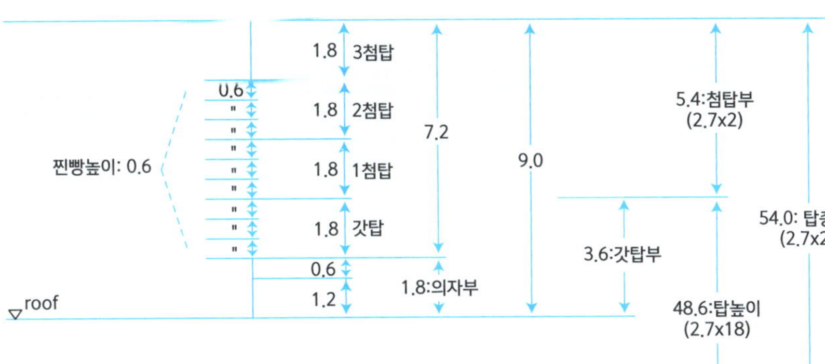

[그림 27] 처음 생각했던 7층 목탑 꼭다리 치수

보시면 치수나 첨탑의 구성상으로는 아무런 문제는 없답니다. 꼭다리는 크게 갓탑부와 첨탑부로 되어 있으며, 첨탑부는 크게 3개의 첨탑(제일 위에 있는 3첨탑은 형태가 약간 다름)이 있고, 갓탑부는 한 개의 갓탑과 의자부로 되어 있으며, 의자부는 다시 의자와 앉은뱅이로 구성이 되어 있답니다. 그리고 갓탑과 2개의 첨탑은 3개의 찐빵으로 구성이 되어 있답니다. 제일 위쪽의 3첨탑은 찐빵 형태가 아니랍니다. 이 7층목탑의 각 찐빵의 치수를 유심히 보시면 찐빵높이가 0.6(=1.8÷3)이랍니다. 이 0.6은 3의 배수이긴 하나 9의 배수에 포함이 되지 않는답니다. 석탑류 등을 분석해 보면 반드시 찐빵의 높이치수는 9의 배수로 되어 있답니다. 모범생인(?)이 사찰목탑의 찐빵 높이가 9의 배수가 되지 않으니 모범생에서 퇴출되겠죠. 물론, 첨탑부높이가 3·5·7층 목탑이 똑같이 5.4m인 것도 영 눈에 거슬린답니다. 그렇다면 당연히 작전을 변경해야 할 겁니다.

어떻게 하면 될까요? 너무나 간단하죠. 나누기만 할 줄 알면 되는디? 1~9층 목탑이 5개니까 당연히 9층목탑 탑높이를 5로 나누어 보면 될 것 같네요. 9층목탑 탑높이가 59.4m랍니다. 59.4÷5=11.88이 나오네요. 그럼, 탑총높이는 2.7의 배수인 @13.5(=2.7x5)이며, 탑높이는 @11.88의 증감계수가 된답니다. 이 11.88을 또 분석해 봐야죠. 모든 탑류의 치수는 어떤 숫자의 조합이랍니다. 숫자의 조합을 꽉 쥐고 있는 놈이 바로 2.7과 1.08(2.7x4) 이랍니다. 그럼, 이 11.88을 1.08과 2.7로 나누어 봐야겠죠. 11.88÷1.08=11, 11.88÷2.7=4.4. 묘하게도 잘 나누어지네요. 1.08로 나누면 11이라는 정수가 나온답니다. 2.7로 나누면 정수가 나오지는 않지만 그래도 나누어지는 것만으로도 큰 행운이랍니다.

엄밀히는 4.4라는 소숫점을 가진 숫자도 44의 숫자개념을 갖고 있답니다. 이 탑높이 증감계수가 @11.88이라는 의미는 바로 이 사찰목탑이 석탑형목탑이라는 걸 의미하기도 한답니다. 왜냐구요? 모든 석탑류를 분석해 보면 탑높이는 1.08의 배수가 나오거들랑요. 물론, 탑 총높이는 2.7의 정배수가 될 겁니다.

b. 수정안

이제 높이에 대한 비밀(?)을 풀었으니 목탑이 8각형이었을 때의 최초안을 바로 잡아 보실까요. 총높이@13.5, 탑높이@11.88의 증감계수를 대입해서 풀어야겠지요.

같이 풀어봅시다. 우짜죠! 제가 미리 다 해 놓았으니 그냥 보시기만 하면 될 겁니다.

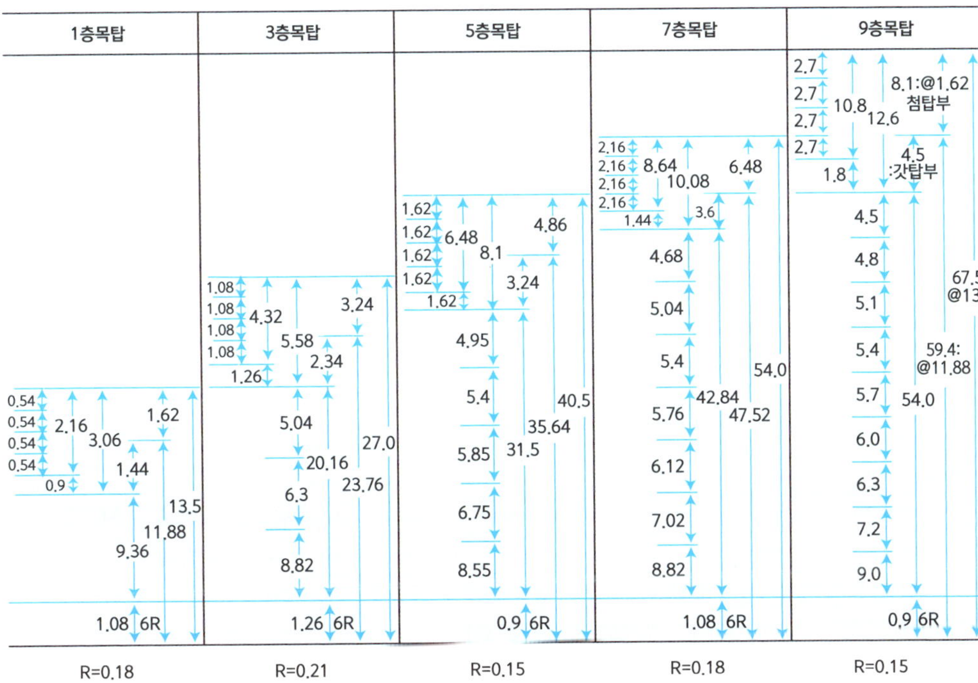

[그림 28] 최초안의 수정안 : 총높이@13.5, 탑높이@11.88, 단높이(R) : 일반목탑기준

첨탑부 높이증감계수를 @1.62로 했답니다. 비록 층고와 갓탑부높이가 들쭉 날쭉하긴 하나 어쨌든 최초안보다는 쪼께 나은 것도 같네요. 7층목탑 꼭다리를 다시 한번 보시죠. 최초안과는 비교가 안 될 겁니다. 왜냐구요? 각 찐빵높이가 9의 배수거들랑요.

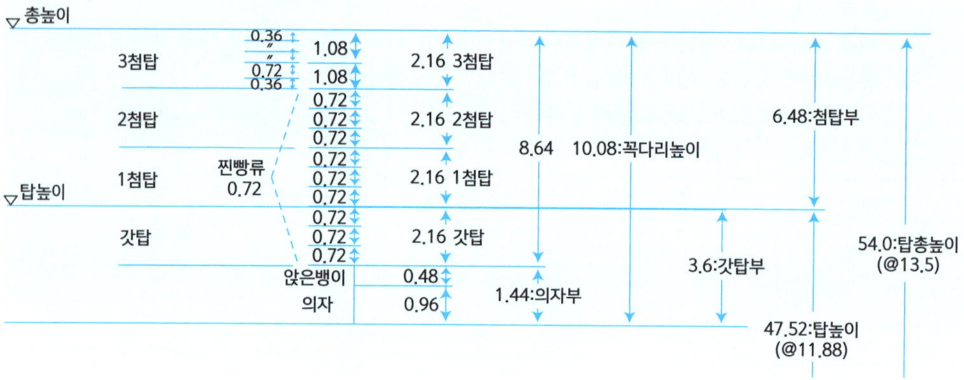

[그림 29] 7층 목탑 꼭다리 치수: 수정안

보시다시피 각 찐빵의 높이가 0.72로 0+7+2=9로 9의 배수가 되네요. 이제사 꼭다리는 약간 풀린 느낌이 드네요. 참고로 이 꼭다리가 아주 재미있답니다.
각 첨탑높이와 갓탑높이는 같답니다.

- 각 첨탑높이: 2.16
- 갓탑높이: 2.16

같군요

그리고, 재미있는 것은 첨탑의 개수랍니다. 갓탑은 1개로 모두 동일하답니다. 그런데, 이 첨탑은 기본적으로 일반목탑은 1개랍니다. 석탑류는 2개랍니다. 그런데, 묘하게도 사찰목탑은 3개랍니다. 이 사찰목탑의 첨탑의 중요도를 생각해 볼 수 있겠죠. 물론, 예외도 발생될 수도 있겠으나 기본적으로 첨탑개수는 이 원칙을 따른답니다.
그런데, 백제탑은 석탑이나 사찰목탑 모두 다 3개 첨탑이 기본적이며 특히, 3첨탑높이는 다른 첨탑높이의 2배나 되네요. 백제탑의 3첨탑은 조금 특이하답니다. 아마 3첨탑에 탑의 초점을 맞춘 듯 하답니다.

그리고, 8각 일반목탑형은 최상층층고증가안은 없습니다데이!

(2) 4각형 기준일 때(8각형 사찰목탑 포함)

① 기준층층고비례안 기준

a. 최초안

이제까진 사찰목탑이 8각형이며 외부경사기둥과 지붕각이 있을 거라는 가정하에서 탑높이와 층고를 풀어보았답니다. 그런데, 과연 8각형이며 일반목탑과 동일한 지붕각과 경사기둥을 갖고 사찰목탑을 지었을까요? 그렇다면 사찰목탑은 일반목탑의 축소판일까요?
하! 갑자기 머리가 아파오기 시작하네요. 아무런 기록도 아무런 흔적조차 없답니다.
그렇다고 고민만 한다고 해결될까요? 이럴 땐 가볍게 생각해야겠죠. 8각형이 아니면 4각형일 확률이 높아질 것이며, 아무래도 일반목탑보다 규모가 작으니 건물폭이 좁아질 확률도 높아지니 지붕각도 그리 중요하지도 않을 수도 있답니다. 그럼, 지붕각이 별 의미가 없어지며 4각형이라 경사기둥도 없을 것 같으니 공통수 발생이 되지 않을 것 같으므로 계단단높이도 자유로워질 겁니다.

그래서, 지붕각은 일단 무시하고 계단단높이를 9층목탑만 15cm로 하고 나머지 목탑들은 계단단높이(R)를 18cm로 해서 각 탑의 높이와 층고를 다시 한번 풀어 보겠습니다.

9층목탑은 기록에 단높이가 15cm로 나와 있으므로 기록대로 할 것이며, 나머지 탑들은 여러 경우의 수를 대입해 보면 R=0.18이 가장 합리적인 것 같아서 가정을 했답니다.

자! 각 층고를 같이 풀어볼까요.

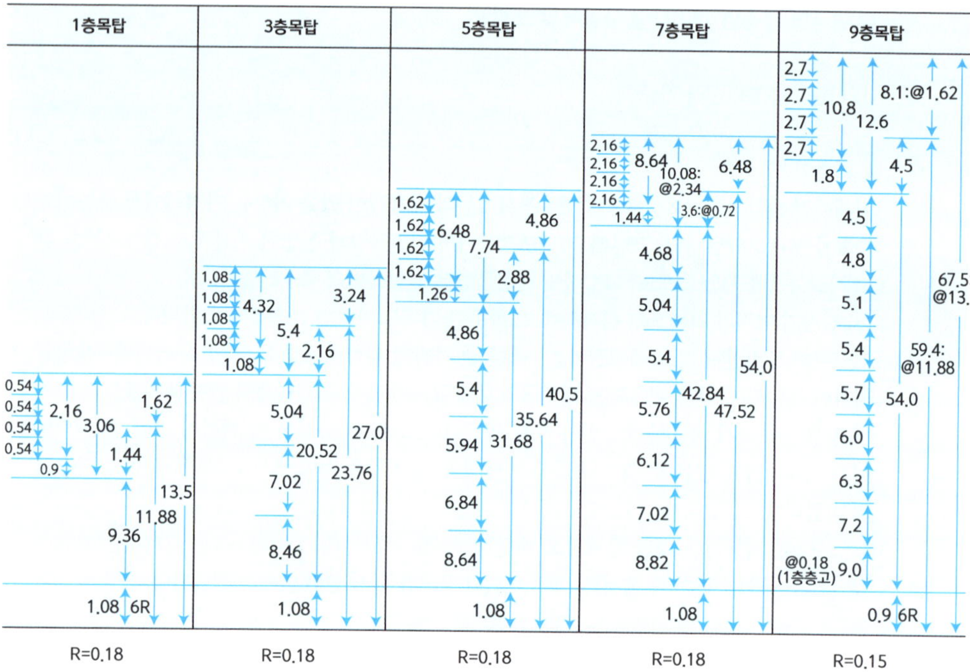

[그림 30] 9층목탑 R=0.15, 1~7층목탑 R=0.18시 탑높이와 층고 기준층 층고비례안(최초안): 1층 층고 증감계수@0.18, 1~7층목탑 꼭다리 증감계수 @2.34

잘 보시면 9층목탑을 제외한 1~7층목탑은 동일 법칙을 따르고 있답니다.
1·3층목탑은 꼭다리를 빼고 난 몸통부 층고가 이론적으로 잘 성립이 되지 않는답니다. 그래서 애매는 하지만 bonus공법(층고를 더 주거나 더 뺌)으로 층고를 맞추어 보았는데 불확실하답니다. 이 기준층층고비례안(순수이론)은 각 탑의 1층층고 증감계수를 @0.18로 하고 1~7층목탑 꼭다리증감계수를 @2.34로 해본 초기안이랍니다. 조금 촌스럽답니다.
석탑들을 보시면 3층석탑이 주가 되며, 1층석탑은 별로 본 적이 없는 것 같답니다. 그렇게 생각해보면 사찰목탑도 5·7·9층목탑만 있을 수도 있으나, 1·3층목탑도 일단은 있었던 걸로 가정해 보겠습니다. 석탑은 1층석탑이 보기가 조금 그래서 안 지었을 수도 있으나 사찰목탑은 1·3층목탑 자체가 어느 정도는 규모가 있어서 지었을 수도 있으니 일단은 있는 걸로 가정해 보았답니다.

위 도면의 층고개념을 기준층층고비례안(이론순수층고)이라고 부르겠습니다(최상층층고증가안과 구분하기 위해서). 사실, 일반적인 층고는 기본적으로 모두 다 이 기준층(3층 이상의 층)층고비례안을 따르고 있답니다.

b. 수정안

이 수정안은 5·7·9층 목탑의 층고만 잠깐봅시다.
(각 탑 1층층고 증감계수를 @0.36으로, 꼭다리 증감계수를 @2.52로 한 안임)

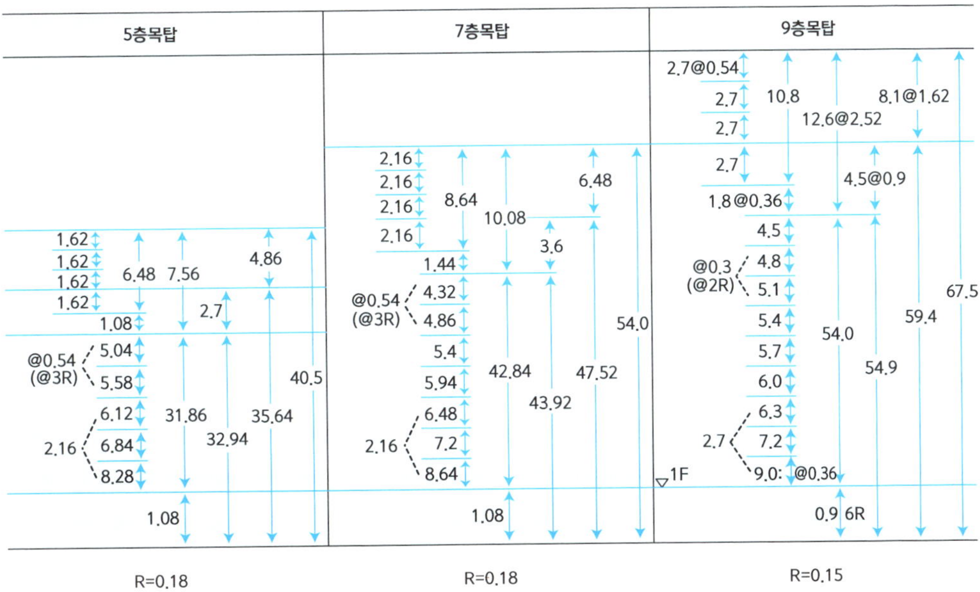

[그림 31] 기준층층고비례안(수정안): 1층층고 증감계수 @0.36, 꼭다리 증감계수 @2.52

② 최상층층고증가안 기준

그런데 이 정상적이며 일반적인 층고인 기준층층고비례안으로 신라사찰목탑을 그려보면 최상층지붕이 문제가 발생될 수가 있답니다. 보실래요.

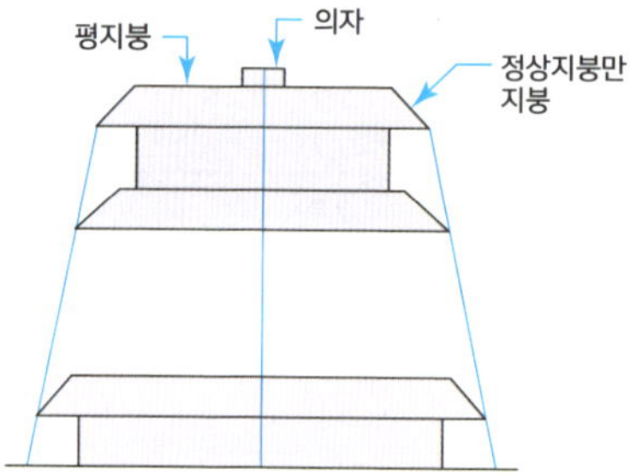

[그림 32] 최상층지붕이 평지붕이 됨
: 정상적인 지붕형태시

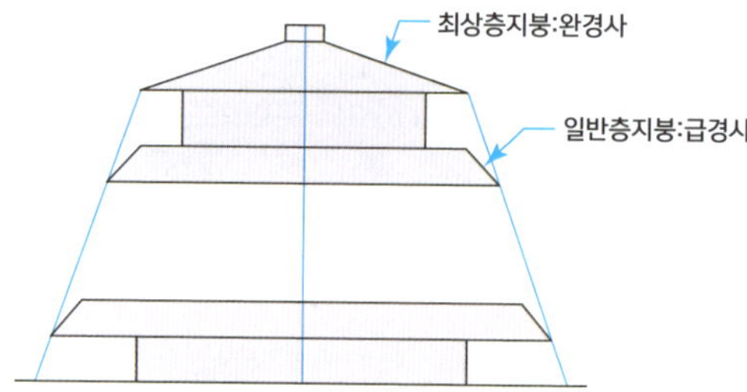

[그림 33] 최상층지붕 : 완경사, 일반층지붕 : 급경사
: 무리하게 지붕을 다 이을시

최상층지붕에서 진짜(?)지붕 부위만 기와를 이고 그 윗면은 평지붕이 발생되는 경우가 있을 수 있으며, 최상층지붕을 다 기와를 이을 수도 있는데 경사(물매)가 너무 완만한 지붕이 발생될 수도 있답니다.

두 가지의 어떤 경우라도 사찰목탑지붕으로서는 조금 마음에 걸리기도 하답니다.
이걸 어떻게 하면 해결할 수가 있을까 하고 엄청 많은 고민(?)을 해 봤는데 뾰족한 대책이 나오질 않더랍니다. 최상층지붕 전체를 어느 정도의 경사각을 가지면서 기와를 다 덮어 씌우는 방법을 찾다찾다 보니 방법은 단 한가지 밖에 없더랍니다. 바로 최상층층고를 키워서 최상층지붕두께를 키우는 방법 외에는 어떤 방법도 찾을 수가 없더랍니다. 최상층층고를 키워 보니 건물폭(특히 1층폭)이 좁으면 최상층지붕(일반적으로 지붕이라고 하죠)이 뾰족해지며 건물폭이 넓으면 최상층층고를 키워도 역시 지붕이 완경사가 되더랍니다. 지붕이 와 이리도 애럽죠.
아마 가장 적절한 1층폭을 찾는 게 더 현명할지도 모르겠네요. 최상층층고증가안을 채택을 해도 어느 정도의 문제는 있을 수는 있으나 그래도 기준층층고비례안 보다는 지붕모양새가 나을 것 같아서 기본적으로 최상층층고증가안의 각층 층고를 채택할 예정이랍니다. 물론 기준층층고비례안도 같이 비교해 보셔야겠죠.

그럼, 저희들이 기본적으로 채택할 최상층층고증가안의 층고들을 한번 봅시다. 5·7·9층목탑의 층고를 봅시다. 저층(1·3층목탑)은 짓지 않았을 확률이 높겠죠.

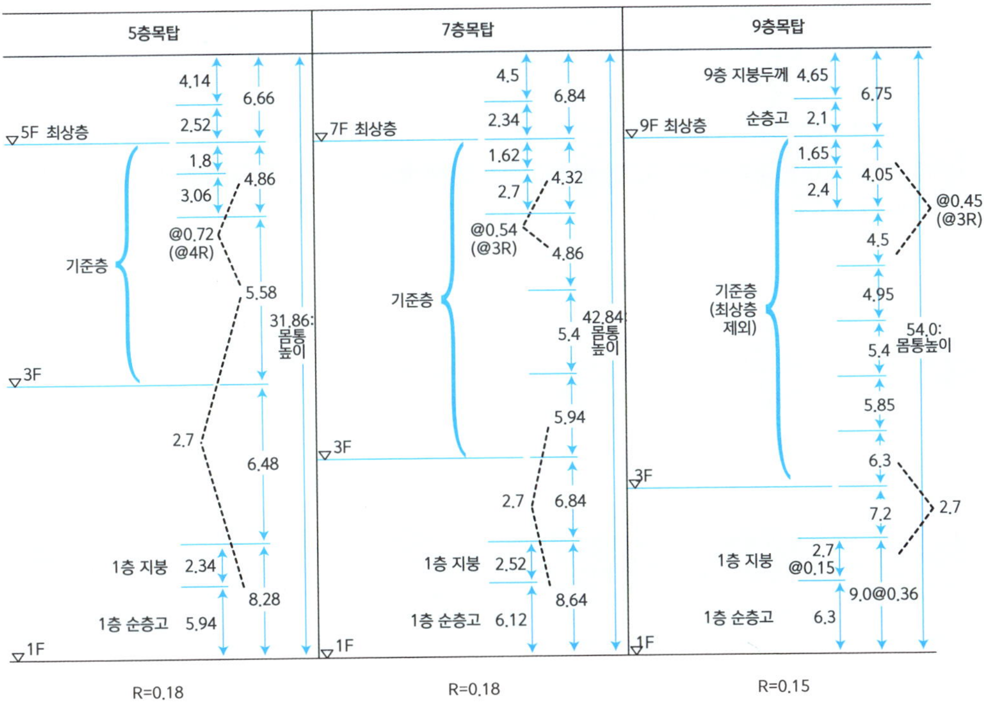

[그림 34] 최상층층고증가안에 따른 각 탑의 층고들: 몸통 높이 기준임.
: 1층층고증감계수 @0.36, 꼭다리 증감계수 @2.52 기준

1층층고를 먼저 보시면 각 탑간 증감계수를 @0.36으로 했답니다. 또한, 1층지붕두께도 각 탑간 @0.18로 했으며, 각 탑의 지붕판두께는 윗층으로 갈수록 1R씩 줄여나갔답니다. 그리고, 최상층층고를 높이기 위해서 최상층을 제외한 기준층층고를 기준층층고비례안의 승감계수보다 더 키우거나 1·3층층고 차이를 조절해서 기준층층고를 줄여 보았답니다.
9층목탑은 @0.45(기준층층고비례안은 @0.3), 7층목탑은 @0.54(기준층층고비례안도 @0.54. 단, 1·3층층고 차이를 2.16에서 2.7로 함), 5층목탑은 @0.72(기준층층고비례안은 @0.54. 1·3층층고 차이도 2.16에서 2.7로 함)씩의 증감계수를 적용해서 기준층층고를 더 줄여서 줄어든 만큼 최상층에 주어 최상층층고를 높여보았답니다.

최상층층고증가안으로 하나 더 생각해 볼 수 있는 것은 기존 기준층층고비례안은 그대로 두고, 꼭다리높이를 떼어다가 최상층에 주는 방법도 있기는 있으나 성립이 될지는 미지수랍니다.

그런데, 백제사찰목탑은 묘하게도 꼭다리에 있는 3첨탑의 반(3첨탑이 밑첨탑보다 2배나 됨)을 최상층에 주면 아주 잘 나올 수가 있답니다. 앞장의 그림을 보시면 9층목탑의 9층층고가 묘하게도 7층목탑의 7층층고보다 조금 더 낮네요. 그래도 다행인 것은 지붕두께는 9층목탑이 조금 더 두껍답니다. 이런 현상은 단높이(R)와 연관이 있는 것으로 보인답니다.

그리고 1층 지붕판두께도 각 탑간 0.18씩의 증감계수를 도입(?)해서 각 탑간의 지붕판두께도 변화를 주어 보았답니다. 즉, 9층목탑의 1층지붕판두께는 2.7m, 7층목탑의 1층지붕두께는 18cm가 더 적은 2.52m가 되겠죠.

이 최상층층고증가안을 풀다 보시면 이 최상층을 제외한 기준층의 증감계수를 변화시키면 최상층지붕두께가 높아지기도 하고 줄어들기도 하여 무지 헷갈리게 되어 있답니다.

그래도 이것이 가장 좋을 것 같아 적용할 예정이랍니다.

3. 9층목탑만 계단 단높이가 15cm인 이유

이 계단 단높이를 보시면 1~7층목탑은 계단 단높이가 R=18cm인데, 유독 9층목탑만 R=0.15랍니다. 뭐 이런 게 다 있죠. 지가 뭐 독불장군인가 ~

아! 기록에 나와 있으니 9층목탑은 R=0.15가 맞을 것 같다구요? 사실 저도 그렇게 생각하고 그냥 무심코 넘어갔답니다. 그런데, 석탑류(종교용)를 푸시다 보면 거의 모든 중요한 치수는 9의 배수가 나온답니다. 9의 배수숫자(특히 층고)라는 것은 비록 석탑류 내부에는 내부계단이 없을지라도 모든 종교용건축물(석탑류 & 사찰목탑 등)의 계단 단높이는 R=0.18(9cmx2)이라는 걸 의미할 수도 있답니다. 물론 석탑류는 이론적으로는 R=0.09(9cm)가 나오기도 하기는 하지마는 기본적으로 계단 단높이는 18cm가 기본이랍니다. 그런데, 이 사찰목탑의 완성형이며 두목급(?)인 황룡사 9층목탑은 왜 단높이가 15cm일까요? 두목 표시내나? 아무리 생각해 봐도 알 수 있는 방법이 없더랍니다. 궁금하지 않으세요? 저희들이 누구라고 했죠? 귀신잡는 공병(?)이라고 했잖아요. 해병대 아재가 저 멀리서 빙긋이 웃고 있네요. 그래서, 길고 긴 장고(?)에 들어갔답니다. 원인을 알아내었을까요. 못 알아내었을까요? 생각은 자유랍니다. 여러 원인이 있을 수도 있겠지만 제가 알아낸 원인(?)을 잠깐 분석해 보겠습니다. 판단은 스스로 알아서 하이소. 저는 꼭다리높이에 초점을 맞추겠습니다. 간단히 5·7층 목탑꼭다리에 초점을 맞추어 9층목탑이 R=0.18일 경우의 몸통부높이를 구해 보겠습니다.

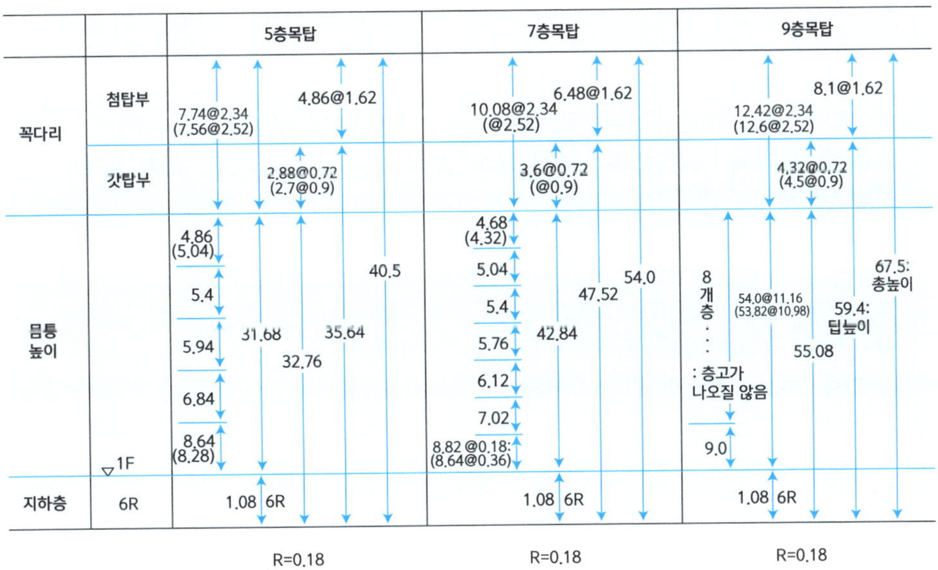

[그림 35] 9층목탑이 R=0.18시 층고개념(9층목탑의 층고가 나오질 않음)
1층층고 증감계수 @0.18, 꼭다리 증감계수 @2.34 기준임.
( ) : 1층층고 증감계수 @0.36, 꼭다리 증감계수 @2.52 기준임

앞장의 그림을 보시면 지하층 단높이가 R=0.18이므로 5·7·9층목탑 동일하게 지하층고는 1.08(6R)이 된답니다. 그리고 꼭다리는 갓탑부와 첨탑부로 되어있는데, 첨탑부의 증감계수는 @1.62이며 갓탑부의 증감계수는 @0.72(@0.9)로 둘을 합치면 꼭다리의 증감계수는 @2.34(@2.52)가 된답니다. 참고로, 1층층고 증감계수를 @0.36으로 하고 꼭다리 증감계수@2.52를 최종채택안으로 할 예정이랍니다. 위의 꼭다리 증감계수@2.34는 왜 9층목탑이 R=0.15인가를 확인하기 위해 9층목탑 몸통부높이를 54m에 맞추어 본 안이랍니다. 그런데, 9층목탑 몸통높이54m(53.82m)에 무슨 문제가 있을까요.

이 9층목탑 몸통부높이 54m(53.82m)에 원인과 이유는 모르겠으나 단높이 R=18cm의 층고를 가진 9개층을 집어넣을 수가 없답니다. 물론 1·2·3층 층고비례 등 기본법칙을 따라야겠지요. 일반적으로 층고를 계산해 보면 서너번 정도면 층고가 나오며 헷갈려 봐야 5~6번 정도면 층고를 구할 수가 있답니다. 그런데, 이 놈(?)의 54m(53.82m)의 몸통부층고는 R=0.18층고(R=0.18의 배수군)를 적용해 보면 9개 층이 나오지가 않는답니다. R=0.15층고를 적용해 보면 2~3번이면 층고들이 아주 매끄럽게 잘 나온답니다. 해결방안이 있는 것인지 근본적으로 R=0.18이 성립 자체가 안되는 건지는 모르겠네요. 아마도 제가 대가리가 나빠서 못푸나 봅니다. 우짭니까? 어쩌면 이 글을 읽으시는 분 중에서 머리가 좋으신(?) 분이 찾아내실 수도 있답니다.

그래도 못 찾으면 방법은 딱 한가지겠죠.
AI(인공지능)에게 일임하는 수 밖에는 없답니다. 인간이 이렇게도 나약해져 버렸답니다.
R=0.18의 층고로 해결방안이 있는지는 모르겠으나, 아마 신라건축기사도 찾지를 못했나 보네요. 그래서 아마도 사찰목탑 중 유일하게 9층목탑만 R=0.15가 된 것으로 보인답니다.
모르죠. R=0.18의 층고를 찾긴 찾아내었는데 R=0.15가 더 좋다고 판단했을 수도 있답니다.
아님 9층 일반목탑의 단높이가 R=0.15라 따랐을 수도 있답니다. 근데, 알 수 있는 방법이 없네요.
기록에 의존하는 수 밖에는?

가장 쉽게 얘기드리면, 몸통부 높이(54.9 지하층 포함)에 R=0.18이 성립이 안된다는 말이겠죠. 즉, 지하층 높이 1.08(6R=6x0.18)을 뺀 높이 53.82(54.9-1.08)에 단높이 R=0.18인 층고(R의 배수군)가 이 53.82m(9개층)에 쏙 들어가지 않는다는 말이랍니다.

머리 좋으신 분 한번 집어 넣어 보세요!

4. 꼭다리(갓탑과 첨탑) 증감계수가 @2.52가 가장 양호

앞 그림(p51, 9층목탑이 R=0.18시 층고개념)에서 보시면 각 탑간 1층층고 증감계수가 @0.18과 @0.36이라는 말이 나오실 겁니다. 말 그대로랍니다. 처음 접근할 때에는 @0.18과 @0.36을 동시에 고려했는데, 착각을 했었는지는 모르겠으나 각 탑간 1층층고 증감계수@0.18이 조금더 매끄럽게 나오는 것 같아서 @0.18을 기준층층고비례안으로 생각했으며, 최상층층고증가안으로는 @0.36이 더 좋겠다고 막연히 생각했답니다. 그리고 시간이 한참 흐른 후 여러 생각을 해보니 @0.18안에 문제가 있을 수 있다는 것을 인지했답니다. 각 탑간의 1층층고가 18cm밖에 차이가 안나니 5층목탑과 9층목탑 1층층고가 36cm 밖에 차이가 나질 않더랍니다.

하! 이거 문제가 있을 수 있다고 판단한 후 다시 길고 긴 장고(?)로 분석을 해 봤겠죠. 먼저, @0.18로 분석을 해보니 꼭다리증감계수가 1~7층목탑은 @2.34가 나오며 7층목탑과 9층목탑과는 @2.52의 증감계수가 나오더랍니다. 1~9층목탑의 꼭다리증감계수가 이왕이면 같으면 좋겠는데 왜 안맞지? 그래서, @0.36으로 다시 정밀(?)계산을 해보니 희한하게도 꼭다리증감계수가 @2.52로 전탑 동일하게 나오더랍니다.

물론, 1층층고 증감계수 @0.36도 전탑 동일하게 나오니 모든 것이 완벽하게 맞게 되더랍니다. 미심쩍어서 @0.54로도 풀어보니 묘하게도 꼭다리증감계수가 @2.52가 전탑 동일하게 나오더랍니다.

이 꼭다리증감계수@2.52를 유심히 다시 보니 완벽한 꼭다리증감계수더랍니다. 그래서 각 탑간 1층층고 증감계수를 @0.36으로 하고 꼭다리증감계수@2.52를 기본으로 기준층층고비례안과 최상층층고증가안을 채택하기로 했답니다. 1층층고 증감계수@0.54(7층목탑과 9층목탑 1층층고 차이는 0.36)도 기준층층고비례안은 아주 양호하게 잘 나오는데 최상층층고증가안은 잘 나오지가 않아서 일단 제외하기로 했답니다.

그럼, 1층층고 증감계수@0.36의 기준층층고비례안(순수이론)과 최상층층고증가안을 한번 봅시다. 5·7·9층목탑 기준이랍니다. 1·3층목탑은 자체법칙으로는 층고가 잘 맞지가 않아서 층고조절공법으로 해결해야 된답니다.

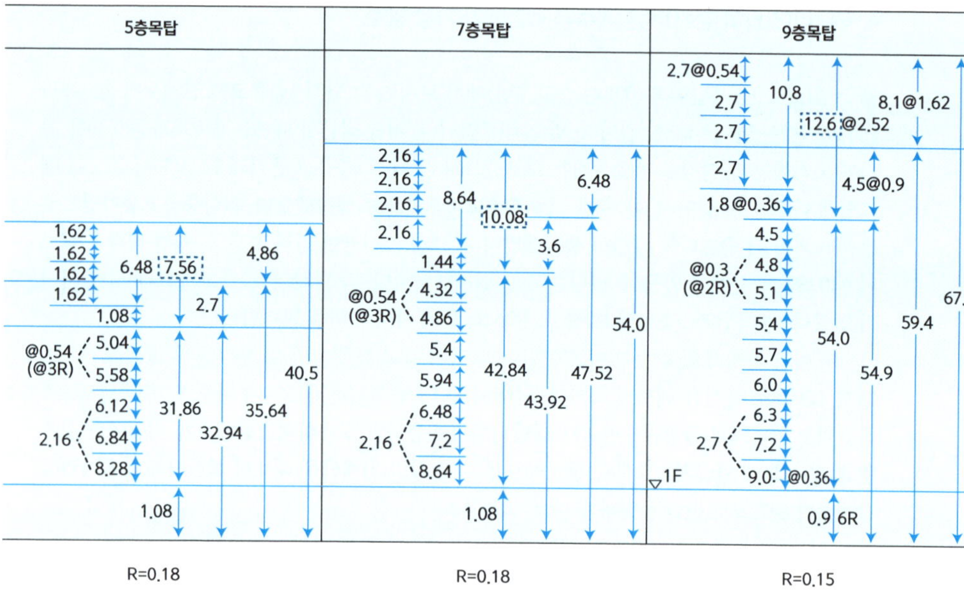

[그림 36] 기준층층고비례안 : 1층층고 증감계수 @0.36, 꼭다리 증감계수 @2.52

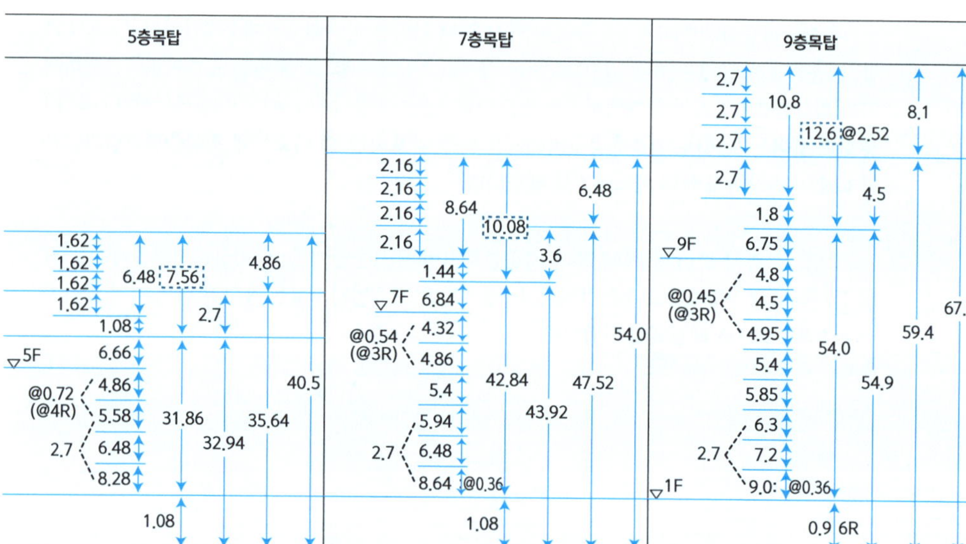

[그림 37] 최상층층고증가안 : 1층 층고증감계수 @0.36, 꼭다리 증감계수 @2.52

두 그림을 자세히 보시면 9층목탑의 1·3층층고 차이는 기준층층고비례안과 최상층층고증가안이 2.7(0.9x3)로 똑같은데 비해서, 5·7층목탑은 기준층층고비례안에서는 2.16(0.72x3)이 되는데 묘하게도 최상층층고증가안에서는 2.7(0.9x3)이 된답니다.

그래야만이 5·7층목탑의 최상층층고가 잘 어울리게 되더랍니다.

5. 기준층층고비례안의 기본개념과 층고산출 접근개념

(1) 기준층층고비례안의 기본개념

조금 전에 말씀드린 것 중 기준층층고비례안의 기본개념을 잠깐만 보고 지나갑시다.

간단히 7층목탑의 층고를 보실까요.

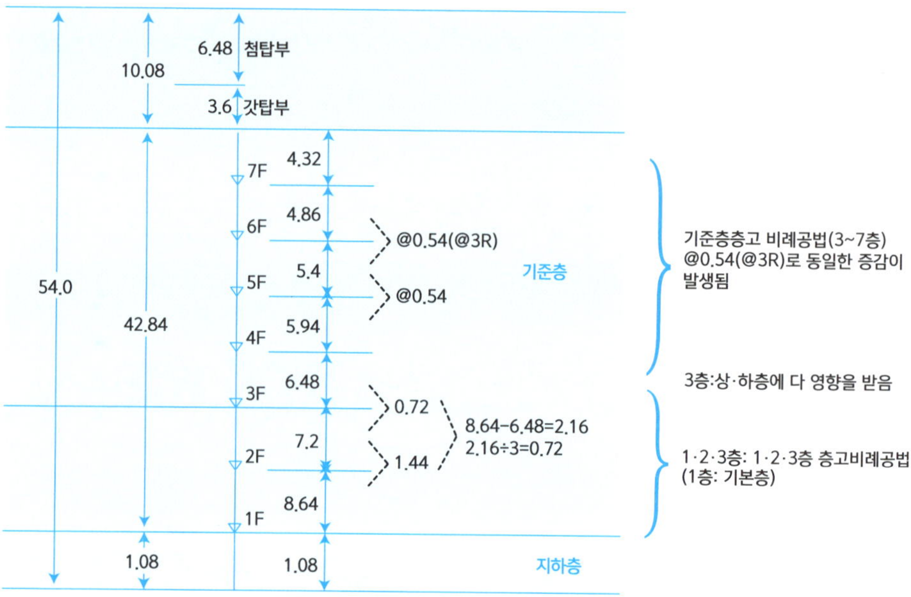

[그림 38] 7층목탑 기준층층고비례안의 층고개념 : 이론 층고안

7층목탑의 탑총높이는 54m이며 꼭다리와 지하층을 제외하면 42.84m의 몸통부높이가 나오게 된답니다. 이 기준층비례안은 바로 몸통높이(42.84m)에 1·2·3층층고비례안과 기준층층고증감계수를 동시에 적용했을 때 42.84m안에 7개층이 아주 매끄럽게 쏙 들어가는 안을 의미한답니다. 계산기를 두드려 보시니 맞는 것 같나요? 예! 정확히 맞을 겁니다. 단 0.1mm도 틀리면 안됩니데이. 그리고, 최상층층고증가안도 접근개념은 같답니다. 다만, 1·3층층고 차이와 기준층층고 증감계수를 조절해서 적절한 최상층층고를 찾아내시면 된답니다.

그런데, 기준층층고 증감계수가 어떤 층과는 @0.36(2R)인데, 어떤 층과의 차이는 @0.18(1R)이 되거나 @0.54(3R)가 되면 안되겠죠.

그렇게 되면 건물이 매끄럽지 못하게 됩니데이. 한번 보실래요.

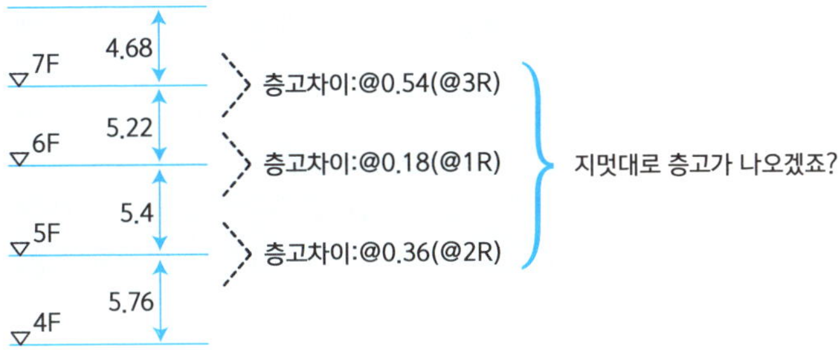

[그림 39] 각 층 간의 층고증감계수가 서로 다를 경우

보시듯 지멋대로 집이 될 겁니다. 건축기사를 짤라야 할까요. 가르쳐야 할까요? 알아서 하이소 ~ㅎㅎ~

(2) 층고산출 접근개념

어떤 몸통높이가 주어졌을 때 이 높이를 갖고 9개층이든 7개층이든 각 층고를 어떤 법칙에 따라 정확히 맞추기가 그리 쉬운 일만은 아닐 겁니다. 당연히 탑총높이에서 꼭다리높이와 지하층높이 등이 정확하게 맞을 경우에만 성립이 가능하답니다. 어느 한 높이라도 삐끗하면 어쩌면 영원히 못 짜 맞출 수도 있답니다. 만만한 게 한 개도 없답니다. 이 각층의 층고를 정확하게 짜맞추려면 가장 중요한 1층층고를 정확히 인지해야 한답니다.

그런데, 문제는 이 1층층고를 정확하게 알 수 있는 방법은 존재하지 않는답니다. 공통수(C)가 확실한 일반목탑1층층고 구하기와는 사찰목탑1층층고 구하기는 개념이 약간 다른 것 같답니다. 7층목탑의 몸통높이 42.84m(사실, 이 높이 자체도 정확한지를 알 수 있는 방법은 없답니다. 모든 경우의 수로 다 풀고난 뒤에야 아! 이게 맞구나라고 인지할 수 있음)를 보시고 1층층고를 단번에 정확하게 알아내실 수 있으신 분 계시면 손 한번 번쩍 들어 보이소. 아주 멀리서도 보일 수 있게! 예, 맞습니다. 수도 없이 많은 반복 작업을 거쳐야만 그것도 간신히 그것도 모자라서 맞는지조차도 불확실할 수도 있답니다. 자기 혼자서만 맞다고 착각하겠죠 ~ㅋ~ 저는 접근할 때 이렇게 한답니다. 영업비밀인디? 뭐 우리끼린데! 물론 약간의 잔머리공법(?)도 필요하답니다.
7층목탑의 몸통높이 42.84m에 7개층이 들어가니 일단 42.84를 7로 나누어 본답니다.
42.84÷7개층=6.12m가 나오네요. 희한하게 7로 나누어지는 숫자도 다 있네요? 그러면, 1층층고는 최소한 6.12이상이 될 겁니다. 그냥 감으로 8~9m 정도면 적당할 것이라고 단순히 생각한답니다. 8~9m 속에서 R=0.18의 배수 숫자를 찾아낸답니다. 볼까요.
8.1(0.18x45=45R), 8.28, 8.46, 8.64, 8.82, 9.0(50R) 많아야 6개의 경우의 수 밖에 안되네요.
이 나온 모든 숫자를 갖고 일일이 다 계산해 보면 된답니다.

이렇게 하면 너무너무 힘이 들겁니다. 그래서 저는 표준이 되는 9층목탑의 1층층고를 먼저 구한 뒤(물론 시간이 쪼께는 걸릴 겁니다) 7층목탑의 1층층고를 약간 낮게 설정한 뒤 접근하면 아주 쉽게 풀리더랍니다. 5층목탑 1층층고는 7층목탑의 1층층고 보다 작은 높이로 접근해야겠죠.
5층목탑 1층층고를 7층목탑 1층층고보다 높게 해도 된다고요? 아이구 두야! 빨리 집에 가야겠다~제가 아주 간단히 정상적인 층고(기준층층고비례안) 구하는 법을 말씀드렸는데 운이 좋으면 쉽게 풀리는데 운이 억수로 더 좋으면(?) 며칠을 풀어도 못 풀 때가 있답니다. 팔자대로 삽시다.

기준층층고비례안이라는 말은 없었는데(정상적인 층고이기 때문) 최상층층고증가안과 구분하기 위해 만들어 본 말이랍니다.

6. 최상층지붕 경사도 형태

이 최상층층고증가안을 풀다가 느낀 재미있는 것 하나만 짚고 넘어가 봅시다. 제가 판단하기에는 너무 어렵네요. 이 목탑이 5가지 높이가 있답니다. 1·3·5·7·9층목탑이겠죠.

궁금한 건 바로 이것이랍니다.

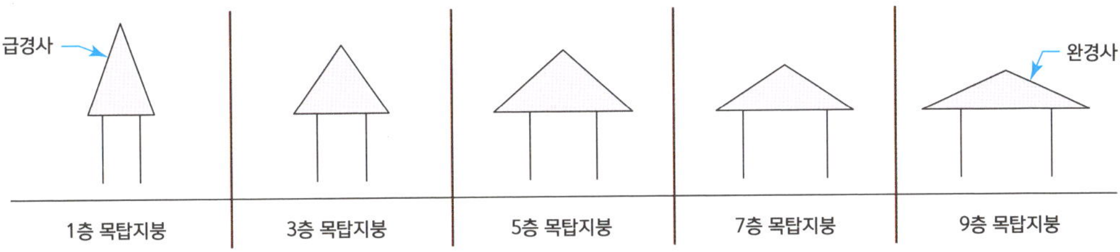

[그림 40] [1안] 저층탑으로 갈수록 최상층지붕(일반적으로 지붕이라고 지칭)이 뾰족할까요?

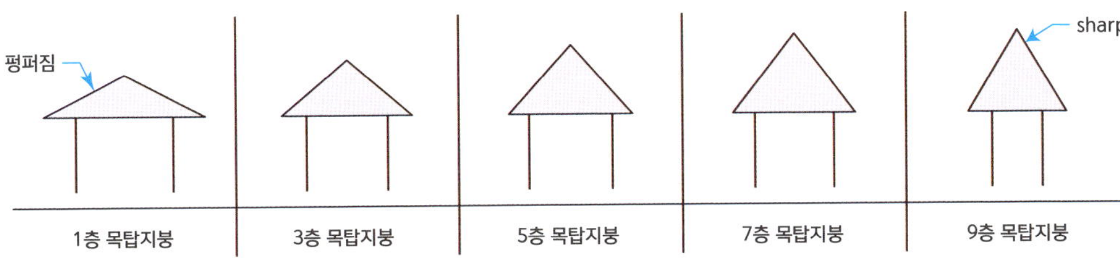

[그림 41] [2안] 고층탑(?)으로 갈수록 지붕이 뾰족해 질까요?

아니면, 그냥 계산해 보고 나오는대로 대충할까요?
어찌 생각해보면 저층탑일수록 뾰족해야 할 것 같기도 하고, 또 어떻게 생각해보면 고층탑일수록 더 뾰족한 게 더 멋있을 수도 있는 것 같고?
다행인 것은 풀다 보면 뾰족하고 납작한 것은 최상층층고도 영향을 미치기는 하나 건물폭이 꽉 쥐고 있더랍니다. 그러니, 최상층지붕각도에 너무 연연해 하실 필요까지는 없네요.

이제부터는 건물형태에 따른 건물폭(1층폭)에 관심을 가져야될 것 같군요. 그런데, 그렇게 쉽게만 생각했던 층고가 이리도 경우의 수가 많이 발생될 수 있으리라고는 미처 생각하지 못했답니다.

저 자신이 쪼께 문제가 있는 듯. 최상층층고증가안을 기본적으로 볼 것이며 기준층층고비례안도 살짝 곁들일 겁니다. 물론 8각 일반목탑형은 자체 일반목탑형 층고를 따르게 될 겁니다.

V. 목탑의 개념비교

목탑에 대해서 아셔야 될 기본개념이 몇 개 있어서 간단히 비교해 봅시다.

1. 일반목탑과 사찰목탑의 형태 개념

사실은 다 말씀드린거나 마찬가지지만 그래도 요약해서 한번쯤은 비교해 보는 것도 좋을 것 같답니다.

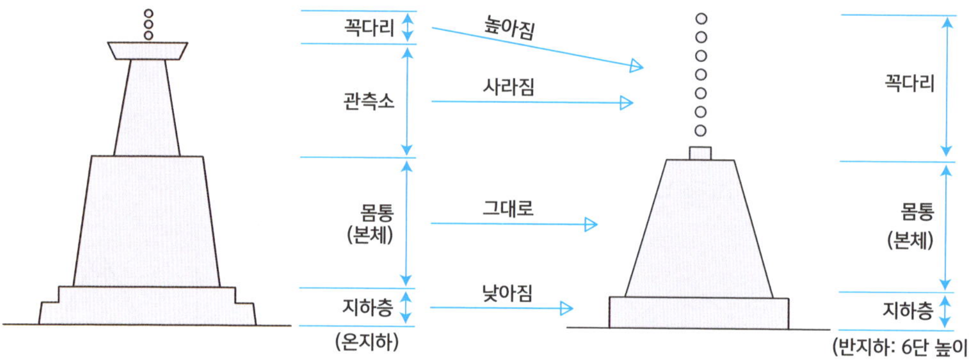

[그림 42] 일반목탑 개념

[그림 43] 사찰목탑 개념

자세히 보시면, 꼭다리는 일반목탑(관공서)에서는 그리 큰 비중을 차지하지 않는데 비해서 사찰목탑에서는 무지 높아지기도 했지만 아주 중요한 의미가 있는 것도 같답니다. 어쩌면 이 꼭다리가 사찰목탑의 꽃이라고 봐도 될 것 같답니다.
일반목탑의 관측소는 사찰목탑에서는 흔적도 없이 사라져 버렸네요. 관측할 일이 사찰에서는 별로 없나 봅니다? 아니! 스님들이 관측을 잘 못하시나?
몸통은 그대로입니다.

다음으로, 이 지하층이 아주 재미있는 놈이랍니다. 일반목탑은 정식 지하층으로 온지하인데 반해 사찰목탑에서는 반지하라고 하기도 그렇지만 높이가 쥐꼬리만해 졌답니다. 즉, 1층으로 올라가는데 6단(6R)만 올라가면되네요. 신도들을 위한 배려차원이었을까요?
다리는 덜 아프겠네요. 신라석탑을 보시면 지하층은 기본적으로 온지하랍니다. 같은 종교용도인데도? 이유는 아무도 모른답니다. 그런데, 같은 종교용도인 석판탑(돌판탑 : 분황사 7층탑 등)은 기본적으로 묘하게도 반지하(6R)랍니다(신세동 7층전탑은 묘하게도 온지하임).

그리고, 백제 석탑류와 사찰목탑도 기본적으로 반지하(6R)형태랍니다. 이제, 한 눈으로도 척 알아보실 수가 있으실 겁니다.

이런 식으로 비교 분석해 보니 재미있죠. 사실 반지하층고를 6R보다 높일까도 생각해보았는데 모든 치수개념과 현상태(현존상태)를 비교검토해 보니 6R이 가장 합리적이더랍니다. 이제 한눈에 일반목탑과 사찰목탑의 개념을 정확히 이해하셨으리라 믿습니다.

2. 8각형과 4각형 건축물의 내부계단 개념
두 형태의 계단을 봅시다.

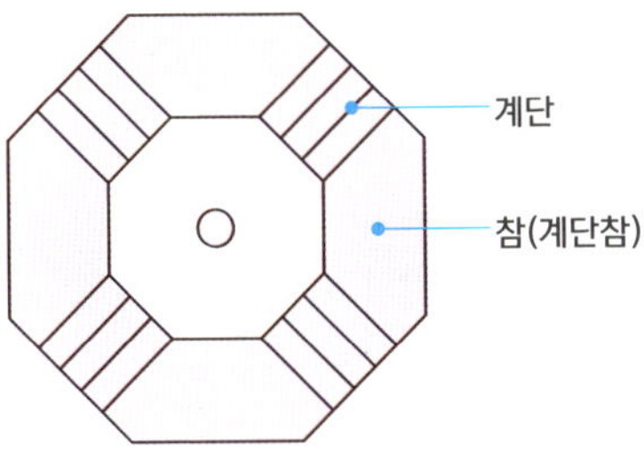

[그림 44] 8각형 core계단

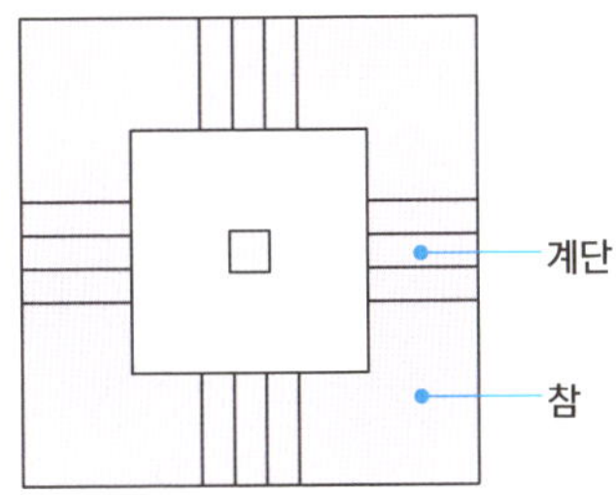

[그림 45] 4각형 core계단

보시면, 계단 4개와 참 4개씩으로 얼핏보면 똑같은 개념으로 보이시겠지만 실제 개념은 완전하게 다르답니다. 또 보실까요.

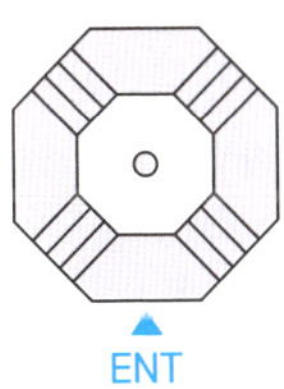

정중앙진입: 4계단을 다 이용

[그림 46] 8각형 계단진입
: 정중앙 진입이 가능

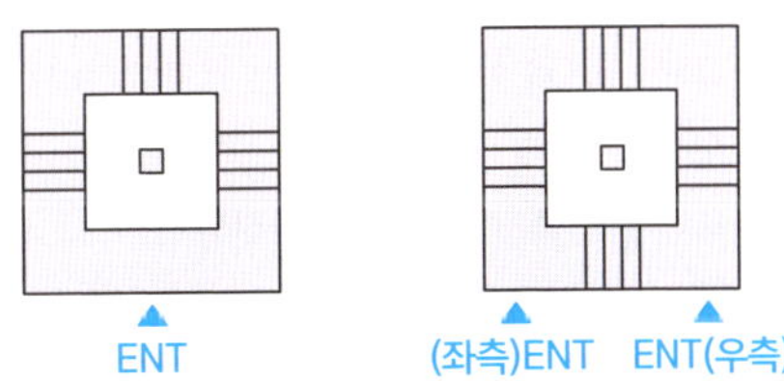

정중앙진입: 3계단 이용가능 4계단 이용가능

[그림 47] 4각형 계단진입
: 진입 위치에 따라 이용가능 계단이 다름

보시다시피 8각형계단은 동·서·남·북 어디로 들어가더라도 4개의 계단을 전부 다 이용할 수가 있답니다. 그런데 4각형계단은 한 면에서 정중앙으로 들어가면 계단이 1개 사라져서 3개의 계단만 사용이 가능하답니다. 물론 우측이나 좌측의 귀쪽을 이용하면 4개 계단을 다 이용할 수는 있답니다.

그러나, 상식적으로 계단을 중앙으로 들어가지 양쪽 구석으로는 잘 들어가지는 않을 것 같네요. 제 생각이 짧은건가? 정중앙으로 들어간다고 볼 때 4각형계단은 3개 계단만 이용이 가능하며 올라가실려면 다리가 쪼께 더 아프시기도 하지만 1층 진입이 1방향 진입만이 가능하답니다. 8각계단은 2방향 진입이 가능하답니다(층고가 무지 낮지 않는 이상).

2방향 진입이 무엇이었죠? 바로 계단실은 한 개인데 실제 계단은 2개의 계단이라는 말이겠죠. 즉, 1층에서 남북으로 두 놈이 동시에 진입하면서 서로 마주칠 일이 없답니다. 꼬라지 보기 싫은 놈하고 서로 부딪칠 일 없이 올라갈 수 있는 계단이랍니다 ~ㅋ~

1방향 진입계단과 2방향 진입계단은 계단 효용면에서 천양지차랍니다. 왜 4각계단에서 정중앙으로 들어가면 2방향 진입이 힘든지 볼까요. 간단하게 1계단 단수가 10단씩이라고 가정을 해봅시다. 1계단높이=10R=10x0.15=1.5m가 될 겁니다. 8각형과 4각형을 비교해 볼까요.

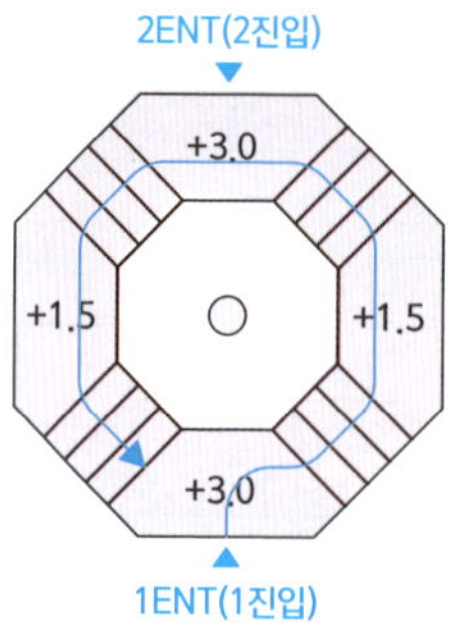

[그림 48] 8각 계단

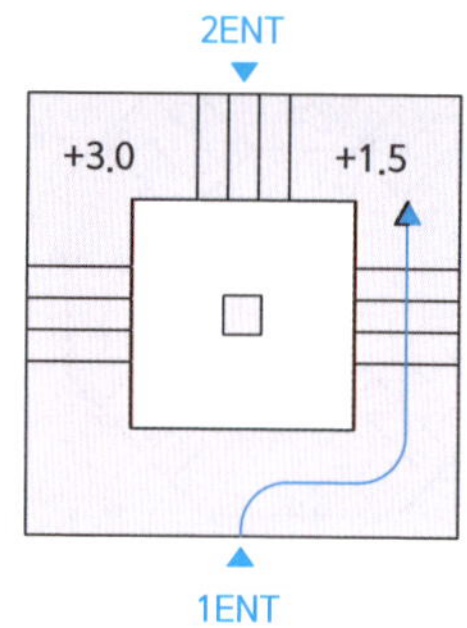

[그림 49] 4각 계단: 정중앙 진입시

8각계단은 2계단을 돌아가면 참높이가 1.5x2=3m나 된답니다. 이 3m높이 밑에서는 룰루랄라 계단을 올라갈 수가 있답니다. 그런데, 4각계단은 1계단만 올라가니 참바닥높이가 +1.5m가 되어 너무 낮아서 2진입은 불가능해진답니다. 참바닥 밑에는 보가 되었든 디딤판이 되었든 어느 정도의 두께가 필요하답니다. 즉, 바닥높이는 1.5m일지라도 보든 바닥판이 되었든 부재를 놓다 보면 밑순층고는 엄청 낮아진답니다.

보통 약 60cm정도의 두께가 필요하답니다. 1.5-0.6(보두께 등)=0.9. 이 높이로는 2진입이 쪼께 애럽다고 봐야겠죠. 기어서 가면 된다꼬요? 혼자서 기어가이소. 계단층고(윗층으로 갈수록 줄어듬)에 걸려서 9층까지 계속 기어서 가셔야 될 겁니다. 9층까지 가시면 아마 허리가 뿌러질 듯?

그런데, 이 4각계단도 좌측진입시나 1계단높이가 무지 높으면 2방향 진입은 가능은 하답니다.

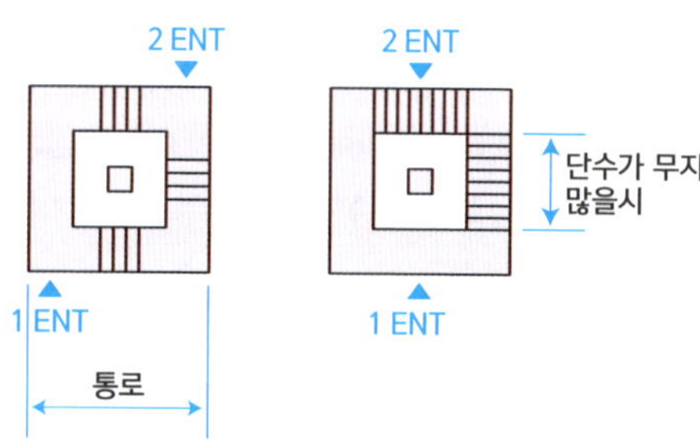

[그림 50] 4각계단도 좌측진입시(左)나 1계단높이가 무지 높으면(右) 2방향 진입은 가능

1층층고가 무지 높으면 1계단높이도 높아서 1층에서는 2진입이 가능할지는 모르겠으나 이 층고라는 놈이 상층으로 갈수록 자꾸 낮아져서 어디선가에서는 반드시(?) 머리를 조심하셔야 할 겁니다. 그리고 좌측구석 진입이 있는데 이론은 그럴싸하답니다. 우회전법칙과는 동떨어진 상황이네요. 어떤 친구가 통로(복도)를 걸어가다가 좌로 방향을 틀어서 들어가서는 또 우측으로 계단을 올라갈까요? 아마 그런 친구가 혹시 있다면 그 친구는 아마도 쪼께 문제아일 듯?

계단진입이 1방향 진입이든 2방향 진입이든의 문제보다도 4각계단은 더 심각한 문제가 있답니다. 1층에서 정중앙으로 진입을 하게 되면 각 층의 진출입방향이 동쪽으로 나왔다가 서쪽으로 나왔다가 지멋대로 방향이 와따리가따리 한답니다. 8각계단은 기본적으로 각 층의 진출입방향이 남북으로 반드시 나오게 되어있답니다. 이렇게 각 층 진입방향이 다르게 되면 내부통로(복도)도 동서남북 각 방향으로 나오기도 하지만 올라가는 친구가 방향감각 상실증에 걸릴 확률이 무척이나 높답니다. 보실까요.

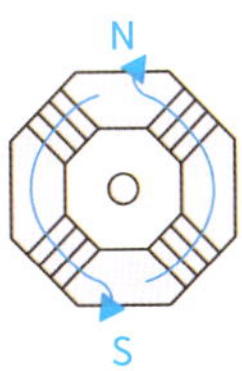

[그림 51] 8각 계단
: 남북으로만 진출입 됨

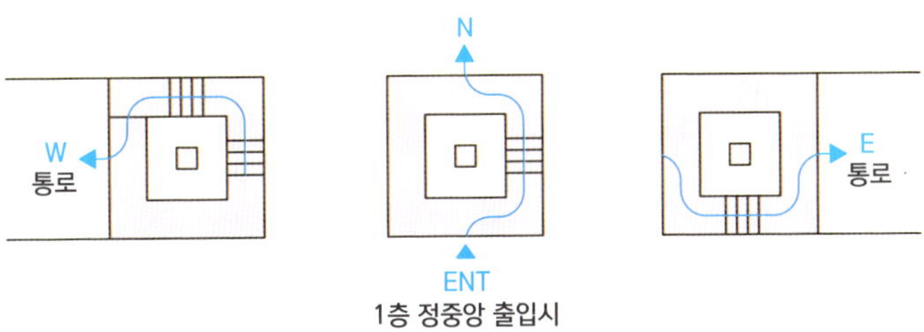

[그림 52] 4각 계단
: 1층에서 정중앙 출입시 각 층에서 진출입 방향이 바뀜

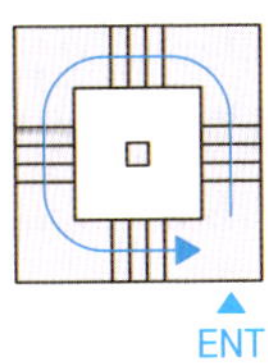

[그림 53] 우측 귀참 진입시

조금은 이상은 하긴하나 우측 귀쪽이나 좌측 귀쪽으로 진출입을 하면 어찌 되었든 간에 각 층의 진출입방향은 어느 정도는 맞출 수는 있답니다. 어쩌면 정중앙 진출입보다는 조금 어색할지는 모르겠으나 4각계단에서는 더 나을 수도 있을 것 같기도 하네요?
풀어야 할 숙제네요? 이 진출입의 방향은 엄청 중요하답니다.
하여튼 4각계단 한번 올라가시다가는 정신이 빙빙돌 듯?

시간 나시는 분은 각층 층고로 계단단수를 파악하신 후 한 번들 그려 보십시오.
어쨌든 이 4각계단의 계단처리는 아주 신중하게 접근하셔야 한답니다.

3. 8각형과 4각형 건축물의 내부공간 활용도 개념

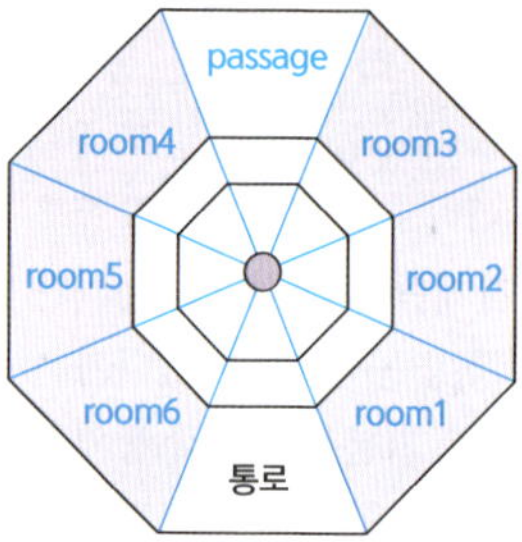

[그림 54] 8각 건축물의 한층 방들

8각건물을 먼저 보시면, 총 8개의 방 중에서 남북 2개의 방을 통로로 쓰더라도 6개의 방을 이용할 수가 있답니다. 물론 3방씩 묶어서 사용해도 되겠죠.
각 방의 내부에도 기둥은 있긴 있지만 그리 시각방해를 일으키지는 않는답니다.

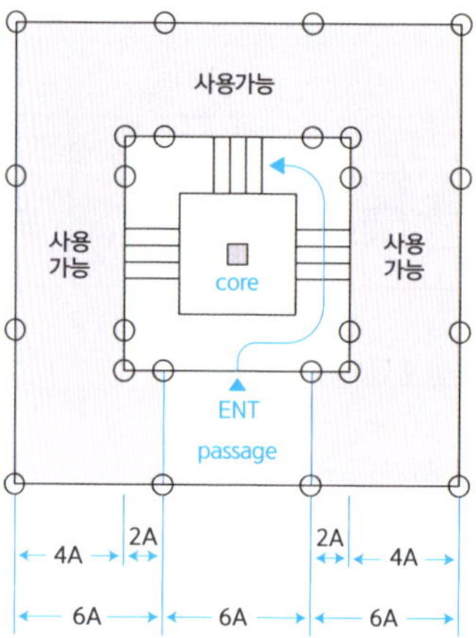

[그림 55] 4각 건축물의 한층방들
: 4각3칸 비례안기준 A=1.08

4각건물을 한번 보실까요.
간단히 4각3칸비례안을 보시면 되겠죠.
보시면, 남쪽을 주통로로 보시면 동·서·북 3면은 이용할 수가 있답니다. 이 이용가능한 3면의 방의 경계가 조금은 애매하답니다. 이것은 3칸이라 그렇지 5칸·7칸이 되면 중간에 너무 많은 기둥들이 들어갈 겁니다. 그리고, 내부통로 내기도 조금은 애매하답니다.
그림과 같은 4각3칸비례안 같은 경우는 사용가능 폭이 4A=4.32m 밖에 안된답니다. 물론 서쪽계단 하부를 이용하면 서쪽면은 최대로 6.48m(6A)까지는 이용 가능은 하답니다. 사실 이 4.32m 공간폭은 통로정도의 역할밖에 할 수가 없답니다. 그러다 보니 4각목탑의 내부공간 사용용도가 무엇인지가 무지 헷갈린답니다.

1층 사용가능 폭이 4.32m이지만 윗층으로 갈수록 자꾸 줄어든답니다. 일반석탑이라면 외부에서 탑돌이라도 할 수가 있는데 이 4각목탑의 내부공간을 단순 내부탑돌이 공간이라고 봐야 할까요? 물론 칸수를 늘여서 건물폭을 넓히면 어느 정도의 사용가능 공간은 나올 수가 있답니다. 하여튼 이 4각건물의 내부공간은 사용하기도 조금 불편하기도 하며 폐공간이 제법 발생되는 아주 묘한 공간이랍니다. 그래도 석탑 등에서 발견되는 모든 장식탑들의 형태가 4각형이며 건물폭이 좁으니 그 형태를 따라야 할 것도 같답니다.

똑같게까지는 못하더라도 최대한 접근까지는 시켜야 되겠지요. 이게 참 어렵답니다. 저 개인적으로는 사용공간이 편리한 8각형건물로 하고는 싶답니다.

VI. 사찰목탑의 형태

제일 처음에는 사찰목탑도 당연히 8각형일 거라고만 생각하고 간단히 8각형만 그려보고 넘어갈려고 했었는데, 가만히 생각해보니 4각형일 수도 있다는 생각이 자꾸 스쳐 지나가더랍니다. 사리함 등에서 나온 몇 개의 탑을 보았는데 모두 다 4각형태더랍니다. 그렇다면 그 탑을 만드신 분은 어떤 탑을 보고 만든 것인지는 모르겠지만 한 가지 확실한 것은 4각형탑을 보았다는 말이 되겠지요. 형태를 조금씩 변형시켜 가면서 조그마하고 아기자기하게 만들었는지는 모르지만? 그래서, 신라 사찰목탑도 4각형일 수도 있다는 걸 본격적으로(?) 생각을 하기 시작했답니다. 8각형은 간단한 편인데, 이 4각형 사찰목탑은 너무 많은 경우의 수를 갖고 있다는 걸 인지했답니다. 몇 칸 건물인지부터 헷갈리기 시작했으며 각 칸의 폭이 동일할 수도 있고, 각 칸의 폭이 다를 수도 있으며, 더 헷갈리는 것은 칸의 폭이 도통 어느 정도인지를 가늠할 수 있는 방법이 없더랍 니다.

어떻게 하면 알아낼 수가 있을까요? 아마도 답이 없을 것 같답니다. 참새가 방앗간을 그냥 지나갈 수는 없겠죠. 내가 참새? 어떤 경우의 수가 나오더라도 두들겨는 봐야 할 겁니다.

그래서 나름대로 발생 가능한 신라 사찰목탑 형태를 일단 분류해 보았답니다.

<신라 사찰목탑의 형태분류표>

1. 4각형 형태 사찰목탑

(1) 4각3칸 형태

① 4각3칸 비례안

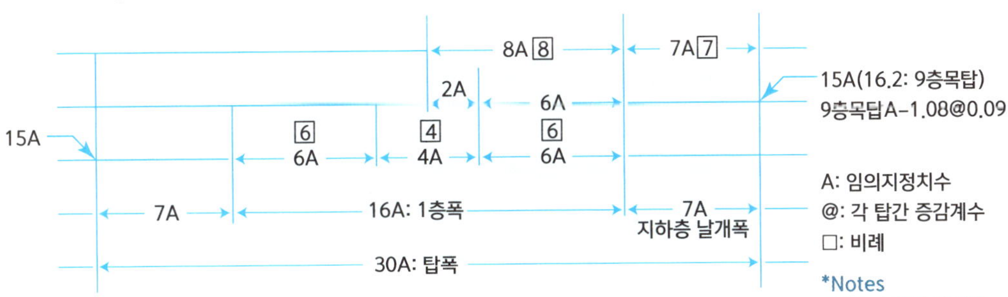

[그림 56] 4각3칸 비례안

② 4각3칸 등간격안

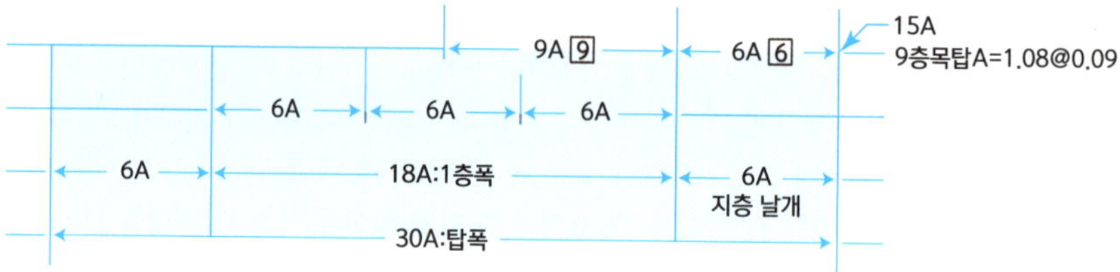

[그림 57] 4각3칸 등간격안

(2) 4각5칸 형태

① 4각5칸 등간격안

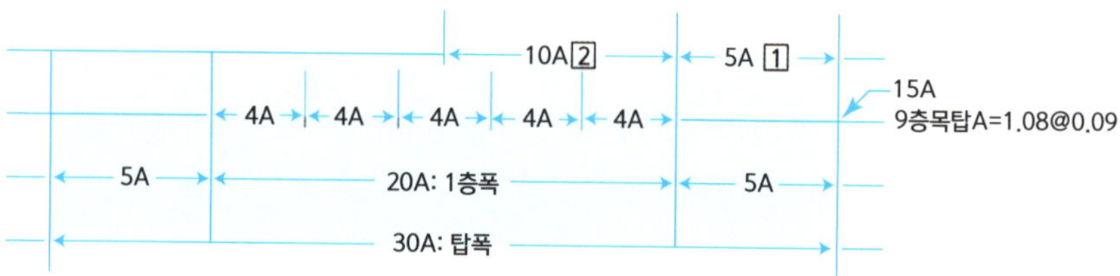

[그림 58] 4각5칸 등간격안

② 4각5칸 비례안

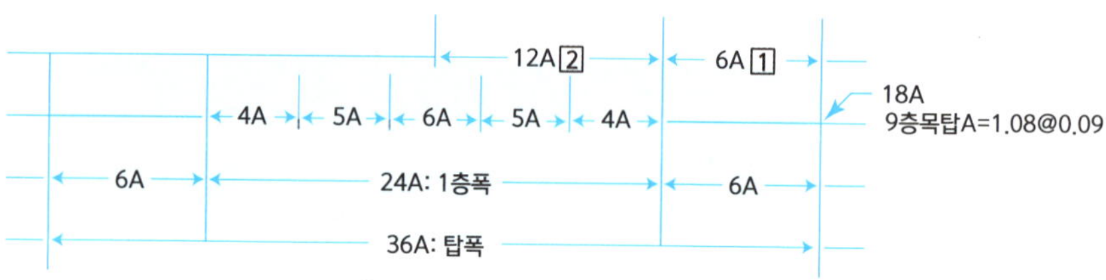

[그림 59] 4각5칸 비례안

(3) 4각7칸 형태

① 4각7칸 등간격안

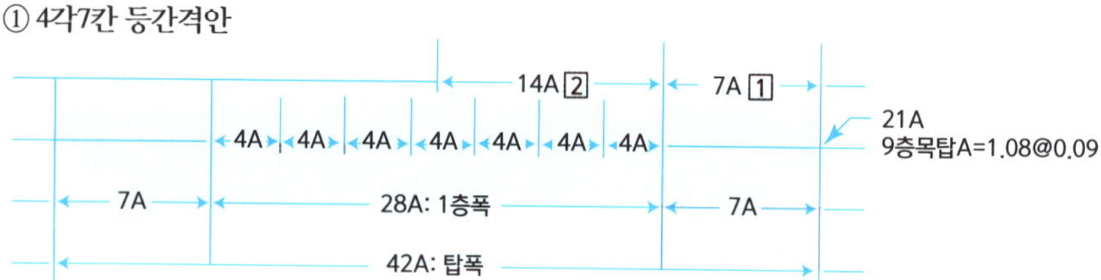

[그림 60] 4각7칸 등간격안

② 4각7칸 비례안: 건물폭이 너무 넓음

2. 8각형 형태 사찰목탑

(1) 일반목탑형

구 분	core 폭	R	비 고
9층 목탑	2.4 @0.15	R = 0.15	아주 양호함
7층 목탑	2.25 @0.15	R = 0.18	무리
5층 목탑	2.1 @0.15	R = 0.15	간신히 성립은 됨
3층 목탑	1.95 @0.15	R = 0.21	간신히 성립은 됨
1층 목탑	1.8 @0.15	R = 0.18	간신히 성립은 됨

[표 4] 일반목탑형

(2) 사찰목탑형

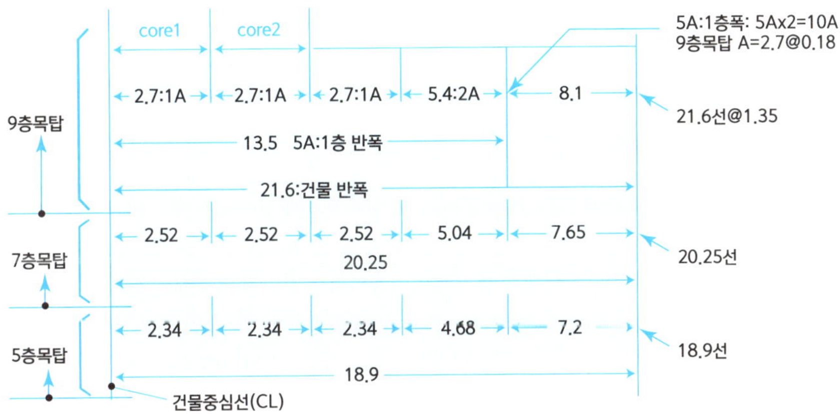

[그림 61] 사찰목탑형

이 목탑형태는 무지 많은 경우의 수가 나올 수도 있겠지만 이 정도면 적당하지 않을까해서 몇 개를 간추려 보았답니다. 이것들을 아주 간단히 살펴보겠습니다.

① 4각형 형태 사찰목탑

- 4각3칸 비례안(고려금동9층탑안) : 한 번도 생각해본 적이 없었답니다. 고려금동9층탑 자체도 그냥 스쳐지나 갔었는데(?) 어느 날 갑자기 혜성같이 나타나서 절 유혹(?)하는 바람에 1추천안으로 할까도 생각해본 안이랍니다.

  행운의 안이랍니다.

- 4각3칸 등간격안 : 4각3칸비례안의 1층폭과 지하층 외부폭의 비례(8:7)가 마음에 들지 않아서 3:2(9:6)로 맞추어 본 안이랍니다.
- 4각5칸 등간격안 : 일반적으로 제일 먼저 생각해 볼 수 있는 안으로 아주 보기가 좋답니다.
- 4각5칸 비례안 : 칸수도 적당하고 중앙칸이 조금 더 크므로 모양새가 좋을 듯하답니다.
- 4각7칸 등간격안 : 건물폭이 좀 넓은 듯하기는 하나 심초석 안내판(?)에 64개의 초석이 있다고 되어있으므로 한번 생각해보는 안이랍니다.
- 4각7칸 비례안 : 여기서부터는 건물폭이 지나치게 넓기도 하며 성립 자체가 너무 어려워 생략하겠습니다.

② 8각형형태 사찰목탑

- 일반목탑형 : 외부기둥이 일반목탑과 같이 경사기둥임. 제일 처음 당연히 이것이라고 생각을 했었는데, 9층목탑은 완벽하지만 기타 탑들(7~1층목탑)이 영 시원치가 않네요. 9층목탑 시공기간을 약 3~5년으로 추정해 볼 수가 있음. 그래도 한 번쯤은 지어볼 필요가 있을 듯?
- 사찰목탑형 : 외부기둥이 그냥 수직기둥임. 8각형이라 이 사찰목탑형은 생각 자체를 해 보지도 못했는데, 한번 손을 대어 볼까하고 그려 보니 제 마음에 아주 쏙 드네요. 특히, 지붕각도가 아주 자연스럽고 건물폭도 아주 이상적이고 건물 모양새가 8각형이라 아주 멋지답니다. 그래서 특추천안으로 추천해 드리겠습니다 ~ㅎ~

간단히 각 형태를 평가를 해보기는 했는데, 제 평가가 신빙성이 있는지는 미지수랍니다. 이 형태별 사찰목탑은 저의 순수한 개인생각으로 대충 큰 형태만 잡아본 것이랍니다. 쉽게 얘기하면 이런 형태일 경우에는 이렇게 생기지 않았을까하고 간단히 생각해본 것이랍니다.

더 구체적으로 들어가면 엄청 복잡해지겠죠. 특히 지붕구조와 내부계단 처리와 건물 외관을 어떻게 해야 할지가 무지 헷갈리기도 하고 어려울 것 같답니다. 앞으로도 엄청 많은 연구가 되어야 할 겁니다. 누가 해야 할까요? 어찌되었건 앞으로 나아가야 길이 보일 겁니다. 어떤 형태의 사찰목탑이 가장 적당할 것인지는 이 글을 읽으시는 분만이 판단하실 수가 있을 겁니다.

Ⅶ. 사찰목탑을 보실 때 관심사항

사찰목탑을 보시다 보면 특히 이 점에 관심을 갖고 보셔야 되더랍니다.
첫째는 우수선, 둘째는 각층 지붕경사도(지붕물매), 셋째는 내부계단, 넷째는 처마끝의 횡보길이에 신경을 조금 써야 될 것 같더랍니다. 대충 훑어 봅시다.

1. 우수선

첫째로 우수선을 보시면 1층지붕우수선은 처마끝 횡보까지가 2우수선(⊿2)이므로 아무런 문제가 없답니다. 다만 기와가 어디까지 노출되어야 되는지는 미지수겠지요. 문제는 건물의 처마각에 따라서 최상층으로 갈수록 지붕우수선에 변화가 일어나는데 있답니다. 보실까요.

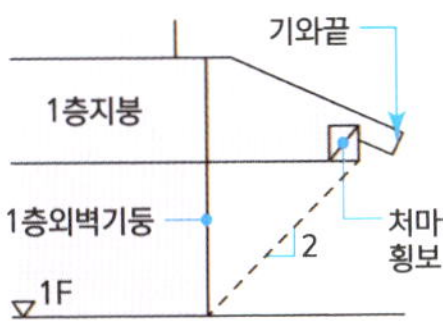

[그림 62] 1층지붕 우수선 : ⊿2

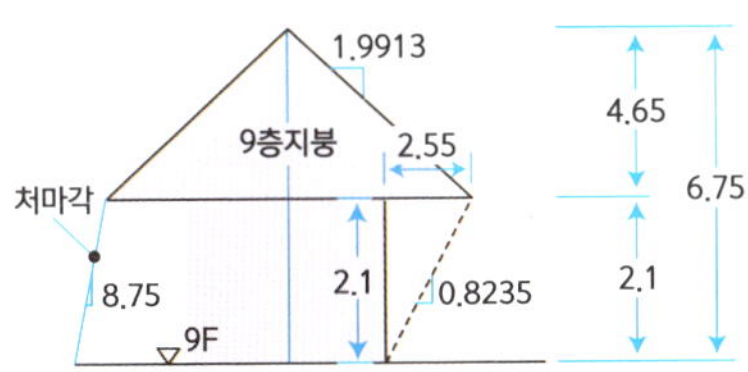

[그림 63] 처마각 ⊿8.75시
9층 지붕우수선 ⊿0.8235

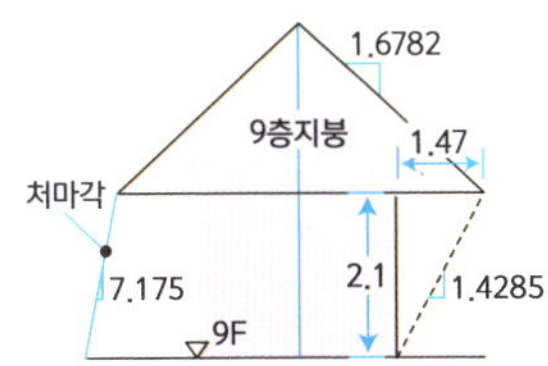

[그림 64] 처마각 ⊿7.175시
9층 지붕우수선 ⊿1.4285

그림에서 보시듯 9층지붕우수선이 처마각이 ⊿8.75시는 ⊿0.8235(< 1우수선)이고 처마각이 ⊿7.175시는 ⊿1.4285(⊿1~⊿2사이, 즉 1~2우수선 사이)가 된답니다. 일반적으로 지붕우수선은 ⊿1~⊿2 사이가 제일 좋을 것 같답니다. ⊿2(2우수선)보다 숫자가 크면 외벽하부 쪽에 빗물이 들이칠 것 같고, ⊿1보다 적으면 지붕날개가 너무 길어서 지붕판이 불안해지겠죠.

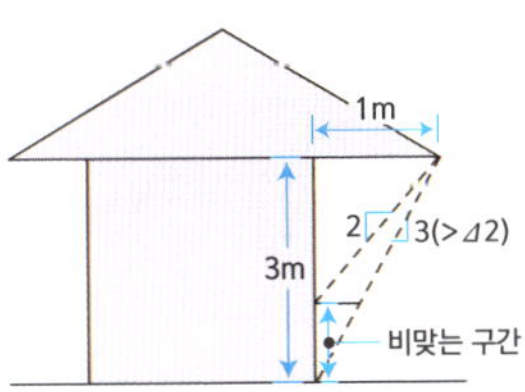

[그림 65] 2우수선 보다 클경우
하부쪽에 비를 맞음

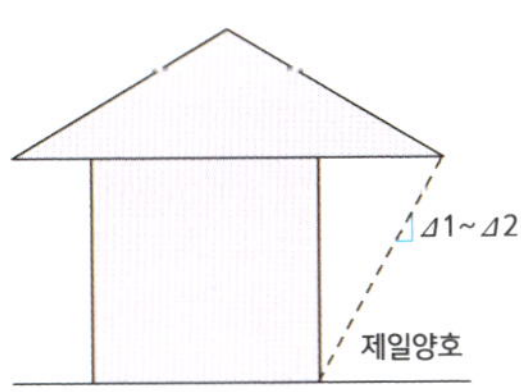

[그림 66] ⊿1~⊿2 사이는
안전구간

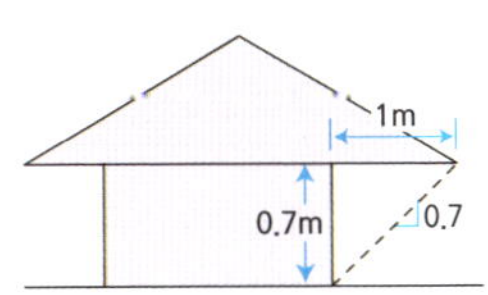

[그림 67] ⊿1보다 적을시 :
지붕 날개가 부담스럽다?

우수선 = $\frac{높이}{폭}$ 이겠죠. 풀다 보면 가끔 이 우수선개념이 헷갈릴 때도 있답니다.
그림에서 보시듯 2우수선보다 클시는 외벽하부가 비를 맞으니 성립자체가 힘들 것 같답니다.
1~2우수선 사이는 아주 양호하답니다.

문제는 1우수선보다 적을 시가 문제가 될 수 있는데 다행인 것은 그나마도 상부층으로 갈수록 지붕날개길이가 짧아져서 어찌 생각해보면 가능할 것도 같고 무리일 것도 같답니다.
비록 1우수선보다 적더라도 지붕길이가 짧으므로 가능할 것도 같다는 생각이 드네요.

이유는 간단하죠. 이 지붕날개길이가 최상층지붕경사와 처마각에 영향을 미치기 때문이겠죠. 9층목탑 지붕경사(물매)를 보시면 9층지붕우수선이 1보다 적은 ⊿0.8235시(처마각 ⊿8.75)에는 ⊿1.9913이지만, 1~2우수선 사이 ⊿1.4285(처마각 ⊿7.175)시에는 9층지붕물매가 ⊿1.6782로 더 경사가 진답니다. 이거 참 난감한 일이랍니다. 최상층지붕경사각, 최상층지붕우수선, 그리고 처마각 중 어디에다 초점을 맞추어야 할까요? 판단하기가 너무 어렵답니다.

그래서 최상층지붕우수선은 두 가지 경우의 수(사실은 엄청 많이 나올 수 있음)를 다 고려할 예정이랍니다.

2. 지붕경사도(물매)

두 번째는 각층 지붕경사도(물매) 문제인데, 최상층을 제외하고는 지붕경사가 줄어들든 늘어나든 비슷한 경사도 변화를 보이는데 문제는 최상층지붕경사도는 급격하게 변한다는데 있답니다. 갑자기 뾰족해지든지 갑자기 펑퍼짐해 진답니다. 가장 큰 원인은 아마도 1층폭과 관련이 있는 듯 하답니다. 4각3칸 비례안의 9층목탑 지붕경사도를 잠깐 보실까요.

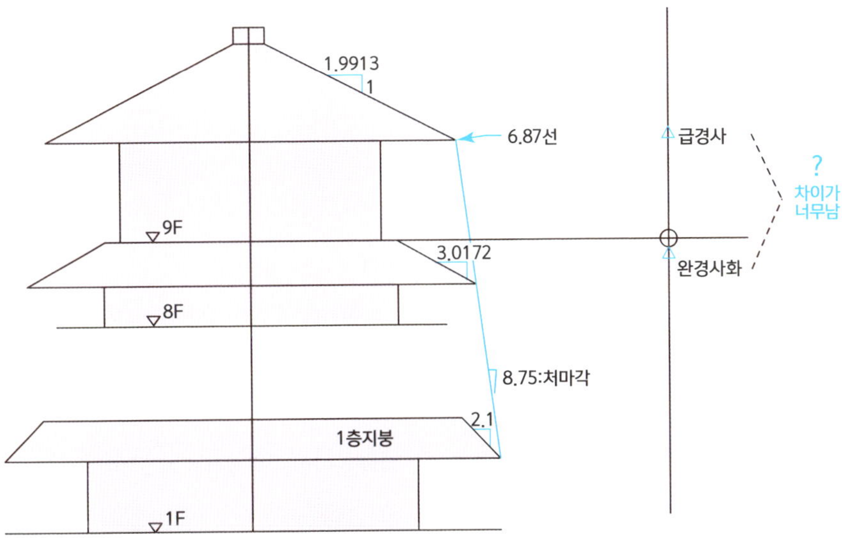

[그림 68] 9층목탑 4각3칸 비례안: 지붕물매 비교 개념

참고로, 이 처마각은 4각형일 때와 8각형일 때도 다를 수가 있으며, 최상층층고증가안과 기준층층고비례안일 때도 서로 달라질 수가 있답니다. 물론 무엇을 선택하느냐에 따라서도 달라진답니다. 한마디로 종잡을 수가 없답니다? 윗그림은 처마각 ⊿8.75시의 각층 지붕경사도랍니다.
보시다시피 1층지붕물매는 ⊿2.1이며 8층지붕물매는 ⊿3.0172로 약간씩 완경사화되어 가다가 9층지붕에서 갑자기 급경사(⊿1.9913)가 된답니다. 외관상 모양새가 쪼께 문제가 있을 듯도 하네요.
이 지붕물매도 처마보 두께 등이 바뀌면 자동으로 바뀐답니다. 지붕경사각은 물매이므로 우수선과 달리 물매=지붕날개폭÷경사지붕두께 기준(건축에서는 반대로 지붕두께÷지붕폭=물매개념으로 사용하는데 여기서는 지붕길이에 중점을 둠)이랍니다. 정반대 개념이랍니다.
당연히 처마각을 조절하면 지붕경사각은 바뀌겠죠.

지붕경사각(물매)을 구할 때의 지붕두께를 지붕판두께 기준으로 볼까요.

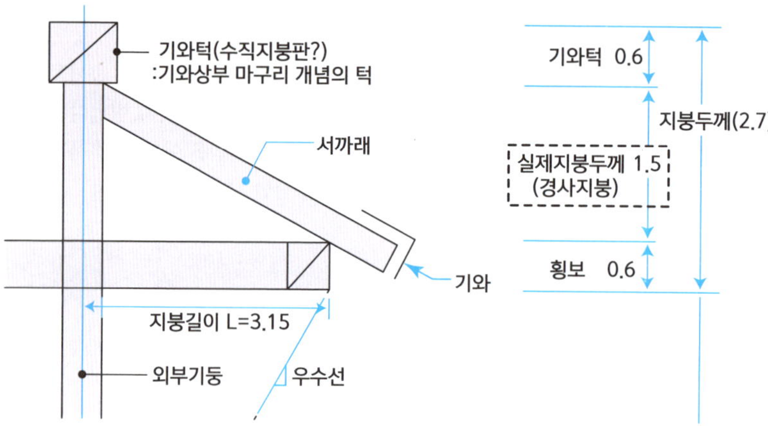

[그림 69] 9층목탑 1층지붕의 실제지붕두께 : 경사지붕 기준

9층목탑 1층지붕두께를 예로들면 지붕판두께는 2.7m이나 상부의 기와턱(0.6: 가상높이임)과 하부의 처마끝횡보(0.6가정. 고뭇줄?)높이를 제외하면 2.7-(0.6+0.6)=1.5를 지붕경사각의 지붕판두께로 한 것이랍니다. 물론 지붕길이는 외벽기둥중심선에서 처마끝횡보까지의 길이랍니다.

즉, 1층지붕물매 = $\frac{3.15}{1.5}$ =2.1 이 되겠죠. 아마 실제로 기와를 이어보면 계산상 지붕물매와 조금은 다를 것 같답니다.

그리고, 지붕물매에서 가장 중요한 것은 최상층 지붕물매와 그 하부층의 지붕물매의 경사도를 반드시 비교검토해봐야 한답니다.

3. 내부계단 문제점(4각형 형태시)

셋째는 내부계단 처리문제가 발생된답니다. 특히, 4각 건물에서 중앙칸이 4A시 고려해야 될 문제랍니다. 4각 건물이라도 6A는 아주 양호하답니다. 4각3칸 비례안의 계단실을 잠깐 봅시다.

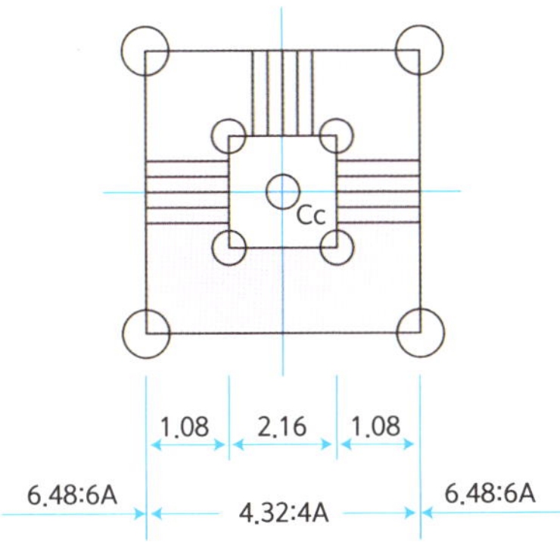

[그림 70] 중앙칸 4.32(4A)에 계단을 넣을시

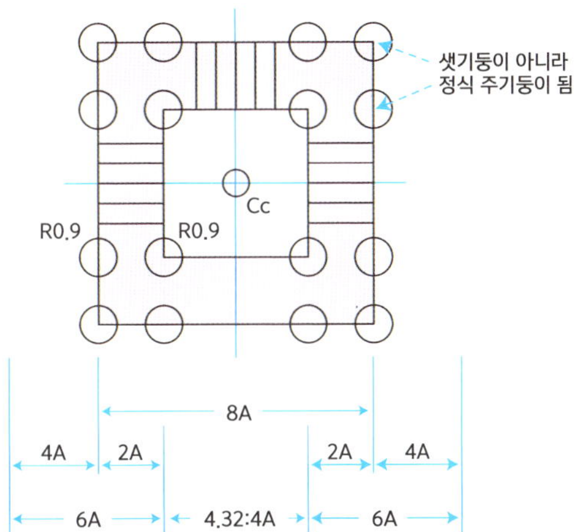

[그림 71] 양옆칸에서 2A(2.16)를 이용한 계단

그림에서 보듯이 중앙칸 4A(4.32)에 계단을 넣을려면 너무 좁아서 계단 자체가 성립이 힘든답니다. 그래서 옆칸의 2A를 빌려서 내부계단을 만들어야 된답니다. 아주 묘한 상황이랍니다. 그러다 보니 외부에서 보면 4각3칸비례안이 6A: 4A: 6A로 보이지만 내부에서 보면 4A: 8A: 4A로 보인답니다? 재미있죠. 그런데 중앙칸이 6A가 되면 이 6A안에 내부계단이 쏙 잘 들어간답니다.

봅시다.

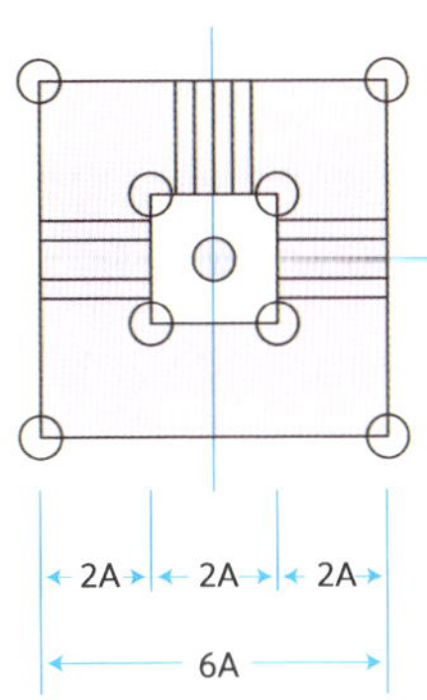

[그림 72] 중앙칸이 6A시의 내부계단(중앙칸 자체내에서 해결)

보시듯 내부계단이 중앙칸에 있네요. 대신 단수가 적어서 바지런히 발을 굴려야겠지요?

4. 처마끝 횡보길이

네 번째의 처마끝횡보길이가 아주 골칫덩어리랍니다.
그림을 그려볼까요.

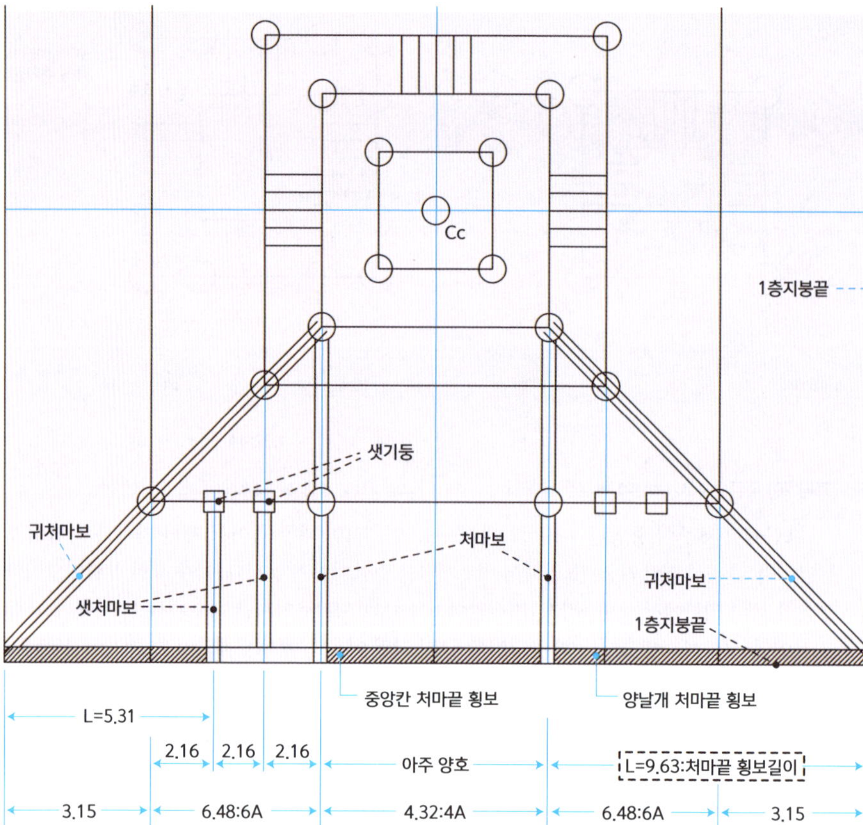

[그림 73] 9층목탑 : 4각3칸 비례안 1층 지붕처마끝 횡보길이(특히 양끝칸)

1층평면도도 같이 한번 보실까요?

Notice 원본도면 No.01 (245p) 9층목탑 4각3칸 비례안 : 1층평면도

1층지붕의 처마끝 횡보길이를 보시면 중앙칸은 4.32로 아주 이상적인데 양옆칸은 ℓ=9.63으로 상상을 초월할 정도로 길이가 길답니다. 이 긴 횡보를 어떻게 하면 좋을까요? 샛기둥들을 이용해 샛기둥처마보를 빼내면 ℓ=5.31까지 줄일 수는 있답니다.

그런데, 그게 가능할지도 모르겠답니다. 일반가정집 기와지붕식으로 처마보(처마끝횡보포함)없이 그냥 서까래로만 처리하면 큰 문제는 없기는 없답니다. 그래도 일단은 지붕받침처마보가 있는 걸로 생각을 하겠습니다. 근데 이 길고 긴 처마끝횡보를 어떻게 해결해야 할지는 미지수랍니다? 처마보 얘기가 나온 김에 처마받침보를 잠깐 보실까요. 9층금동탑의 처마받침보를 보시면 어찌보면 3개 같기도 하고 어이 보면 2개 같기도 하답니다.

이 처마받침판(엄밀히는 지붕판받침보 개념임)은 백제의 석탑이나 사찰목탑(추정?)에는 기본적으로 3단받침보로 되어 있답니다. 그래서 신라사찰목탑(신라석탑에는 기본적으로 받침보가 없으나 유일하게 다보탑에만 있음)도 3단받침보로 생각을 했었었는데, 다보탑이 2단받침보로 되어 있어서 마음이 바뀌어(?) 2단받침보로 생각중이랍니다.

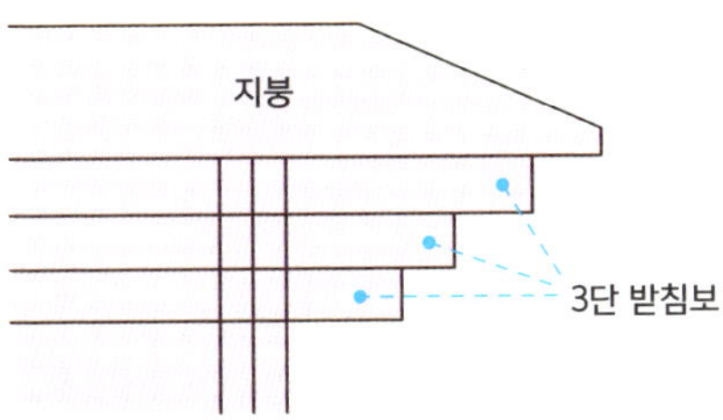

[그림 74] 3단 받침보 : 백제석탑·목탑류

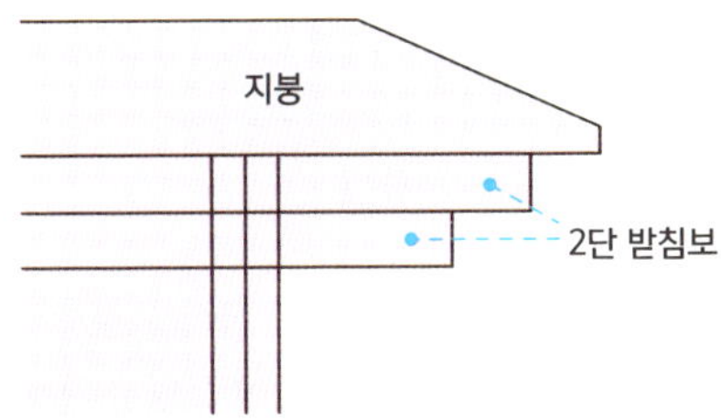

[그림 75] 2단 받침보 : 다보탑형태

그런데, 일반사찰건물(대웅전 등)을 보시면 대부분 받침보가 있는게 아니라(물론 처마보자체도 없겠죠) 그냥 공포*로 문양(멋?)을 내는 것 같으며 구조재는 아닌 것 같은 느낌이 많이 든답니다. 물론 공포구조 자체도 약간의 구조개념이 있을 수도 있겠으나, 신라사찰목탑같은 지붕구조에는 공포류보다는 정식으로 처마받침보구조로 하는 것이 더 어울릴 것 같답니다.

제 생각인가?

* 공포(栱包/貢包): 처마무게를 받치기 위해 기둥머리등에 설치한 구조재 및 모양재. 기둥위에 있는 것이 주심포(柱心包)이며, 기둥사이보위에 있는것이 주간포(柱間包)랍니다. 일반적으로 기둥위에만 포작(柱上包作)이 있으면 주심포식(柱心包式)건물이라 하며, 기둥사이의 보위에도 포작(柱間包作)이 있으면 다포식(多包式)건물이라고 분류합니다.(包作:공포와 동의어) 절에 가셔서 이 대웅전은 다포식이네라고 말씀하시면 유식하다는 말을 들을 수도 ~ㅎ~

Ⅷ. 사찰목탑의 간단개념

사찰목탑들을 보시기 전에 먼저 아주 간단한 개념부터 알아봅시다.
비록 개념은 아니지만, 고려금동9층탑의 형태(4각3칸 비례안)가 아주 재미있어서 머리도 식힐 겸 재미삼아 먼저 보겠습니다. 이 간단개념은 말그대로 간단하지만 사찰목탑을 이해하시는데 조금 도움이 되실 수도 있을 겁니다. 이 간단개념의 실예는 9층목탑의 4각3칸 비례안이 주가 될 겁니다. 그리고, 가끔 '전에 보셨듯이' 등과 같은 말이 나올겁니다. 사실은 전에 본 적도 들은 적도 없지마는 나올겁니다. 무슨 말이지 하면서 헷갈릴 수도 있답니다.

이것은 제가 원본 책(탑의 신비를 찾아서)의 내용을 분리해서 별도의 책(이 책)을 내다 보니 내용이 중첩되어 가끔 발생되는 것이 오니(엄밀히는 오류겠죠 ~ㅎㅎ~), 아! 그냥 그렇구나 라고 생각해 주시면 감사하겠습니다.

1. 고려금동9층탑

고려금동9층탑이라고 들어들 보셨는지요? 친숙하지는 않겠지만 들어보신 분들도 제법 계실 겁니다. 저도 몇 년 전에 우연히 알게 되었답니다. 이 고려금동9층탑은 개성불일사 5층탑에서 출토된 것으로 저희들에게는 최근에 알려진 조그마한(높이 37cm, 기단부 길이 13.8cm) 금동9층탑이랍니다. 저는 몇 년 전인가 보긴 보았는데 그냥 금동탑으로만 생각하고 그리 유심히는 보지 않았답니다. 그냥 일반석탑 등에서 나오는 단순한 조그마한 장식탑 정도로만 여겼답니다.

그런데, 최근 이 금동9층탑을 다시 보다 보니 굉장히 정밀하게 만들어 졌다는 생각을 갖기 시작했답니다. 그냥 상상의 9층탑이 아닌 어떤 9층탑을 보고 아주 정밀하게 만들어졌다는 걸 인지하기 시작했답니다. 그 어떤 9층탑이 어느 사찰에 있었는지는 저로서도 알 수는 없지만 분명한 것은 목탑형식이라는 것 하나는 확실히 인지할 수 있겠더랍니다.

그렇다면 제 마음이 살살 움직이기 시작하겠죠. 어느 사찰에 있었든 사찰목탑이었는지는 알 수는 없지마는 운이 따라 준다면(?) 황룡사9층목탑일 수도 있다는 생각이 슬슬 들기 시작하더랍니다. 그럼 손을 대어봐! 당연히 손을 댄다고 봐야 되겠죠.

금동9층탑은 이렇게 생겼답니다. 한번 보실까요.

[사진 1] 고려금동9층탑

이 사리함 등에서 나온 탑을 분석해 보면 분석 자체도 재미가 있지만 보고 느낄 것이 제법 있으며, 또한 그 자체로 재미도 있을 것 같아서 제 나름대로 보고 느낀 고려금동9층탑을 대충 한번 구경해 봅시다.

비록 확실한지까지는 모르겠으나 느낌으로나마 분석을 해봐야 어떤 판단을 할 수가 있겠죠.
오로지 인터넷 사진으로만 판단을 하다보니 맞을지 틀렸을지는 미지수랍니다. 아마 틀렸을 확률이 더 높을 것 같으니 이 글을 읽으시는 분들도 같이 사진을 분석해 보이소. 근데, 제 말이 앞뒤가 맞긴 맞나? 더 헷갈리네!
사진을 위에서부터 간단하게 점검해 봐야겠죠.

먼저 꼭다리를 보셔야죠.

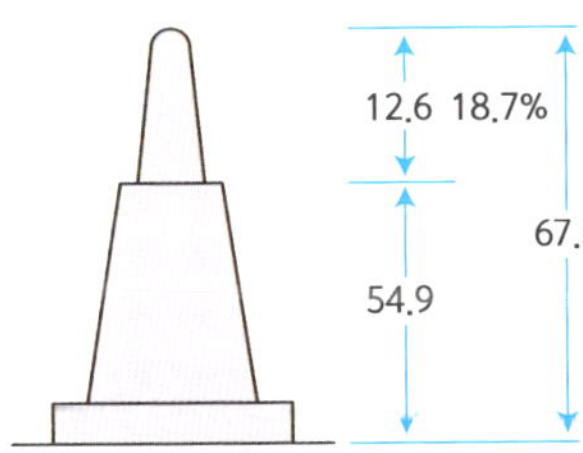

[그림 76] 기록물 속의 황룡사9층탑
꼭다리 비율 ≒ 18.7%

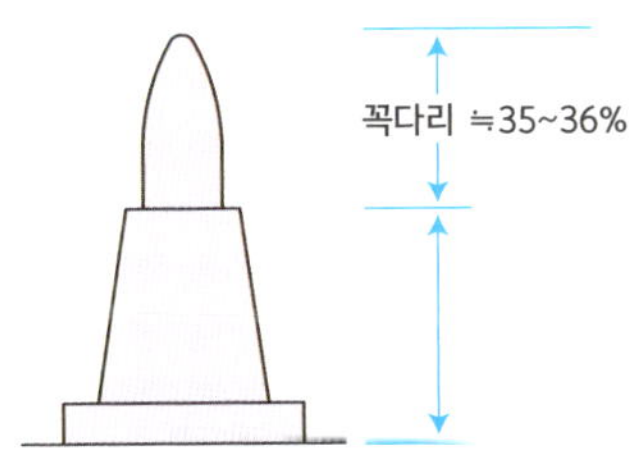

[그림 77] 금동9층탑
꼭다리 비율 ≒35~36%

9층금동탑의 꼭다리가 거의 2배나 더 높게 표현되어 있네요. 꼭다리가 그리도 좋은가? 이 꼭다리 비율이 높을수록 종교심(불심)이 깊다고 생각할 수도 있겠지만 작은 탑을 만들다 보니 묘하게 꼭다리 비율이 더 커진 것 일수도 있답니다. 만드신 분만 알 듯? 다음으로 몸통으로 내려와 보실까요. 비교적 정밀하게 표현되어 있네요. 오로지 인터넷에 떠 있는 사진만을 보고 판단할려니 헷갈리기도 하고 잘못 판단할 수도 있지마는 어쨌든 제가 보고 느낀 것을 잠깐 봅시다.

몇 칸 건물인지가 가장 중요할 것 같아서 1층 외벽 정면(4면이 다 정면일 수도 있음)을 먼저 봅시다. 확대해서 자세히 보셔야 보이실 겁니다.

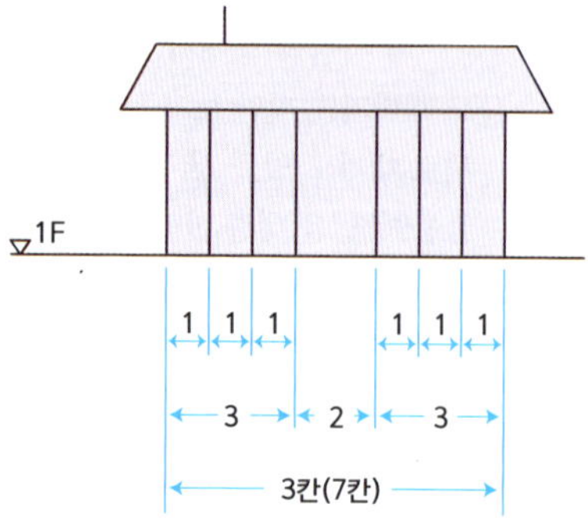

[그림 78] 9층금동탑 1층 외벽 칸수

얼핏 보시면, 큰 중앙칸이 하나 있고 양옆에 중앙칸의 반 정도되는 3칸씩의 칸들이 있답니다. 그래서 저는 처음 이것이 정면 7칸 건물이겠구나라고 생각했더랍니다. 그리고 계속 보다 보니 제가 착각했다는 생각이 들더랍니다. 중앙칸은 그냥 1칸이나 양옆의 3칸씩으로 보인 칸은 3칸이 아니라 1칸이라는 걸 인지하기 시작했답니다. 즉, 양옆의 3칸으로 보이는 중간 두기둥은 주기둥이 아니라 샛기둥이라는 걸 인지했다는 말이랍니다.

다시 유심히 보니 아! 이 놈이 정면 3칸 비례안이라는 걸 알아내었답니다. 보실까요.

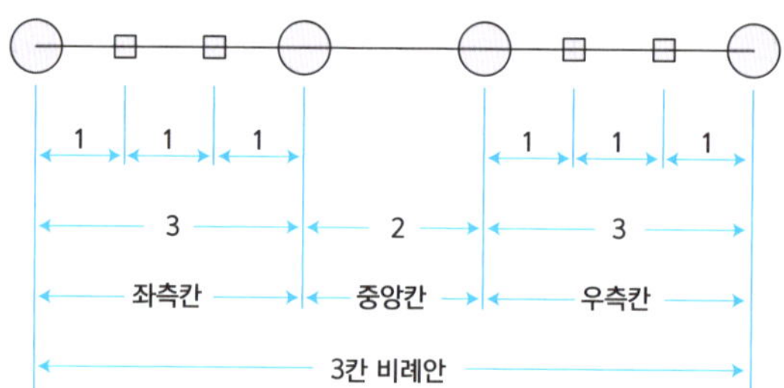

[그림 79] 9층금동탑의 칸개념

즉, 3:2:3이라는 비례를 가진 정면 3칸 건물이더랍니다. 정면 중앙칸이 폭이 더 좁네요? 상식을 완전히 넘어서는 기발한 발상이네요. 일반적으로 비례안일 경우에는 누구든지 이렇게들 생각하겠죠.

[그림 80] 일반적으로 생각할 수 있는 정면비례안

중앙칸이 제일 크고 그 다음 작은 순으로 비례가 이루어질 겁니다. 근데 9층금동탑은 저희들의 상식과는 정반대네요. 저희들의 허를 완전히 찔렀네요.

그 다음으로 무지 중요한 지붕판대기를 보셔야죠. 제가 정확히 본 건지 착각한 건지까지는 모르겠지만 최소한 제 눈에는 이렇게 보인답니다.

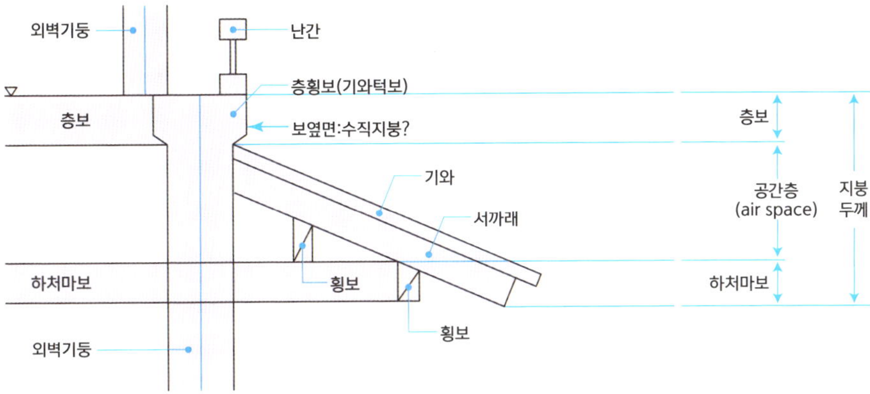

[그림 81] 9층금동탑 지붕형태

지붕판이 특이한 것이 기둥 상부의 층횡보폭을 최대로 키워서(한 개 부재인지 층횡보에 덧보 형식인지는 모르지만) 기와턱(기와내부로 비가 못 들어가게 하는 턱이면서 기와끝 마구리가 깔끔하게 됨)을 만들었네요. 보가 기와턱 역할을 하다 보니 본의 아니게(?) 수직지붕판이 발생되네요. 그리고 지붕 난간이 있는지는 사진으로 봐서는 알 수가 없네요. 꼭 필요하다면 난간 설치는 가능할 것 같답니다.

또한, 각 층에 개구부(문?)가 있답니다. 그런데, 1층에는 개구부 표시가 안보이네요.

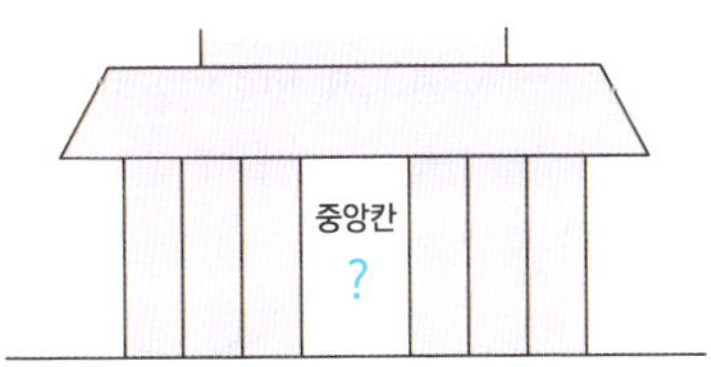

[그림 82] 1층 현상태: 중앙칸은 문 없이 전체가 개구부?

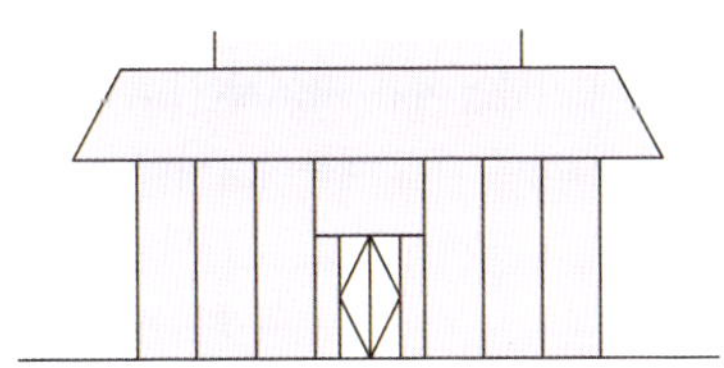

[그림 83] 문이 있을시 중앙칸 중앙에 샛기둥이 필요

1층 출입로에는 문 표시가 없는걸로 되어있답니다. 만약 1층 출입구에 문이 있다면 중앙칸 중앙에 2개의 샛기둥(문기둥)이 필요할 겁니다. 금동9층탑에 표시는 없지만, 출입구이므로 너무 확 트인 것보다는 문이 있는 것이 나을 것 같네요. 1층 외벽이 창호인지 아님 출입개구부를 제외한 전체가 벽체인지가 명확하지가 않으나 일단 1층 외벽은 창호가 있는 걸로 판단하겠습니다.

그리고, 금동탑을 보시면 2층에는 1면에 3개의 개구부 표시가 있고 3층부터는 2개의 개구부가 5~6층 정도까지는 보이는 것 같은데 그 윗층은 확인이 되지는 않으나 8층까지는 개구부가 2개인 걸로 하고 최상층인 9층은 개구부가 1개인 걸로 생각하겠습니다.

그런데, 이 개구부 표시가 외부로 나가는 문 표시인지 단순 창문 표시인지까지는 알 수는 없지만, 일단은 문으로 인지하겠습니다. 창문이면 하부벽체가 있어야 되는데 층바닥에 개구부 표시가 되어 있는 것으로 보인답니다.

또 묘한 것은 이 개구부 크기가 약 0.6x0.6 정도로 보이네요. 나가기는 쉽지 않을 듯?
그리고, 이 조그마한 개구부를 열고 나가시더라도 주의하셔야 할 듯? 난간이 있더라도 문을 열자마자 막바로 부닥친답니다.
문제는 개구부(문, 창문?)를 제외한 벽체인데, 창문을 내었을까요 전체를 벽체로 했을까요? 여러 많은 생각을 해본 끝에 1층 외벽은 창문을 내어야 할 것 같고 2층 이상의 외벽은 개구부를 제외한 모든 벽체를 창문없이 외벽으로 하는 것이 나을 것 같네요.
창이 너무 지나치게 많아도 별로인 것 같은 느낌도 든답니다. 내부에 채광과 환기 정도만 되면 외벽으로 하면 조금은 속닥(?)한 느낌이 들수도 있기 때문이겠죠. 홀로이 생각하다 보니 삼천포로 빠지는 것이 아닌지 쪼께 걱정이 되기도 하네요.

그리고 금동탑의 소개 내용을 읽어보면 기단 4면에 걸쳐 모두 8개 문을 만들어 놓고 있다라고 적혀있답니다. 자세히 보니 개구부(창)가 있는 것도 같네요. 기단에 왠 창문이 필요하죠?
아마도 이 금동탑을 만드신 분이 뭔가를 약간 착각(?)하고 계셨던 것 같답니다. 창문이나 문은 내부공간이 사용공간이어야 필요할꺼디. 돌삐 밖에 없는 기단부에 왠 창문(문)? 당연히 일반목탑 지하층의 외벽석축에는 창문이 있답니다. 일반목탑의 지하층은 사용공간이거들랑요.

아마도 이 금동탑을 만드신 분은 사찰목탑과 일반목탑을 쪼께 혼동하신 것 같네요. 그나마도 다행인 것은 일반목탑 지하층의 창문을 보긴 본 모양입니다. 저희들이 일반적으로들 알고 있는 이 기단을 저는 지하층으로 부르겠습니다. 사실상 성격은 기단이 맞다고도 볼 수는 있는데, 일단 이 기단높이가 6R(6계단)로 어느 정도의 높이를 갖고 있으며 이 기단 밑면이 바로 탑높이의 시작점이 되기 때문이랍니다. 즉, 이 기단은 탑높이에 포함되고 1층 밑에 있는 층이 되므로 자동으로 지하층이 될 겁니다. 그냥 일반적으로 기단이라면 이 기단은 탑높이에 소속이 될 수 없으므로 당연히 탑높이에서 빠지게 되겠죠.

이 신라사찰목탑이나 백제석탑류나 백제사찰목탑의 모든 기단(저희들이 잘못 알고있는 용어임. 기단은 존재하지 않음)은 모두 다 탑높이에 포함되므로 지하층으로 분류가 될 겁니다. 헷갈리실 겁니다. 그런데, 가마이 생각해보시면 지하층이 맞겠다는 생각도 드실 겁니다? 이 시점에서 9층금동탑의 지하층도 한번 보셔야겠네요.
쪼께 재미있게 표현되어 있네요. 인터넷사진을 확대해서 같이 보실까요? 먼저 일반적인 사찰목탑 지하층부터 살짝 봅시다.

아마 처음 보실 겁니다.

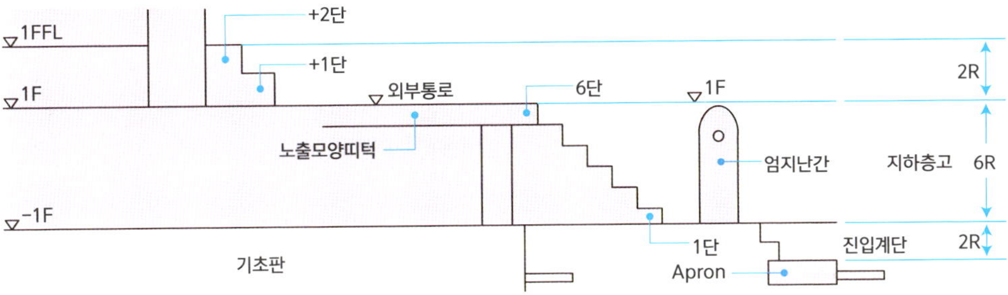

[그림 84] 사찰목탑 지하층 개념도

사찰목탑에 들어가실려면 일단 땅에서 2단(VAR.)정도 올라가면 사찰목탑의 지하층바닥이 나오며, 6단을 걸어 올라가면 1층바닥이 됩니다. 외부통로를 거쳐서 2단을 더 올라가서 출입문을 통과하면 진짜 1층바닥에 도달한답니다. 이론(?)이 그럴싸한 것 같나요?

그렇다면 금동탑의 지하층은 어이 생겼을까요?

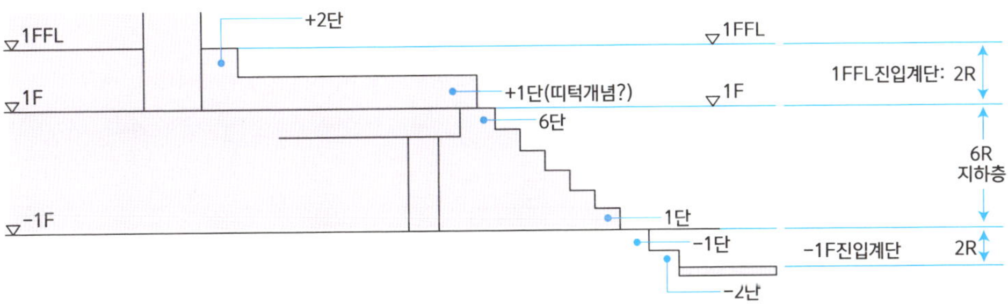

[그림 85] 금동9층탑 지하층 개념도

금동9층탑 지하층 계단이 쪼께 특이하답니다. 1F에서 1FFL로 올라가는 2단계단이 +2단은 정위치에 있는 것 같은데, 이놈의 +1단이 완전히 빼졌는지 외부로 툭 튀어나와 있네요. 지가 뭐 대장이나 된다고 착각하고 있는 놈이네요. 기본적으로 외부계단 6단이 지하층의 외부 띠를 장식하고 있는데, 묘하게도 1층소속의 +1단이 지가 띠를 형성하고 있답니다.

그리고 외부계단 6단은 그대로이며 -1F 진입계단도 2단이 있답니다. 아마 +1단이 노출되어 외부띠턱이 되어있는 것은 석탑형 지하층형태라고 볼 수가 있답니다.

석탑의 지하층 상부 모양띠를 보실까요.

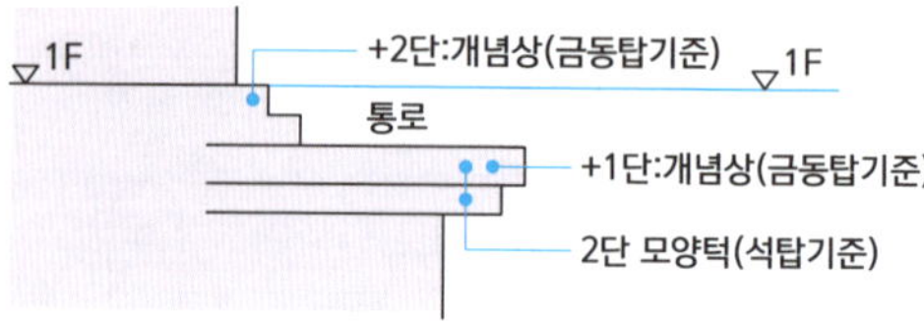

[그림 86] 석탑의 지하층 상부 : 2단 모양턱: 금동 9층탑과 대비개념 기준임

석탑은 1FFL은 없고 1F만 있답니다. 목탑류와 약간은 다른 개념이랍니다. 석탑의 1층 하부를 보시면 낮은 2단의 계단이 있으며 통로를 지나서 2단의 툭 튀어나온 모양띠(턱)가 있답니다. 석탑의 2단 모양띠와 금동9층탑에 표현된 2단 외부턱이 모양새가 똑같답니다. 묘하죠. 사찰목탑 지하층에 왠 석탑지하층의 상부에 있는 모양띠가 등장하죠? 우리 금동탑 만드신 분은 견문이 무척이나 많으신 분 같답니다. 일반목탑의 지하층 창문도 보셨고, 삼층석탑의 지하층 상부 모양턱도 보신 분이네요. 사찰목탑인 금동9층탑에 보았든 모든 것을 꼭 표현하고 싶었나 봅니다.

표현하지 않으면 조금은 아쉬웠을 겁니다? 어찌 보면 이 금동9층탑을 만드신 분은 욕심(?)이 무지 많으셨든 분이었을 것 같네요. 제가 따라갈 수 있으려나?

그리고, 금동탑 지하층이 재미있는 것은 옆구리(?) 하부에도 외부계단이 존재하네요. 너무나 특이하답니다. 보실까요.

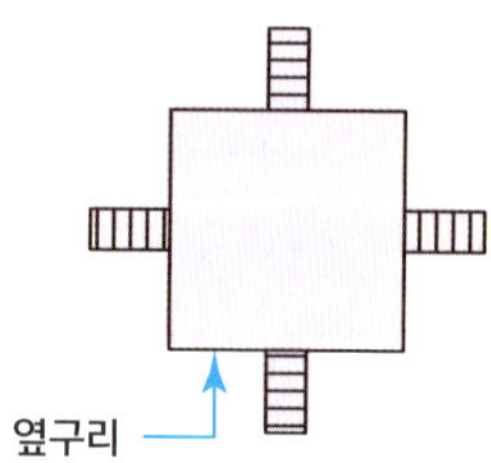

[그림 87] 지하층평면도

평면도 같이 보이시나요? 왠 4각 box같네요?
옆구리라고 편의상 붙인 이름이랍니다. 엄밀히는 지하층 옆면이겠죠.

단면도를 그려볼까요.

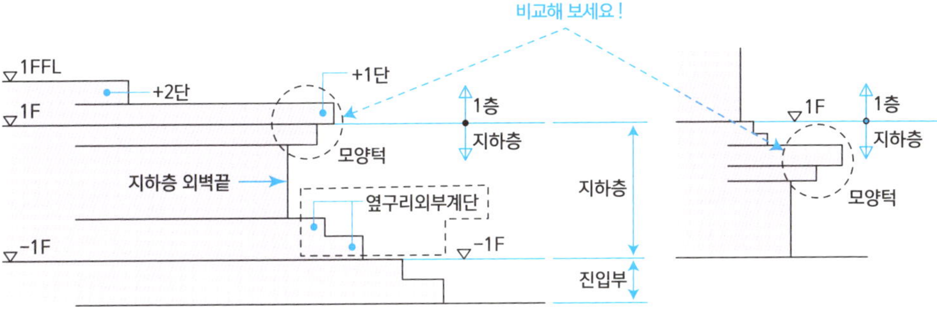

[그림 88] 금동탑 지하층 옆구리 단면도

[그림 89] 3층석탑 지하층 모양턱

석탑지하층 상부 모양턱을 보시니 금동탑 옆구리 상부 모양턱과 비스무리하게 보이시는지요? 석탑이든 목탑이든 서로 비교해 보시면 아주 재미있답니다. 상부 그림에서 보시듯 옆구리 하부에 왜 외부계단이 필요하죠? 올라가다가 지하층벽에 부딪칠낀다. 이유는 금동탑 만드신 분만이 아실 듯? 아마 그냥 민자로 하기보단 하부쪽을 약간 모양좋게 하기 위해서이겠지요. 과연 그럴까요? 그런데, 일반목탑이나 석탑의 지하층을 보시면 이유는 모르겠으나 외관상 2단개념을 갖고 있는 것 같네요. 잠깐 보실까요.

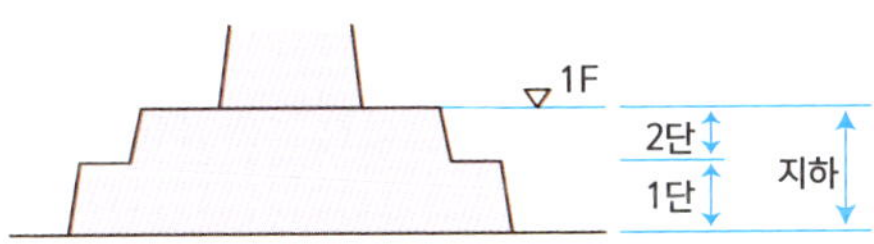

[그림 90] 일반목탑 지하층 : 외관개념

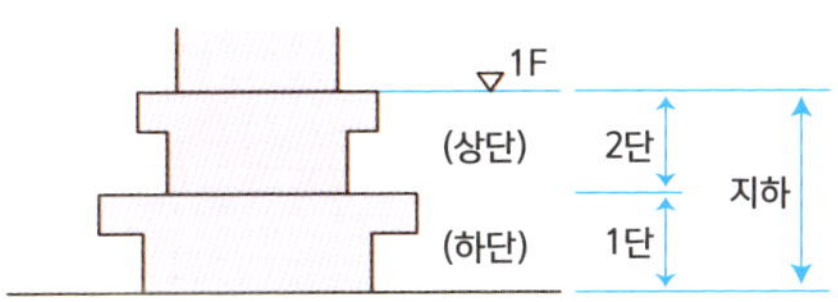

[그림 91] 석탑 지하층 : 외관개념

보시듯이 지하층 외관개념을 민자가 아닌 턱 등을 만들어서 2단화시킨 느낌이 물씬 든답니다. 일자로 쭉 내려오면 보기에도 시원한 느낌이 조금 들 것도 같은데 왜 폭을 달리해서 2단화시켰는지 궁금하답니다. 이 숙제는 누가 풀까요? 이 지하층 2단개념을 금동탑 지하 외부에 하단 대신 계단으로 표현해서 2단개념을 준 게 아닐까하는 느낌이 쪼께 든답니다. 헷갈리네요?

이 개념 애기를 하다 보니 또 한가지 생각나는 개념이 있네요. 어쩌면 무지 중요할 수도 있는 개념인데 10여년을 깜빡 잊고 있었네요. 무엇일까요? 물론 제 생각이겠죠.

한번 보실까요.

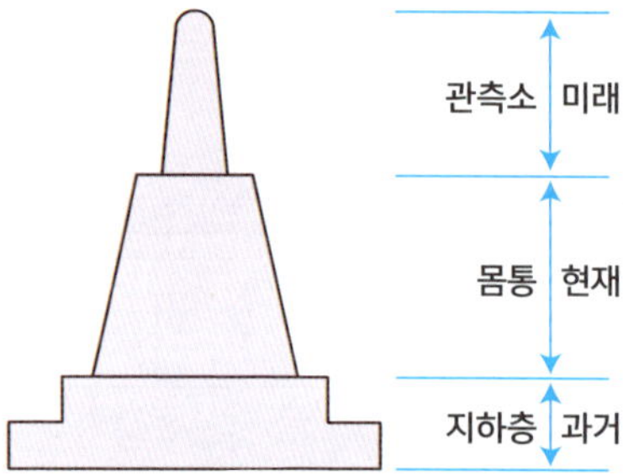

[그림 92] 일반목탑

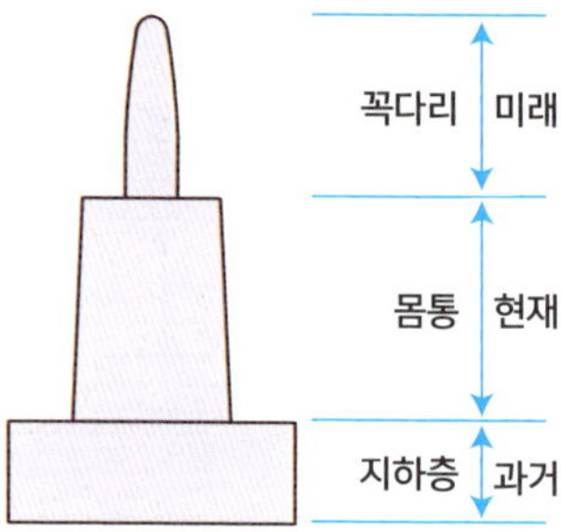

[그림 93] 석탑 · 사찰목탑

저는 제일 처음 일반목탑을 보면서 왜 3부분으로 크게 나누어져 있지 하면서 엄청 많은 생각을 해보았답니다. 제 생각이 짧은 건지는 모르겠으나 저는 이 세부분이 과거·현재·미래를 의미하지 않나하고 생각해보았는데 어찌 생각해보면 비스무리한 것 같기도 하고 뭐 단순히 건축물일 뿐인데라고 생각하면 별 의미가 없는 것 같기도 하고 하여튼 지금도 헷갈리고는 있습니다만 어느 하나 빠짐없이(하나를 빼면 문제가 있나?) 세부분이 목탑이나 석탑 등에 모두 표현되어 있는 것을 보면 표현개념이 과거·현재·미래일 확률이 더 높을 것 같은 느낌이 든답니다. 모르죠. 제가 혹시 귀신에 홀렸는지도?

땅까지 내려오니 금동탑을 다 봐버렸네요. 다 보셨다구요? 껍데기만 보셨겠지요. 아잉가?

제가 왜 이 금동9층탑에 호기심을 가졌을까요?
바로 굉장히 정밀하게 제작되어 있으며, 정면칸비도 아주 마음에 들어서랍니다. 특히, 멋있게 생겼으며 아주 단순한 구조이므로 시공기간이 1년 반여년 정도면 가능할 것 같아서 이 고려금동9층탑안을 황룡사9층목탑의 제1추천안으로 할까도 생각해보았답니다.
그래서 이 금동9층탑을 잠깐 훑어보았답니다.

이렇게 맞고 틀리고를 떠나서 나름대로 분석해보는 것도 탑을 이해하는 데 도움이 될 수도 있답니다.

2. 탑폭 개념

9층사찰목탑의 탑높이는 기록에 있으며 층고는 각 탑층고에서 말씀드렸을 겁니다.
9개층 몸통높이가 54m(180자)이니 보기 좋게 잘 넣으시면 된답니다.

한가지 유의하실 점은 목탑이든 석탑이든 기본개념은 1·2·3층 층고비례공법을 따르시면 된답니다. 그렇다면 저희들이 전에 알아내었든 9층목탑의 층고 중 1·2·3층층고를 봅시다.
1·2·3층 층고비례법을 따랐는지 반드시 확인해 봐야겠죠. 맞는지 틀렸는지?

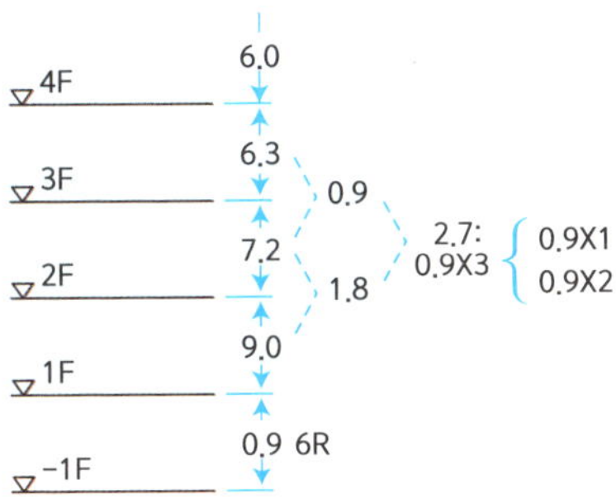

[그림 94] 9층목탑의 1·2·3층 비례공법

1층층고와 3층층고차이가 9.0−6.3=2.7
이 차이 2.7을 3으로 나누면 2.7÷3=0.9
여기서, 2.7의 1/3을 3층 층고에 주면 6.3(3층층고)+0.9=7.2로 2층층고가 되며, 또한 2.7의 2/3를 2층층고에 주면 7.2(2층층고)+1.8(0.9x2) = 9.0으로 1층층고가 나오네요.
고고참 희한하게도 잘 맞네?

물론 R(계단단높이)을 반드시 고려하셔서 층고 차이를 알아내셔야 한답니다.
오래간만에 1·2·3층 층고비례공법을 보시니 반갑기도 하고 헷갈리기도 하실 겁니다. 1·2·3층 비례공법으로 확인해 보니 대충(?) 맞는 것 같으니 일단 수직치수는 해결이 된 것 같네요.

드디어 반은 풀었답니다. 이거 뭐 아무것도 아니네? 문제는 이 수평치수에 있답니다.
좁혀도 되고 넓혀도 되고 천차만별이랍니다. 경우의 수는 밑도 끝도 없이 많이 있답니다. 우짜죠? 안 풀 수도 없고? 근데, 다행인 것은 저희들이 여러 탑을 분석해 보면서 한 가지 확실히 아는 것이 있답니다. 탑폭(수평 치수)은 반드시 1.08의 배수가 되거나 2.7의 배수가 된다는 것이랍니다.
사실은 이 두 숫자가 같은 개념의 숫자랍니다. ∵ 1.08=2.7x4 거들랑요.
이제 수평치수의 범위가 엄청 좁혀졌답니다.

좁혀질 경우에는 모든 숫자를 다 분석해 볼 필요가 있겠죠. 일단 1.08의 숫자는 2.7의 배수이기도 하지마는 숫자가 너무 난하니(잔수가 많음) 간단히 2.7의 배수폭만 봅시다. 나중에 다시 바꿀 때 바꾸더라도? 발생가능한 수평폭 치수들을 보실까요. 2.7, 5.4, 8.1, 10.8, 13.5, 16.2, 18.9, 21.6, 24.3, 27.0, 29.7, 32.4 …… 어디까지 가야되지? 등이 나올 겁니다.
탑폭이 32.4m까지일 경우에 경우의 수를 보면 아무리 많아도 12가지의경우의 수 밖에는 나오질 않네요. 요고 만만하네요. 요중에서 똘똘한 놈 한 놈만 잡아내면 되겠죠.

탑폭이 32.4m도 사실은 무지 큰 사찰목탑이 되겠죠. 이 12개의 탑폭 중에서 무얼 선택하죠? 탑폭을 자세히 보시면, 중심축을 설정해 보시면 32.4m 폭의 한쪽은 16.2m랍니다. 탑폭이 2.7이 좋을까요. 아님 5.4m가 좋을까요? 혹시 바람에 하늘로 날아가 버리면 낭패가 되겠네요?
바람도 생각해야 하고 건물높이도 생각해야 하고 또 뭐가 있죠? 갑자기 생각이 안나네요?
하여튼 사찰에 어울릴만한 보기 좋고 스마트(?)한 탑이 가장 어울릴 것 같답니다.

9층목탑높이가 67.5m(225자)나 되니 저는 탑폭이 최소 27m이상이어야 모양새가 어울릴 것 같은 느낌이 든답니다. 너무 뾰족탑도 모양새가 그럴 것 같답니다. 물론 이 탑폭이라는 것은 실제로는 1층폭에서 지하층의 양날개까지 포함된 수평치수랍니다. 냉정하게 볼 때는 건물폭은 1층 몸통폭으로 생각하시는 것이 더 합리적일 수도 있답니다.

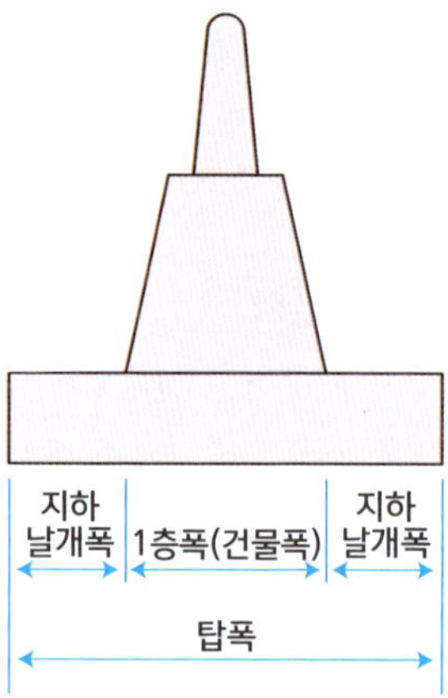

[그림 95] 탑폭 개념

1층폭이 좁더라도 지하층날개폭을 넓히면 탑폭은 무한정으로 늘어날 수도 있답니다.
즉, 지하날개폭은 가변치수랍니다. 그러다 보니 이 탑폭 설정하기가 무지 헷갈린답니다. 그래서, 탑폭 결정시에는 1층폭과 지층날개폭을 적당히 조화시켜서 보기 좋게 만들어야 한답니다.

즉, 같은 탑폭이라도 1층폭을 작게 하고 지하층날개길이를 길게 할 수도 있고, 1층폭을 크게 하고 지하층날개폭을 짧게 할 수도 있답니다.

어느 것이 더 합리적인지는 보는 관점에 따라서 약간 달라질 수도 있답니다.
하! 애렵네? 뭐 좀 쉬운 것 없나 ~ㅎ~ 그래서 여러 생각 끝에 9층목탑이 4각3칸 비례안일 경우의 탑폭을 높이에 어울리는 최소치수인 27m 이상에서 약간 더 큰 32.4m로 가정해 보겠습니다.
저한테 맞느냐고는 묻지 말아주이소. 사실 저도 전혀 모르거들랑요.

탑높이가 67.5m에 탑폭이 32.4m이니 이제 요거 푸는 것은 계산기만 두들기면 만사 Ok.

3. 처마각

처마각에 대해서 최상층층고증가안을 기준으로 조금 더 짚어 봅시다.

목탑을 푸시다 보면 처마각도에 무척 신경이 쓰이기는 쓰이는데 이 처마각이 운이 좋아서 정수까지는 아니더라도 소수점 몇 자리까지 나누어 떨어지면 좋은데 실제로는 무한소수점이 나오는 경우가 대부분이더랍니다. 그래서 실제로는 동일법칙원칙(등간격 공법)을 적용하게 될 겁니다. 전에도 잠깐 말씀드렸습니다만 층고에는 일반적으로 알고 있는 층고도 있지만, 지붕간의 층고인 지붕층고도 있답니다. 물론 계단도 당연히 계단층고가 있겠죠.

9층목탑의 지붕층고를 잠깐만 보실까요.

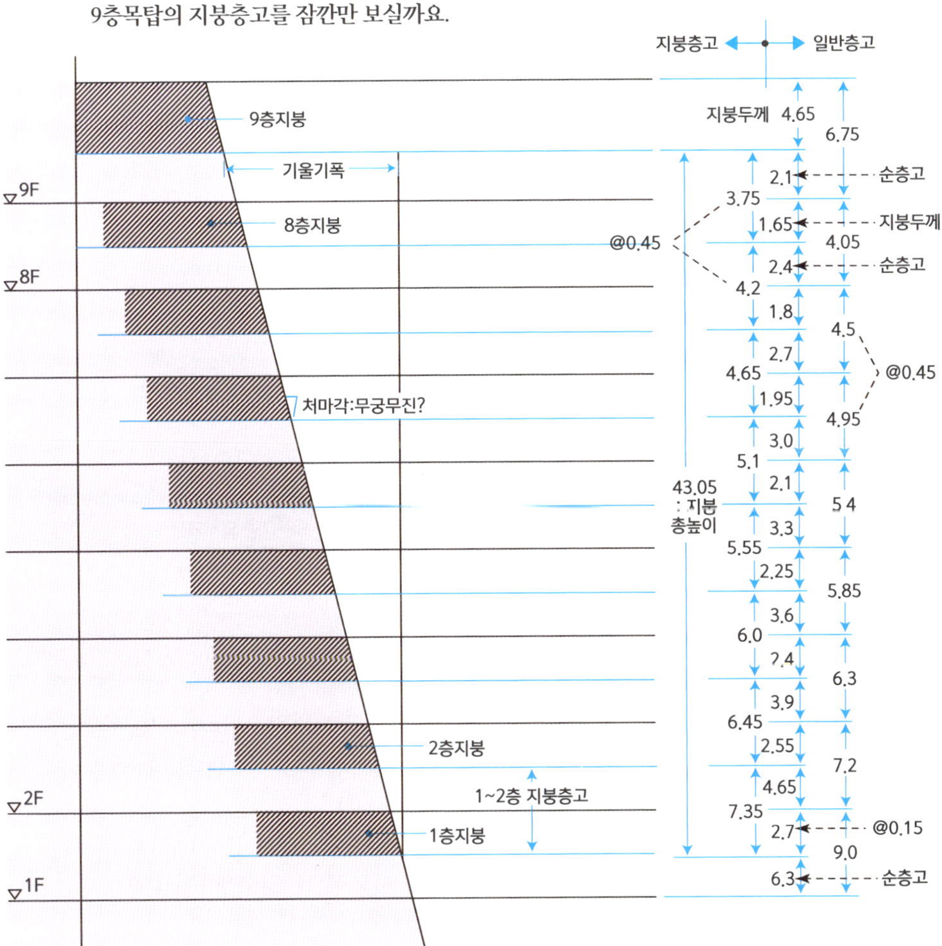

[그림 96] 9층목탑 지붕층고 개념 : 최상층 층고증가안 기준

보시듯 각 층에도 지붕층고가 있네요. 처마각은 바로 이 지붕층고를 따른 것이랍니다. 1~9층의 총지붕층고는 높이가 43.05m랍니다. 여기에서 많은 지붕각이 나오게 될 수도 있답니다.

총지붕층고	가상처마각	기울기폭
43.05	⊿5	8.61
43.05	⊿6	7.175
43.05	⊿7	6.15
43.05	⊿7.5	5.74
43.05	⋮	⋮

[표 5] 가상처마각에 따른 기울기폭

단순한 처마각만 생각해도 엄청 많은 처마각이 나오게 될 수도 있답니다.
또한, 기울기폭만을 적용하더라도 역시 무한정 나올 수가 있답니다.
그래도, 가장 적당할 것 같은 것을 찾아내야겠지요.

사실은 근처까지만 비스무리하게 접근하는 것이 목표랍니다? 4각3칸 비례안에서 가장 적당할 것 같은 처마각을 생각해 봅시다.

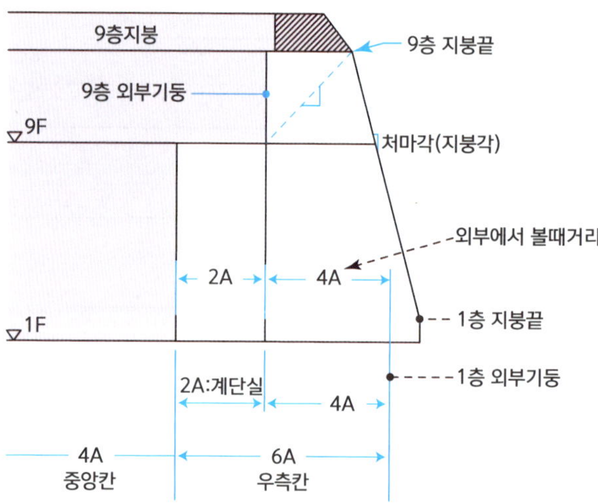

[그림 97] 9층 외부기둥위치와 적당할 것 같은 처마각

4각3칸 비례안 치수를 보시면 우측칸이 6A로 되어 있으며 다시 2A(계단실)와 4A로 나누어 볼 수 있답니다. 바로 9층외부기둥이 외부에서 볼 때 1층외부기둥보다 4A만큼 내부로 들어와서 9층지붕이 시작되는 것이 모양상 제일 양호한 것 같답니다.

물론 여기에다 9층지붕 우수선 등을 고려해서 가장 적당하다고 생각되는 처마각을 찾아내어야 하는데, 일반목탑처럼 완벽한 처마각은 아니더라도 어느 정도는 맞추어야 한답니다.

그래서 이 지붕각은 실제로는 등간격공법을 적용해서 구하게 된답니다.

4. 등간격 공법

이 등간격법이 뭐냐하면 이렇답니다.
총지붕높이 43.05÷6(기울기폭)= ⊿7.175(처마각)

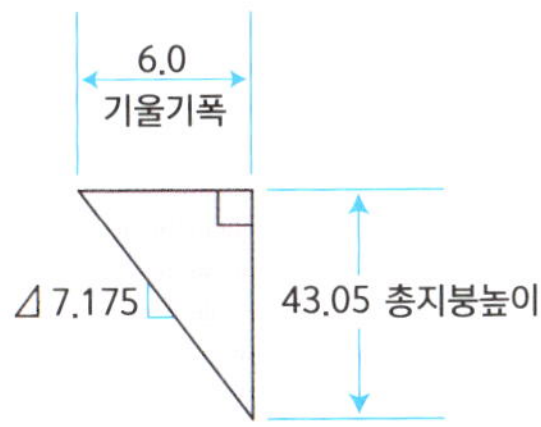

[그림 98] 등간격법의 기본개념

여기서 6m는 지붕기울기폭(1층지붕끝에서 9층지붕끝)이랍니다. 이 기울기폭 6m를 8개층(지붕층고개수)으로 나누면 6.0÷8개층=0.75가 나올 겁니다.
이 등간격법은 지붕끝선이 층당 75cm씩 줄어든다는 말이랍니다.
아주 쉽게 얘기하면, 2층지붕끝선은 1층지붕끝선보다 75cm가 내부로 들어온다는 애기랍니다.

3층지붕끝선은 2층지붕끝선 보다 75cm가 더 들어온다는 애기겠죠. 이 등간격법은 사찰목탑이나 석탑류에 아주 유용하게 쓰일 겁니다. 아무리 등간격법을 쓰더라도 1층지붕끝선과 9층지붕끝선을 일직선으로 하면 비록 소수점이 나오더라도 어떤 지붕각을 갖게 될 겁니다.
이 등간격법이 재미있는 것은 기본적으로 지붕끝선이 일직선이 되어야 하는데 비해 중앙쪽이 약간 도톰한 형태랍니다. 쪼께 복스럽게 보인답니다.

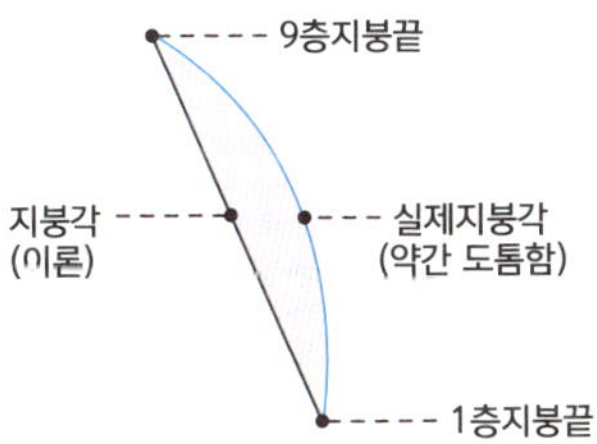

[그림 99] 등간격법시 지붕각이 약간 도톰함

보시니 복스러워 보이시나요? 부티나게 보이신다구요. 사실 이 등간격법은 석탑류를 풀면서 제가 인지한 것이랍니다. 그리고 이 일직선인 이론지붕각을 각층 지붕끝선에 적용해 보며는 잘 맞아 떨어지지가 않는답니다(일반목탑은 아주 정확하게 맞아 떨어지겠죠).

한 두가지 예만 잠깐 보시죠. 지붕각 ⊿7.175를 적용해 보겠습니다

- 8~9층지붕층고=3.75÷⊿7.175=0.52264
- 7~8층지붕층고=4.2÷⊿7.175=0.585365

나온 숫자는 지붕끝선이 줄어드는 폭이랍니다.

보시듯 순수지붕각으로는 각층 지붕끝선을 구할 수가 없답니다. 지붕끝선은 주요치수이므로 반드시 3의 배수이면서 정수가 나와야 맞답니다. 그래서 등장(?)한 것이 바로 등간격공법이랍니다. 등간격법은 어떠한 경우에도 3의 배수인 지붕끝치수가 나올 겁니다. 숫자입력 자체를 3의 배수숫자를 쓰거들랑요. 이 등간격공법은 지붕끝선뿐만아니라 외부기둥에도 쓸 것이며, 당연히 지붕날개길이에도 쓸 겁니다. 이 세 가지는 쉽게 애기하면 1set랍니다.

9층목탑에서 지붕기울기폭이 6m랍니다. 6m÷8개층=0.75로 각층의 지붕날개끝 증감계수랍니다. 밑 그림을 보시면 외부기둥 위치증감계수가 @0.54랍니다. 지붕날개길이 증감계수는 @0.21이네요. 아주 재미있는 것은 이 세 가지의 조합이랍니다. 보실까요.

외부기둥 증감계수(@0.54)+지붕날개 증감계수(@0.21)=지붕끝 증감계수(@0.75)가 되네요.

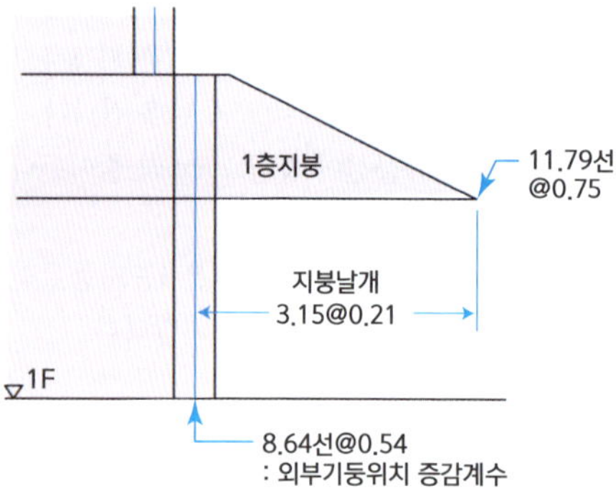

[그림 100] 9층 목탑 : 등간격 개념

지붕끝 증감계수가 꼬맹이 두 놈을 거느리고 있네요. 고고참 희한하죠.

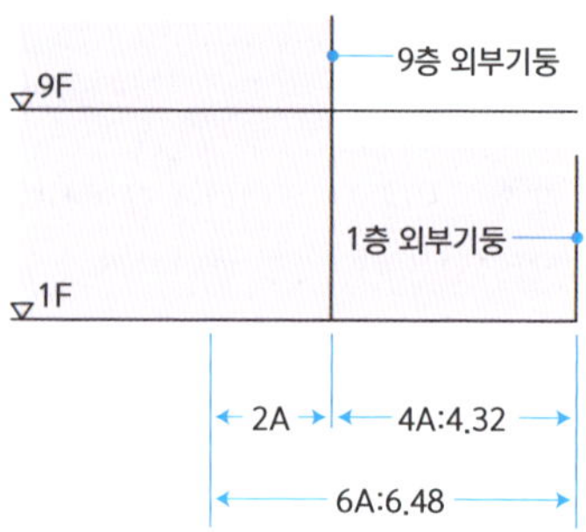

[그림 101] 외부기둥위치 증감계수

외부기둥위치 증감계수는 아주 간단하게 알 수가 있답니다.
좌측 그림을 보시면 1층외부기둥에서 시작해서 점점 줄어들다가 9층에서 1층보다 4A(4.32) 들어가서 9층외부기둥이 있답니다. 즉 4A(4.32)만큼 9층외부기둥이 줄어든답니다. 1층과 9층차이는 8개층이랍니다. 9개층이 아입니데이? 4.32÷8개층=0.54의 등간격증감계수가 나올 겁니다. 이 등간격법은 어찌 보면 너무 단조로운 느낌이 조금 들기도 한답니다.

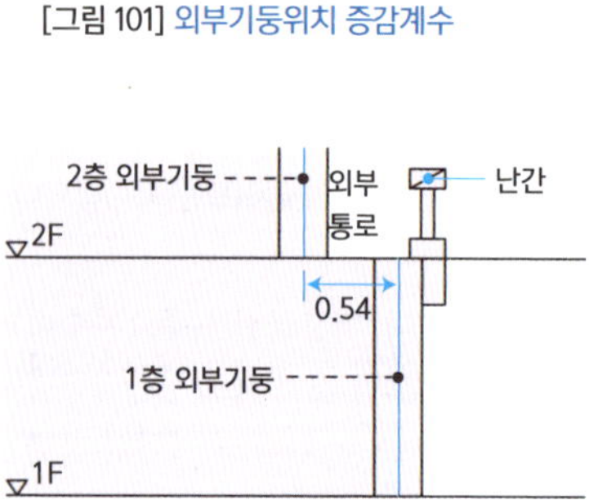

[그림 102] 1·2층 외부기둥폭차이: @0.54

이 9층목탑의 외부기둥 증감계수가 @0.54이다 보니 바로 윗층 외부난간설치가 쪼께 난감하기도 하답니다.

좌측 그림을 보실까요.
1·2층 외부기둥중심폭이 54cm 밖에 차이가 나지 않아서 2층 외부난간설치가 조금 불편하답니다.

물론 난간설치까지는 가능은 하나, 어쩌면 2층외부 개구부열기를 내부로 열어야 할 수도 있답니다. 외부통로가 좁아도 있긴 있는데 난간을 설치하든 안하든 외부통로로 이용하기에는 조금 불편할 것 같답니다. 금동탑안(4각3칸비례안)의 최대 구조적 단점(?) 하나가 바로 9층외부기둥에 있답니다. 이 9층외부기둥이 주기둥이면 괜찮은데 샛기둥열에 외부기둥이 위치한답니다. 4각3칸 이외에는 최상층외부기둥이 주기둥이 된답니다. 한번 보실래요.

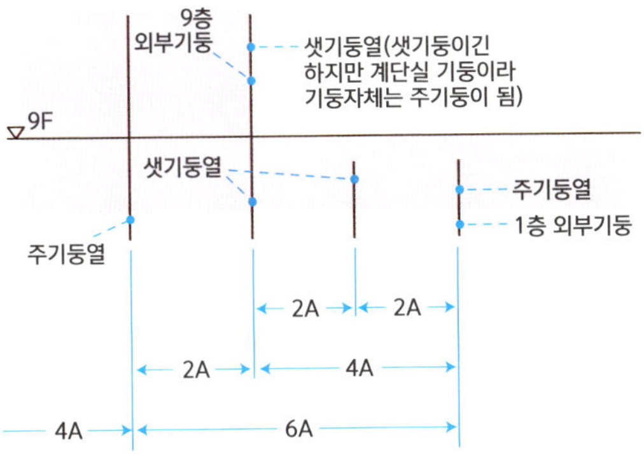

[그림 103] 금동탑안의 최상층 외부기둥 : 샛기둥열

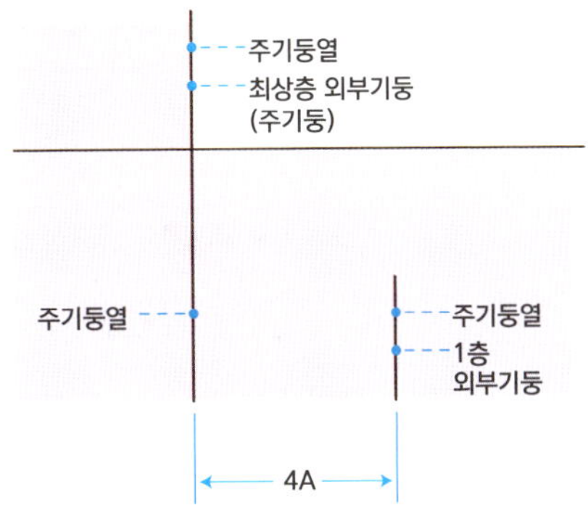

[그림 104] 4각3칸안을 제외한 다른안
: 최상층 외부기둥이 주기둥열이 됨

그림을 보시니 이해가 가시는지요. 이왕이면 최상층외부기둥이 주기둥열이면 좋겠죠. 그나마 다행인 것은 9층외부기둥이 계단실기둥이라 주기둥이랍니다.

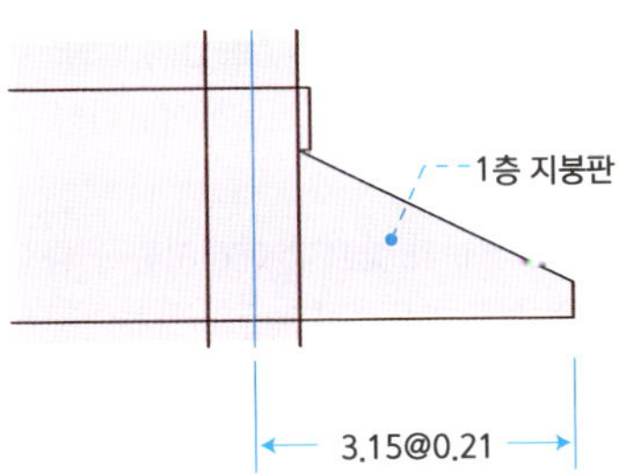

[그림 105] 지붕날개 증감계수

지붕날개 증감계수도 한번 보셔야죠. 이 증감계수@0.21도 분개가 될 겁니다.
단순히 21cm씩 지붕길이만 줄어들까요?
그럴 리가 없겠죠. 이 놈의 지붕길이 증감계수(@0.21)도 3꼬맹이(?)를 거느리고 있답니다.
꼬라지에? 두목(?)의 성깔이 다분히 있나 봅니다.

다시 꼬맹이들을 보실까요.

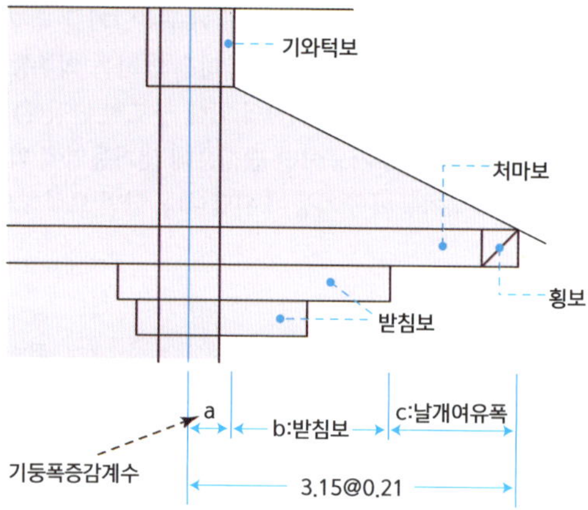

[그림 106] 지붕날개부위별 증감계수 개념

지붕판을 자세히 보시면 기둥이 있고 지붕받침보가 있으며 끝에는 뭔지는 모르겠으나 지붕날개 여유폭이 있답니다.

즉, { • a : 기둥폭 증감계수 • b : 지붕받침보 증감계수 • c : 날개 여유폭 증감계수 } 3개 부분으로 구성이 되어 있네요.

아따! 쥐꼬리만한게 와 이리 복잡하노. 다시 부분별로 분석해 보셔야죠.
먼저, 기둥부터 분석해 봅시다. 기둥폭에 왠 증감계수가 발생되지? 알다가도 모르겠네?
혹시 기억나시나요. 수직기둥규격은 5cm씩의 증감계수가 있다는 사실을? 일반목탑에서 귀가 닳도록(?) 말씀드렸을 겁니다. 귀 씻으신 분 안계시죠? 과연 5cm씩 줄어들까요? 천만의 말씀! 기둥도 기둥만 있는게 아니라 기둥턱이 있으며, 이 기둥턱까지가 엄밀히는 실제 기둥폭이랍니다.

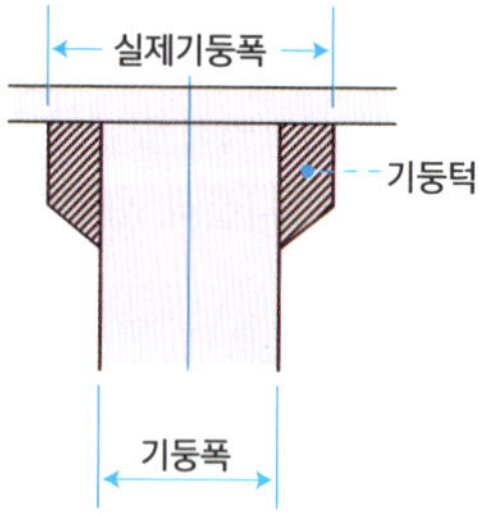

[그림 107] 실제 기둥폭

기둥폭의 증감계수는 5cm가 맞으나 실제기둥폭 증감계수는 6cm가 된답니다. 기둥폭x1.2($\frac{6}{5}$)=실제기둥폭이랍니다. 실제기둥 증감폭은 5cm이지만 기둥날개까지 1.2를 곱해주면 5cm x 1.2 = 6cm가 된답니다.

치수개념의 기준은 기둥중심선이 되겠죠. 즉, 기둥폭 6cm의 증감이 기둥중심선을 기준으로 보면 반쪽으로 기둥폭 증감계수는 @0.03이 될겁니다. 즉, 윗층으로 갈수록 기둥폭의 감소로 가만히 있어도 자동으로 기둥폭 자체가 3cm가 줄어든답니다. 이제 지붕날개 증감계수 21cm 중 기둥폭 자연감소 3cm를 빼면 18cm가 남는답니다.
다음으로 받침판 증감계수 b를 보셔야죠. 고려금동탑을 보시면 지붕받침판이 3단같기도 하고 어찌 보면 2단같기도 하지만 다보탑이 2단이므로 간단히 2단받침보로 보겠습니다.

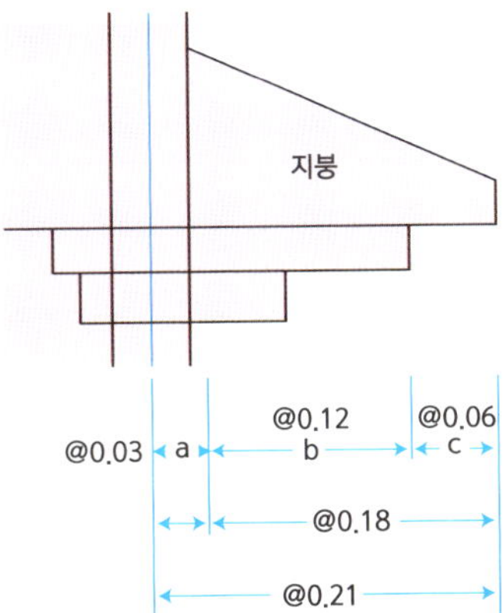

[그림 108] 지붕날개 증감계수

이 지붕받침보는 기둥외부에 밥풀대기로 붙이시면 똑 떨어집니데이? 반드시 기둥을 관통하셔서 받침판이 떨어지는 일이 없도록 하셔야 될겁니다.
이 받침보의 길이도 3cm의 배수가 되어야 할 겁니다. 즉, 3의 배수치수가 되어야 맞겠죠.
치수의 숫자합이 1이나 2가 나오면 낭패랍니다.
다행히도 증감계수가 18cm가 남았으니 받침판폭에 12cm, 날개여유폭에 6cm를 공평하게 나누어 주면 자연스런 비례관계가 나올 겁니다.

날개여유폭c도 @0.06이 나오네요. 날개여유폭c를 @0.12로 하면 자연스레 받침보길이는 @0.06이 나오겠죠. 어떤 특별한 법칙까지는 없지마는 그 시대에 어떤 비례법칙을 적용했는지는 알 수가 없답니다. 물론, 2단받침보가 아니고 3단받침보일 경우에는 약간 더 복잡해질 수는 있겠지만 모든 증감계수의 기본법칙인 3의 배수법칙만 지키시면 될 것 같답니다.
풀다 보면 증감계수가 @0.015(1.5cm), @0.045(4.5cm) 같은 숫자가 나올 수도 있는데 이 1.5cm = 3 x 0.5, 4.5cm = 3 x 1.5cm는 다 3이라는 숫자를 자체적으로 갖고 있으므로 모두 다 3의 배수에 해당된답니다.

이제까지 보셨듯 이 지붕각을 이루는 지붕끝 증감계수@0.75가 단순히 지붕끝 치수만 증감이 되는 것이 아니라 기둥과 지붕날개를 구성하고 있는 모든 부위에 다 영향을 미친답니다.

이 등간격공법은 아주 단순하고 재미있기도 하지만 아주 유용하게 쓰일 겁니다.

5. 입면도상 주기둥열과 샛기둥열

9층목탑의 입면도를 그리다 보면 중앙칸은 치수변화가 없으나 양옆칸은 윗층으로 갈수록 0.54씩 줄어든답니다. 줄어든 열의 해당칸만 줄어들 수도 있지마는 줄어든 전체 치수를 3등분해서 보기 좋게 할 수도 있답니다.

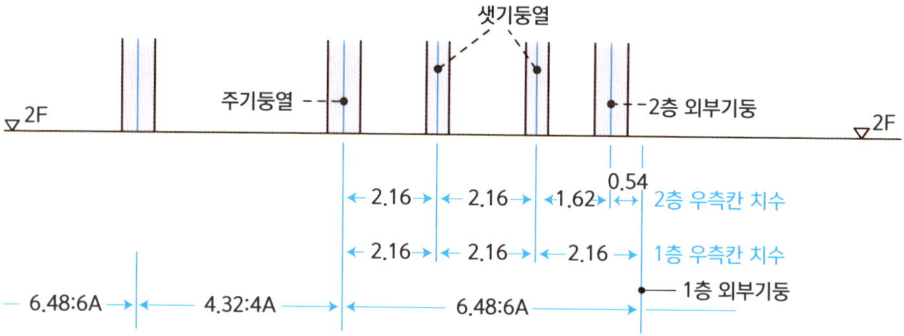

[그림 109] 샛기둥열을 살린안: 1·2층 샛기둥열이 수직

잘 보시면 우측칸은 1층에서는 샛기둥폭이 2.16으로 똑같답니다. 그런데, 2층에서는 외부기둥이 0.54내부로 들어온답니다. 위에 있는 예시는 우측칸의 제일 우측칸만 0.54줄어든 1.62가 되며 나머지 샛 2칸은 2.16으로 샛기둥 수직열을 맞추고 있답니다.

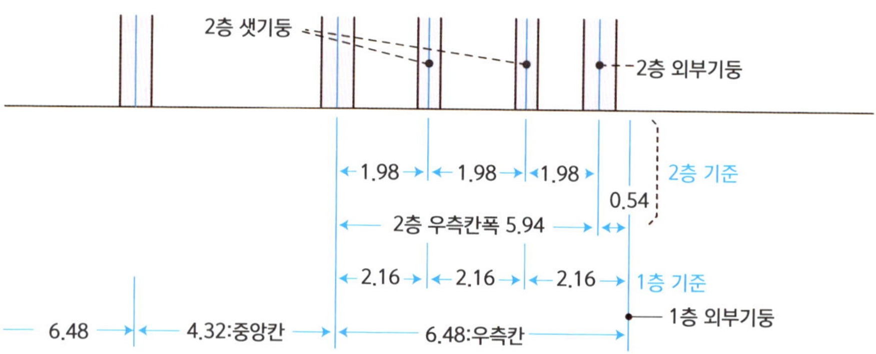

[그림 110] 2층 우측칸의 폭을 3등분한 샛기둥안: 1·2층 샛기둥열이 다름
: 모양상 더 양호한 것 같음

그림을 보시면 우측칸이 2층에서 0.54가 줄어든답니다. 그러면 우측칸폭은 6.48-0.54=5.94가 되며, 이 5.94를 3등분하여 같게하면 5.94÷3=1.98의 샛기둥간격이 나올 겁니다.

모양상 아주 양호하답니다.

다만 샛기둥 수직열이 사라지게 된답니다. 샛기둥열을 맞추는게 나은 것인지 자체등간격법을 쓰는 것이 더 나은 것인지? 하! 머리가 다 아프네요. 아마도 자체등간격법을 채택해야 될 것도 같답니다. 아니면,2층폭(상부층도 마찬가지)을 8등분(8A=16A÷2)하여 모든칸폭(샛기둥폭 포함)을 같게할 수도 있답니다. 외관상 제일 양호하나 내부계단폭도 줄어드는 문제점도 있답니다.

탑들을 푸시다 보면 이런 예기치 못한 것들이 톡톡 튀어 나온답니다. 우찌합니까? 상황따라 해결해야죠?

Ⅸ. 형태별 사찰목탑

이 신라사찰목탑은 전에도 말씀드렸듯이 9층목탑높이만 알아낼 수 있지 건물형태(4각형 or 8각형)든 건물폭 등등은 알 수 있는 방법자체가 현재로서는 없답니다. 혹시 아시는 분 계시나요? 아시면 한 수 알으켜 주이소. 한잔 따르겠습니다! 참 난감하답니다.
그렇다고 빠이 쳐다만 보고 있기도 그렇답니다. 그래서 발생가능한 여러 형태를 가정해서, 이럴 경우는 이렇지 않을까 추정만 해 볼겁니다. 어느 것이 맞을 확률이 제일 높을지 조차도 아무도 모른답니다. 여러분들도 생각해 보시고 고민도 저와 똑같이 해보시기 바랍니다.
　이 형태별 사찰목탑은 제가 펴낸 "탑의 신비를 찾아서"를 쓰면서 아주 간단히 생각해 본 것이므로, 아주 간단한 개념과 도면이 주가 될 겁니다. 이럴 경우는 이럴 것이라고 간단히 생각하시면 되겠네요. 그러니, 가볍게 읽어 보세요. 그래도, 전혀 모르는 어떤 것에 접근을 할 때 제가 잘 사용하는 방법이랍니다.

　신라목탑을 풀어가는 한과정이라고 보시면 된답니다. 풀어가면서 '이거다' 라는 것을 찾아내어야 되는데 못 찾아내었네요! 정가가 돌팔이라서 그런가 ~ㅋㅋ~
결과적으로 경우의 수만 나열하는 꼴이 되겠네요?
그리고, 책을 펴낸 한참 후에 시간이 조금나서(?) 황룡사9층목탑을 다시풀어 보았답니다. 제가 생각해 본 것중 제일 마음에 들어서 추천안이 될겁니다.
　아마 다음다음 편(XI편)에 나오겠죠. 한번 기대해 보세요 ~ㅎㅎ~

1. 4각형 형태 사찰목탑

(1) 4각3칸 비례안

① 9층 목탑

a. 폭 개념

단높이(R)는 알고 있으니 1층몸통부폭부터 알아야겠죠. 9층금동탑 1층칸수와 비례숫자가 뭐였더라? 어! 생각이 안나네? 그럼 몇쪽 앞을 보셔야죠.

나와 있네요. 바로 이것일 겁니다. 제가 꼭 약장수 같네요. 애들은 저리가라 ~

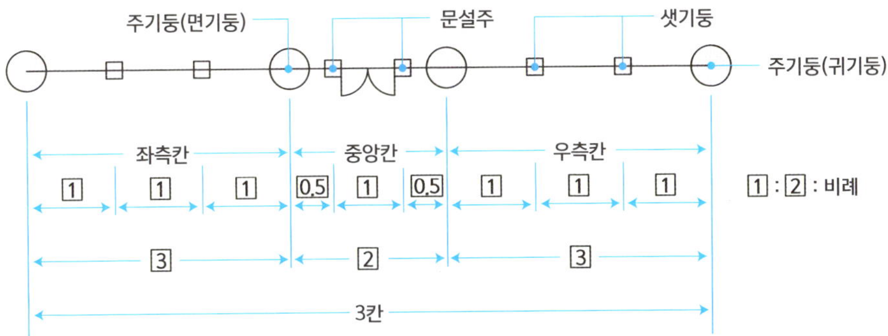

[그림 111] 9층 금동탑 1층 외벽 한면 비례관계

보니 성면 3칸에 폭비율이 3:2:3으로 무지 간단하네요. 이 비례숫자에 치수를 넣어서 건물폭치수가 숨을 쉴 수 있게 해 줘야죠. 9층목탑의 A가 뭐였더라? 벌써 잊어버리셨군요. 우짜노? 9층 일반목탑높이가 108m잖아요. 이것보다 기억하기 더 좋은 숫자가 있나요.

아! 맞네요. 바로 A=1.08이랍니다. 9층탑하면 무조건(?) 108이라는 숫자를 떠올리면 잊어버릴 일은 없을 겁니다.

정면칸 비율이 3:2:3이니까 3x1.08=3.24, 2A=2x1.08=2.16, 3x1.08=3.24가 나오네요. 1층몸통폭을 더해 볼까요. 8A=8x1.08=8.64m, 이것밖에 안되네? 이유가 뭐지? 앗 실수! 칸 폭은 전에도 잠깐 말씀드렸듯이 4A, 5A, 6A가 되어야 맞는 것이로구나? 하! 3:2:3=6:4:6이네.

즉, 1층 몸통폭은 16A=16x1.08=17.28m랍니다. A=1.08이 아니라 A=2.16으로 해서 3:2:3으로 하자꾸요. 그렇게 하시더라도 된답니다. 저라면 가능하면 A의 숫자가 적은 A=1.08을 택하겠습니다.

탑폭이 32.4m이며 1층폭이 17.28이니까 1층을 외벽중심으로 치수를 넣어봅시다.

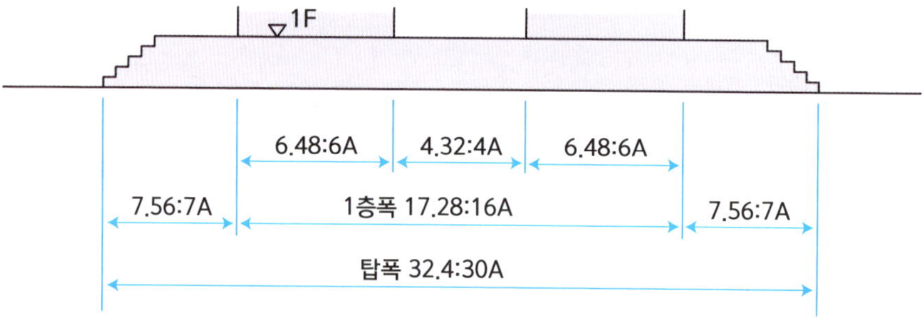

[그림 112] 9층 목탑 탑폭 치수분석: 4각3칸 비례안 기준

탑폭 32.4=2.7x12, 32.4=1.08x30이 된답니다.
즉, 2.7로도 1.08로도 다 나누어지는 숫자랍니다. 여기 나오는 탑폭은 다 가정입니데이.
진짜로 믿으시면 큰일 납니데이 ~ㅋㅋ~

b. 지붕두께

건축물폭은 어느 정도 해결되었답니다. 다음으로 수직높이에서 중요한 지붕판두께와 1층 지붕 우수선이 중요하답니다.

1층지붕쪽을 봅시다.

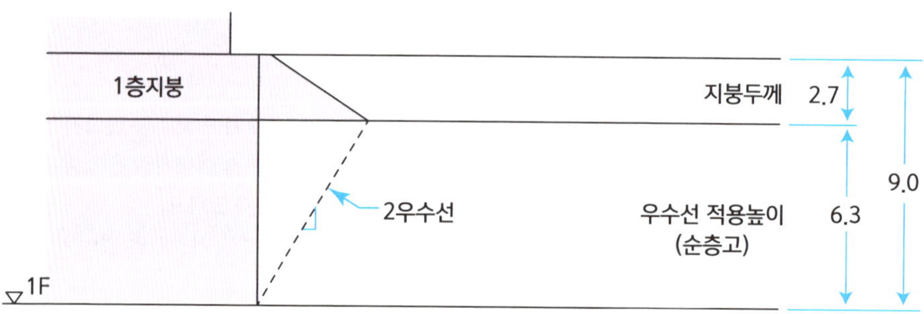

[그림 113] 1층 지붕판 개념

1층층고는 지붕판두께와 우수선 적용높이인 순층고로 구성이 되어 있답니다.
혹시 더 있나요? 지붕판두께는 이왕이면 계단단높이로 나누어지면 더 좋을 겁니다. 계단단높이(R)가 9층목탑은 R=0.15랍니다. 당연히 지붕판두께는 R = 0.15의 배수가 되면서 가능하면 지붕판두께 숫자합이 9가 되는 것이 모양상 좋을 겁니다. R = 0.15의 배수숫자를 쭉 보실까요. 0.15, 0.3, 045, 0.6, 0.75, 0.9, 1.05, 1.2, 1.35, 1.5, 1.65, 1.8, 1.95, 2.1, 2.25, 2.4, 2.55, 2.7 …… 대충 이 정도의 지붕판두께 후보군이 나온답니다. 어느 숫자를 선택하는 것이 제일 좋을까요? 감으로 때릴까요?

어쩌면 감으로 때리는 것이 가장 정확할 수도 있답니다. 아잉가? 지붕판이 두꺼운 게 좋을까요 얇은 것이 좋을까요? 두꺼우면 투박하고 얇으면 물매가 애매하고 참 난감하답니다. 그럼, 중간값을 선택하는 것이 제일 좋을 것 같은데 도통 이 놈의 중간값을 어떻게 알아낼 수가 있죠?

일반목탑의 1층지붕은 1우수선에다 1층지붕판두께가 1층층고의 1/3로 아주 간단하답니다. 웃기게 얘기하면 눈 감고도 알 수가 있답니다. 그런데 2우수선 적용예정인 이 사찰목탑 1층지붕판두께는 감조차 잡기 어렵답니다. 여러 궁리 끝에 제 전공(?)인 일방지정공법을 쓰기로 했답니다.

9층목탑 1층지붕판두께를 2.7m로 하겠습니다. 이 9층목탑 1층지붕두께가 2.7m인지를 정확하게는 알 수는 없지만, 2.7m를 적용해 보면, 각 탑 간에 @0.18의 증감계수도 가능해지며, 상부층으로도 1R(@0.15 or @0.18)씩의 지붕두께 증감계수도 가능해질 것도 같답니다. 저번에 층고 설명에서 기준층층고비례안과 최상층층고증가안에 따라서 각 층(특히 기준층)의 층고가 바뀔 수가 있다고 말씀드렸을 겁니다. 기본적으로 최상층층고증가안(최상층지붕에 기와를 다 덮기 위해서)을 기본으로 하겠습니다. 이 최상층층고증가안의 지붕두께는 기본적으로 1층 지붕두께에서 상부층으로 갈수록 1R(@0.15)씩 줄여나갈 수가 있답니다.

반면에 기준층층고비례안은 상부층으로 갈수록 지붕두께를 1R씩 줄여나갈 수도 있고 1층 지붕두께와 같게도 할 수가 있는 2가지의 경우의 수가 발생될 수가 있답니다. 볼까요.

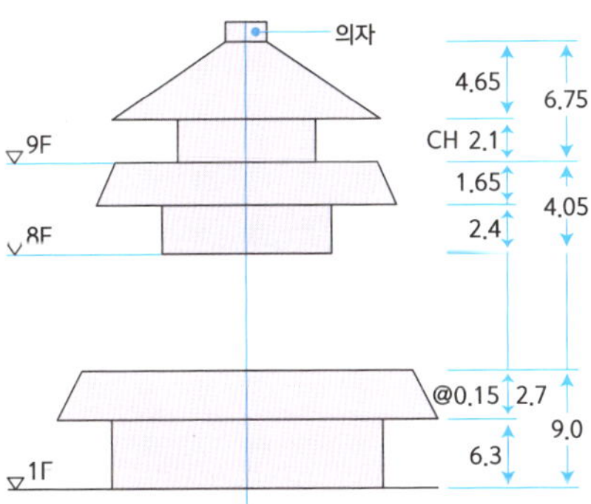

[그림 114] 최상층층고증가안의 지붕두께: 9층 목탑 기준

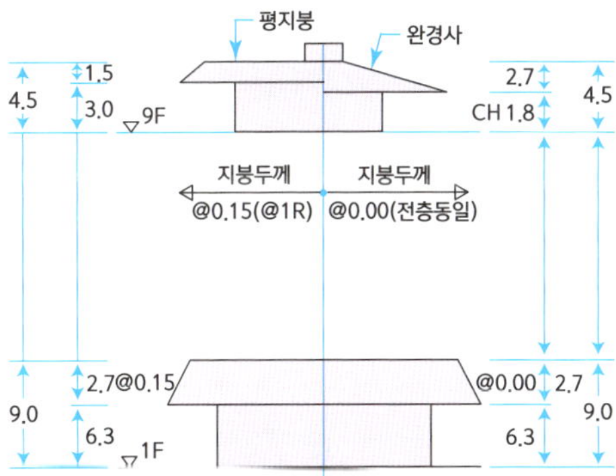

[그림 115] 기준층층고비례안의 지붕두께: 2가지가 발생됨

보시듯이 최상층층고증가안은 최상층지붕을 완전히 기와로 이는 것이고, 기준층층고비례안은 비록 완경사이긴 하지만 기와를 다 이을 수도 있고, 평지붕처리를 할 수도 있답니다.

어느 것이 더 합리적인 것인지는 모르겠네요?

c. 최상층층고증가안 개념도

4각 3칸 비례안의 최상층층고증가안과 기준층층고비례안의 개념도를 보면서 생각해 봅시다.
먼저, 9층목탑의 최상층층고증가안을 봅시다.

Notice 원본도면 No.02 (247p) 9층목탑 개념도 : 4각 3칸비례안, 최상층층고증가안 기준

이 사찰목탑개념도는 건물형태가 확정된 것이 아니므로, 간단히 주요치수만 아주 개략적으로 볼 겁니다.

d. 기준층층고비례안 개념도

이제 9층목탑의 기준층층고비례안도 한번 봅시다.

Notice 원본도면 No.03 (249p) 9층목탑 : 기준층층고비례안 4각 3칸비례안 기준

이 9층목탑 기준층층고비례안을 보시면 크게 두 가지로 생각해 볼 수 있답니다. 첫째는 지붕판두께를 1층에서 9층까지 똑같이 2.7m로 하는 안이며, 둘째는 1층지붕두께를 2.7m로 하고 증감계수@0.15(1R)를 적용하여 상부로 갈수록 지붕판두께가 얇아지는 안이랍니다.

첫째안은 최상층(9층)지붕판도 어느 정도 두께(2.7)가 있으므로 최상층지붕을 비록 완경사이긴 하나 기와를 다 이을 수는 있답니다.

둘째안인 각층 지붕판에 증감계수@0.15를 적용하면 최상층지붕두께가 1.5m밖에 되지를 않아서 최상층지붕의 중간부위는 평지붕이 발생된답니다. 물론 자체 물구배 정도는 두어야겠죠. 이 첫째 안의 최상층지붕경사각과 바로 밑층(8층) 지붕의 지붕각도가 지나치게 차이가 나서 보기가 조금 그렇네요. 둘째안의 진짜지붕(일반층지붕과 같이 끝에만 있는 지붕)만 있는 지붕경사각은 그런대로 양호한 편이랍니다. 봅시다.

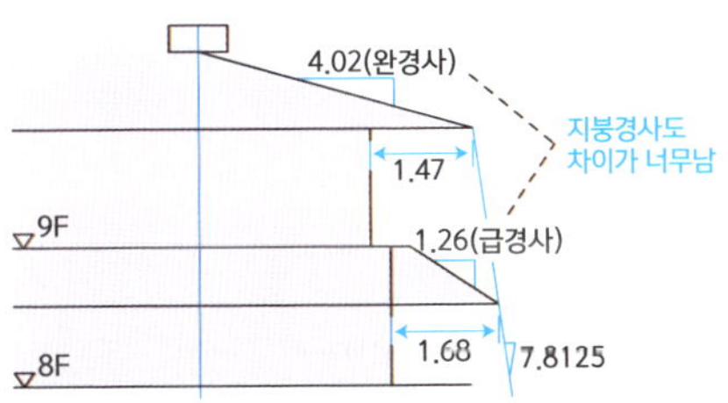

[그림 116] 첫째안일 경우 : 상부층의 지붕경사도 차이

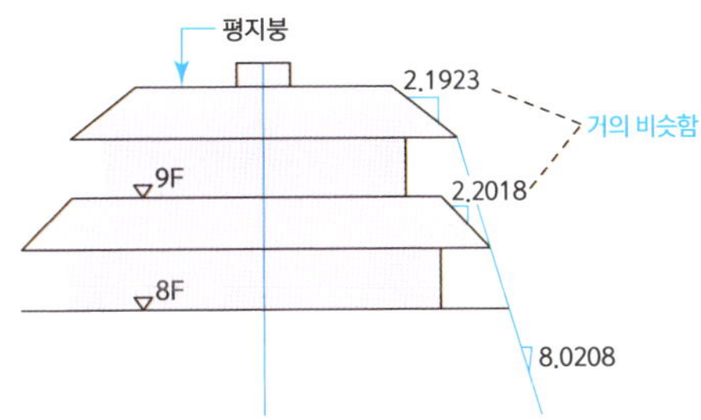

[그림 117] 둘째안일 경우 : 지붕경사도가 비슷함

들을 비교해 보시면 지붕경사도가 확연히 차이가 날겁니다. 최상층지붕경사도를 비교해 보시면 최상층층고증가안이나 기준층층고증가안의 첫째안이 최상층지붕을 다 덮기는 덮는데 밑층들과의 지붕경사도와 비례가 잘 맞지가 않네요. 아마도 1층폭의 영향을 크게 받는 것 같답니다.

기준층층고비례안의 순지붕두께(기와가 덮이는 두께)는 이렇게 생각해 본 것이랍니다.

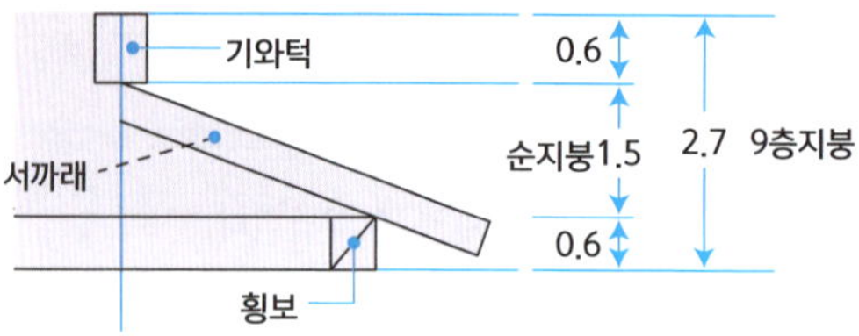

[그림 118] 첫째안인 지붕두께가 동일할시 : 증감계수 없음

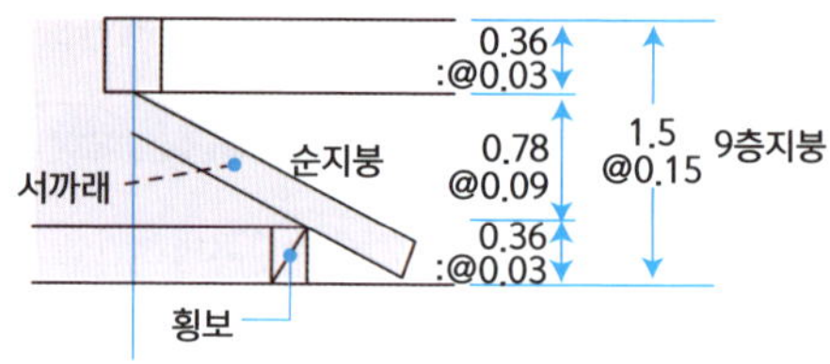

[그림 119] 둘째안의 순지붕 두께 : 지붕 증감계수@0.15 발생시

순지붕두께가 이럴 거라고 생각은 해 보았는데 어느 정도 신빙성이 있을지는 미지수네요?

e. 1층

이제 9층목탑(4각3칸 비례안)을 부분적으로 아주 잠깐만 봅시다.

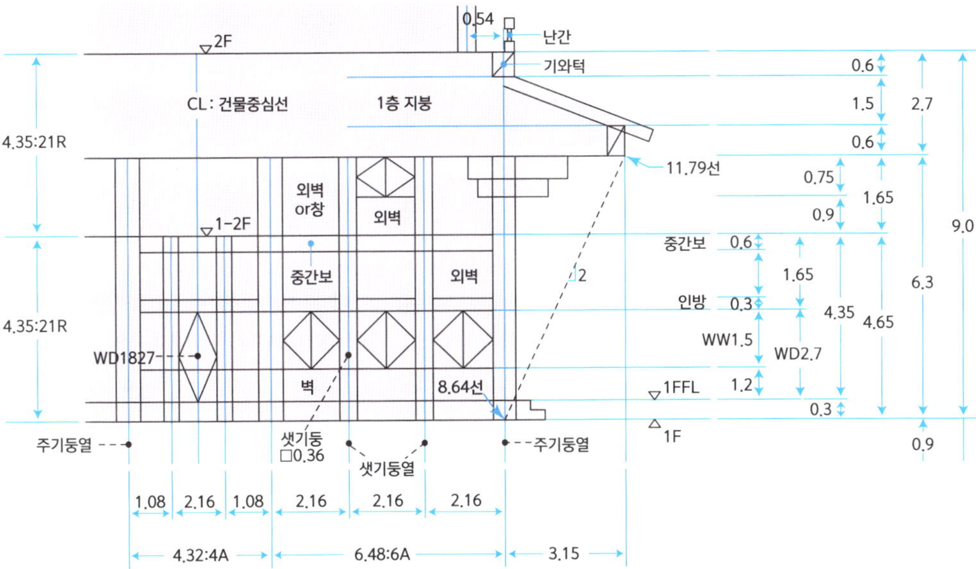

[그림 120] 9층 목탑 : 1층 개념 4각3칸 비례안 기준

먼저, 1층 주출입구를 보면 단순개구부로 텅비어 놓기도 그래서 출입구(WD1827: 폭이 1.8m, 높이가 2.7m)를 내는 것이 좋을 것 같답니다. 높이는 2.7m 정도가 적당할 것 같네요. 물론 이떤 근기도 없겠죠? 자세히 보시면 주기둥열에 있는 주기둥을 R0.9(원형기둥으로 지름이 90cm 조금 큰 느낌이 들기는 드네요?)로 하면 샛기둥이 원형기둥이면 R0.45(R0.9÷2)인데 사각기둥으로 하면 □0.36(R0.9x1.2÷3=0.36)이 된답니다. 여러 가지를 생각해보니 사찰목탑의 샛기둥은 4각형이 좋을 것 같아서 일단 4각기둥으로 생각하겠습니다. 그러면, 주출입구문 순폭은 2.16(2A)-0.36(문설주)=1.8이 나오네요.

그럼 1층 주출입구문은 WD1827로 아주 양호하게 잘 나온답니다. 중2층이 있었는지는 알 수가 없으나 저층부에는 중2층도 가능할 것도 같답니다.

중2층과 상관없이 가상 중2층에는 중간보를 설치해야겠죠. 샛기둥이 4각기둥이 좋은 것이 전에도 잠깐 얘기드렸듯이 보와 샛기둥이 동일면이 가능해져서 외관상 산뜻한 멋이 풍긴답니다. 4각샛기둥의 단점인 기둥턱내기가 조금 어렵겠지만 그래도 인방 등의 고정을 위해서 보이지 않게 턱을 살짝 낼 것 같답니다.

4각샛기둥규격은 R0.9(주기둥)x1.2÷3=0.36으로 사용가능한 모든 치수를 다 써버렸으므로 기둥턱 발생이 이론적으로는 힘이 들지만 살짝 턱을 내는 것은 별 문제가 없어 보이네요.

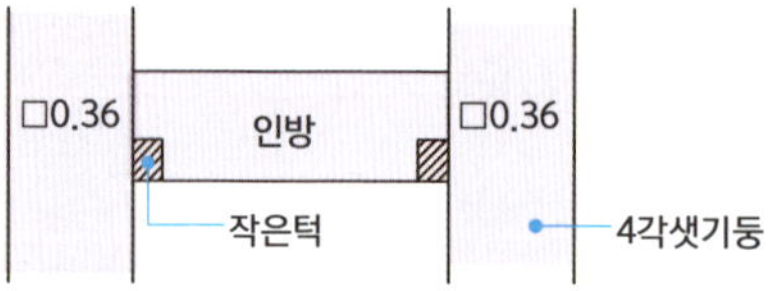

[그림 121] 4각 샛기둥의 기둥턱 발생 : 옆에서 볼 때

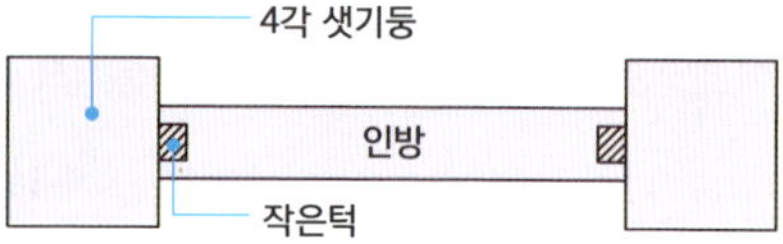

[그림 122] 4각 샛기둥의 기둥턱 : 위에서 볼 때

이 샛기둥턱이 있어야 인방 등이 움직이지가 않아서 창문 등을 잘 잡아줄 것 같답니다. 물론 이 샛기둥턱은 외부에서는 보이지 않게 잘 감추어야겠지요. 4각샛기둥을 주기둥 R=0.9의 반인 □0.45로 가정하고, 0.45=0.045+0.36+0.045이므로 샛기둥을 □0.36으로 하고 0.045씩의 턱을 내는것도 고려해 봐야겠죠. 어쩌면 이 방법이 모든것을 충족시키는 것 같답니다.

그리고, 지붕을 보시면 제일 위쪽에 수직지붕(?)이 보이실 겁니다. 수직지붕이란 말이 조금은 우습게 들리겠지만 그래도 수직지붕이 맞을 것 같은 느낌이 드네요? 실제론 기와턱보이겠지요.

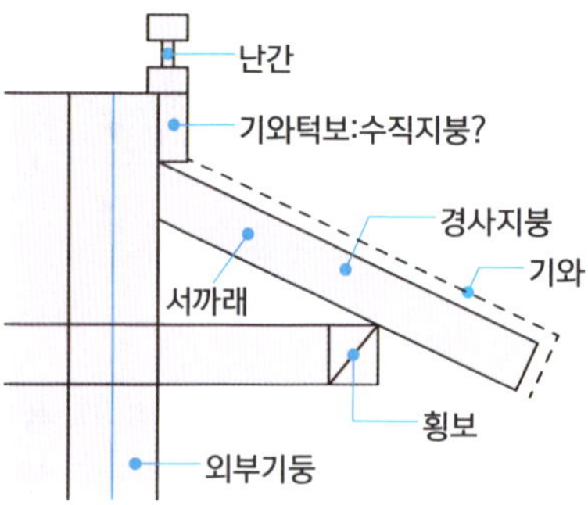

[그림 123] 수직지붕 : 기와턱보

이 기와턱보는 기와끝 마구리 개념으로 상부기와끝선이 아주 산뜻하게 보이게 하기 위한 것이겠지요. 이 기와턱보가 없으면 아무래도 기와끝쪽이 조금은 지저분해질 수도 있겠죠. 물론 외부의 빗물이 기와속으로 못 들어오게 하는 역할도 겸할 겁니다. 그런데, 이 기와턱보를 어떻게 설치할지가 쪼께 애매하답니다.
크게 2가지를 생각해 볼 수가 있답니다.

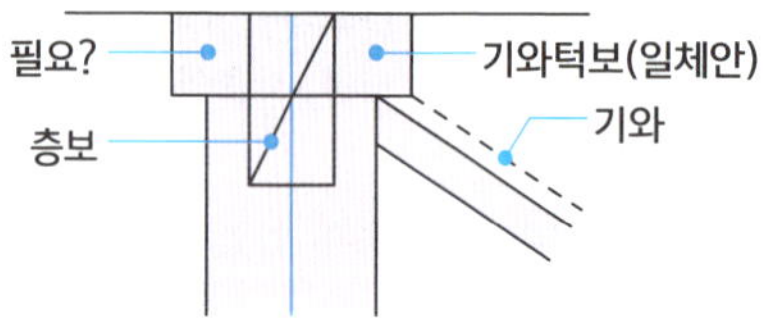

[그림 124] 기와턱보를 층보(층의 주보)보다 크게 하는 안

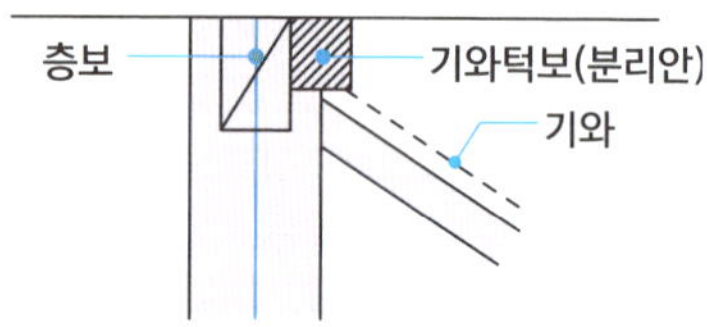

[그림 125] 층보와 별개로 기와턱보를 설치하는 방법

하나는 층보폭을 넓게 하는 일체안이며, 다른 하나는 층보 옆에 별도로 기와턱보를 붙이는 분리안이지마는 기본개념은 비슷하답니다. 그리고 기와턱보의 높이도 무지 헷갈린답니다. 낮게하면 지붕경사가 급해지며 높게하면 완경사화된답니다.

하여튼 애럽네요?

f. 지하층

또 갑시다. 이제 지하층도 보셔야죠. 반지하의 반지하도 아닌 것이 지하층이라니 말은 쪼께 우습기도 하지만 어찌되었든 6R의 높이를 가진 어엿한(?) 지하층이랍니다. 일반적으로 이 완벽한(?) 지하층을 누구든지 기단일 거라고 착각들하기 쉽답니다. 이제부터는 착각하지 마이소.

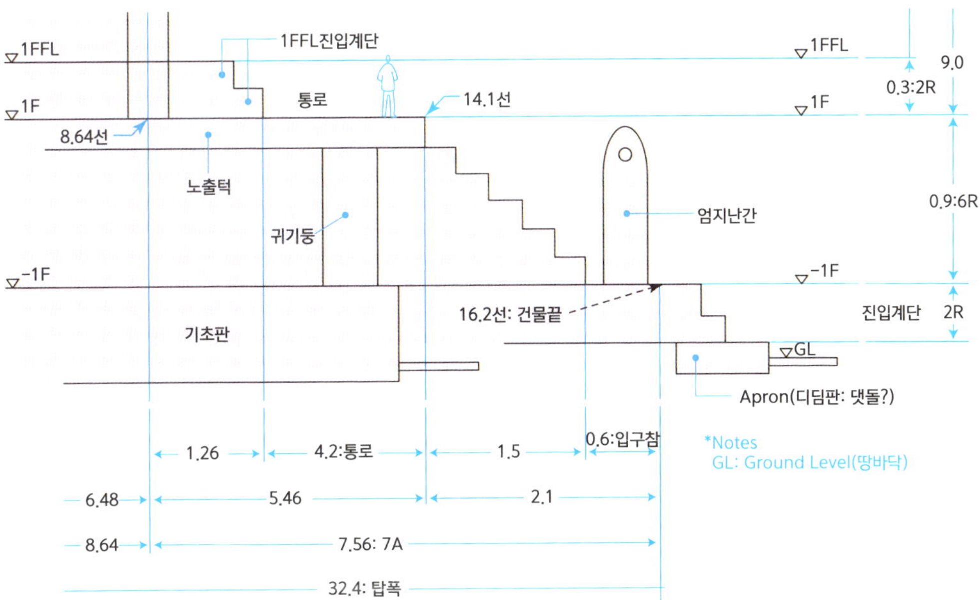

[그림 126] 9층목탑 : 지하층 단면도

지하층같아 보이나요? 지하층에 진입하실려면 일단 땅에서 디딤판을 딛고 2단(금동9층탑 기준)을 올라가야 대망의 지하층바닥에 도착(?)한답니다. 이 진입부계단은 적게는 2단에서 많게는 3~4단이 될 수도 있답니다. 지하층계단 6단을 더 올라가시면 1층바닥이 나온답니다. 외부통로를 조금 더 걸어가시면 드디어 진짜(?) 1층바닥(1FFL)으로 가기 위한 계단이 2단이 더 나온답니다.

이 2단을 올라가시면 그냥(?) 진짜1층 바닥이 나온답니다. 올라가기 정말 힘드네.
1FFL진입계단은 당연히 출입문 쪽에만 있겠죠. 기분 좋으시면 1층 외부전체를 다 돌리셔도 무방하답니다.
이 1FFL진입계단은 이론적으로는 R=0.15이지만 1층 외부통로의 물구배를 고려해 보면 R≒0.12가 될 듯 하답니다. 싱거운 지하층이네요?
지하층 내부로 들어가 보자고요? 참으시죠!

9층목탑을 다 봐버렸네요. 별거 아니죠. 내부가 궁금하신 분은 시간 나시는 대로 각층 평면도를 한번들 그려 보십시오.

그리고, 내부계단처리를 어떻게 하는 것이 좋을 것 인지도 한번 고민해 보십시오.
참고로 core(계단실, staircase)는 중앙칸에 있는 것이 아니라 중앙칸을 끼고 있는 양옆칸의 첫째칸 일 겁니다. 제가 4각3칸 비례안(고려금동탑안)에 관심을 가진 가장 큰 이유는, 이 금동9층탑이 분명히 어떤 목탑을 보고 만든 것으로 보이는데, 황룡사9층목탑을 보고 만든 것인지 아님, 다른 어떤 사찰의 9층목탑을 보고 만든 것인지는 모르겠으나 한가지 확실한 것은 9층목탑을 보고 만들었을 가능성이 높기 때문이랍니다.

근데 알 수 있는 방법은 없답니다?

② 7층목탑

4각3칸 비례안의 7층목탑도 잠깐 보고 갑시다. 먼저 최상층층고증가안과 기준층층고비례안의 개념도를 봅시다.

Notice 원본도면 No.04 (251p) 4각3칸 비례안 : 7층목탑 개념도 – 최상층층고증가안

Notice 원본도면 No.05 (253p) 4각3칸 비례안 : 7층목탑 개념도 – 기준층층고비례안

보시다시피 지붕끝선 증감계수에 따라서 처마각은 바뀔 수도 있답니다. 아직 어느 것이 가장 합리적인 것인지는 알 수가 없네요. 그리고 1층지붕두께를 9층목탑은 2.7이며 7층목탑은 2.52로 각탑 지붕증감계수를 @0.18이 가능하게 했으며 각탑 1층층고증감계수도 @0.36으로 하기로 했답니다. 너무 밋밋한 것보다 약간의 변화를 주는 것이 더 모양새가 좋을 것 같아서랍니다.

이 사찰목탑들의 층수를 9층목탑·7층·5층·3층·1층목탑까지도 생각해 볼 수는 있는데, 석탑을 보시면 3층석탑이 주가 되며, 1층석탑은 보이지가 않네요. 제가 못본 건가? 그렇게 보면 어쩌면 사찰목탑도 9·7·5층목탑만 있었을 수도 있답니다. 즉, 1·3층사찰목탑은 없었을 수도 있답니다. 사실 1·3층사찰목탑의 층고 등을 계산하다 보면 무지 헷갈리게 되어 있답니다. 저 개인적으로는 1·3층목탑이 없으면 편할 것도 같네요. 그만큼 해야 할 일이 줄어들거들랑요. 제가 이렇게 게을러졌답니다. 아무리 그래도 사찰목탑도 일단은 9층~1층목탑까지 5개가 있는 걸로 보고 접근해 볼 겁니다. 이제사 제 정신이 쪼께 돌아왔나 보네요!

그리고 9층목탑의 단높이는 R=0.15이며, 7~1층 목탑의 R=0.18이 될 겁니다. 5층목탑도 접근방법이 똑같으므로 한번들 그려 보이소. 다만, 탑폭에서 A(임의지정치수)의 숫자만 다를 겁니다. 탑총높이(@13.5)아 탑높이(@11.88)도 고려해야겠죠.
이 임의지정치수 A는 각 탑마다 @0.09의 증감계수를 갖고 있답니다. 탑폭은 당연히 30A에서 A가 9cm의 증감계수이므로 30x0.09=2.7의 증감이 있을 겁니다. 이 탑폭 증감계수@2.7이라는 의미는 탑폭을 2.7의 배수에 초점을 맞춘 것이라고 생각하시면 된답니다. 이 2.7과 1.08의 배수는 석탑폭의 개념과도 똑같답니다. 모든 탑폭은 1.08의 배수도 되고 2.7의 배수도 된답니다.
크게 보시면 2.7의 배수가 더 어울리기도 하지만 석탑같은 경우는 1.08의 배수에 더 초점을 맞춘 것 같답니다.

제가 고려금동9층탑을 보면서 형태상 제일 근접할 것 같은 4각3칸 비례안을 한번 생각해보았답니다. 제가 미처 생각못해 본 것도 있을 수가 있으며 어떤 착각도 있을 수는 있습니다마는 그래도 나름대로 최대로 접근을 시켜보았답니다.
제가 황룡사9층목탑안으로 금동9층탑안을 생각해 본 이유는 칸폭의 비례안이 아주 기발해서랍니다. 일반적으로 비례안일 경우에 중앙칸을 크게하고 양쪽으로 갈수록 줄이는 게 상식적으

로 보이는데 이 금동탑은 중앙칸이 좁고 양날개칸이 더 넓답니다. 백제목탑양식인 일본의 법륭사5중탑도 비슷한 경향을 갖고 있는 것 같네요? 저는 이런 비례안 자체를 한번도 생각을 못해 봤답니다. 이 신라인들의 유연한 사고방식에 제가 100점을 드렸답니다.

4각형태의 탑에서 황룡사 9층목탑안으로 생각해 볼 수 있는 것이 금동탑안만이 있는 것이 아닐 수도 있으므로 제가 임의의 가정공법으로 몇 가지를 더 풀어 보겠습니다.
순수 제 개인생각이므로 이 글을 읽으시는 분들도 한번 같이 생각해보시길 바랍니다.

생각은 자유이므로 각개전투입니데이? 4각형태탑은 접근방법이 다 똑같으므로 아주 간단히 보겠습니다.

(2) 4각3칸 등간격안

4각형 사찰목탑에서 사실은 3칸은 잘 생각이 나질 않는 칸수랍니다. 고려금동 9층탑에서 4각3칸 비례안을 보고 3칸도 있을 수 있다고 생각했으나, 4각3칸 등간격안은 생각을 해보지도 않았는데, 4각3칸 비례안의 건물폭에서 비례관계가 약간 문제가 있을 수 있다고 생각을 하게 되었답니다. 어떤 비례에 문제가 있을까요. 4각3칸 비례안의 더 큰 비례를 보실까요.

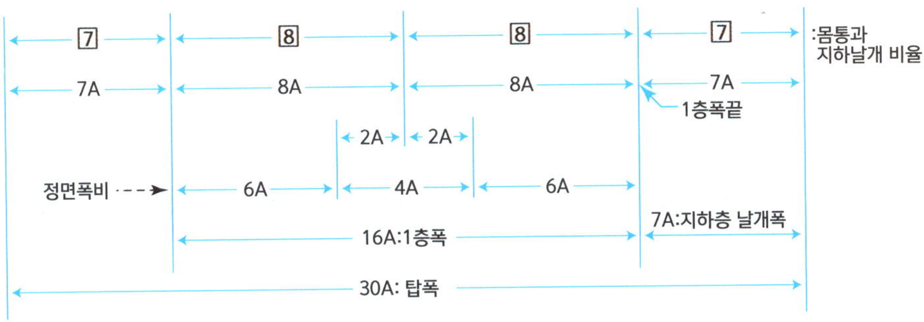

[그림 127] 4각3칸 비례안의 비례관계

보시면 금방 이해하실 겁니다. 건물 중심선을 기준으로 1층 폭이 8A인데 지하층날개폭은 7A가 되면서 8:7의 비율로 두 치수가 비스무리한 폭이 된답니다.
탑폭에 비해서 1층폭이 지나치게 좁답니다. 무슨 이런 경우가 다 있죠?

그래서 생각해 낸 것이 4각3칸 등간격안이랍니다. 보실까요.

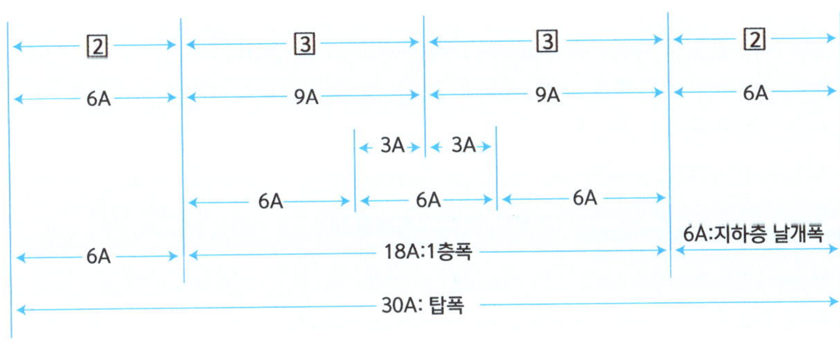

[그림 128] 4각3칸 등간격안의 비례관계

보시듯이 1층폭과 지층날개폭의 비례가 3:2가 된답니다. 폭비례 관계만 본다면 4각3칸 비례안보다 4각3칸 등간격안이 훨씬 더 나은 것 같답니다. 저라면 당연히 1층폭이 더 넓은 4각3칸 등간격안을 채택할 겁니다. 간단히 9층목탑의 최상층층고 증가안만 잠깐 보십시다.

Notice 원본도면 No.06 (255p) 9층목탑 개념도 : 4각3칸 등간격안 - 최상층층고증가안 기준

1층폭이 약간 더 넓어져서인지 건물이 조금은 안정감(?)이 더 드네요. 지붕도 조금은 완경사화되었네요. 4각3칸 비례안에서 중앙칸이 4A에서 6A로 넓어진 것 뿐이랍니다. 중앙칸이 6A가 되다 보니 내부계단이 중앙칸에 쏙 들어갈 겁니다. 중앙칸이 4A일시는 내부계단을 중앙칸이 아닌 양옆칸을 이용해야 하지만 6A일시는 중앙칸에서 자체적으로 내부계단이 가능하답니다. 그렇게 되면 양옆칸의 사용공간이 조금은 여유가 있겠죠. 4각형태의 건물에서는 다 똑같은 현상이 발생될 겁니다. 어느 것이 좋은 것인지는 스스로 판단하셔야할 듯?

(3) 4각5칸 등간격안

4각형건물이며 말 그대로 5칸의 폭이 똑같답니다. 누구든지 제일 먼저 떠 올릴 수 있는 목탑의 형태랍니다. 건물폭을 한번 봅시다.

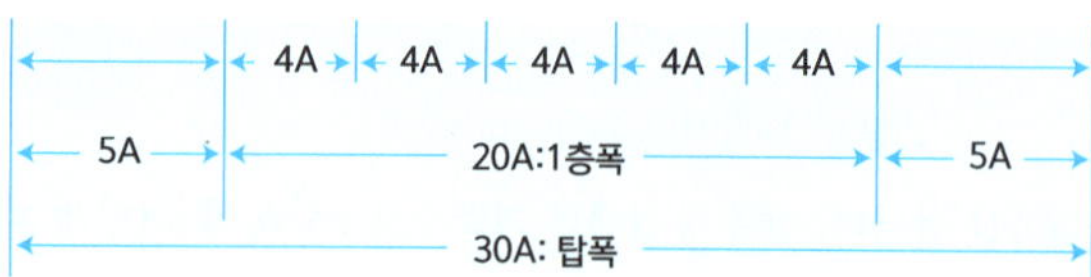

[그림 129] 4각5칸 등간격안 개념도

보시듯이 건물 각 칸이 다 4A로 되어 있답니다. 4각3칸과 탑폭이 30A로 똑같답니다.
다만 몸통부(1층폭)만 조금 크답니다. 4각목탑의 A(임의지정치수)는 다 똑같답니다. A의 증감계수가 @0.09이므로 탑폭 증감계수는 30@=30x0.09=2.7이 나온답니다.
즉, 이 4각5칸 등간격안도 탑폭을 2.7의 배수에 중점을 둔 것 같답니다. 탑높이이든 각층 층고든 4각목탑은 전체가 동일하답니다.

아주 간단히 9층목탑만 봅시다.

Notice 원본도면 No.07 (257p) 9층목탑 개념도 : 4각5칸 등간격안 - 최상층층고증가안

Notice 원본도면 No.08 (259p) 9층목탑 개념도 : 4각5칸 등간격안 - 기준층층고비례안

1층폭만 좀 더 넓어졌으며 나머지 개념은 4각3칸안과 같을 겁니다.
4각3칸안은 끝칸(양옆칸)이 6A라서 지붕각을 잡을 시 6A의 외부쪽 4A를 지붕각으로 이용을 했었는데, 4각3칸안을 제외하고는 양쪽 끝칸을 모두 4A로 해서 지붕각 잡기가 쉽도록 해봤답니다.

전에도 말씀드렸는데 잠깐만 봅시다.

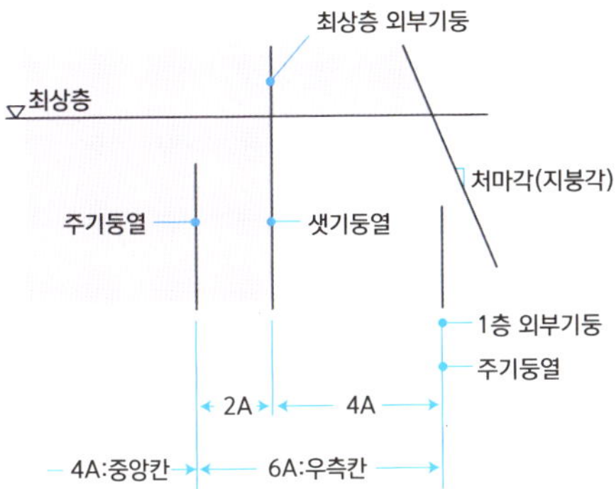

[그림 130] 4각3칸 지붕각 개념도

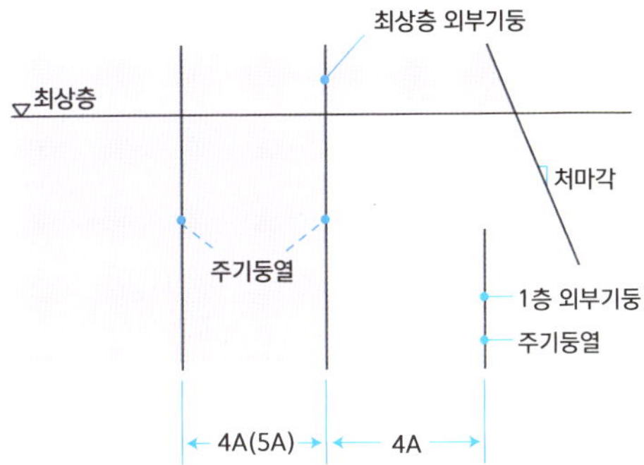

[그림 131] 4각3칸을 제외한 안들의 지붕각 개념도

이렇게 양끝칸을 4A로 하면 지붕각 잡기가 아주 쉽더랍니다. 양끝칸을 3A나 5A로 하다 보면 지붕각 잡기가 너무너무 힘이 들겁니다. 끝칸이 5A가 되면 지붕각이 약간 펑퍼짐해지며 3A가 되면 지붕각이 뾰족해지더랍니다.
그래서, 여러 생각끝에 끝칸폭은 4A가 적당할 것 같은 생각이 든답니다.
4각5칸 등간격안의 7층·5층목탑도 A의 치수만 @0.09줄어들므로 나오는데로 그리시면 된답니다. 다만 지붕각만 조금 유의해 주시면 되겠네요. 지붕각의 경우의 수가 몇 가지 정도는 나올 겁니다. 제일 마음에 드시는 걸 잡으시면 된답니다.

(4) 4각5칸 비례안

발 그내로 5칸은 5간인데 긴의 폭이 다르답니다. 봅시다.

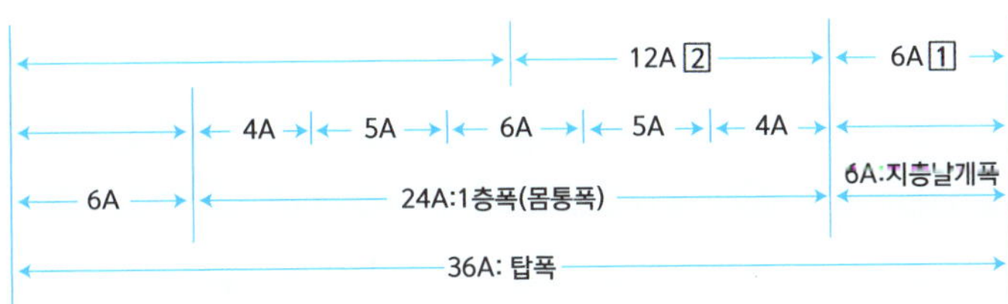

[그림 132] 4각5칸 비례안 개념 치수도 : 순비례안

제가 비례안을 중앙칸을 제일 넓게 하고 양옆으로 줄이는 순비례공법으로 먼저 생각해 봤답니다. 금동탑안에서 한 수 배우면(?) 역비례공법도 나올 수 있답니다.

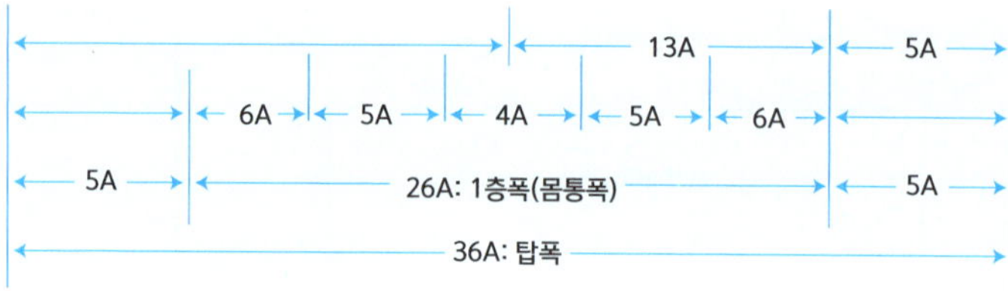

[그림 133] 4각5칸 비례안 : 역비례안

금방 배워버리죠. 역비례안으로 해보니 몸통폭이 2A가 늘어나네요. 그래도, 일반적인 순비례공법인 중앙칸이 큰 안으로 가겠습니다. 배운걸(?) 금방 써먹으려니 손에 익지가 않네요?
꼭 역비례공법이 마음에 드시는 분은 채택하셔도 아무런 문제는 없습니다. 이 역비례공법은 탑폭은 똑같은데 몸통부폭이 더 커지며 1층 외부통로폭이 그만큼 줄어드는 안이랍니다. 모양상 어느 것이 더 좋을지는 판단하기가 애매하답니다.

이 4각5칸 비례안은 탑폭이 36A이고 1층 몸통폭이 24A로 제법 넓답니다. 이 중앙칸이 가장 넓은 순비례안을 택하면 중앙칸이 6A가 되므로 전에 잠깐 말씀드린대로 중앙칸 자체에서 내부계단이 해결되는 좋은 점이 있답니다.

9층목탑 최상층층고증가안만 잠깐 봅시다.

Notice 원본도면 No.09 (261p) 9층목탑 개념도 : 4각5칸 비례안 - 최상층층고증가안

1층폭(몸통폭)이 넓어서 그런지 9층 지붕경사각(물매)이 쪼께 더 보기가 좋네요.
각 탑의 탑폭증감계수는 36@=36x0.09=3.24=1.08x3으로 탑폭을 1.08의 배수에 중점을 둔 것 같답니다.

(5) 4각7칸 등간격안

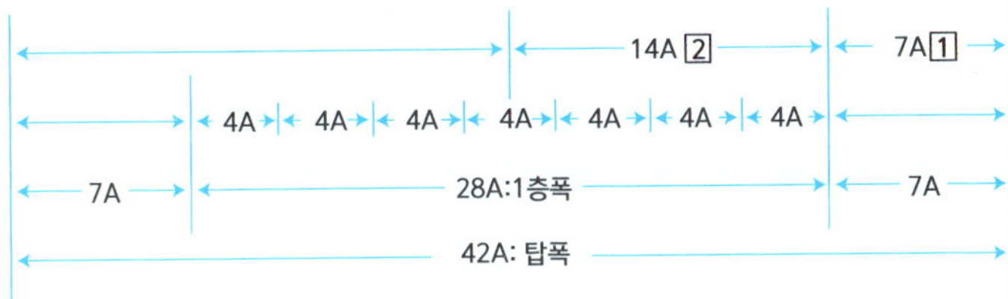

[그림 134] 4각7칸 등간격안 개념 치수도

몸통폭이 28A로 내부공간이 제법 여유가 있답니다. 설법도 가능할 것 같네요. 칸수를 늘일수록 건물폭이 거대해지네요. 건물폭만 늘었지 건물형태는 다른 형태의 탑들과 동일하답니다. 간단히 9층목탑 최상층층고증가안만 잠깐 봅시다.

Notice 원본도면 No.10 (263p) 9층목탑 개념도 : 4각7칸 등간격안 – 최상층층고증가안

보시니 목탑이 조금 통통하니 복스럽게 생긴 것 같나요? 7칸 목탑은 좀 큼직하게 보인답니다. 이 7칸 목탑은 심초석 안내판(?)에 64개의 초석이 있다라고 되어 있어서 한번은 짚고 넘어가야 할 것 같아서 생각해 본 것이랍니다. 4각7칸 비례안도 생각은 해보았는데 성립이 잘 되지가 않아서 제외시킨답니다. 4각9칸목탑도 생각을 해 보자고요? 하! 끝이 없어라.

이 4각 사찰목탑은 칸수에 따라서 건물폭에 큰 영향을 미치는 것 같답니다. 이 4각형 형태가 사찰목탑에 적합한지는 정확하게는 알 수는 없지만 여러 정황(석탑 등의 사리함 속의 장식탑 등)으로 미루어 보아 상당히 신빙성은 있는 것으로 보여진답니다. 모르죠, 8각사찰목탑을 보고는 8각장식탑을 만들려고 했는데, 8각 형태를 만들기가 너무 어려워 간단한 4각 사찰장식탑으로 만들었을 수도 있답니다. 알 수 없어라? 특히, 고려금동9층탑의 4각3칸 비례안은 아주 인상적이랍니다.

그리고 일반적으로 생각할 수 있는 4각5칸 등간격안도 마음에 드네요? 문제는 제가 마음에 드는 거지 어떤 근기는 없답니다?

비록 사찰목탑이 4각형일 확률도 있겠지만, 그래도 8각형일 수도 있을 수 있으니 8각형 사찰목탑도 생각을 해 보셔야겠지요.

2. 8각형 형태 사찰목탑

8각 형태 사찰목탑이 처음에는 일반목탑형(관공서 건물형태)만 있는 것으로 생각을 했었는데 가만히 생각해 보니 사찰목탑형도 있을 수도 있다는 생각이 들더랍니다.
이 두 일반목탑형과 사찰목탑형은 개념 자체가 다르므로 분리해서 검토를 해 보겠습니다.

(1) 8각 일반목탑형

① 9층목탑
8각형 목탑은 눈에 많이 익어 있답니다. 저는 처음에는 이 신라사찰목탑이 8각형 목탑일 거라고 생각을 했답니다. 당연히 사찰목탑도 일반목탑과 마찬가지로 8각형이었을 거라고만 생각했으며 8각형만 손을 대었을 겁니다. 그래도 가끔씩은 4각형일 수도 있다는 것까지는 생각을 하기도 하긴 했답니다. 이 8각 사찰목탑은 일반목탑만큼 거대하기까지는 않으나 그래도 규모가 꽤 크답니다. 자체 사용공간이 무지 넓으며 또한 설법이나 개인 수양이 가능한 굉장히 많은 방들을 갖고 있답니다. 이 8각 목탑만 있어도 일반사찰의 대웅전같은 것은 별로 필요하지 않을 수도 있답니다. 물론 8각 사찰목탑이 있더라도 당연히 명색이 사찰인데 대웅전은 있어야 할 겁니다. 이 8각9층일반목탑형은 탑총높이와 탑높이 등은 4각목탑과 동일하지만 건물폭이 아주 넓답니다. 8각9층 일반목탑형은 폭이 무려 54m나 된답니다. 저희들이 이제까지 본 제일 좁은 고려금동 9층탑안(W32.4)의 4각9층목탑이 8각9층일반목탑형의 0.6(60%) 밖에 안되네요. 막상 숫자를 집어넣어 보니 21.6m밖에 안 크네요. 오십보 백보네요? 어찌 생각해보면 그리 크게 느껴지지 않을 수도 있겠지만 내부공간 사용 효율면에서는 금동탑안은 게임조차 되지 않는 무지 효율적인 건축물이랍니다.

저라면 폭이 금동탑안(4각3칸 비례안)의 폭 32.4m보다 21.6m 밖에 크지 않은(?) 이 8각9층일반목탑형을 선택할 겁니다? 그런데, 무지 심각한 문제가 하나 있답니다. 바로 시공기간이랍니다. 기록물에서 보셨지만 황룡사9층목탑 시공기간이 1년 8개월이 약간 넘게 소요되었답니다.
그런데, 이 8각9층일반목탑형을 지을려면 아무리 적게 잡아도 3~5년은 족히 걸릴 듯 하답니다. 공정표를 시공기간(1년8개월여 정도)에 맞추고는 싶으나 저의 감으로는 너무 지나치게 무리인 것 같답니다. 냉정하게 생각해보면 재료만 준비되어 있으면 완전 조립식건축물이므로 1년 8개월여만에 가능할 것도 같긴 한데 그래도 조금은 무리일 것 같답니다. 건축물을 순서에 따라 신중하게 지어야 올바른 건축물이 되지 Lego 장난감처럼 단순 조립품으로 지을 수는 없답니다.

공든 탑이 되어야 오래오래 보존되겠죠. 이 시공기간에 딱 가로막혀서 이 훌륭하고 완벽에 가까운 8각9층일반목탑형 목탑이 빛을 발하지 못하게 생겼답니다. 우째 이런 일이.

사실 제가 이 8각9층일반목탑형을 강하게 밀어 붙일려고도 했었는데? 순리를 따르기로 했답니다. 아니! 어쩌면 일반목탑(관공서) 형태인 8각형을 사찰에서는 예의상(?) 짓지 않았을 수도 있답니다. 사실은 아무도 알 수는 없겠죠. 그래도 개념은 갖고 있어야 그 시대에 지었는지 못지었는지는 모르겠으나 언제든지 건축이 가능하답니다.

이 훌륭한 8각9층일반목탑형을 같이 풀어 보실까요? 머리 아프니 혼자 풀으라꼬요? 할 수 없죠. 혼자 푸는 수밖에. 쪼께 섭섭. 빈말이라도 괜찮은디? 그런다고 돈 들어가는 것도 아닌디! 9층목탑의 높이 등은 기록물에 기록이 되어 있으며 벌써 다 알고 있으니 건물폭에만 집중하시면 될 겁니다. 건물폭 이전에 지붕각과 경사기둥각은 9층일반목탑과 동일하게 할 것이며, 지붕각과 경사기둥각이 있으니 자동으로 ⊿4(지붕각)x⊿5(경사기둥각)x3=0.6으로 공통수 C=0.6이 나온답니다. 그럼 자동으로 계단단높이 R=0.15가 되겠죠. 건물폭에 들어가서는 제일 먼저 core폭부터 알아내어야 할 겁니다. 9층일반목탑 core폭이 2.7m였을 겁니다.
9층일반목탑형의 core폭은 2단계 낮은 2.4m로 하겠습니다. 그냥 느낌상 규모가 아무래도 적으니 core폭을 줄여본것 뿐이랍니다? 그러면 정면칸폭이 나오겠죠.

계산법은 다 아실겁니다. 제가 수도 없이(?) 말씀드렸을 겁니다. 모든 것은 실제로 계산을 해봐야 정확히 알 수가 있답니다.

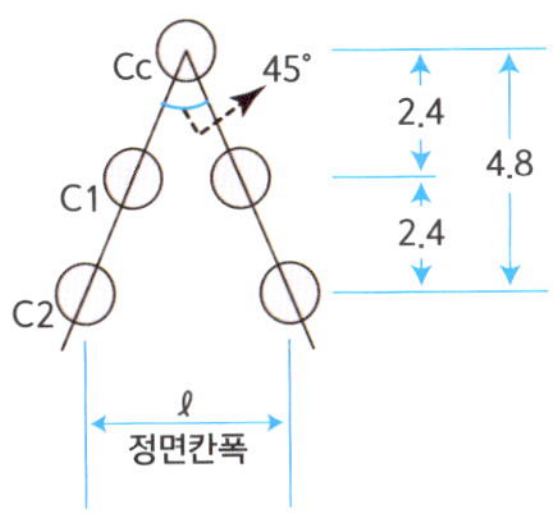

[그림 135] 정면칸폭: 8각 9층일반목탑형

두 번째 기둥폭이 정면칸폭이 된답니다.
정면칸폭 ℓ=2tan22.5r=2tan22.5x4.8≒3.9764
여기서 가장 가까운 정수가 3.9m랍니다. 그럼 출입구 정면칸폭은 3.9m가 되겠죠.
3.9÷5=0.78이 서까래 간격이 될 겁니다.
core 개수는 건물높이가 일반목탑보다 낮으니 2개로 해봤답니다.

지붕판두께는 1층지붕을 2.7m로 하고 @0.15씩의 증감계수를 적용했답니다.
이 일반목탑형의 최상층지붕은 본래의 9층 정식지붕을 제외하고는 평지붕이 될겁니다. 1층지붕우수선은 4각 사찰목탑과 동일하게 2우수선을 선택했답니다. 지붕날개가 4각목탑보다는 약간 더 길어서 지붕은 약간 더 완경사가 될 겁니다.
그리고 일반목탑형층고는 각 탑의 자체 기준층층고 비례안을 따를겁니다.
즉, 최상층층고증가안 같은 것은 없답니다.

이제 8각9층일반목탑형을 한번 보실까요.

Notice 원본도면 No.11 (265p) 8각9층일반목탑형 사찰목탑 개념도

탑폭이 54m로 9층일반목탑의 반이네요. 또한 탑몸통높이가 54m로 탑폭과 똑같답니다. 완전 아삼육 그 자체네요. 굉장히 품위있고 엄숙하게 생겼죠.
모양새도 8각형이라 아주 멋있답니다. 내부공간은 넓직하니 고승분들이 설법하기가 아주 편리하답니다. 빨리 1층평면도를 보셔야 이해가 쉽겠군요. 1층의 1/8평면도랍니다.

Notice 원본도면 No.12 (267p) 8각9층일반목탑형 목탑 : 1층평면도 1/8면 기준

제가 9층일반목탑형 목탑의 평면이 매끄럽게 나오지 않으면 어쩌지 하면서 그려보기 전에 무지 걱정을 많이 했었는데 생각과는 달리 아주 매끈하게 잘 나오더랍니다. 보시면 아주 마음에 드실 겁니다. 종교용으로 아주 유용한 공간이 많답니다. 저층에는 설법이 가능하며 상층에는 개인 수양공간도 가능하답니다. 그리고 중2층도 필요하다면 저층부에는 설치할 수도 있답니다.

이 9층일반목탑형목탑(이름이 너무 길죠?)이 생각보다 아주 양호하게 잘 나와서 기분이 좀 좋았답니다.

② 7층목탑

7층목탑형목탑도 아주 잘 나오겠지 하면서 손을 대어보았는데 예상대로 평면이든 뭐든 아주 잘 나오더랍니다. 한번 봅시다.

Notice 원본도면 No.13 (269p) 8각7층일반목탑형 목탑개념도

Notice 원본도면 No.14 (271p) 8각7층일반목탑형 목탑 : 1층평면도 1/8면 기준

보시듯이 아주 양호하게 잘 나와서 기분이 쪼께 좋아지더랍니다.

공통수가 ⊿3x⊿4x3=0.36이므로 R=0.18이 되며 core폭은 9층목탑보다 1단계 아래인 2.25를 적용했답니다. 그런데 자세히 보니(?) 뭔가가 이상한 느낌이 들기 시작하더랍니다.

무엇에 문제점이 있을 수가 있을까요?

바로 최상층 7층지붕우수선에 쪼께 문제가 있다는 걸 보실 수가 있답니다. 보실래요.

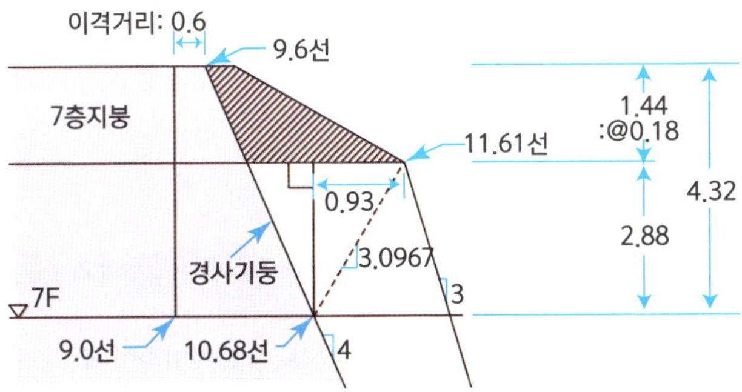

[그림 136] 7층목탑 7층지붕 우수선

- 보시면 7층지붕우수선 = $\frac{2.88}{0.93}$ = 3.0967 > 2 → 2우수선보다 크네요?

보시듯 1층지붕두께를 2.52로 하고 @0.18(1R)씩의 지붕증감계수를 적용해 보면 7층지붕두께는 1.44(2.52−0.18x6층)가 나온답니다. 7층 외부기둥중심선(10.68선)에서 7층 지붕끝선(11.61선)까지의 길이는 0.93이랍니다. 순층고÷지붕길이=2.88÷0.93=3.0967 > ⊿2(2우수선)가 나온답니다. 일반적으로 2우수선 이상일 때에는 외부경사기둥하부에 비가 들이칠 확률이 높답니다.

이 2우수선이 우수선 한계각?

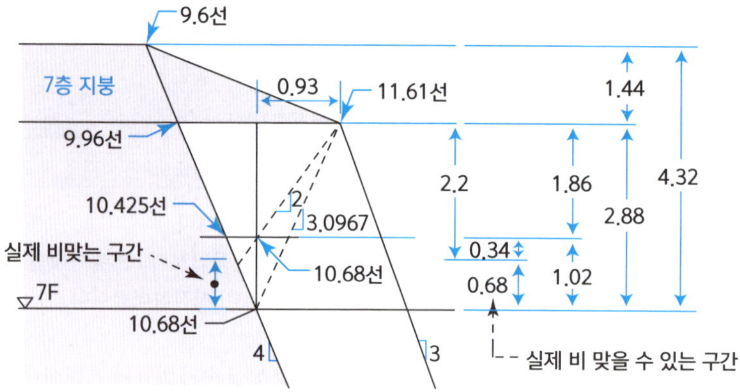

[그림 137] 외부비에 무방비상태의 2우수선 하부

보시듯 7층지붕우수선이 3.0967이므로 2우수선 하부는 외부비에 무방비상태가 된답니다. 즉, 우수선 한계인 2우수선보다 낮답니다. 이 일을 우짤꼬? 물론 해법은 있을 겁니다. 해결해 봅시다.

첫째는 전체 지붕길이를 0.51(0.54)이상으로 외부로 빼내면 7층지붕은 2우수선 범위내로 들어온답니다.

둘째는 7층지붕두께를 1층지붕두께와 똑같이 2.52로 하면 자연스레 해결은 된답니다. 어떻게 하든 해결방안은 있을 수가 있는데, 제가 일반목탑형목탑의 지붕두께에 증감계수를 두는 걸 기본원칙으로 생각하고 있기 때문에 문제가 발생이 되더랍니다. 아마도 7층 일반목탑형목탑은 지붕경사각이 3각(⊿3)으로 지붕각이 너무 높어 있어서 발생되는 것 같네요.
물론 1층지붕우수선을 1우수선이 아닌 2우수선으로 한 것도 원인일 수가 있답니다.
그리고 5·3·1층 일반목탑형목탑도 간신히 성립까지는 되기는 된답니다.

이 일반목탑형 목탑은 9층목탑은 정말 마음에 쏙 드는데, 나머지(7층~1층목탑)는 평면은 아주 잘 나오기는 나오는데 뭔가가 조금은 미흡한 것 같은 느낌이 조금 들어서 9층목탑만 추천을 할까 생각중이랍니다.

(2) 8각 사찰목탑형

① 일반목탑형과 사찰목탑형의 구분개념

2019년 가을 우연히 오대산 월정사에 들러서 월정사 8각 9층석탑을 보게 된 적이 있었답니다. 그땐 그냥 단순한 8각 9층석탑이구나 라고만 생각했답니다. 시간이 조금 흐른 후 신라목탑을 다시 풀어 보다가 이 월정사 8각 9층석탑이 다시 생각이 나더랍니다. 그래서 다시 8각 9층석탑을 유심히 보기 시작했답니다. 8각형은 당연하니까 꼭다리에 중점을 두고 다시 보면서 묘한 것을 찾아내게 되었답니다.

뭘까요? 바로 이것이겠죠. 신라일반석탑의 기본은 2첨탑(2개의 첨탑)이랍니다.
그런데, 이 월정사 8각 9층석탑의 꼭다리가 무지 화려하게 보여서 보기가 조금은 난하게 보이지만 아무리 보고 또 보아도 2첨탑이 아니라 3첨탑쪽 이더랍니다. 물론 3첨탑(제일 위쪽에 있는 구슬 비슷한 첨탑)은 무지 화려하고 또한, 상연꽃인지 뭔지는 모르겠지만 이상하게 생긴 것이 있어서 헷갈리기는 해도 찐빵 갯수를 세어보니 분명히 3개의 첨탑이 맞더랍니다. 그럼 이 놈(?)이 '석탑의 꼭다리가 아니라 사찰목탑의 꼭다리'일 거라는 생각을 하기 시작했답니다.
8각9층석탑 위에 사찰목탑의 3첨탑 꼭다리라? 하! 너 잘 만났다. 나하고 씨름이나 한판 해 보게나. 어떤 씨름이었을까요? 바로 이 월정사8각9층탑은 어떤 사찰목탑을 석탑화시켜 놓은 탑이겠죠(월정사 사찰목탑형 8각9층석탑이라는 이름이 어울리겠죠. 와! 이름이 너무길다?).
드디어? 씨름 상대선수가 있으니 신나게 한판 붙어 볼 겁니다. 이 씨름에서 유래(?)된 것이 바로 사찰목탑형목탑이랍니다.

씨름결과는?~ 이 월정사8각9층석탑의 실체(어떤 8각9층 사찰목탑을 석탑화시킨 석탑)를 알아내었으니~ 정가의 한판승(win) ~ㅎㅎㅎ~ 이 월정사8각9층석탑을 인지한 후 황룡사9층목밥이 8각형일 확률이 더 높다고 생각하기 시작했답니다.

8각형도 복잡하죠. 일반목탑형도 있고 또 하나 추가되어 사찰목탑형도 있네요. 이 두 가지가 무슨 의미인지 금방 인지하실 수 있으신지요? 8각형은 8각형인데 무엇이 달라서 두 가지의 형태가 나올까요. 봅시다.

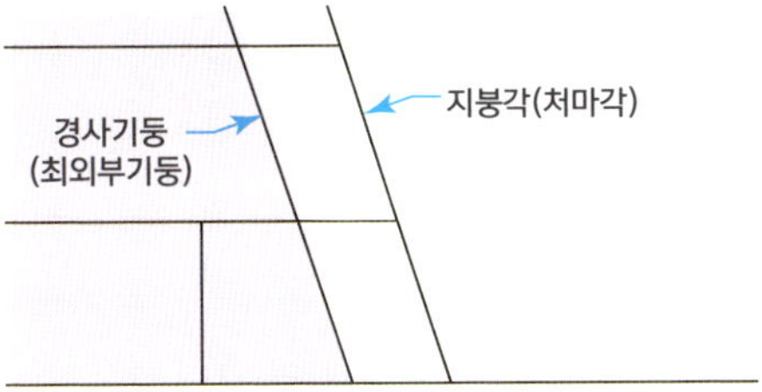

[그림 138] 일반목탑형 목탑

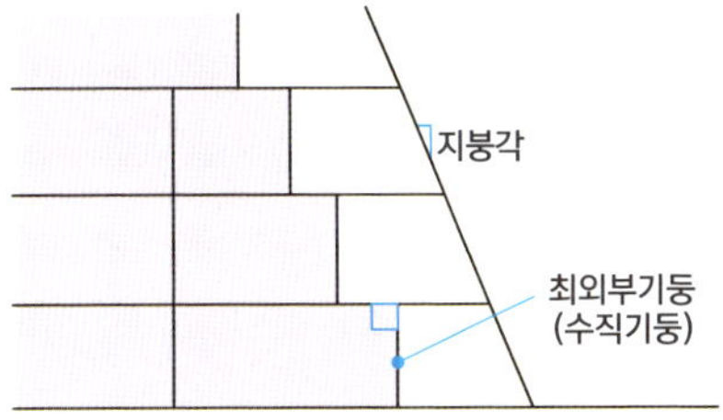

[그림 139] 사찰목탑형 목탑

그림을 그려놓고 보니 금방 이해가 되실 겁니다. 일반목탑형은 일반목탑(관공서 건물)식으로 최외부기둥이 경사기둥이랍니다. 물론 경사기둥각과 지붕각은 정수가 나오게 되어 있겠죠. 사찰목탑형은 4각목탑식으로 최외부기둥이 수직기둥이며, 지붕각은 어떤 각에 그리 얽매이지 않는답니다. 완연하게 차이가 날 겁니다.

바로 이 8각형의 외부기둥이 수직인 사찰형목탑에 대해서 알아봅시다.
제가 탑들을 풀면서 느낀 것 중 하나가 보통 때에는 별로 생각해보지도 않았든 것들이 다시 깊게 생각해 보니 무지 중요한 것들이 제법 있더랍니다. 이 사찰목탑형도 그 중 하나랍니다.
아마 이 8각 사찰형목탑이 사찰목탑 중에서 특추천안이 될 것 같답니다.

② 9층목탑

a. 탑폭

ⓐ core 3개안

이 8각 사찰형목탑에 어떻게 접근하면 제일 좋을까요? 무엇이든 제일 처음 접근할 때는 아무 생각도 안나며 그냥 막막할 뿐이더랍니다. 마냥 기다린다고 누가 도와주지도 않는답니다.
상식적으로 접근하는 것이 가장 빠른 지름길이겠죠. 건물에서 무엇이 가장 중요할까요? 구조·미·기능 … 무지 많을 겁니다. 저는 제일 먼저 core(계단실)가 먼저 생각이 나네요. 저만 그렁가? 말 그대로 건물의 핵이거들랑요. 그럼, core폭부터 설정을 해야 할 겁니다. 앞서 잠깐 본 일반목탑형에서는 9층목탑의 core폭을 2.4m로 하고 탑간 증감계수를 @0.15로 했답니다. 그러니, 7층목탑은 2.4-0.15=2.25m식이겠죠. 사찰목탑형도 9층목탑 core를 2.4m로 할까요.

여러 생각을 하다보니 일반목탑(관공서)의 9층탑인 core폭 2.7m가 더 적당할 것 같은 생각이 떠오르더랍니다. 그래서 사찰형 9층목탑의 core폭을 일반목탑과 똑같이 2.7m로 하고 탑간 증감계수를 일반목탑은 @0.15인데 @0.18로 하는 것이 좋겠다고 생각을 했답니다. 즉, 7층목탑은 2.7-0.18= 2.52m가 되겠죠. 일반목탑식으로 @0.15로 하는 것보다 조금 변화를 주어서 @0.18로 했답니다. 이유는 아주 간단하답니다. 석탑류나 사찰목탑을 풀다 보면 거의 주치수는 9의 배수 숫자가 주류를 이루고 있으므로 이 사찰형목탑의 core폭 치수도 9의 배수숫자에 맞추어 보기로 했답니다. 맞느냐고는 묻지 말아주이소.

먼저, 8각9층사찰형목탑의 탑폭부터 볼까요.

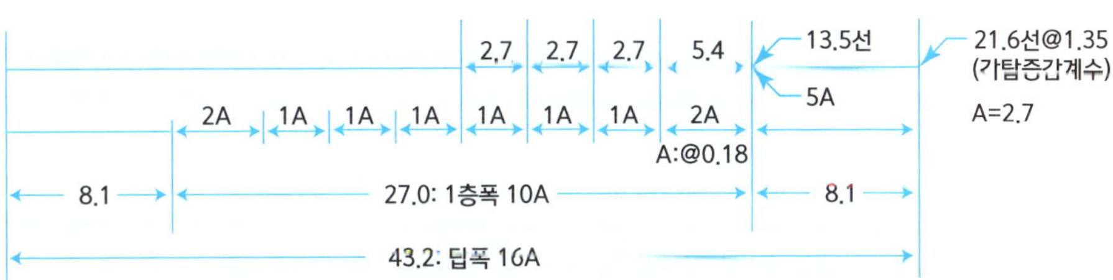

[그림 140] 8각9층사찰목탑형의 탑폭 개념도 : core 3개안 - 탑폭: 2.7의 배수에 맞춤

보시듯이 1층폭을 10A=10x2.7=27m로 했으며, 지하층 날개폭을 8.1m로 해서 탑폭을 43.2m로 했답니다. 이 1층폭 10A는 전탑(1~9층목탑) 동일하며, 탑폭은 각 탑간 @2.7로 통일시켰답니다. 당연히 탑폭을 2.7의 배수에 맞춘 안이랍니다.

여기서 탑폭을 1.08의 배수에 맞추면서 전탑을 통일시키는 안도 생각해 볼 수가 있답니다. 볼까요.

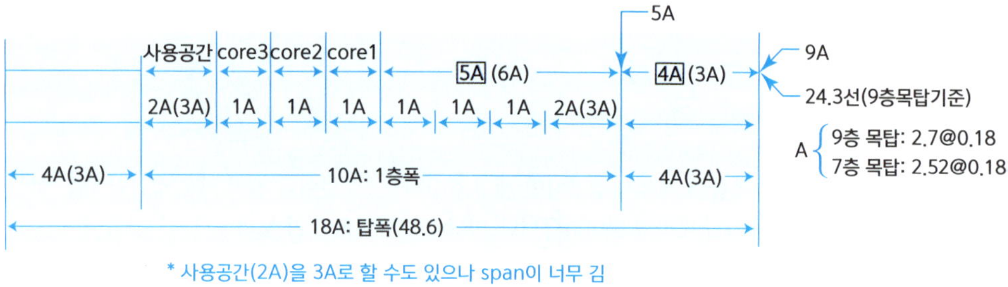

[그림 141] 8각 9층 사찰목탑형의 폭 개념도: 전탑통일형(core 3개안) – 탑폭: 1.08의 배수에 맞춤 –

보시면 1층폭은 10A로 동일하며 지층날개 폭이 4A가 되며 탑폭은 18A가 된답니다. 9층목탑의 A(core폭)=2.7이며, 탑간 증감계수가 @0.18로 7층목탑의 A=2.7-0.18=2.52가 될 겁니다.
탑간 증감계수가 @0.18이므로 탑폭 증감계수는 18x0.18=3.24=1.08x3이 되어 1.08의 배수에 중점을 둔 안이랍니다.
그리고 전탑 동일하게 탑폭이 18A(A의 증감계수 @0.18)가 되어 이론적으로 완벽하답니다.
그런데, 지하층 날개폭이 4A(9층목탑: 4x2.7=10.8m)나 되어 너무너무 넓답니다.

그래서 기본적으로는 첫안인 9층목탑폭이 43.2m인 안을 채택은 하되 이 탑폭 18A안도 고려 중에 있답니다. 사용공간이 3A(3x2.7=8.1 : 보길이가 너무 김)가 가능하면 탑폭 18A가 더 양호하답니다.

ⓑ core 2개안
그리고 탑폭이 너무 넓다고 생각되시면 약간 줄일 수도 있답니다.

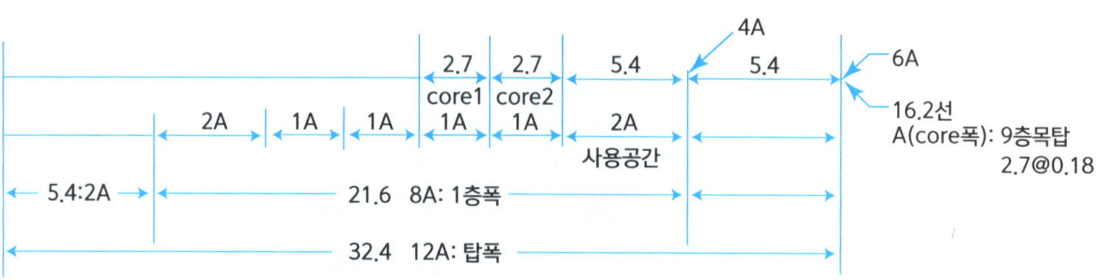

[그림 142] 8각 9층사찰목탑의 폭 개념도 : Slim(날씬)형 : core 2개안

이 폭이 좁은 안은 core 한개를 뺀 안이랍니다. 약간은 스마트하게 보일 수도 있답니다.
이 slim형이 좋은 것은 전탑 폭을 12A로 통일을 시킬 수가 있답니다. 탑폭 12A에서 A의 각 탑간 증감계수가 @0.18이므로 12x0.18=2.16=1.08x2로 탑폭 증감계수는 1.08의 배수에 맞춘 안이 될 겁니다. 폭은 좁긴하나 그런대로 보기는 좋을 것 같네요.

b. core를 3개로 한 이유

제가 core를 3개로 한 이유는 이렇답니다.

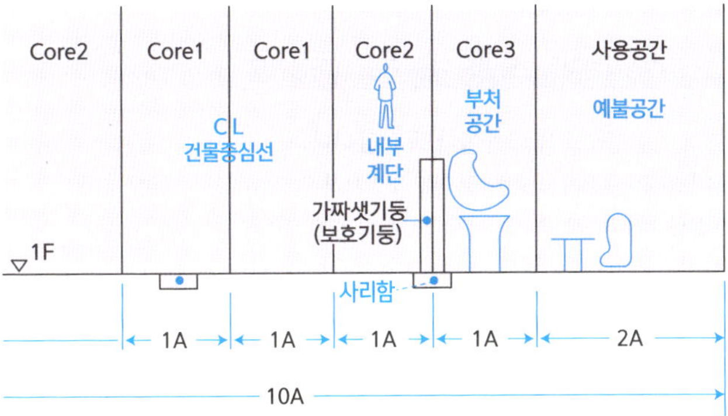

[그림 143] core 이용 개념도

<Notes>
찰주(비밀금고?)의 의미를 정확하게 인지하지 못해서 제가 임의로 core2~3사이에 사리함을 배치해봤답니다.

core2는 내부계단이 될 것이며, core 2~3사이에는 사리함을 비치할 것이며? core3은 부처님을 모시는 부처공간으로 이용할까 해서 이렇게 가정해 본 것이랍니다. 그래도 윗층으로 갈수록 예불공간은 줄어드네요. 경우에 따라서는 상부층에서는 내부계단을 core1로 이동시켜서 사용공간을 늘일지도 모른답니다. 성립이 될지는 잘은 모르겠지만?

c. 개념도와 평면도

이 8각 사찰형목탑도 4각 사찰목탑과 마찬가지로 최상층층고증가안과 기준층층고비례안으로 구분해 볼 수 있답니다.

어느 것이 좋은지는 개념도를 보시고 판단하시면 되겠네요. 지붕각은 여러 경우의 수가 나올 수가 있어서 제가 임의로 넣겠습니다. 먼저 개념도를 한번 보시죠.

Notice 원본도면 No.15 (273p) 8각9층사찰형목탑 개념도 - 최상층층고증가안 기준

Notice 원본도면 No.16 (275p) 8각9층사찰형목탑 개념도 - 기준층층고비례안 기준

보시니 4각 사찰목탑보다는 쪼께 더 세련되어 있는 느낌이 드실 겁니다. 1층폭도 27m로 몸통높이54m의 딱 절반이네요. 저는 최상층층고증가안을 그려 보고는 너무나 마음에 쏙 들더랍니다. 4각 사찰목탑은 아무리 그려 보아도 지붕경사도(물매)가 마음에 그리 들지가 않았었는데 이 8각사찰형목탑은 1층폭이 적당해서 그런지는 모르겠으나 1층에서 최상층지붕까지의 지붕물매가 아주 자연스럽고 매끄럽게 잘 나오더랍니다. 살다 보니 이리 기분이 좋은 날도 다 있네요. 최상층층고증가안을 보시다가 기준층층고비례안을 보시니 지붕경사도가 쪼께 촌스럽게(?) 보일지도 모르겠네요.

그래서 엄청 많은 생각 끝에 이 8각 사찰형목탑의 최상층층고증가안을 사찰목탑의 특추천안으로 하기로 했답니다. 모르죠. 저만의 생각일지도? 거기다 금상첨화인 것은 평면도도 아주 멋지게 잘 나오더랍니다. 얼마나 이쁜지 한번 보실래요.

Notice 원본도면 No.17 (277p) 8각9층사찰형목탑평면도 : 1층 기준 : 1/8평면도

평면도는 최상층층고증가안이나 기준층층고비례안이나 똑같답니다.
아무리 이뻐게 생겨도 미인은 못 따라갈 듯. 8각 사찰형목탑은 1층지붕은 2우수선을 따랐으며 1층지붕두께를 2.7m로 하고 모양새를 고려해서 @0.15씩의 지붕판 증감계수를 적용했답니다. 8각사찰형이 재미있는 것은(엄밀히는 4각사찰목탑도 마찬가지임) 6개방(남북2방제외) 중 한 곳(모르죠. 2곳인지?)에다가 사리함 등의 사찰에서 귀중히 여기는 물건을 숨기는(?) 비밀금고를 만들 수 있답니다. 물론, 비밀금고(?) 위에는 윗쪽바닥까지만 올라가는 샛기둥(찰주?)을 세우겠죠. 어떤 놈(?)이 사리함을 훔칠려며는 이 6개의 샛기둥을 다 들어봐야 찾아낼 수 있을 겁니다. 그 중간에 아마 이 도둑놈은 주방장(?)에게 잡히겠죠.

아마도 사리함 등의 안전보관을 위해서 제일 안전한 곳에 안전장치까지한 내부구조로 보인답니다. 제가 우짜다가 9류추리소설을 쓸 정도로 생각이 많아졌죠? 제가 아마도 절간에 가서 마음 수양이 쪼께 필요한 것도 같네요. 그것도 사리함이 보관된 목탑안에서. 근데 욕심이 생기면 안 되는데?

목탑이 9층목탑만 있는 것은 아닐 겁니다. 아마도 7층·5층 목탑도 있었을 겁니다.

모든 건축물은 어떤 과정이 있을 겁니다. 102층 건물을 짓는데 맨날 1·2층 건물만 짓든 놈이 102층을 짓기는 쪼께 애러울 겁니다. 10층도 지어보고 40층도 지어보고 난 뒤 기술력을 쌓은 뒤 아마 102층을 지었을 겁니다. 애매한 것은 3·1층 목탑을 지었을지는 미지수랍니다.

그래도 저희들은 지을 수가 있답니다. 추정을 할 수가 있기 때문이겠죠.

③ 7층목탑

간단히 8각 사찰목탑형인 7층목탑과 1층목탑을 잠깐 봅시다. 먼저, 7층목탑을 봅시다. 물론 이상적인(?) 최상층층고증가안만 봅시다.

Notice 원본도면 No.18 (279p) 8각7층사찰형목탑 개념도 – 최상층층고증가안

쪼께 품위가 있어 보이죠. 9층목탑보다 탑총높이는 13.5m가 줄어들었는데 건물폭은 고작 2.7m밖에 안줄어들었답니다. 그러다 보니 지붕각이 많이 줄어든 겁니다. 5층목탑도 그런 영향을 받을 겁니다. 7층목탑의 평면도도 한번 봅시다. 묘하게도 평면도 아주 잘 나오네요.
맞출려고 맞춘 것이 아닌데도 지가 알아서 아주 기똥차게 잘 나오네요.

Notice 원본도면 No.19 (281p) 8각7층사찰형목탑 1층평면도 : 1/8평면도

평면이 마음에 드시는지요. 5층·3층목탑도 접근방법이 똑같으니 시간 내셔서 한번들 그려보세요.

④ 1층목탑

8각 사찰형 1층목탑이 조금 재미있어서 한번 봅시다.

Notice 원본도면 No.20 (283p) 8각1층사찰형목탑 개념도

이 1층목탑의 층고가 조금 재미가 있어서 보게된 거랍니다. 특별한 법칙이 없어서 층고는 1층층고 증감계수@0.36을 적용해서 1층 이론층고를 7.56으로 했으며 꼭다리에서 2.34m를 빌려와서 1층지붕에다 준 거랍니다. 맞는지는 확실치는 않으나 시각적으로 이 정도가 적당할 것 같아서 한번 풀어본 거랍니다. 이 1층목탑을 보시면 꼭 어떤 사찰 입구의 안내소같은 느낌이 많이 나네요.
정말로 안내소로 한번 지어볼까요.

이제까지 4각형태 다섯 안과 8각형태 두 안을 한번 보았답니다. 목탑높이만 어느 정도 인지 되었지 탑폭(특히 1층폭)은 천차만별이라 알 수 있는 방법이 없답니다.
물론, 4각인지 8각인지 조차도 알 수 있는 어떤 방법이나 근거도 없답니다. 어느 것이 가장 적합한지는 당연히 이 글을 읽으시는 분의 몫이랍니다.

어떡할까요? 다수결로 할까요? 아님, 어떤 목소리 크신 분의 말씀을 따를까요?
다수결도 개인의견도 다 믿을 수는 없을 겁니다. 물론 제가 생각해 본 안 이외에도 많은 안들이 더 있을 수도 있답니다. 아니 당연히 있어야 정상적일 겁니다.

저 개인적으로는 8각 사찰형목탑이 가장 마음에 드네요. 모양새도 적당하고 건물폭도 아담하고 더구나 내부공간활용도 어느 정도 편리할 것 같네요. 당연히 시공기간도 1년 8개월여만이면 가능할 것도 같답니다. 물론, 규모면이나 웅장미에서는 8각 일반목탑형이 마음에 끌리기는 하나 아무리 생각해봐도 시공기간이 3~5년은 족히 걸릴 것만 같답니다(9층 목탑기준). 그리고 4각형 목탑이라면 고려금동9층탑안의 4각3칸 비례안이나 4각5칸 등간격안이 적당하지 않을까 하고 조심스레 생각해 본답니다.

어떤 확실한 근거만 있으면 방향 설정이 되어 있으므로 접근이 쉬운데! 하여튼 더 많은 연구가 필요할 것 같네요. 사실은 제가 신라사찰탑파인 황룡사 9층목탑을 풀려고 손을 대었는데 엉뚱한 걸(?) 실컷 풀고 난 뒤 희한하게도 제일 늦게 사찰목탑에 손을 대었답니다. 참 아이러니하죠. 덕분에 여러 곳에 손을 많이 대었답니다. 일반목탑과 석탑류 등을 풀고 난 뒤 그것도 한참 지나서 사찰목탑에 손을 대었네요. 운이 억수로 좋았다면(?) 손 자체를 대어 보지도 못했겠죠. 그럼, 운이 나빠서(?) 손을 대었나? 암튼 헷갈린답니다.

정답은 어떤 정보를 어떤 과정에서 우연히 알게 되어서 신라사찰목탑에 손을 대었다고 생각하시면 되겠네요. 제일 늦게 손을 대다 보니 아주 쉽게 풀릴거라 생각했는데 앞서 보신대로 그게 그리 만만치가 않네요. 아직도 풀어야 할 사항이 많이 있기는 하지만 그래도 어느 정도 큰 틀은 파악이 된 것 같기도 하답니다. 어쩌면 이 글을 읽으시는 분이나 아주 관심이 많으신 분이 여유있게 시간을 가지시고 차분히 푸시면 완벽하게까지는 아닐지라도 풀 수 있으실 겁니다.
옛 건축물을 어느 정도까지는 추정할 수 있을 수는 있으나 완벽하게 푼다는 것은 그리 쉽지마는 않을 겁니다. 늦게나마 황룡사9층목탑 등 사찰목탑을 생각할 수 있는 기회가 주어져서 그나마 다행이랍니다.

이 형태별 사찰목탑은 이럴 경우는 이렇지 않을까 하는 안들로 신라사찰목탑의 접근방법(과정)이라 생각하시면 된답니다. 실제로는 엄청 많은 안들이 더 있을겁니다. 그래도, 기본적인 안들은 반드시 한번쯤은 생각도 해보고 검토도 해봐야겠죠!

X. 갓탑과 첨탑

이제 꼭다리만 보면 다 보네요. 이 꼭다리높이가 무려 12.6m나 되어서 뭐 이런게 다 있지 하면서 무지 당황했더랍니다. 한 3~4m쯤이면 충분할 것(?) 같기도 한데 와 이리 높죠.
더 웃기는 것은 이걸 어떻게 시공을 할까도 고민해 봤답니다. 실제로 시공이 무지 어려울 수도 있답니다. 꼭다리 중심기둥이 철심인지는 모르겠으나 이 철심기둥이 무지 굵어야만 바람에 부러지지 않을 것 같네요.

처음에는 일반석탑식으로 첨탑은 2개를 둘려고 했었는데 각 첨탑높이가 너무너무 높아 고민고민 끝에 첨탑을 하나 더 넣기로 했답니다. 3개 첨탑이 되었는데도 각 첨탑높이가 2.7m나 되네요? 각 첨탑에 기본적으로 3개의 찐빵이 들어가니 각 찐빵높이도 물경 90cm나 된답니다.

보기만 봐도 기가 죽을 것 같네요. 어찌 되었든 어이 생겼는지 한번 봅시다.

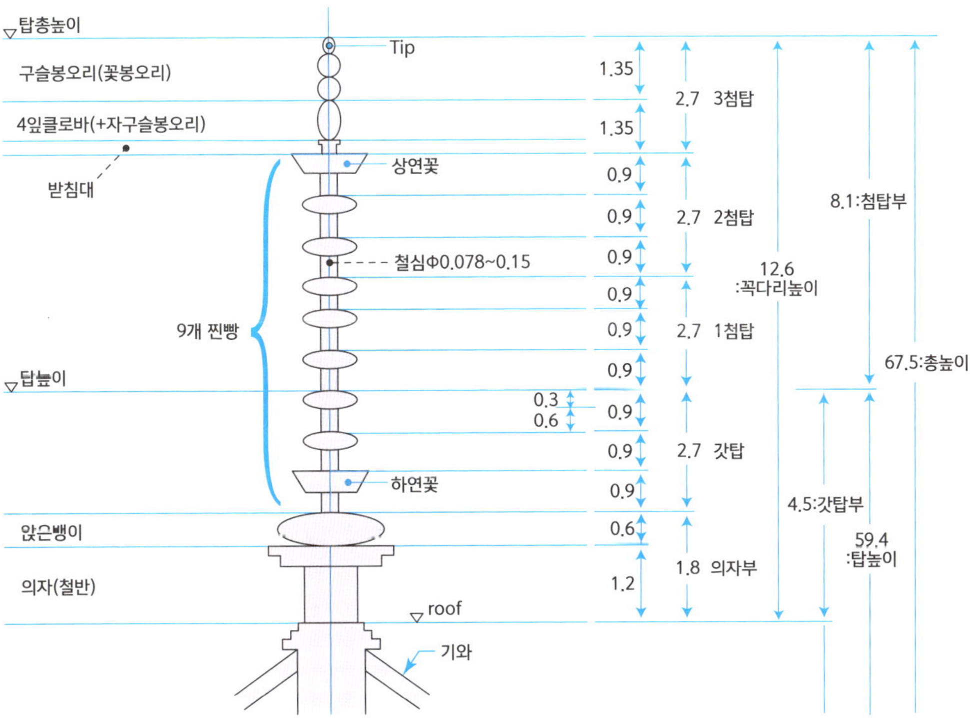

[그림 144] 9층 목탑 꼭다리 개념도: 1갓탑 3첨탑

밑에서부터 봅시다. 제일 밑에 의자가 있답니다. 기록물에 의하면 철반(鐵盤)이라는 말이 있는데 전에도 말씀드렸듯이 이 철반이라는 어감이 느낌상으로 철로 만든 밥상같은 느낌이 들

어서 다시 의자를 유심히 봤답니다. 제가 의자라고 불렀던 이유는 관측소에 근무하는 분이 혹시 다리가 아프면 엉디라도 걸쳤으면 하는 마음에서 의자라고 한 것이랍니다.
물론 이 의자의 가장 중요한 목적은 꼭다리를 보강해주는 역할이랍니다. 그런데 다시 보니 꼭 밥상같기도 하네요. 내가 취했나? 그래서 이 의자를 철반이라고 부를까도 생각중이랍니다. 아마도 이 의자(철반)는 철류로 만들었을 수도 있네요. 무지 큰 철밥상이랍니다. 크기가 약 1.2x1.2x1.2 정도일 것 같네요. 반티보다도 더 크답니다. 이 의자 위에는 종교의 상징(?)일 듯한 앉은뱅이같은 것이 둥그스럼하게 얹힌답니다. 전에도 잠깐 말씀드렸듯이 의자 위에 앉아 있다고 앉은뱅이라고 이름을 붙여본 거랍니다. 사실은 정식 이름을 붙여 줘야겠죠. 그 위를 보시면 진짜 꼭다리인 갓탑과 첨탑부가 있는데 갓탑이나 각 첨탑은 엄밀히는 동일 형태와 높이를 갖고 있답니다.

갓탑을 분리한 이유는 다들 아시죠. 바로 갓탑까지의 높이가 탑높이이기 때문에 개념과는 별도로 분리시킨 것이랍니다. 갓탑에서 2첨탑까지를 보시면 찐빵이 모두 9개가 있답니다.
특히, 제일 밑찐빵과 제일 윗찐빵은 모양새가 꼭 연꽃형상을 하고 있어서 하연꽃과 상연꽃으로 제 멋대로(?) 이름을 붙여 봤답니다. 물론 저 개인이 이름을 붙일 자격은 없겠죠. 상·하연꽃 사이엔 7개의 찐빵이 있을 겁니다. 모양이 어떻게 생겼는지는 정확하게 알 수는 없으나 그냥 찐빵(?) 비스무리하게 생긴 것 같아 찐빵이라고 편하게 부른답니다. 제일 위에는 3첨탑이 있답니다. 이 최상부첨탑은 밑의 찐빵하고는 모양새가 많이 다르네요. 제일 밑에는 받침대 비스무리한 것이 있는 것 같고, 그 위에 조금 큰 듯한 十자형꽃봉오리(모르죠. 꽃봉오리 받침날개인지?)가 있고 연속으로 조금 작은 듯한 뾰족구슬같은 봉오리가 2개가 더 있으며, 마지막으로 뾰족한 끝꼭다리가 있답니다. 아마도 이 끝꼭다리는 피뢰침으로 사용해야겠군요. 그때도 피뢰침을 생각했다는 이바구? 모르죠. 실제로 설치했는지? 그런데, 보지도 듣지도 못한 놈이 이걸 어떻게 아느냐구요? 석탑류 등 여러 탑들을 풀어도 보고 석탑 등에서 나온 조그마한 장식탑 등을 보고 추정한 것이랍니다. 물론 고려9층금동탑같은 경우는 완벽에 가까울 정도로 섬세하게 나와 있답니다. 이 고려금동탑의 상·하연꽃찐빵은 지나칠 정도로 과장이 되어 있는 것 같답니다. 물론 다른 장식조각탑들의 상·하연꽃 등도 대부분 이 상·하연꽃에 심혈을 기울인 것 같아서 모양이 제각각이랍니다. 아주 중요한 부분인가 봅니다. 이 꼭다리의 재질이 무엇인지는 알 수가 없답니다. 이 큰 찐빵 전체를 철류로 만들었는지 아님, 속은 비워 놓았는지는 알 수가 없네요. 모르죠. 나무류일 수도 있답니다. 그리고 철심은 얼마나 굵어야 할까요. 꼭다리높이가 무려 12.6m나 되는디? 제 임의로 최상부는 ϕ0.078(ϕ0.03) 정도일 것 같고 철반(더 밑으로는 9층중앙기둥 깊숙이까지)에 심는 하부 철심지름은 약 ϕ0.15(15cm)는 되어야 될 것 같네요. 철심지름이 물경 15cm나 되네요.

계산법은 이렇답니다. 추정 철반폭 1.2m를 8로 나누면 15cm가 된답니다. 믿진 마시고 저만의 고유계산법(?)이랍니다. 그리고, 지붕 위에는 못 올라갑니데이. 기와로 덮었거들랑요.

☆ 경천사탑은 몇 층 일까요? ☆

이 경천사탑은 희한한 구조를 갖고 있네요? 너무 지나치게 많이 진화되어(?) 석탑이 좀 수수한 멋이 있어야 되는데 완전히 난할 정도로 화려한(?) 탑으로 변신했네요. 의자와 찐빵을 완전히 지붕으로 도배를 해버렸네요. 근데, 석탑에서 제일 중요한 종교의미를 갖고 있는 앉은뱅이는 홀연히 사라져 버렸네요? 어찌 보면 앉은뱅이가 의자 속에 숨은 것 같기도 하고 어찌 보면 의자가 납작해지면서 그 위에 앉은뱅이가 찐빵화되어 지붕까지 얹고 있는 것도 같기도 하고? 하여튼 무지 헷갈리는 석탑이랍니다. 층고 구분도 어렵네요. 지붕까지가 층고인지 난간까지가 층고인지조차도 헷갈리게 되어있답니다. 아마도 지붕까지가 층고이겠죠. 3층 지붕 위에 또 한 개의 낮은 지붕 같은 것이 보이는데 3층 지붕이 2중지붕인지 도통 무엇인지조차 헷갈리게 되어있답니다. 혹시 이 3층 위의 낮은 지붕이 의자가 지붕화된 것은 아닐까요? 이 3층 위에 있는 낮은 지붕도 지붕으로 분류가 된다면 총 11개의 지붕이 된답니다. 그렇다면 3층석탑 위에 있는 의자·앉은뱅이·6개의 찐빵(갓탑과 1첨탑)이 8개의 지붕을 덮어 쓰고 있는 희한한 석탑이랍니다. 그런데 경천사탑을 보면(원각사탑 포함) 경천사 10층탑이라고 탑명이 붙어있답니다. 차라리 11층탑이라고 하는게 더 나을 듯? 신라 일반3층석탑과 경천사탑의 꼭다리를 대충 비교해 봅시다.

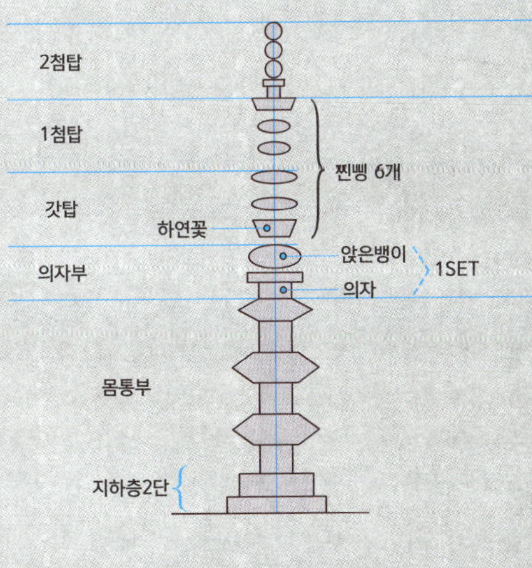

[그림 145] 신라3층 석탑

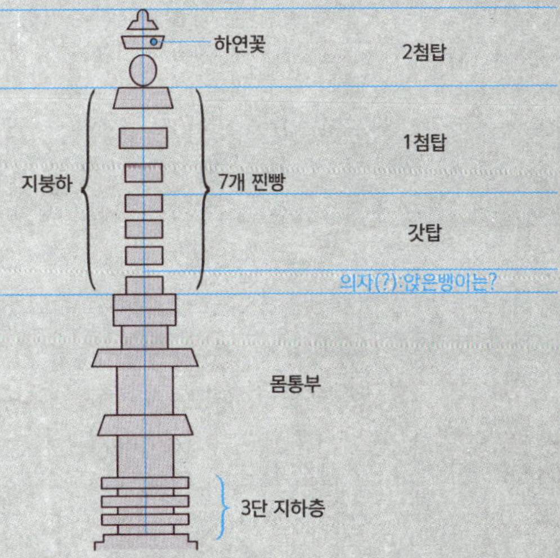

[그림 146] 경천사탑

두 탑 형식을 비교해 보시니 재미있는 느낌이 드실 겁니다. 지하층을 보시면 둘 다 신라형식인 온지하네요. 그런데 일반신라석탑은 지하층을 2단(2개층)으로 구분해 놓았는데, 경천사탑은 3단(3개층)으로 되어 있답니다. 신라3층탑(관공서)의 지하층 내부가 3개층으로 되어 있는데 이 경천사탑 기사분이 그걸 알고 있었다는 이바구? 경천사탑은 1·2·3층 층고도 비스무리한 것 같네요? 그리고 3층지붕을 보시면 묘하게도 경천사탑은 1개인지 2개인지는 불확실하지만 어떻든 육안으로는 2중지붕 같이 보이기도 하네요? 애럽네요. 그리고 문제의 핵심은 꼭다리에 있답니다. 기본적으로 의자부는 의자와 앉은뱅이가 1set랍니다. 물론, 앉은뱅이는 종교의미가 있는 걸로 보인답니다. 그런데 이 앉은뱅이는 보이지가 않고 의자만 그냥 지붕화되어 있네요. 그리고 나머지 갓탑과 1첨탑의 6개의 찐빵류도 다 지붕화시켜 놓았네요. 제일 위에 있는 2첨탑에는 기본적으로 구슬류가 3개(제일 밑은 十형, 위 2개는 구슬 비스무리하게 생김)가 들어가는데, 경천사탑은 제일 밑에 뭔지는 모르겠지만 길쭉한 받침대(기본적으로 구슬 받침대?)가 제법 큰 형태로 자리잡고 있고 갓탑 제일 밑에 있어야 할 하연꽃이 그 위에 딱 자리잡고 있으며 그 위에 뭔가가 2개가 있네요? 어쨌든 경천사탑꼭다리도 2첨탑까지 있는 걸로 봐서는 경천사탑 자체는 일반신라 3층석탑 구조형식으로 되어 있네요. 그런데 경천사탑 지으신 우리 아지아는 상상력이 너무 뛰어나신 분이셨든 것 같답니다?

제가 왜 저 자신도 확실히 모르는 경천사탑에 대하여 이바구하고 있을까요? 이유는 단 한 가지일 겁니다. 바로 경천사탑이 3층석탑이기 때문이랍니다. 찐빵에 지붕을 씌웠다고 그게 한 개의 층이 될까요? 찐빵은 그냥 찐빵일 뿐이랍니다. 찐빵이든 의자든 꼭다리는 모두 다 탑의 층과는 아무런 관련이 없는 그냥 탑의 꼭다리랍니다. 그냥 의자이며 그냥 찐빵(갓탑과 1첨탑)일 뿐이랍니다. 경천사탑을 지으신 분이 어떤 의미로 화려하게 또한, 보는 이로 하여금 헷갈리게 지었는지는 모르겠지만 분명히 3층석탑 개념으로 지었을 겁니다. 이 글을 읽으시는 분들은 보는 순간 3층석탑이라는 걸 인지하셨을 겁니다. 3층석탑이라고 인지하신 분은 제 글을 열심히(?) 읽으신 분이며, 어떤 분이 10층석탑이라고 하셨는지는 알 수는 없지만 10층석탑이라고 생각이 드시는 분은 제 글을 몇 번 더 읽어 보셔야 될 듯! 벌칙이랍니다.ㅋ~ 물론, 보는 관점에 따라서 10층탑이라고도 볼 수도 있답니다. 근데? 짝수층 탑은 대가리 털나고 저도 처음 들어보네요. 이제 어떤 누군가가 경천사탑이 몇 층이냐고 물으신다면(꼭 유행가가사 같네?) 경천사 10층석탑이라고 대답하시면 이런 얘기를 들으실 겁니다. 당신 아주 유식하네요? 아! 그래요. 경천사 3층석탑을 물어보시나 보네요라고 대답하시면 이런 얘기를 들으실 겁니다. 요놈(?)이! 뭐 쫌아는 놈이네 ~ㅋㅋ~

10층탑이 되었든 3층탑이 되었든 이 글을 읽으시는 분이 스스로 판단해 주이소 ~ㅎ~

XI. 황룡사9층목탑

이제까지 사찰목탑의 발생 가능한 여러 형태만 구경한 꼴이 되어 버렸네요 ~ㅎㅎ~
너무 포괄적이라 초점이 없었을 겁니다. 4각형인지 8각형인지도 모르기도 하지만 탑폭은 더더욱 알 수 있는 방법이 없었기 때문이었답니다. 그래도 지붕물구배가 가장 자연스럽다고(어울린다고) 생각되는 황룡사9층목탑의 형태를 찾아내어야 겠지요.

제가 여러 경우의 수를 검토하는 과정에서 신라사찰목탑에 가장 어울린다고 생각되는 안을 찾아보겠습니다. 물론, 제 개인 생각일 겁니다. 이 사찰목탑은 현재까지는 정답이 없답니다. 그러니, 여러분들도 같이 생각해 보셔야 됩니데이!
제가 짬을 쪼께 내어 한번 풀어 보겠습니다 ~ㅎㅎ~

황룡사9층목탑편에서는 황룡사9층목탑일거라 생각되는 것을 집중적으로 보게 될 겁니다. 앞부분은 심심풀이(?)로 찰주본기에 대한 얘기도 할 것이며, 뒷부분이 주 내용이 될 겁니다.

1. 황룡사9층목탑이 몇각형 건물일까요!

황룡사9층목탑이 어떻게 생겼는지를 알 수 있는 방법은 탑이 현존하지 않는 한 알 수 없답니다. 보수를 했든, 중수를 했든, 어찌되었건 현재 살아남아 있어야 어느 정도는 알 수 있겠죠(그나마 다행인 것은 신라일반목탑은 바위에 단단히 새겨져 있으니 원형추정이 가능하답니다).

혹시? 황룡사9층목탑을 아실 수 있으신 분 계시나요? 아시는 귀신(?)분 한번 만나서 같이 한잔하고 싶네요. 제가 한잔 내겠습니다 ~ㅋㅋ~
아시는 분이 인계시는 것 같네요! 오늘 술값 5만원 벌었네 ~ㅎㅎ~

현재, 알 수 있는 유일한 방법은 기록에 의존하는 수 밖에는 없을 겁니다.
그럼, 황룡사9층목탑의 기록을 분석해 보는 방법 밖에는 없겠네요. 다행인 것은, 찰주본기에 탑규모(탑높이)의 여러 용어들이 나온답니다
그렇다면, 반드시 이 기록물을 분석해 봐야 할겁니다. 접근방법이 그럴싸한가요? 숫자가 나오면 숫자분석을, 용어가 나오면 용어분석을~ 맞는 것 같나요! ~

앞에서 탑규모(탑높이만)는 숫자분석을 해서 탑높이가 67.5m 라는 것을 알아내었답니다. 그런데, 아쉽게도 찰주본기의 용어(숫자포함) 등에는 탑폭이나 탑 형태(4각형인지 8각형인지)에 대해서는 나와있지를 않네요~ 너무 아쉽답니다! ~ 그나마 다행인 것은 탑폭은 추정이 어렵지만(저희들이 머리를 맞대어 풀어야겠지요), 제가 찰주본기를 몇 번씩이나 읽다 보니 희미하게 나마 탑형태일 것 같은 용어가 눈에 확 띄더랍니다.

아마! 전 행운아인가 봅니다 ~ㅎㅎ~

이제 이 용어를 집중 분석(?)해 봅시다. 당연히 언어분석법일 겁니다. 어쩌면 약간의 심리분석법(?)도 가미되겠죠. ~지 꼬라지도 모르면서, 언어분석과 심리분석이라 ~ㅋㅋ~
근디, 정신분석법은 빼입시데이~ㅎㅎ~ (사실은 심리분석법에 들어가면 정신분석법은 지가 알아서 따라온답니다. 이 둘은 동시분석법이랍니다~ㅋㅋ~)

찰주본기에 보시면 이런 말이 나올겁니다.
『(탑을 세운지) 190여 년이 지나 문성왕대에 이르니 오래되어 동북쪽으로 기울어졌다』 라는 대목이 나올겁니다. 여기에서 어느 용어(?)가 탑형태를 의미하는 단어일까요? 찾아내셨나요~
찾아내시는 분은 아마 귀신칭호(?)를 들으실 듯~ㅎㅎ~
물론 탑도 오래되면 당연히 여기 저기 고장이 날겁니다. 당연히 '오래되어' 라는 말은 해당이 별로 없겠죠. 오래되면 자동으로 오래되잖아요(말이 조금 이상하네?). 이젠 정답을 인지하셨겠죠.
바로 '동북쪽으로 기울어졌다' 에 해답이 있을겁니다. 이 말이 무얼 의미 할까요? 퍼뜩 들으면 그랬었구나 라고 그냥 넘어가실겁니다. 그런데, 저희들이 누구라고 했죠? 귀신잡는 공병(?)이라고 했잖아요~ 해병대 아재 미안! ~ 공병(ENG. engineer)의 기술을 가지고, 비록 언어학자는 아니지만 언어분석을 해 봅시다.

동북쪽(방향)이라! 이 말이 무얼 의미할까요? 동쪽도 아니고 북쪽도 아닌 동쪽과 북쪽의 중간이라는 말이겠죠. 그럼, 이 '동북쪽' 이라는 말을 집중적으로 분석해봐야 할 겁니다.
만약 정사각형 건물이라면 동북쪽은 어딜 가리킬까요. 바로 정사각형의 대각축인 건물의 귀쪽(꼭지점)이겠죠. 즉, 동서남북 방향의 길이보다 √2(1.4142) 배가 더 긴 건물의 대각축의 꼭지점일 겁니다. 상식적으로, 건물이 짧은 방향(예를 들면 동쪽, 서쪽 등)으로 기울어질까요? 아님 제일 긴 대각방향(예를 들면 동북쪽, 서남쪽 등)으로 기울어질까요?

예! 건물은 짧은 방향으로 기울어 질 확률이 제일 긴 대각방향(√2배로 더 김)으로 기울어 질 확률보다 몇 배나 더 높을 겁니다..
만일, '기울어졌다' 라는 말 대신에 '부서졌다(무너졌다 or 내려앉았다)' 라고 표현했다면 4각형일 확률이 훨씬 더 높을 겁니다(4각형의 귀쪽은 부서지거나 무너질 확률이 더 높겠죠. 기울어지는 순간 무너지거나 부서질 확률이 무척 높을 겁니다. 건물전체가 동북쪽으로 기울어지지는 않을 겁니다. 이럴 경우는 부분보수를 하겠죠. 기울어졌다는 건 보수의 성격이 아닌 걸로 보이며, 건물을 다 헐어내고 새로 지을겁니다 ~ 아닌가?~).

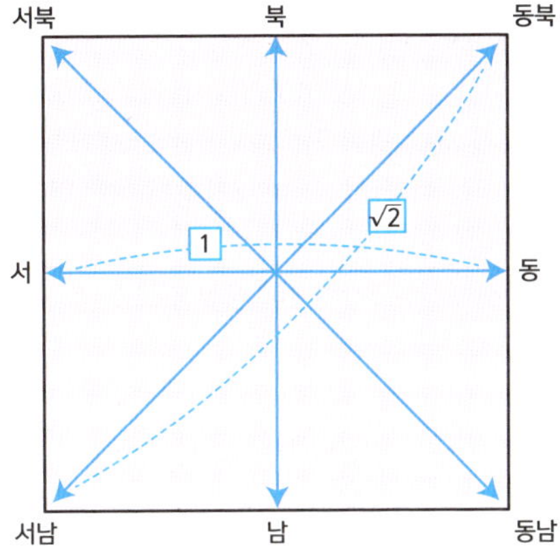

- 동서남북 1 < 대각폭 √2 -

[그림 147] 4각형의 기울기 방향: → 기울기 방향

그렇다면, 8각형건물이라면 어떨 것 같을까요?
아래 그림에서 보시듯 동서남북길이나 대각길이나 길이(폭)가 동일하므로(8方이 동일함), 동쪽으로 기울던, 동북쪽으로 기울던, 서북쪽으로 기울던 조건(길이=폭)은 동일할 겁니다.

맞을 것 같지 않나요?

이 8각형건물은 어떤 방향(8方)으로든 어떤 조건만 맞으면 기울어질 겁니다(이럴 경우는 어떤 방향쪽이 무너졌다(부서졌다)는 말은 성립이 힘들며, 기울어졌다 라는 말이 더 어울릴 겁니다). 공병(engineer)스런 해독법 같나요!

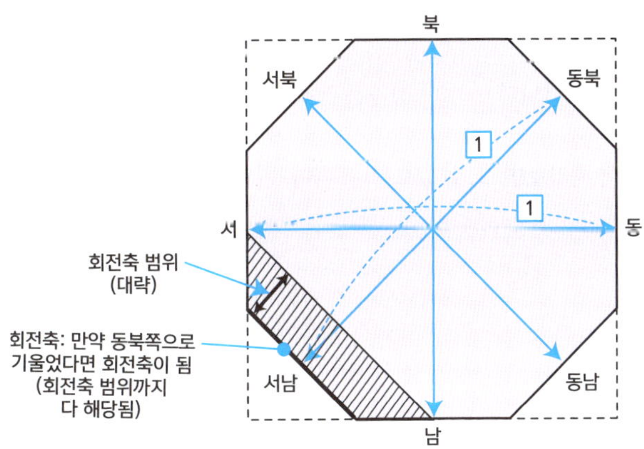

- 동서남북폭 1 = 대각폭 1 -

예를 들면, (동~서)폭 = (서남~동북)폭

[그림 148] 8각형의 기울기 방향: → 기울기 방향

∴ 황룡사9층목탑은 4각형이 아니라 8각형일 확률이 훨씬 높답니다.
근디, 제 언어 분석법이 맞긴 맞나 ~ㅋㅋ~ 언어분석학자분들도 한번 분석해 보이소 ~ㅎㅎ~
자세히 보니, 언어분석법이라기 보다 건축구조분석법이네!(정가가 공병(ENG) 출신이잖아요 ~ㅎㅎ~). 그리고, 이 동북쪽이라는 어감(?) 자체가 8각형의 어떤 한 면(변)을 일컫는 말로도 느껴지네요.

그래서, 이 황룡사9층목탑편에서는 8각형 건축물로 접근할 겁니다.
마음에 안 드시는 분 안계시겠죠!

그러고 보니, 신라시대에도 사탑이 있었나 보네요. 사탑하니 생각나시는게 없으신지요!
'아! 생각납니다~ 피사의 사탑' 하! 정답입니다. 피사의 사탑보다도 훨씬 전에 서라벌 사탑(?)이 있었답니다 ~ㅎㅎ~ 탑높이도 비슷하네요. 피사의 사탑(55m, 8층), 황룡사9층목탑(54m. 순몸통높이), 공통점이 많네요. 이 탑 높이 54m 전후는 안 짓는게 좋을 것 같네요?~ 안전을 위해 ~ㅋㅋ~

읽으시느라 지루하실까봐? 피사의 사탑(the leaning tower)에 얽힌 episode 한마디 할께요.

제가 소싯적(1984년)에 이 피사의 사탑을 봐야겠다고 생각하고는 Pisa역에 내렸답니다.
피사의 사탑을 봤을까요? 못 봤을까요? 웃기는 질문이죠! 이놈의 기차(로마에서 출발)가 50분 연착을 했답니다. 피사역에 내리니 다음 연결기차시간까지 20분 밖에 안 남더랍니다. taxi 기사에게 물어보니 피사사탑까지 가는데 약 10분정도 걸린다 카네요. 정가의 선택은 담바꼬였겠죠 ~ㅋㅋ~ 연결기차를 놓치면 여행일정이 엉망이 될 겁니다.

제가 이렇게 운이 좋은(?) 놈이랍니다 ~ㅋㅋ~ 정가는 Pisa역에 내리고도 피사의 사탑을 못 보고온 놈이랍니다 ~ㅎㅎ~
근디, 우리 서라벌 사탑은 운이 따라주면 볼 수 있으려나! 아마, 기차가 연착(?)하지 않는 운이 따라주면 볼 수 있을듯 ~ㅎㅎ~

2. 철반을 설치한 이유

(1) 찰주본기 내용 중 심초석사리공내의 보물들

거창하죠! 철반이라는 말이 무얼 의미하는지가 궁금하여 '황룡사 찰주본기에 새긴 숨결'을 다시 몇 번이나 더 읽어보다보니 호기심(?)이 들어, 도통 심초석사리공내에 얼마나 많은 보물(?)들이 들어가 있었을까를 유심히 한번 보았답니다. 궁금하기도 하지만 재미삼아 한번 보는 것도 괜찮겠죠. 머리도 식힐겸? 제가 보다가 헷갈렸을 수도 있으니 여러분들도 같이 한번 세어보세요. 사리공 안에만 넣었는지 별도 공간을 확보해서 철반(철가방?) 속에 넣었는지 그 공간도 모자라 철반위에 놓았는지는 알 수가 없네요.(연도는 불확실하므로 각자 판단하세요)

① 넣은 것

a. 871년(함통연간 신묘년) : 연도가 애매함

ⓐ 99개의 작은 석탑(각각 사리 1개씩 포함)
ⓑ 다라니 네 가지
ⓒ 경전 1권 책위에 사리 1구를 안치

(철반의 위에 넣었다)

- 이 많은 물량(?)을 철가방(?) 속에 넣든지 해야지 어떤 철반인지는 모르겠으나 그 위에다 넣었네요. 철반상부가 어마어마하게 넓거나 아니면 철반위 4면에다가 철판난간을 달아야 할듯 ~ㅋㅋ~

b. 872년(경문왕 12년)

ⓐ 사리내함(중앙심초석의 사리공 안에 봉안)

사리내함의 내용물은 안 보임. 처음 창건시는 심초석사리공 안에는 사리내함이 없었다는 말? 있었다면 사리내함의 내용물이라도 있어야 할 것 같은데? 사리내함이 있었다는 말은 사리외함도 있을껀데 왜 사리내함만 넣었을까요 ~ ??? ~

(참고로, 중수기간: 871년 8일 12일~ 872년 7월- 연도는 불확실)

c. 872. 11. 6 : 찰주에 본래 봉안한 사리 확인. 추가로 더 넣은것은 아닌 것 같음.

ⓐ 금과 은으로 만든 고좌(주초의 구덩이 안)
ⓑ 그 위(고좌?)에 사리가 든 유리병(봉안해 두었었다)

- 기둥(찰주?)을 들게하고 보았더니, 이것들이 있는 걸로 보아서는 기존(?)에 있었던 걸로 보이네요. 그럼, 앞의 871년에 철반의 위에 넣은 것과 왜 내용물이 다르죠? 중수 때에 넣은 것이 아니고 그 전부터 있었던 보물(창건시?). 만약 중수 때에 넣었다면, 언제(연도 등) 넣었던 건지 정도는 기록해 놓는 것이 맞을 듯? 야튼 이 보물은 본래대로 두었다니(872. 11. 25) 추가로 넣은 것은 아닌 것 같네요(물론, 앞의 871년에 넣은 위치(철반의 위)와 다른 걸로 보아 완전히 다른 보물인 것 같답니다).

d. 872. 11. 25.
ⓐ 사리 백개 (봉안하였다)
ⓑ 법사리 두개
- 다시 두가지를 추가하였네요
근데 가장 중요한 찰주본기는 언제 넣었지?
ⓒ 찰주본기(아마, 872. 11. 25인 것도 같네요. ~ 근디, 어디에 넣었지?)

보셨듯 심초석의 사리공이 얼마나 컸었는지는 몰라도? 이 모든 것(중수시에 새로 넣었거나, 기존(창건시?) 것 포함)이 다 들어가는 공간인가 보네요 ~ㅋㅋ~
아마 사리공 이외에 또 다른 넣을 공간인 철반(철밥상) 등이 별도로 있었나 봅니다. 저는 이 '황룡사 찰주본기에 새긴 숨결'을 읽기만 하면 헷갈리기 시작한답니다 ~ㅋㅋ~
그래서, 제가 작심(?)하고 한번 정리해 보았답니다.

② 찾아낸 것(발견된 것)

a. 1964 : 도굴

b. 1966 : 회수

c. 1978년 발굴조사시
ⓐ 찰주본기 명문이 새겨진 금동사리함 (심초석 사리공에서)
ⓑ 사리장엄구
ⓒ 청동제 팔찌, 청동제 그릇 등(심초석 하부)
- 심초석 사리공 밑쪽인지, 심초석 돌삐 밑인지, 헷갈리네요?

도굴된지 14년만에 발굴조사를 했군요 ~ㅋㅋ~
참고로, 황룡사지에는 황룡사9층목탑의 심초석(중앙기둥) 자체가 현존하지 않는답니다(물론, 일반주초도 존재하지 않음). ~ㅋㅋ~ 웃기죠! 분명히 심초석 사리공내에서 보물들이 쏟아져 나왔는데도 ~ㅎㅎ~ 잘 생각해 보세요. 어떤 건축기사가 주초에 사리공을 팔까요? ~ 주초의 나무기둥뿌리 박기도 바빴을텐데 ~ㅋㅋ~ 주초는 그냥 자기 역할만 하면 되겠죠. 다음 장을 참조하시면 쪼께 이해가 되실겁니다 ~ㅎㅎ~

한번 정리를 해 봅시다. 흩어져 있으면 머리가 다 아프답니다. 이 연도가 오락가락 할 수가 있으니 각자 점검해 보세요.('찰주본기에 새긴 숨결' 내용에 있는 것 기준임. 찰주본기 원문에 더 있을지는 모름)

■ 넣은 것

연도	내용물	비고
871년 (함통연간 신묘년)	① 99개의 작은 석탑 (각각 사리 1개씩 포함) ② 다라니 네가지 ③ 경전 1권 책 위에 사리 1구를 안치	철반의 위에 넣었다.
872년 (경문왕 12년)	④ 사리내함	중앙심초석의 사리공 안에 봉안
872. 11. 6	⑤ 금과은으로 만든 고좌 ⑥ 그 위(고좌?)에 사리가 든 유리병	주초의 구덩이 안(기존에 있던 것) 봉안해 두었었다.
872. 11. 25	⑦ 사리 백개 ⑧ 법사리 두개 ⑨ 찰주본기	봉안하였다.

■ 찾아낸 것

연도	내용물	비고
1964년	도굴	
1966년	회수	회수품목은 안나와있음. (찰주본기는 회수품목이네요?)
1978년 (발굴조사시)	① 찰주본기 명문이 새겨진 금동사리함 ② 사리장엄구 ③ 청동제 팔찌, 청동제 그릇 등	심초석 사리공에서 심초석 하부

근디, 넣은 것과 찾아낸 것이 와 이리 차이가 나죠? 찰주본기에 나오는 그 많은 보물들은 다 사라지고, 오로지 중요한 몇 가지만 건진 것 같네요. 아마 더 있겠죠. 도굴돼 회수된 보물들이 제법 있을 겁니다. 찰주본기는 1966년 회수도 했으며, 1978년 발굴때도 나왔네요 ~ㅋㅋ~

여기서 한가지 재미있는 상상하나 해 볼까요? 물론 순수 저의 생각이겠죠. 언젯적인지(몽골난?)는 모르지만 황룡사9층목탑이 소실되었답니다. 소실되니 스님들의 고민이 깊었을 겁니다. 보물(?)들이 노출상태였겠죠, 당연히 황룡사9층목탑의 귀중한 보물들을 반드시 지켜야 된다고 생각을 했을 겁니다. 그래서 스님들이 묘안을 짜내었을 겁니다. 탑근처 수위에 버려져 있던 9층일반목탑의 주초(실제는 9층탑에 사용되지는 않고 방치상태로 있었겠죠)에 사리공을 판 뒤 그 안에다 가장 중요한 보물을 담아서 보관하기로 했을 겁니다(현재 남아있는 황룡사탑 심초석이 동서 435cm, 남북 300cm의 부정형의 긴 타원형이잖아요. 아무리 돌팔이 기사라도 탑의 중앙 심초석을 타원형의 돌삐를 쓸까요? 원형이든 사각형이든 이뿌장한 돌삐를 쓸겁니다. 아닌가? 즉, 현재의 사리공 주초는 황룡사9층목탑의 심초석이 아니라는 말이겠죠 ~ㅋㅋ~). 중요한 보물들을 최대한 집어 넣었을 겁니다. 그리고는 그 주초 위에다 건물이나 집을 지어서(같은 말인가?) 아무도 모르게 했을 겁니다. 그 스님들 덕분에 그나마 중요한 보물들이 아직도 살아남아 있는 걸로 보인답니다. 우리 스님들이 영리하지 않으세요 ~ㅎㅎ~

(2) 찰주가 무슨 의미죠?

그리고, 이 찰주본기 내용중에서 이 찰주라는 용어가 아직도 헷갈리는 놈이네요.
아마 불교용어나 사찰을 잘 아시는 분은 아실 것도 같답니다. 찰주(사찰의 기둥)라! 기둥은 기둥같기도 한데 어떤 기둥일까요? 본 건물의 기둥은 아닌 것 같아보이네요. 신하 몇명이면 들 수 있는 기둥이랍니다. 찰주가 나오는 대목을 보실까요.

a. '처음 건립하기 시작하여 4월....에 찰주를 세우고... '
(건물을 짓기 시작한 후 조금의 시간(?)이 흐른 후에 이 찰주를 세운 것 같네요.)

b. '그러나 찰주①가 움직이지 않아 왕께서 찰주②에 본래 봉안한 사리가'
(① 아주 나즈막한 기둥같은 느낌! ② 어떤 보물창고 같은 어감!을 주네요.)

보시듯, 두 군데서 찰주라는 대목이 나오는데, 기둥은 기둥같기도 한데, 본 건물의 기둥과는 별도의 어떤 기둥같은 느낌이 들기는 드네요. 위 a에서의 찰주는 무슨 의미인지는 모르겠으나 b에서의 앞 찰주와 뒤 찰주는 어감이 조금 다르게 느껴지네요! 어쨌든, 이 찰주를 세우면 그 밑에 보물이 있다는 걸 누구든지 알겁니다. 도둑놈이 움직이겠죠~ 그 시대에는 도둑놈이 없었나 ~ㅋㅋ~
왜 찰주를 세워 '여기 보물있음' 이라고 알릴까요? 야튼 재미있긴 하나 무슨 의미인지가 와따리 가따리 하네요(당간지주식으로 어떤 것을 알린다는 기둥이라고 한다네요. 건물내부든 외부든. 기둥이 1개인지 2개인지는 모르지만?). 그런데, 찰주를 검색해 보면, '큰절 앞에 세우는 깃대와 비슷한 물건, 나무나 쇠로 만들며, 예전에 덕이 높은 승려가 있었음을 사람들에게 널리 알리기 위해서 세웠다' 라고 나오네요. 근디, 찰주본기의 찰주와는 조금 거리가 있는것 같답니다.
이미 알고 계시는 분이 저 멀리서 빙그레 비웃으시는군요? 고고또 모르나 ~ㅎㅎ~
정가만 모르고 있네 ~ㅋㅋ~

근디, 찰주의 진짜 의미는 이 찰주본기라는 제목에 나오는 찰주가 본 의미가 아닐까 생각해 본답니다. 어떤 기둥이라면, 무슨 할 일이 없어서 기둥이바구(찰주본기)라고 제목을 붙였을까요. 제 개인 생각에는 아마 '황룡사9층목탑 보물이야기'를 줄여서 단순하게 '찰주본기'로 제목을 붙인것도 같답니다. 즉, 보물이야기를 간단히 '찰주본기'라고 지은 것 같네요. 제목에서의 찰주의 의미는 보물같은 느낌이 들기도 하지만, 내용에 나오는 찰주는 기둥으로 보이기도 한답니다.
어쩌면 찰주본기를 지으신 우리 아지아는 아마 용어를 혼동한 것이 아닐까 하는 생각이 살짝드네요. 아님, 정가가 혼동을 하고 있는 걸까요 ~ㅋㅋ~
여러분들은 이 찰주의 의미가 무엇이라고 생각하시는지요!

(3) 철반의 의미

철반의 의미는 제껴놓고 이제까지 황룡사9층목탑의 보물과 찰주만 실컷 얘기했네요!
이제 본론인 철반(鐵盤)이 무엇인지를 알아봅시다.
찰주본기 내용중에 철반이라는 용어가 들어가는 대목이 2곳이 있답니다.

a. '탑의 철반 이상은 높이가 7보이고 그 이하는 높이가 30보 3자이다'

b. '다라니 네 가지와 경전1권 책 위에 사리 1구를 안치하여 철반의 위에 넣었다'

이 두 대목의 철반이라는 용어가 같은 뜻일까요 다른 뜻일까요, 철반을 본적이 없으므로 알 수 있는 방법은 없겠지만, 말 그대로 철밥상, 철반티, 철상자 정도의 의미로 보인답니다.
안에 무엇이 들어가는지는 모르지만 보기만(듣기만)해도 뭔진 잘 모르지만 철로 만든 것이니 튼튼한 느낌이 드실 겁니다.

두 대목중에 첫 번째 대목인 탑의 '철반이상은 높이가 7보이고' 에서의 이 철반은 어떻게 생겼는지는 모르겠으나, 어떤 높이(탑높이)에서 중간에 끼겨 있는걸로 보이네요.
두 번째 대목은 '(어떤 무엇인가를) 철반의 위에 넣었다' 라고 되어 있는데 이 철반은 어떤 통(상자류) 같은 느낌도 드네요. 그런데, 이 말(철반의 위에 넣었다)은 아무리 읽어봐도 무슨 말인지를 알 수가 없네요. 철반위는 허당(void)인데 놓았다라든지 얹었다라는 말이 일반적일 겁니다.
허공에다 무엇을 넣죠 ~ 그 시대에는 허공에다가도 넣었나 보죠 ~ㅋㅋ~ 냉정히 생각해 보면 '철반의 위에 넣었다' 라기 보다는 '철반의 속에 넣었다' 가 더 어울리는 말 같기도 하네요. 이럴 경우의 철반의 의미는 철제류 상자라는 의미일 겁니다. 철반의 위에 넣었다 에서의 철반은 철상자류도 되겠지만 단순히 철판(철판대기)이라는 의미도 되겠죠, 철상자위에 넣거나(?) 철판위에 넣는 것(?)이 무엇이 다를까요. 흙바닥이 아니면 되죠~ 흙바닥 위에도 넣나 ~ㅋㅋ~
제가 쓰면서 제가 더 많이 웃네요. 농담이구요!

그럼, 이 두 철반의 의미를 다시 생각해 봅시다.
첫 대목의 '탑의 철반 이상' 에서의 철반은 외관상으로 보면 철상자(철밥상)같이 생겼지마는 실제로는 어떤 것의 바깥을 감싸고 있는 철판 개념이랍니다. 탑의 중간에 속이 텅 빈 철상자가 있을 필요가 없겠죠. 여기에다가도 보물(사리함 등)을 집어 넣었나?(부자절 ~ㅋㅋ~)
두 번째 대목의 철반은 아마도 철제류 상자로 보인답니다(보물을 상자 속에 넣었는지 상자 위에 넣었는지는 모르지만?).

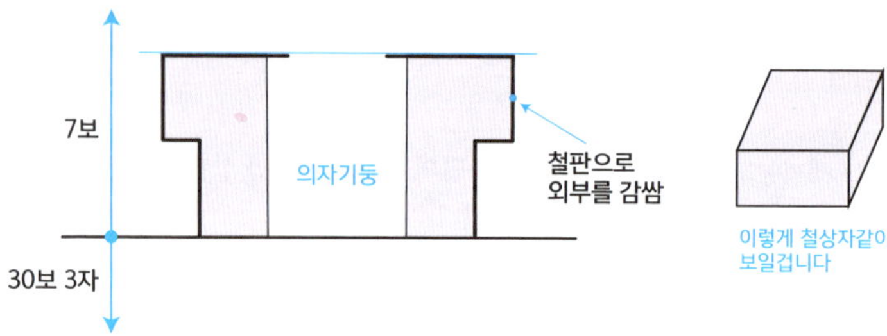

[그림 149] 탑의 '철반이상' 에서의 철반 : 첫 대목

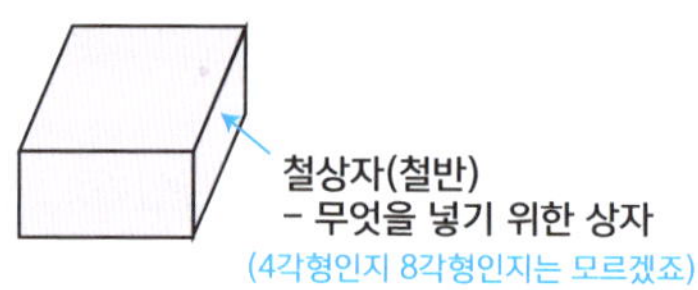

[그림 150] '철반위에 넣었다' 에서의 철반 : 둘째 대목

보시면 둘 다 외관상 철상자처럼 생겼답니다. 그래서 그런지, 이 찰주본기를 지으신 분은 철상자같이 보이면 다 철밥상으로 보였나 봅니다!
앞에서도 살짝 보셨듯이, 이 찰주본기 지으신 분은 자기 멋대로 스타일이신 분 같네요.
찰주의 의미도 헷갈리게 해놓고, 이 철반의 의미도 헷갈리게 해 놓았네요. 이 분은 보고 직감적으로 느끼신 대로 이름을 갖다 붙이시네요(공병(engineer) 출신이 아닌가 보네요 ~ㅋㅋ~).
정가스타일과 쪼께 비스무리 하네요 ~ㅎㅎ~

철반을 정리해 보면,

a. '탑의 철반이상은 7보' : 어떤 것을 감싸고 있는 철밥상(?)

b. '철반의 위에 넣었다' : 무엇을 넣는 철상자

저희들이 철상자를 분석할 필요는 없겠죠. 이 철밥상에 대해서는 왜 이 철밥상이 필요한지를 알아봐야 할 겁니다.

(4) 꼭다리 의자에 철반을 씌운 이유

철반을 설치한 이유를 알아볼까요. 제가 찰주본기의 '철반이상은 높이가 7보이고'의 이 철반이라는 말을 몇 년 이상이나 생각해 보았답니다. 사찰목탑의 꼭다리 하부에는 의자가 있답니다. 이 의자만으로도 충분한데(이 의자는 목재의자임), 이 의자 대신에 왜 철반(철밥상)이 있지? 이상하긴 이상하죠. 나무의자 대신 철판의자로 대체한건가 등 별의 별 생각을 다해 보았답니다. 그래서, 꼭다리높이가 7보(12.6m)로 무지 높으니 이 나무의자 주위를 철판으로 덧대어 꼭다리 하부(기초판 개념이 조금 있음)를 보강한 것이로구나 라고 결론을 내렸답니다.
또한, 이 철반(철제류)과 갓탑과 첨탑의 철제류가 서로 조화를 이루어 모양새도 높여 준답니다.
의자는 나무고 갓탑과 첨탑은 철제류(금속류)면 외관상 보기가 좀 그렇겠죠.

먼저 황룡사9층목탑의 꼭다리를 한번 봅시다.

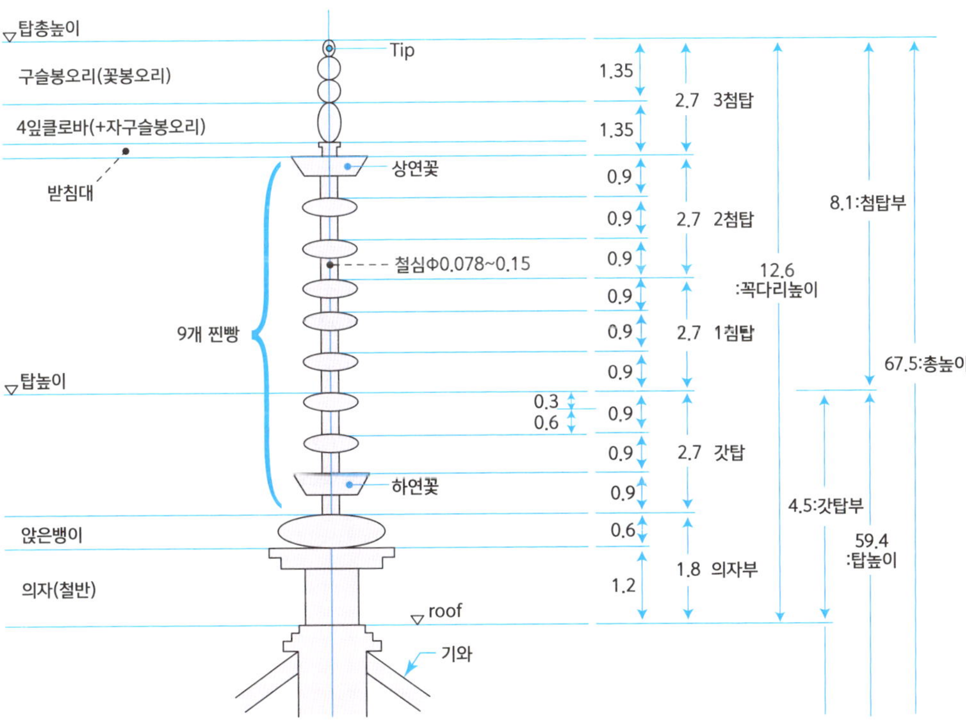

[그림 151] 9층 목탑 꼭다리 개념도: 1갓탑 3첨탑

꼭다리가 높기도 높지만 뾰족하게 생겼네요(앞쪽의 갓탑과 첨탑편에서도 보셨을 겁니다). 여기서 하부에 있는 의자(철반)쪽만 봅시다. 먼저, 의자가 나무 의자일 경우를 먼저 보실까요.

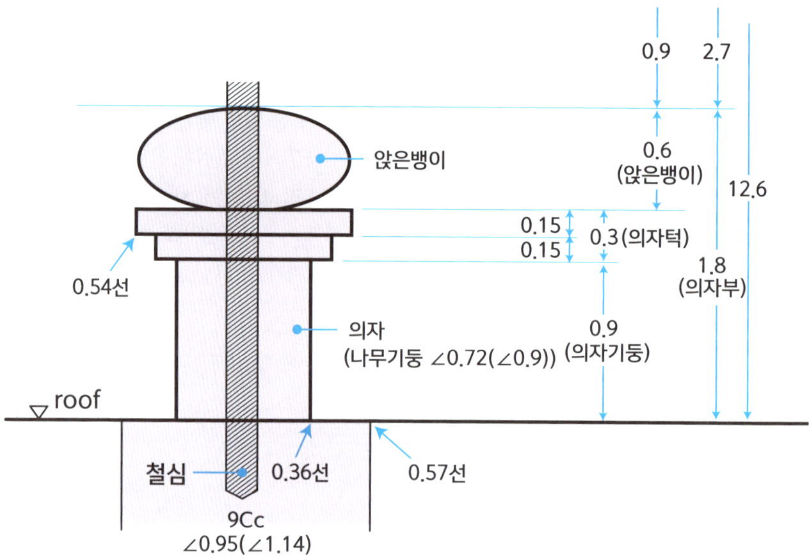

[그림 152] 나무의자시 의자크기: 최대로 크게 했을때의 크기임

보시면, 9층기둥이 ∠0.95(∠1.14 Max)이며 의자기둥은 ∠0.72(∠0.9로 굵게는 할 수 있음)로 의자기둥이 꼭다리높이(12.6m)에 비해 조금 약하게 보이실겁니다. 물론 외관도 나무로 보이겠죠. 그리고 의자기둥중심에 철심(심주. 석탑에서는 찰주)이 제일 꼭대기에서부터 9층기둥에 뿌리를 내린답니다. 이 나무의자로 하면 의자부는 나무이고 상부의 갓탑과 첨탑 등은 금속류이므로 상하의 조화가 잘 안된다고 판단했나 보네요.

그리고, 의자기둥도 약하게 보였나 봅니다. 이 의자기둥은 철심을 잡아주어야 하므로 반드시 필요한 기둥이겠죠(9층기둥을 쭉 빼면 된답니다). 그래서 금속류(철제류)로 이 의자기둥을 보강한 것으로 보인답니다(그럼, 일반 목탑(관공서)의자도 철반으로 덮어 씌워야 하나? 헷갈리네요. 아직 미정이랍니다).

그럼, 철반으로 이 의자를 덮어씌워 보강해 봅시다.

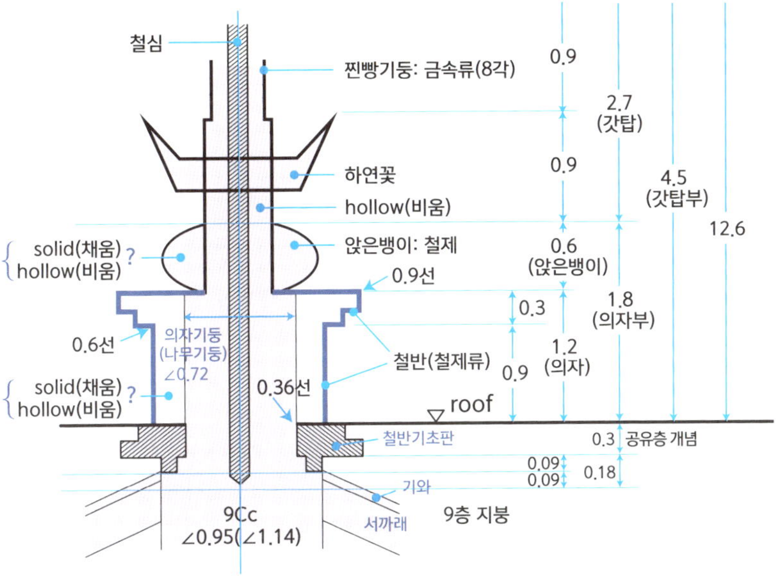

[그림 153] 철반(철밥상)을 덮어씌운 의자

철밥상을 덮어 씌우니 뭔진 몰라도 든든한 느낌이 조금 드실겁니다.
나무의자기둥과 철판(철반) 사이를 충진(solid)할지 그냥 공간(hollow, void)으로 할지는 아직 모른답니다. 그런데, 충진할려고 하니 어떤 방법으로 충진을 해야 하는지가 너무 어렵네요(그냥 injecting 할까요?). 시공법을 더 연구해 봐야겠답니다.

의자도 의자지만 갓탑과 첨탑의 기둥처리가 문제랍니다. 나무기둥을 세우고(철심이 중앙을 통과하겠죠) 주위를 철판으로 덮어 씌워도 되겠지만, 시공자체가 너무 힘들것 같답니다(꼬장갱이 같은 나무기둥에 철심을 끼우다 보면 나무가 갈라질 확률이 높겠죠?).
그래서 많은 생각을 해보니 그냥 철심을 중심으로 주위를 철판기둥으로 하는게 제일 좋을 것 같답니다(물론 공극은 발생되겠죠). 기발한 방법 없나 ~ㅎㅎ~

철반의자를 보시면 밑둥이 1.2x1.2(실제는 8각형임)이며, 의자상부는 무려 1.8x1.8로 엄청 튼튼한 구조랍니다. 이 정도는 되어야 12.6m의 꼭다리를 잡아 주겠죠. 이 철반의자도 정식명칭(물론 제가 붙인 이름이겠죠)은 의자가 맞긴 맞는 것 같은데(철판 씌웠다고 의자 명칭이 바뀌지는 않겠죠), 철반으로 덮어 씌웠으니 아마 찰주본기 쓰신 아지아가 철반으로 표기한 것도 같답니다. 이제 '철반이상이 높이가 7보' 에서의 이 철반이라는 의미를 이해했으리라 믿습니다. 그냥, 꼭다리 구조보강개념이면서 상부의 금속류와 조화를 이루기 위해 철판을 덧댔다고 보시면 되겠네요. 근데 한가지 의문점은 있겠죠? 그냥 철이었을까요(녹슨 철?) 아님 어떤 금속류(청동제, 황동제) 아니면 황금빛이었을까요~ 시간 나시면 한번들 풀어 보이소 ~ㅎㅎ~ 영원히 못풀 듯!

3. 황룡사9층목탑

앞쪽에서 보셨던 8각형 사찰목탑은 크게,

a. 일반목탑형
b. 사찰목탑형

이 있다고 말씀드렸을 겁니다. 기억나시죠!

8각 일반목탑형은 9층목탑만 마음에 듬으로, 여기서는 8각사찰목탑형을 볼겁니다. 이젠 압축시켜 황룡사9층목탑을 찾아내어야겠지요. 사실, 앞쪽에서 살짝 말씀드렸을 겁니다. 앞에서 기본적인 것은 얘기드렸기 때문에 간단히 얘기 드리겠습니다.

(1) 탑폭

core를 3개로 할 수도 2개로 할 수도 있으므로 둘 다 알아는 봅시다.
core 2개 type은 날씬형이며, core 3개 type은 약간은 중후(?)할 겁니다. 둘 다 마음에 들어 같이 봅시다. 최종적으로는 core 3개 type이 채택될 겁니다.

① core 3개 type

먼저 core 폭부터 생각해 봅시다. 일반목탑과 동일하게 core폭을 2.7로 하겠으며, 탑간(2개층당) 증감계수를 일반목탑은 @0.15인데 사찰목탑은 @0.18로 하겠습니다.

먼저 탑폭을 보실까요.

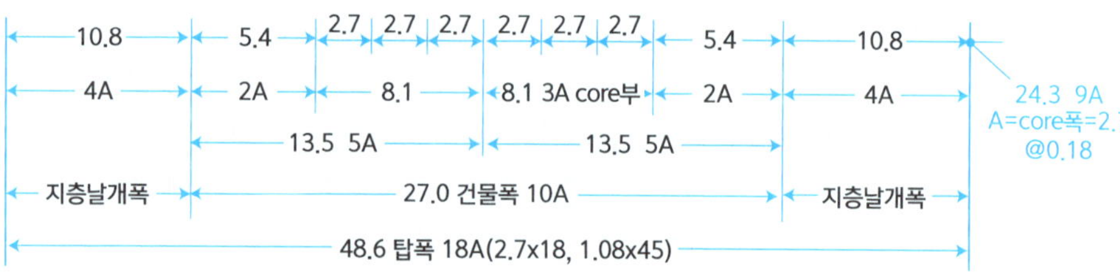

[그림 154] 9층 사찰목탑형의 탑폭 : core 3개 type

탑폭을 전 건물(1~9층 사찰목탑)을 통일시키기 위해서 18A로 했답니다.
core폭을 CW(core width)로 표기하는 것이 나으나 알아보기 쉽게 A라고 표기했답니다.
7층 사찰목탑은 탑폭= 18A=18x2.52(@0.18)=45.36이 될겁니다.
그리고, 탑폭만 중요한 것이 아니라, 건물폭(1층폭)도 중요할 것 같아 같이 병기했습니다.
9층목탑의 건물폭(1층폭)은 27.0(10A)으로 순건물높이 54.0m의 반이네요.

너무나도 이상적이랍니다. 이 탑폭의 탑간 증감계수는 18x@0.18=3.24=1.08x3으로 탑간 탑폭증감계수를 1.08의 배수안에 맞추었답니다.

② core 2개 type

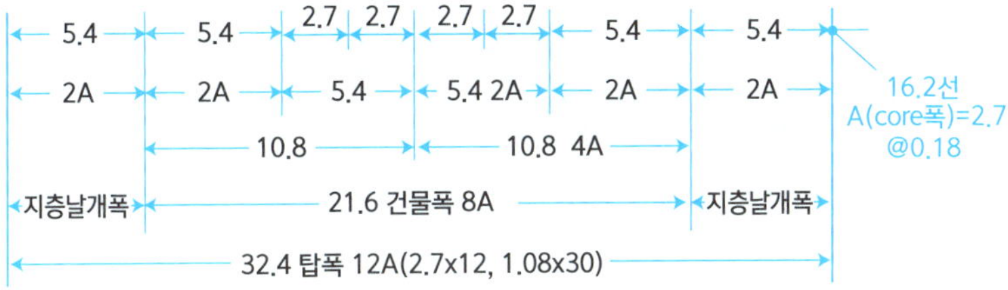

[그림 155] 9층 사찰목탑형의 탑폭 : core 2개 type

탑폭은 당연히 전건물 통일형이랍니다. 이 core 2개 type은 core 3개 type에서 core 1개를 뺀 type이며, 지층날개폭도 2A를 줄인 안이랍니다.

이 탑폭의 탑간증감계수는 12x@0.18=2.16= 1.08x2로 이것도 역시 탑간 탑폭증감계수를 1.08의 배수안에 맞추었답니다.

이 core 2개 type은 사용공간(예불가능공간)이 너무 좁아서 채택은 안되겠지만 너무 날씬형이라 보긴 한번 봐야겠죠.

(2) 층고(최상층층고증가안)

층고는 크게

a. 기준층 층고비례안
b. 최상층 층고증가안
이 있답니다.

사찰건물의 지붕형태(최상층 지붕)를 고려하여 최상층층고증가안을 채택할 겁니다.
이 최상층 지붕물매와 하부층 지붕물매가 가장 부드러운 층고가 바로 최상층층고증가안의 층고더랍니다. core 3개 type이나 2개 type의 층고는 동일하답니다.

9&7층 목탑의 최상층층고증가안의 층고만 봅시다.(앞에서도 보셨을 겁니다)

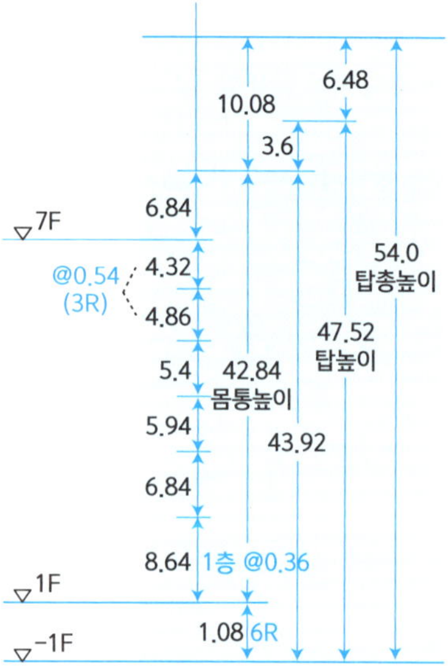

[그림 156] 7층 목탑 : 최상층층고증가안의 층고

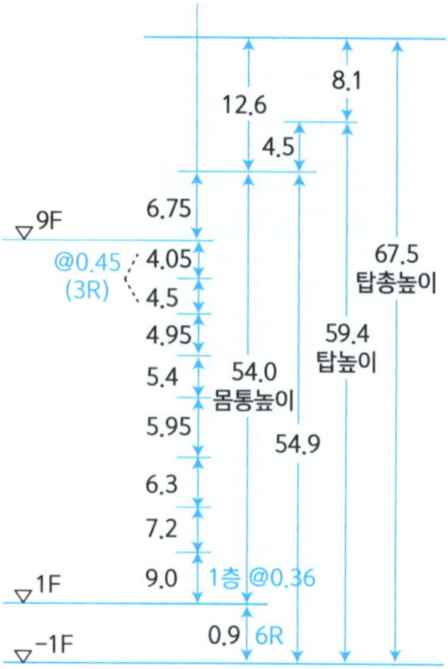

[그림 157] 9층 목탑 : 최상층층고증가안의 층고

(3) 개념도 및 1층 평면도와 입면도

① core 3개 type

a. 개념도

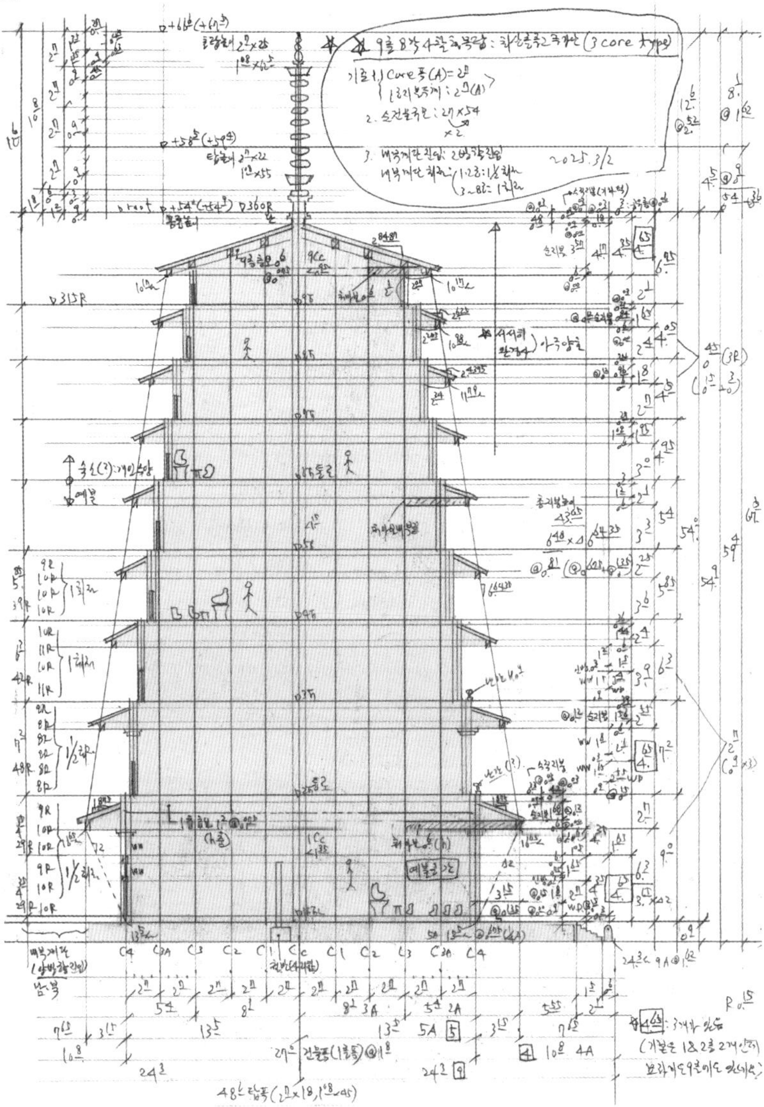

[그림 158] 황룡사9층목탑 개념도 - 3core type

Notice 원본도면 No.21 (285p) 황룡사9층목탑 개념도 - 3core type

b. 1층 평면도

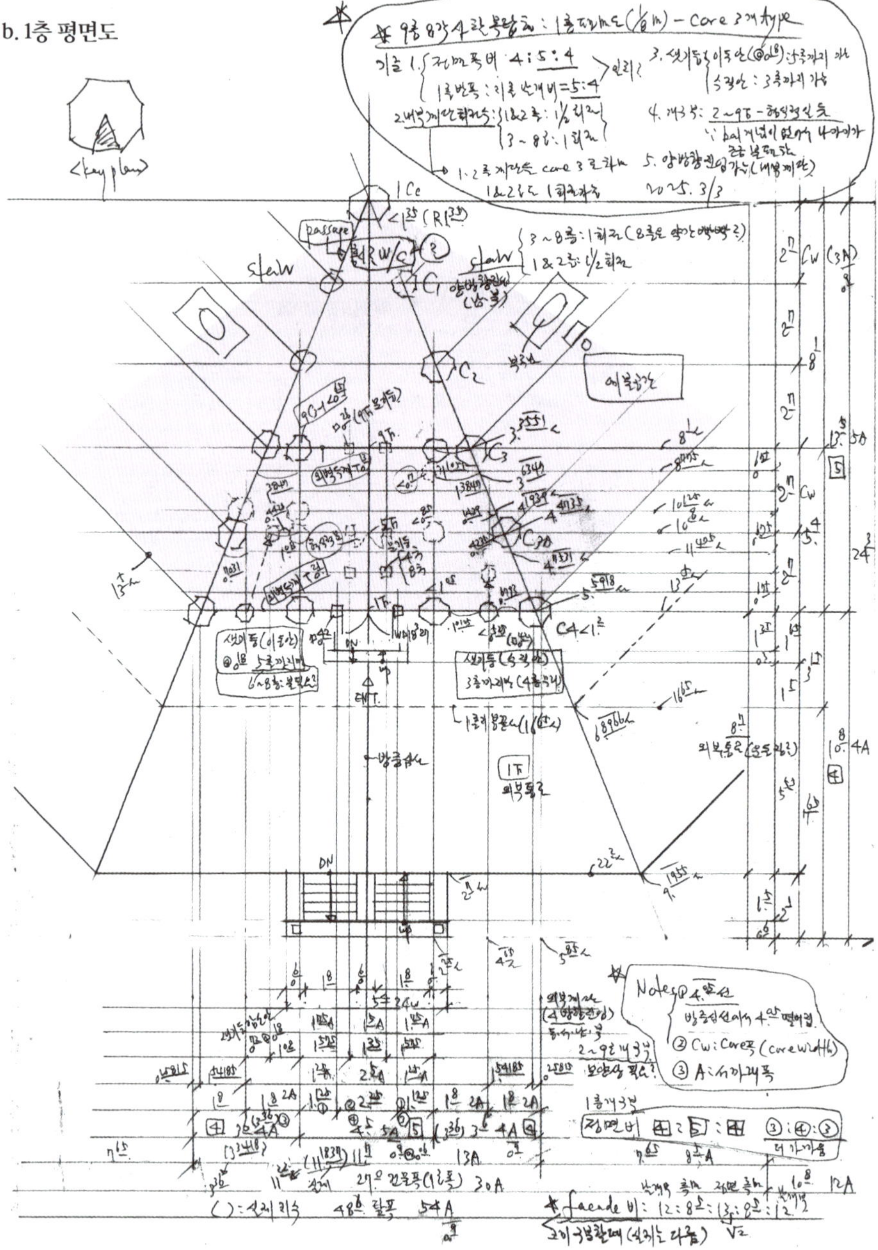

[그림 159] 황룡사9층목탑 1층 평면도 - 3core type

Notice 원본도면 No.22 (287p) 황룡사9층목탑 - 1층 평면도(3core type)

c. 입면도

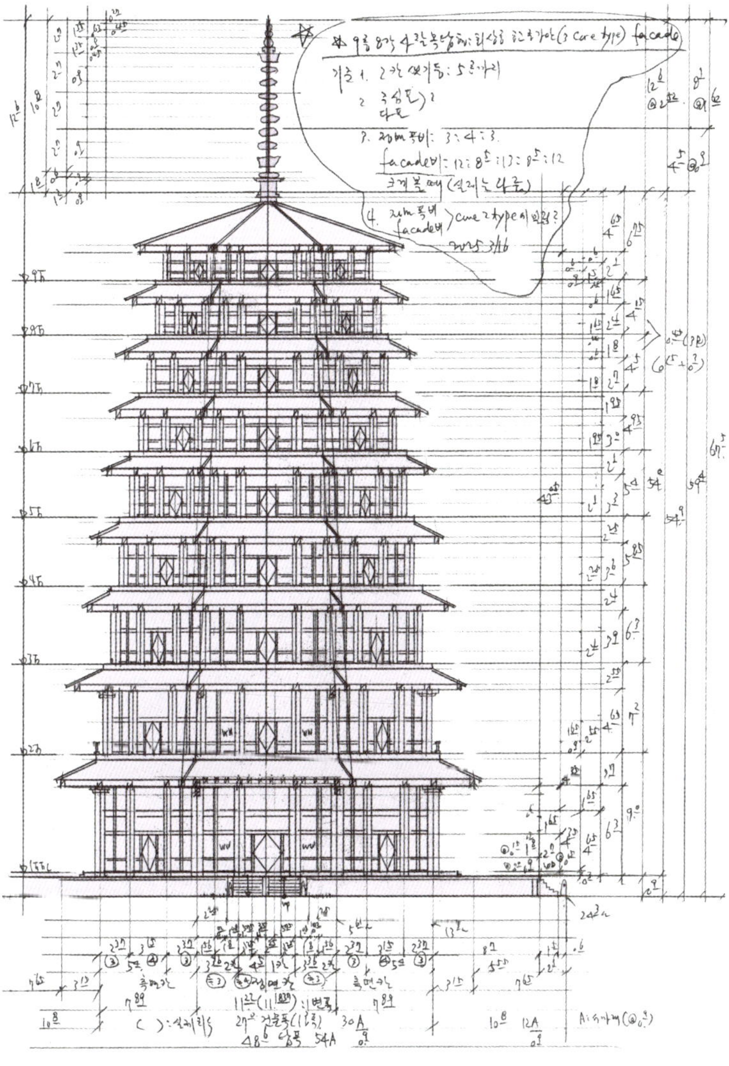

[그림 160] 황룡사9층목탑 입면도 - 3core type

Notice 원본도면 No.23 (289p) 황룡사9층목탑 입면도 - 3core type

이 core 3개 type의 지붕물매가 너무 자연스러워 이 안을 채택할 겁니다. 이 8각사찰목탑형의 최상층층고증가안만이 유일(?)하게 지붕물매가 완벽하게 잘 어울리네요(다른 형태는 따라오지도 못할 듯 ~ㅎㅎ~).

② core 2개 type

a. 개념도

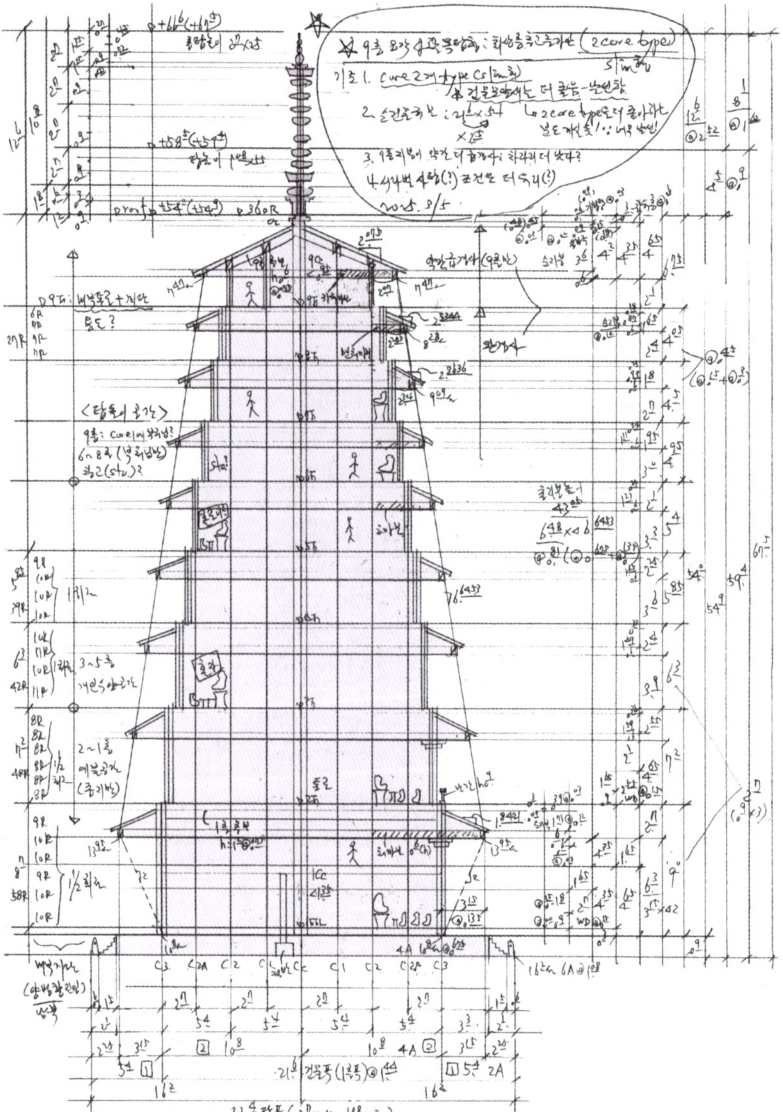

[그림 161] 황룡사9층목탑 개념도 - 2core type

Notice 원본도면 No.24 (291p) 황룡사9층목탑 개념도 - 2core type

b. 1층 평면도

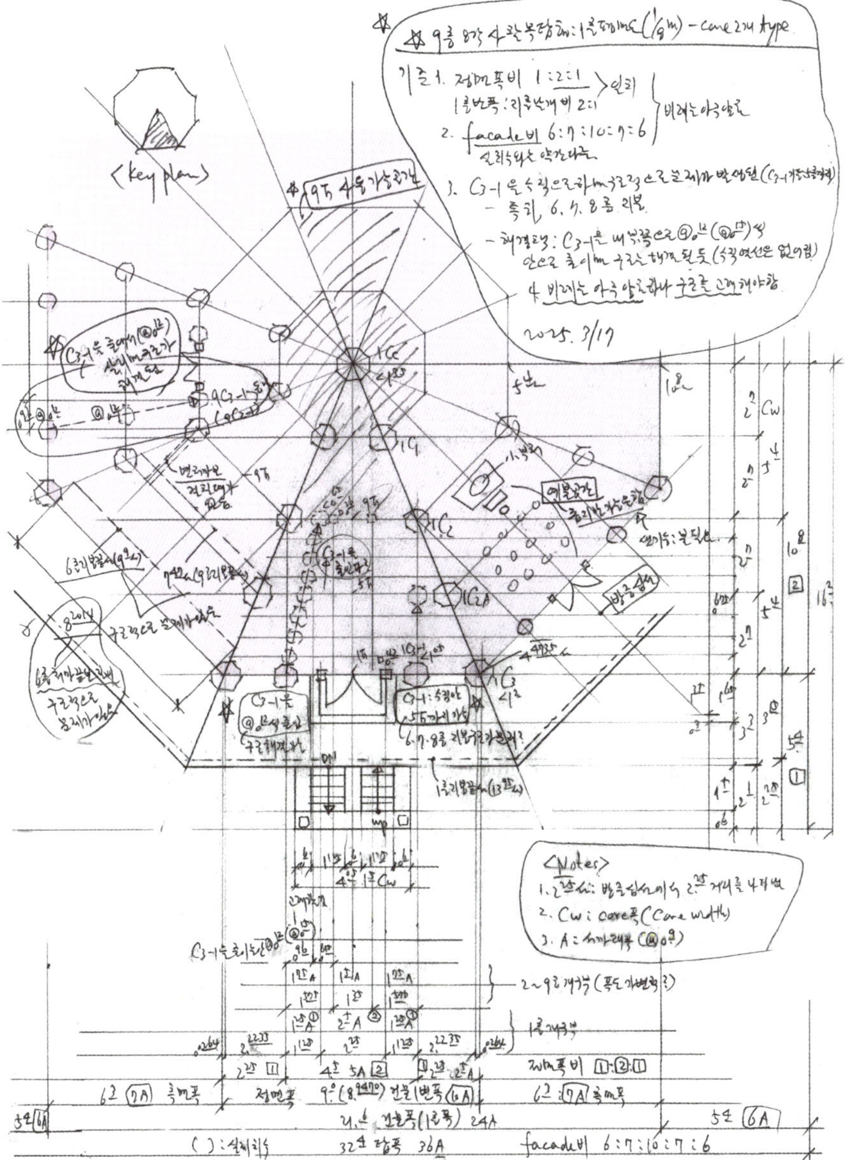

[그림 162] 황룡사9층목탑 1층 평면도 – 2core type

Notice 원본도면 No.25 (293p) 황룡사9층목탑 1층 평면도 – 2core type

c. 입면도

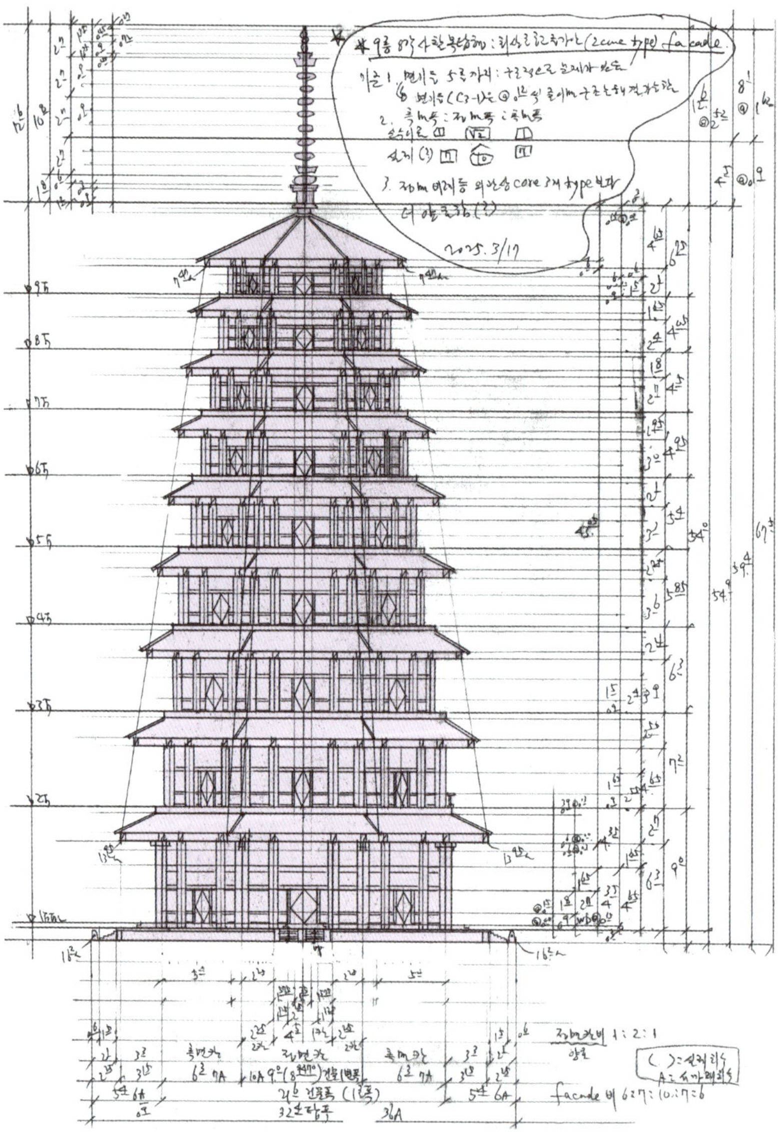

[그림 163] 황룡사9층목탑 입면도 - 2core type

Notice 원본도면 No.26 (295p) 황룡사9층목탑 입면도 - 2core type

이 core 2개 type은 slim형(날씬형)으로 아주 멋지게 생겼답니다. 지붕물매도 아주 양호하나 사용공간(예불공간)이 너무 좁아 채택은 하지 않지만 참고로 보시면 될겁니다. 그래도 한번 정도 지어볼 필요는 있을 듯! 이유는 아실겁니다.
slim형이 기울어질 확률이 아마 조금 더 유리(?)할지도 모르겠죠 ~ㅎㅎ~

웃기는 것은? 맑은 정신(?)으로 보면 3 core type이 더 좋은것 같기도 하고, 한잔 걸치고 보면 날씬한 2core type이 더 좋은 것 같기도 하고, 하! 헷갈리네요. 이 일을 우짤꼬!
둘 다 짓자꼬요 ~

쌍탑(?) 개념으로 ~ㅎㅎ~ 짓는 분이 알아서 하이소!

짓는 것은 짓는 사람 마음이겠죠!
이쯤에서, 황룡사9층목탑에 이쁜 별명(별칭)을 붙여드려야겠지요. 제가 작명가가 아니라서 그런지 얼른 생각이 나질 않네요 ~ㅋㅋ~
그래도 기록에 '탑이 기울어졌다' 라는 말이 제일 기억에 남아있네요.
사실, 좋은 말은 아니겠죠! 그래서 다시 짓게 되면 못(?) 기울어지게(신중하게 지으시라구?), 별명을 불사탑(不斜塔)이라 붙일 겁니다. ~ 불사조 같은 느낌이 나게 ~ㅎㅎ~

그런데, 이 불사탑을 다르게 부르면(?) 佛寺塔이 되겠죠. ~ 근디, 같은 말이네! ~
의미가 재미있을 겁니다.
'부처님 절에 있는 탑'이 되겠죠. 이 얼마나 멋진 이름의 탑일까요!
'부처님이 사시는 절에 있는 탑'이라 ~ㅎㅎ~

마음에 드시면 ~ㅉㅉㅉ~

4. 7층목탑

황룡사9층목탑만 달랑 보기가 그러니 어느 사찰에서 지어졌는지는 모르겠지만 아마도 지어졌을 확률이 높으니 간단히나마 봅시다. 탑높이(최상층층고증가안)는 앞에서 보셨으니 탑폭은 core 3개 type만 보시고, type별 개념도 및 1층 평면도와 입면도를 봅시다.

(1) 탑폭

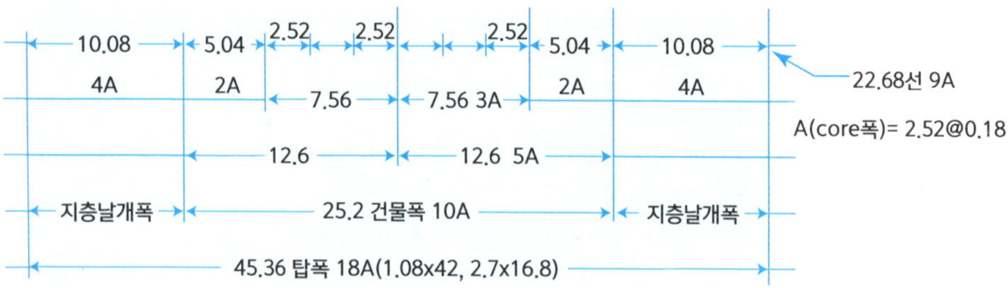

[그림 164] 7층목탑 탑폭: core 3개 type

이 7층목탑의 core폭도 18A로 9층목탑과 같답니다. 단 A= 2.52로 9층목탑보다 0.18이 적네요.

(2) 개념도 및 1층 평면도와 입면도

① core 3개 type

a. 개념도

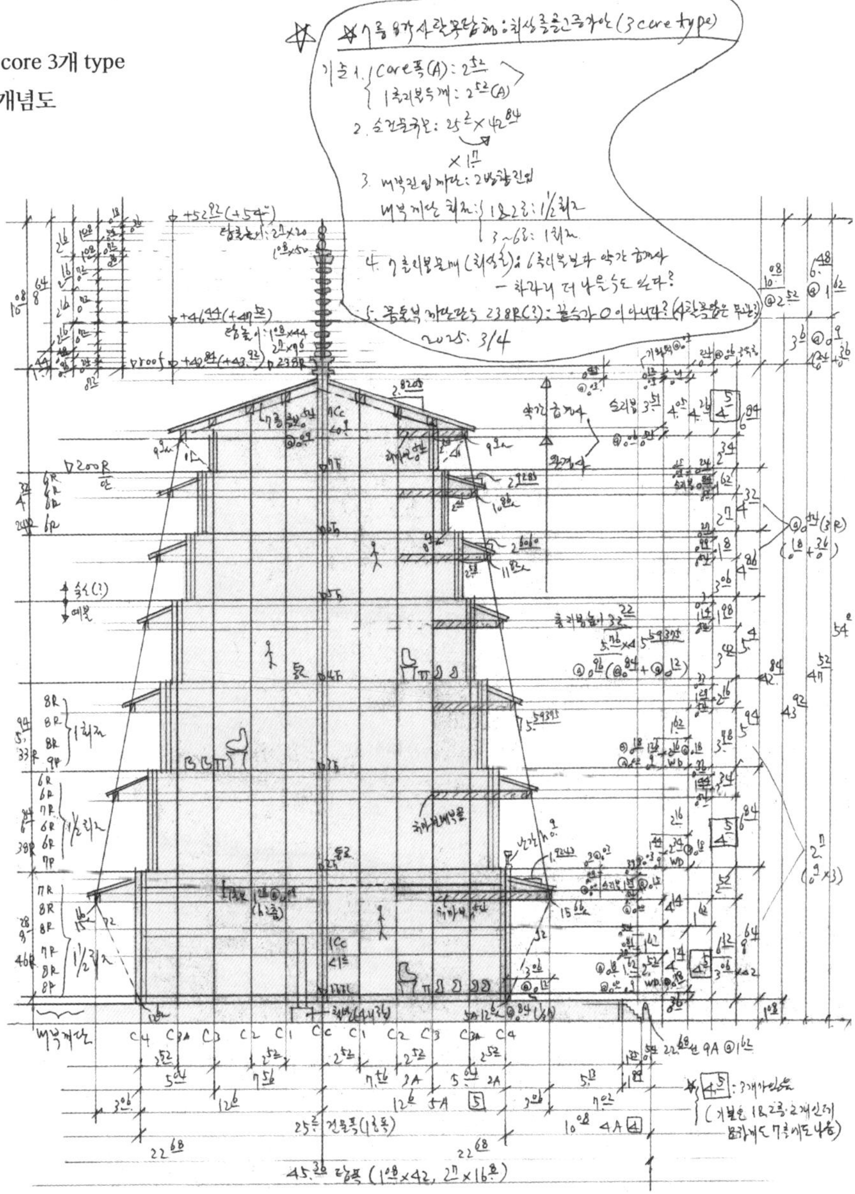

[그림 165] 7층목탑 – 개념도(3core type)

Notice 원본도면 No.27 (297p) 7층목탑 – 개념도(3core type)

b. 1층평면도

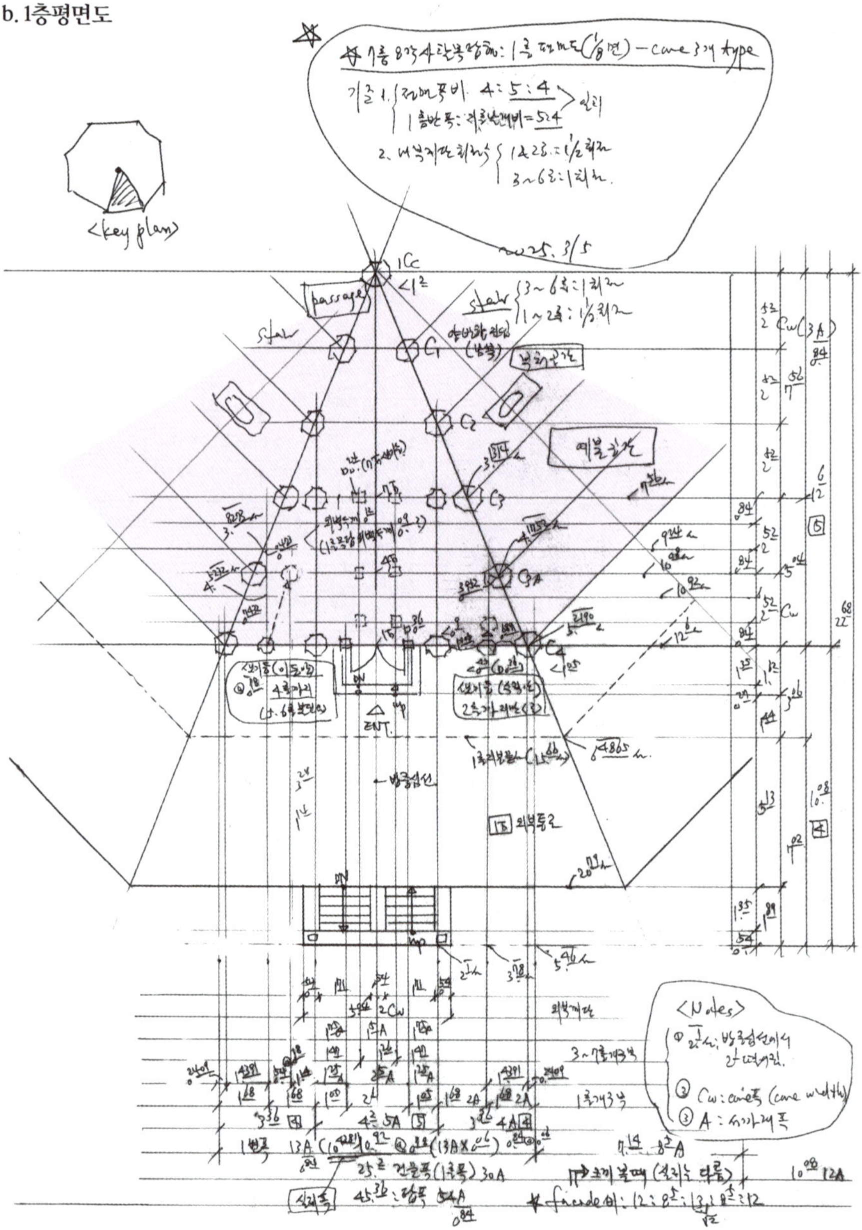

[그림 166] 7층목탑 - 1층 평면도(3core type)

Notice 원본도면 No.28 (299p) 7층목탑 - 1층 평면도(3core type)

c. 입면도

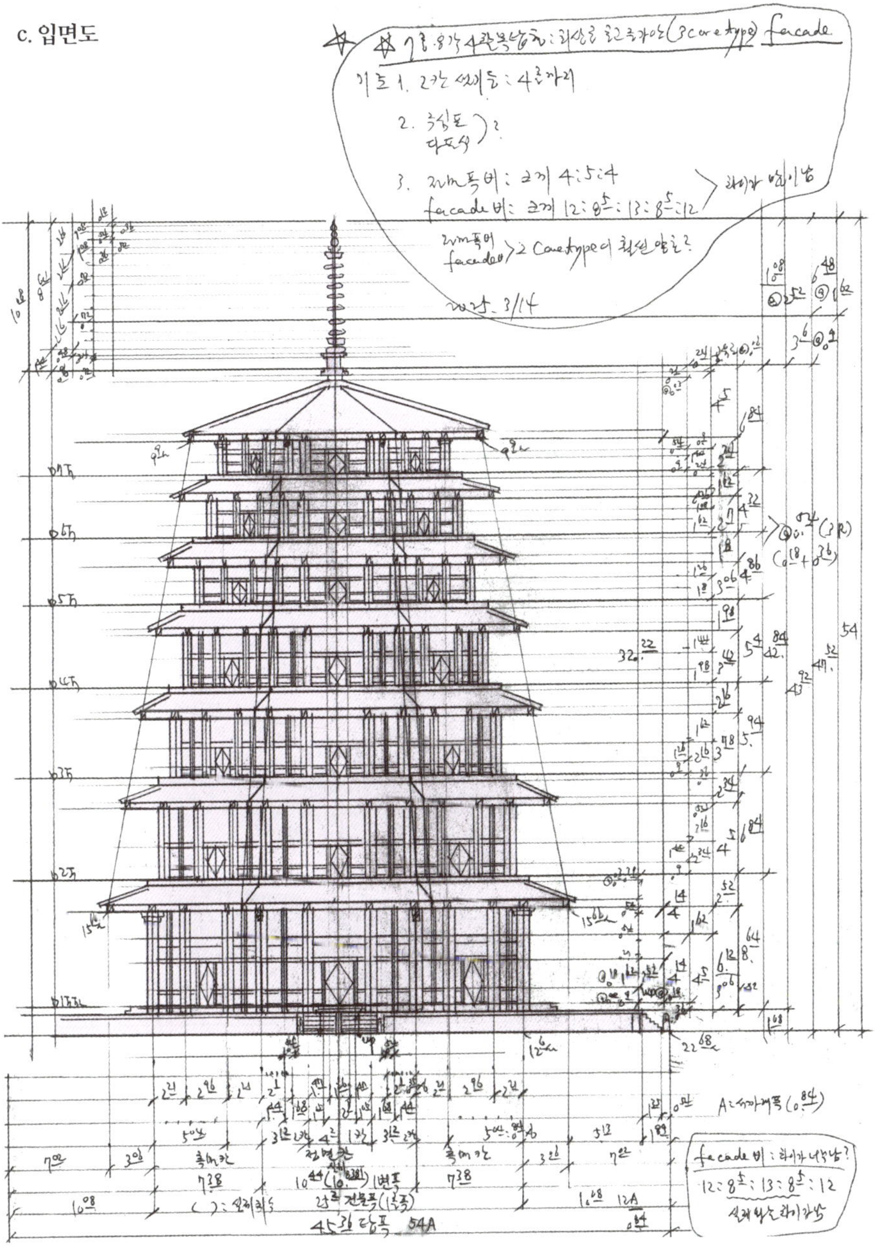

[그림 167] 7층목탑 – 입면도(3core type)

Notice 원본노먼 No.29 (301p) 7층목탑 – 입면도(3core type)

② core 2개 type

a. 개념도

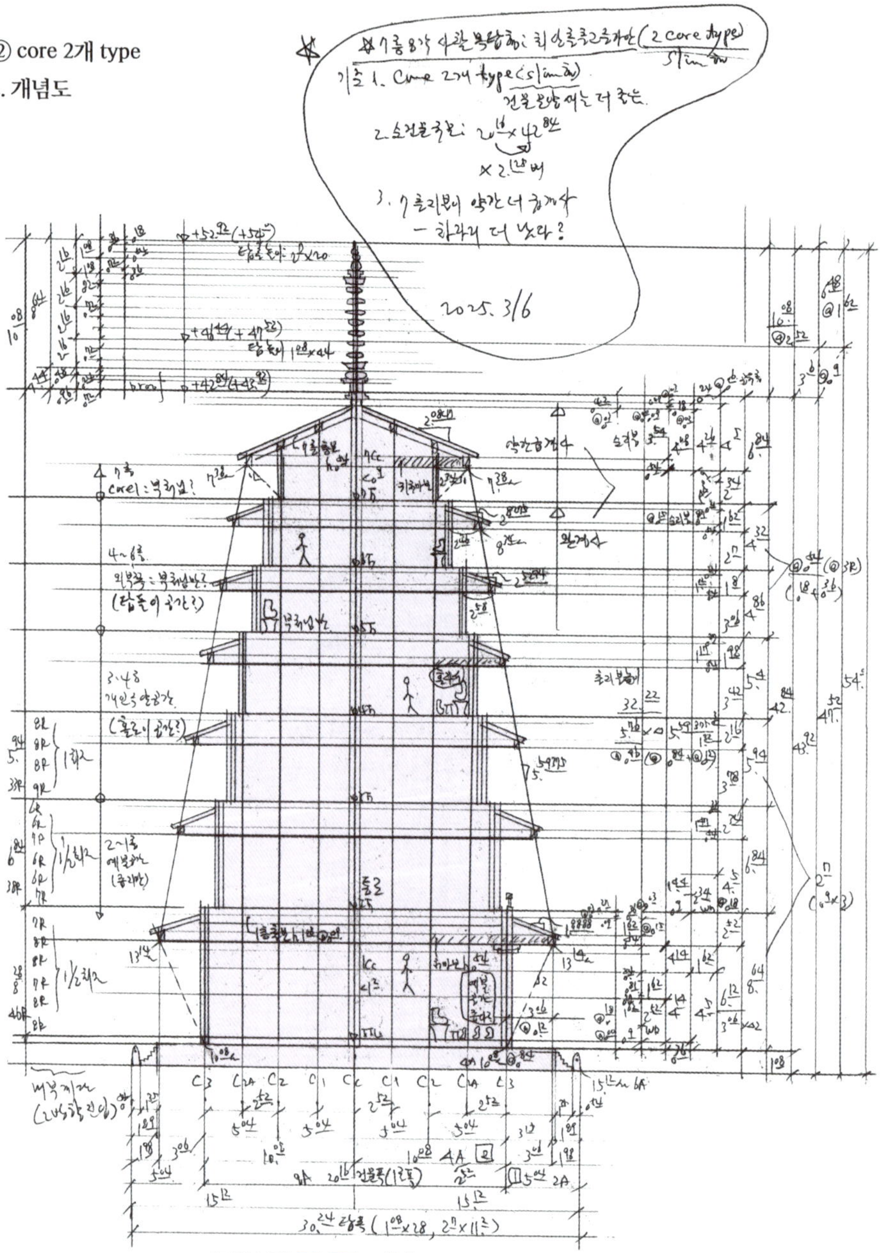

[그림 168] 7층목탑 – 개념도(2core type)

Notice 원본도면 No.30 (303p) 7층목탑 – 개념도(2core type)

b. 1층 평면도

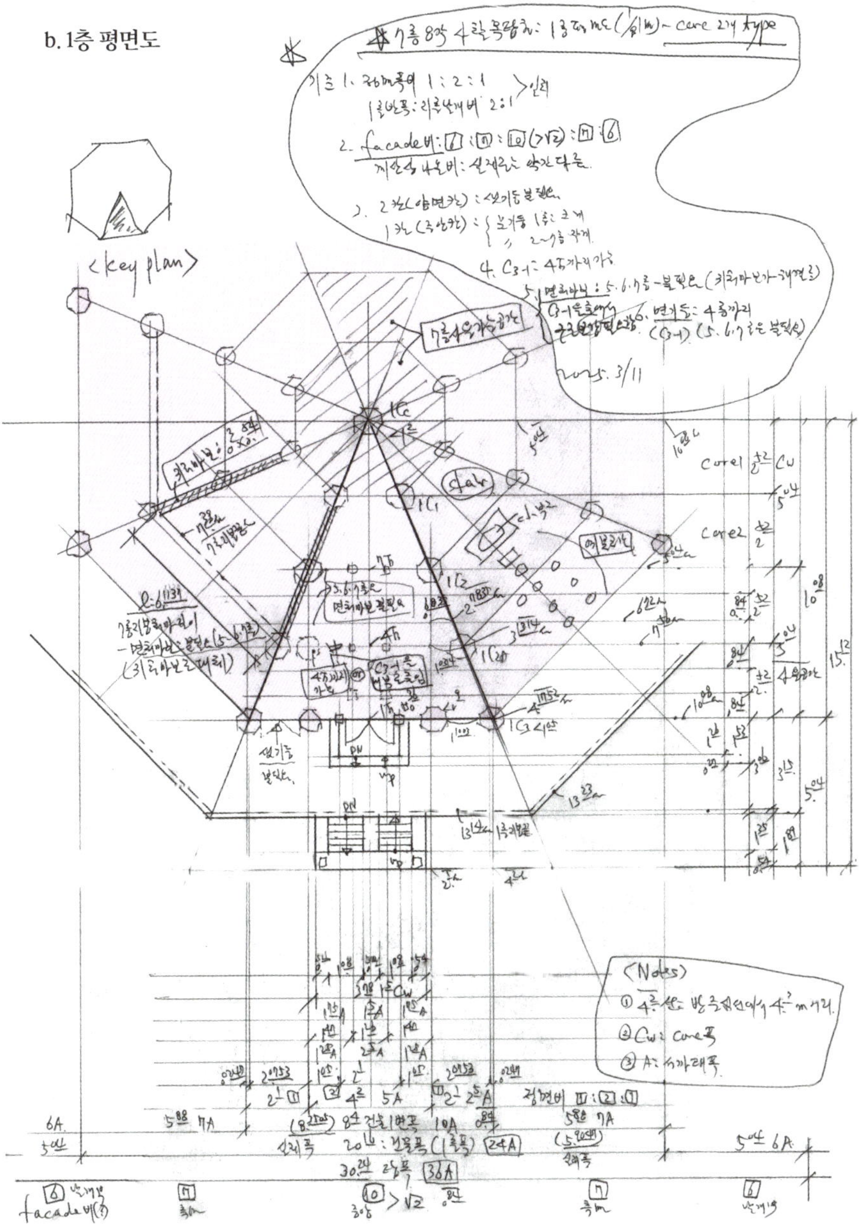

[그림 169] 7층목탑 – 1층 평면도(2core type)

Notice 원본도면 No.31 (305p) 7층목탑 – 1층 평면도(2core type)

c. 입면도

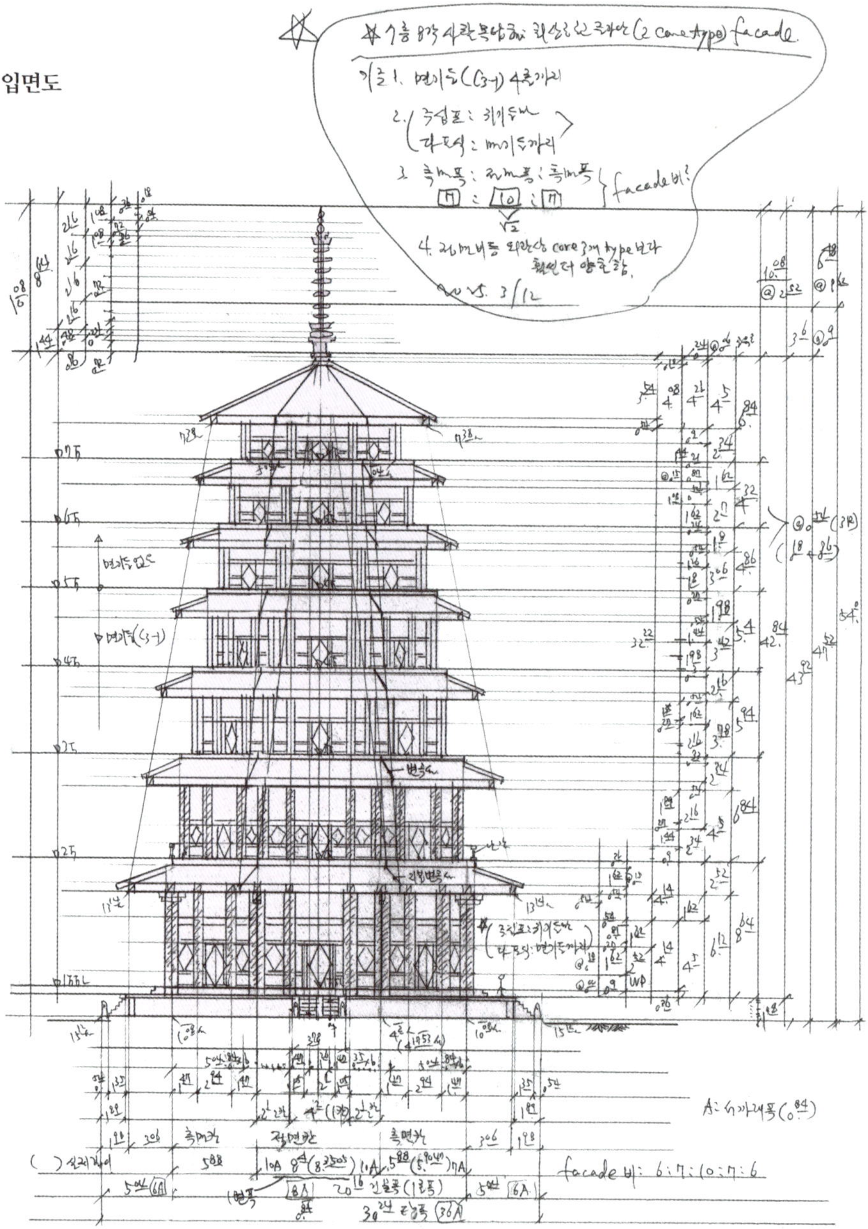

[그림 170] 7층목탑 – 입면도(2core type)

Notice 원본도면 No.32 (307p) 7층목탑 – 입면도(2core type)

보시듯, 이 7층목탑들도 아주 미끈하게 잘 생겼답니다. 3core type과 2core type 중 마음에 드시는 한개를 선택하세요!

어쩌면 이 9&7층 목탑은 소규모법당 개념이거나 개인 수양공간이었을지도 모른답니다. (큰 규모의 설법은 대웅전 등에서 했을것 같네요?)

5. 1층목탑

앞에서도 잠깐 보셨지만 어떤 사찰의 안내소(?) 같은 느낌이 나는 듯한 1층목탑도 개념도만 잠깐 봅시다. 지었는지 안지었는지는 알 수가 없겠죠. 3core type으로 탑폭은 18A일겁니다.

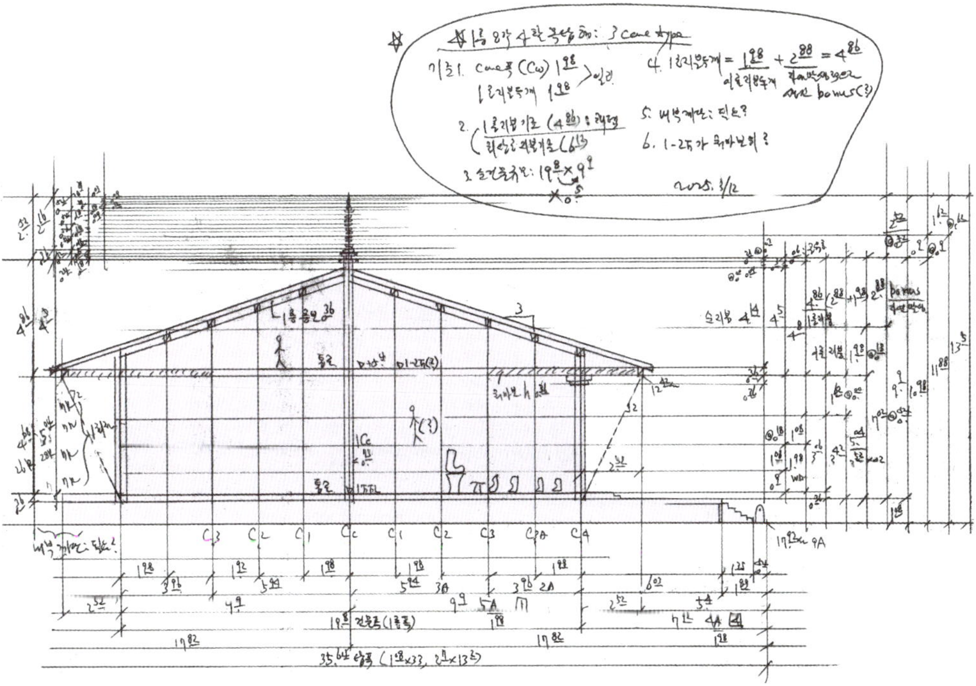

[그림 171] 1층목탑 개념도 – 3core type

Notice 원본도면 No.33 (309p) 1층목탑 개념도 – 3core type

이 신라사찰목탑편에서 보셨듯, 엄청 많은 접근과정을 거쳐서 황룡사9층목탑이 이렇게 생겼을 거라고 생각을 해 보았답니다. 그래도 어떤 누군가는 계속 연구를 해야겠죠 ~ㅎㅎ~

芬皇寺

분황사7층석판탑

Part 2. 신라의 석판탑

I. 분황사7층석판탑(목탑형 대형석판탑)

분황사7층석판탑이라! 처음 들어보실 겁니다. 저도 당연히 처음 들어볼겁니다.
정가가 이름을 붙였거들랑요~ㅎㅎ~ 현재는 3층만 남아 있으며, 모전석탑으로 알려져 있답니다. 이 분황사탑을 풀 수 있는 방법은 사실은 없답니다. 황룡사9층목탑은 그나마 높이라도 알 수 있지만 이 분황사탑은 높이조차 알 수 있는 방법이 없네요.
~ 마냥 답답하기만 하답니다! ~

다행인 것은 이 석판탑류(석판탑과 전탑 등)들이 안동지방 근처에 아직도 제법 많이 남아 있답니다. 이 흔적을 가지고 이 분황사탑을 풀 수 밖에는 없답니다.

혹시 다른 방법이 있나요?
현재 남아있는 3층탑의 규모로 봐서는 석탑형탑쪽이 아니라, 부피(덩치)가 어느 정도 있는 것으로 보아 목탑형탑쪽으로 보인답니다(석탑형은 탑(건물)폭이 굉장히 좁은 편임).
또한, 백제석탑인 미륵사7층석탑이 목탑형 석탑이라 많은 도움이 되었답니다. 제가 이 안동지방에 현존하는 석판탑류와 미륵사7층 목탑형 석탑을 근거로 분황사탑을 한번 풀어보겠습니다.
보기보다 자료가 제법 있네요. 근데, 제가 아무리 분황사탑이 이렇게 생겼을 거라고 우겨봐야(?) 믿을 친구는 한 친구도 없을겁니다 ~ㅋㅋ~ 맞습니다! 그 어떤 누구도 어떤 증명을 할 수가 없기 때문이랍니다.

증명을 할 수 있었다면(?) 그 증명법으로 벌써 어떤 누군가가 알아내었을 겁니다. 증명을 할 수가 없다면, 있는 머리 없는 머리 그것도 모자라면 잔머리공법까지 동원해서 알아내어야 겠죠. 저희들이 누굽니까! 동행자잖아요. 같이 동행하시겠죠 ~ㅎㅎ~

제가 접근하는 방법 이외에도 수 많은 접근법이 더 있을겁니다. 저 혼자서만 풀다보면 착각도 할 수 있겠죠. 저의 접근법이 맞냐고는 묻지 말아 주이소. 사실 저도 전혀 모르겠거들랑요.
그래도 저는 반드시 풀어볼 겁니다. 궁금하기도 하지만 빠이 쳐다만 보기도 쪼께 민망스럽거든요. 어쩌면, 제가 쓰는 것들이 소설에 가까울 수도 있답니다.
그래도 소설은 쓰야겠죠? 근디! 정가가 소설을 쓸 자격이나 있나 ~ㅎㅎ~

이제 소설을 한번 쓰 보겠습니다!

1. 석판탑 이름 찾아주기

석판탑이라? 처음 들어보시죠. 아니! 저도 대가리 털나고 처음 들어 본답니다.
혹시 모전석탑이라고는 들어보셨는지요? 들어본 것도 같으시다구요? 그렇다면 전탑도 들어보셨겠네요. 전탑은 들어보셨을 겁니다. 소위 벽돌류 탑이죠. 벽돌로 쌓아 올린 조적조 탑이랍니다. 그럼 모전석탑은 무엇일까요? 벽돌을 모방해서 지은탑? 무슨 할 일이 없어서 벽돌을 모방해서 탑을 지을까요? 아예 벽돌로 지으면 될 일이지? 이상하지 않으세요? 그럼, 벽돌을 모방해서 지었다는 모전석탑은 도통 어떤 재료로 지은 탑일까요? 벽돌을 모방한 걸 보니 벽돌은 아닌 것도 같고, 아! 석탑이란 말이 있으니 돌삐로 지은 게 맞는것 같군요. 그렇다면 모전석탑(模塼石塔)은 돌을 벽돌모양으로 만들어서 지은탑이네요. 그래서 모전석탑이란 이름을 붙였나 보네요.

　저는 생각이 조금 다르답니다.
또! 청개구리 기질이 살아나나 보네요? 돌삐로 만든 탑이라 전(벽돌)은 코빼기도 보이질 않는데 왜 모전이라는 용어가 들어가죠? 차라리 간단히 석탑이라고 부르면 될 것을? 아! 돌삐두께가 얇아서라구요! 돌삐가 얇을 수도 두꺼울 수도 있답니다. 백제석탑은 1층은 두껍고(높이기준) 윗층으로 갈수록 아주 얇아진답니다. 그럼, 밑층은 석탑이고 윗층은 모전석탑일까요? 머리가 다 지끈지끈거리네요. 저희들이 알고 있는 분황사탑은 돌을 쌓기 편하게 얇게한 것 뿐이랍니다. 돌이 얇아지면 돌이 벽돌같이 보이나 보죠?
　이 얇은돌을 돌판이라고 해야 하는지 석판(石板: stone slabs)이라고 해야 하는지는 모르겠으나 저는 석판이라고 부르겠습니다(용어자체가 정확한지는 모르겠네요. 용어를 잘 아시는 분이 계시면 이쁜이름 지어 주이소. 따르겠습니다). 그래서 저는 돌판으로 쌓아올린 탑을 돌판탑이라고 하기에는 조금 그렇고 해서 석판탑으로 본래의 이름(?)을 찾아드리겠습니다(그 당시 지을 때 건축기사는 어떤 이름을 붙였는지는 알 수가 없네요).
석판탑은 그 어떤 것을 모방한 적이 없습니데이. 어쩌면, 우리가 알고들 있는 전탑자체가 석판탑을 모방한 모석판탑일 확률이 무척이나 높답니다. 아마도 돌가공이 너무너무 힘이 들어서 만들기가 쉬운 전(벽돌류)으로 바꾸었을지도 모른답니다. 왜냐구요? 석판탑이 전탑보다 쪼께(?) 더 빨리 만들어진 것 같답니다(신라기준임: 석판탑은 신라전용이라네요).
　그리고, 어떤 석탑을 보시면 지붕상판에 하판문양턱식으로 여러개의 이파리들이 있는 탑이 있을 겁니다. 이건 석판탑의 상판 이파리를 흉내(?)낸 것으로 보여서, 굳이 이름을 붙이자면(?) 석판탑형 석탑이라고 부르는게 좋지 않을까 한번 생각해 본답니다.

　근데, 제가 마음대로 이름을 짓거나 바꾸어도 되나 ~ㅎㅎ~

- 일반석탑: 상판이 미끈
- 석판탑형 석탑: 상판이 이파리 형태임

[그림 172] 석탑지붕 상판 모양새

2. 석판탑 접근 개념

(1) 처음 접근시

이제 분황사 석판탑을 풀어보셔야죠. 이제까지 같이 왔으니 우리 같이 한번 풀어보실까요?
이 분황사 석판탑은 접근 자체가 너무 힘이 드니까 정신 바짝 차리셔야 한답니데이. 왜냐구요? 풀 수 있는 어떤 근거나 단서가 없기 때문이랍니다. 오로지 현재 남아 있는 조그마한 3층탑 뿐이랍니다. 현존하는 3층탑으로는 원래의 모습 찾기는 너무너무 어려운 상황이랍니다.

그래도 어딘가에는 분명히 흔적이 남아 있을겁니다. 그 흔적만 찾아내면 분황사탑의 원형을 추정해 낼 수가 있을 겁니다. 사실 그 흔적 찾기가 쉽지도 않을 뿐더러 설사 흔적이 있더라도 그 흔적을 인지하지 못하고 무심코 넘어가기가 쉽답니다. 저희들이 누굽니까? 흔적의 냄새를 귀신보다 더 잘 맡는 귀재들이잖아요.
사실, 이 분황사탑을 풀면서 엄청 많이 헤매었으며 웃기게 얘기하면 별 지랄을 다해 봤답니다. 그래도 운이 따라 주었는지 원형을 찾아내는데 성공(?)했답니다.
그런데 증명은 할 수가 없답니다.

제일 먼저 생각해 볼 것은 몇 층 정도의 탑이었을까를 먼저 생각해봐야죠. 3층탑은 아닌 것 같고 5·7·9층 탑 중 하나일 거라고 일단 생각을 했답니다. 그리고 현 분황사탑 1층폭이 좁은 것 같아서(목탑형 석탑 기준으로 볼 때) 탑의 형상이 이런 것일 거라고 생각했답니다.

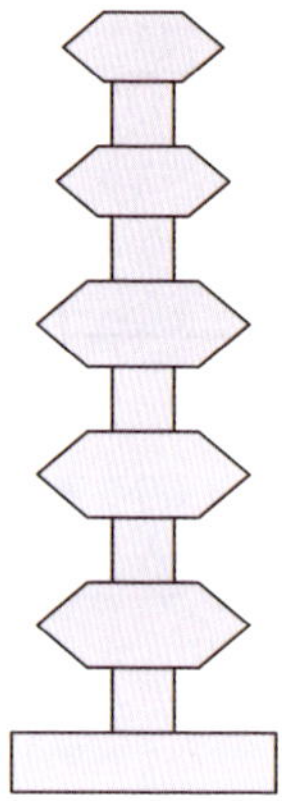

[그림 173] 처음 생각한 분황사탑 : 뾰족탑

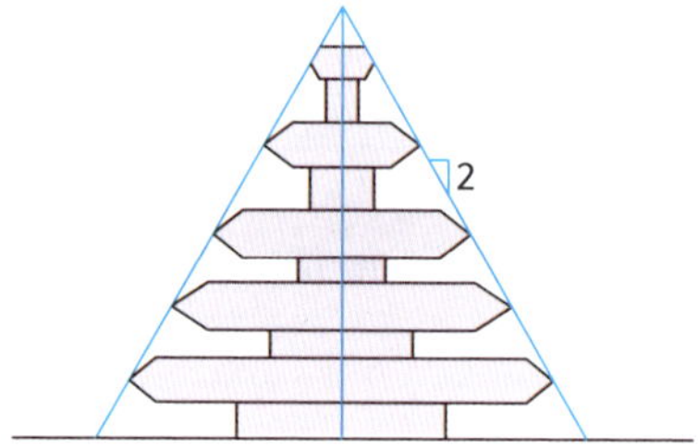

[그림 174] 처마각 ⊿2일시의 분황사탑 모양새

즉, 탑폭은 좁고 높이 올라가는 탑이라는 생각이 제일 먼저 떠 오르더랍니다. 그런데 대충 그려 놓고 보니 모양새가 영 지랄같더랍니다. 즉, 뾰족탑 모양이 되더랍니다. 그래서 안되겠다 싶어서 처마각을 넣어보기로 했답니다. 처음에는 처마각을⊿2로 넣어 봤답니다. 처마각⊿2를 집어넣어 보니 탑이 하부가 너무 펑퍼짐해지더랍니다. 뾰족탑에서 펑퍼짐탑으로 바뀌어 버렸네요? 그래서 처마각이⊿3일 거라는 생각을 하기 시작했답니다. 그러니 탑이 뾰족도 아니고 펑퍼짐도 아닌 약간 더 모양새가 나더랍니다. 그런데 이 처마각⊿3은 7층일반목탑의 처마각이랍니다.

그렇다면 혹시 분황사탑이 7층탑일 확률이 높다는 생각이 스쳐지나가더랍니다. 건립 시기가 언제였는지 정확히는 모르겠으나 어느 정도는 7층탑과 관련이 있다는 확신을 가졌답니다. 그래서 처마각이3인 7층탑으로 어느 정도는 감을 잡았답니다. 그렇다면 익산 미륵사탑도 손을 한번 대어봐야겠다는 생각이 들더랍니다. 미륵사탑과 분황사탑이 정확하지는 않아도 느낌상으로 어느 정도 비슷한 시기에 지어졌기도 하지만 탑 형상이 너무 비슷할 것 같은 느낌을 받았기 때문이겠죠. 그래서 미륵사탑의 형상이 더 선명하게 남아 있으니 이 미륵사탑을 먼저 풀면 분황사탑도 완전하게 풀릴 거라고 믿었답니다. 그래서 이 미륵사탑을 먼저 풀어 보았답니다. 처마각이3이며, 7층석탑이라는 것을 완전히 인지하였답니다. 그래서 분황사탑도 처마각이3이며, 7층탑이라는 것을 확신했답니다. 정확히는 알 수 없으나 그 시대에는 두 국가 간의 문화교류가 꽤 있었다는 걸 살짝 인지하고 있었답니다.

처마각과 7층탑이라는 걸 알았으니 이제 푸는 일만 남았답니다. 그런데 그게 그리 만만치가 않더랍니다.

(2) 이파리(잎) 개념

석탑류 지붕하판을 보시면 몇단의 턱이 져 있을겁니다. 이 모양턱을 부르기 쉽게 그냥 이파리(잎)라 부르겠습니다. 석판탑류에서는 가장 중요한 개념입니다.

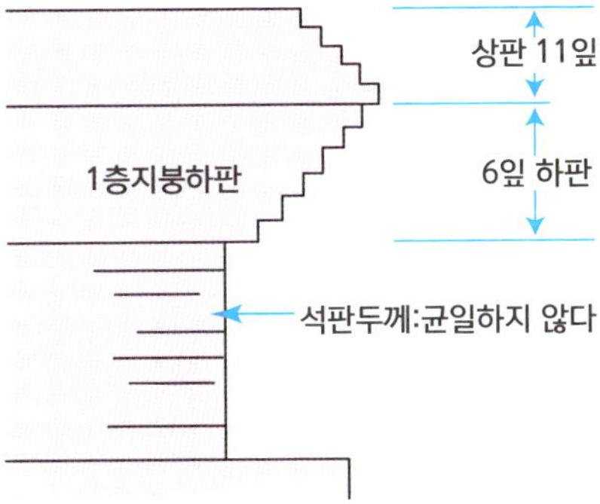

[그림 175] 현 분황사탑의 1층지붕 잎수와 몸통부 잎두께 상태

현 분황사탑을 보시면 지붕하판이 6잎이랍니다. 처음 이 6잎을 보고는 뭐 이렇게 다 있노? 완전히 엉터리네 ~ 하면서 일반석탑 잎수인 5잎으로 싹 바꿔버렸겠죠.
제가 한 성깔 있잖아요? 그러고 상판잎도 제 임의로 3~5잎 정도로 생각했답니다.
그리고 몸통부의 석판두께를 보시면 똑같은 두께가 아니라 여러 개의 석판두께가 섞여 있는 것 같이 보이더랍니다. 그래서 잔머리를 굴리기 시작했겠죠. 이 몸통부 석판두께가 상부로 갈수록 얇아지겠구나라는 생각을 하기 시작했답니다. 그래서 몸통부 돌판두께를 증감계수 @0.01로 생각하고 7층 돌판두께를 4cm, 6층이 5cm, …… 1층은 0.1이라고 가정했답니다.

그리고 지붕판두께는 증감계수 @0.09를 기본으로 하고 1층만 약간 두껍게 했답니다. 이유는 목탑형 석판탑이므로 목탑과 같은 1·2·3층 비례공법을 적용하기 위해서랍니다.

그때 생각했던 분황사7층석판탑을 층고치수를 기준으로 잠깐 보실까요.

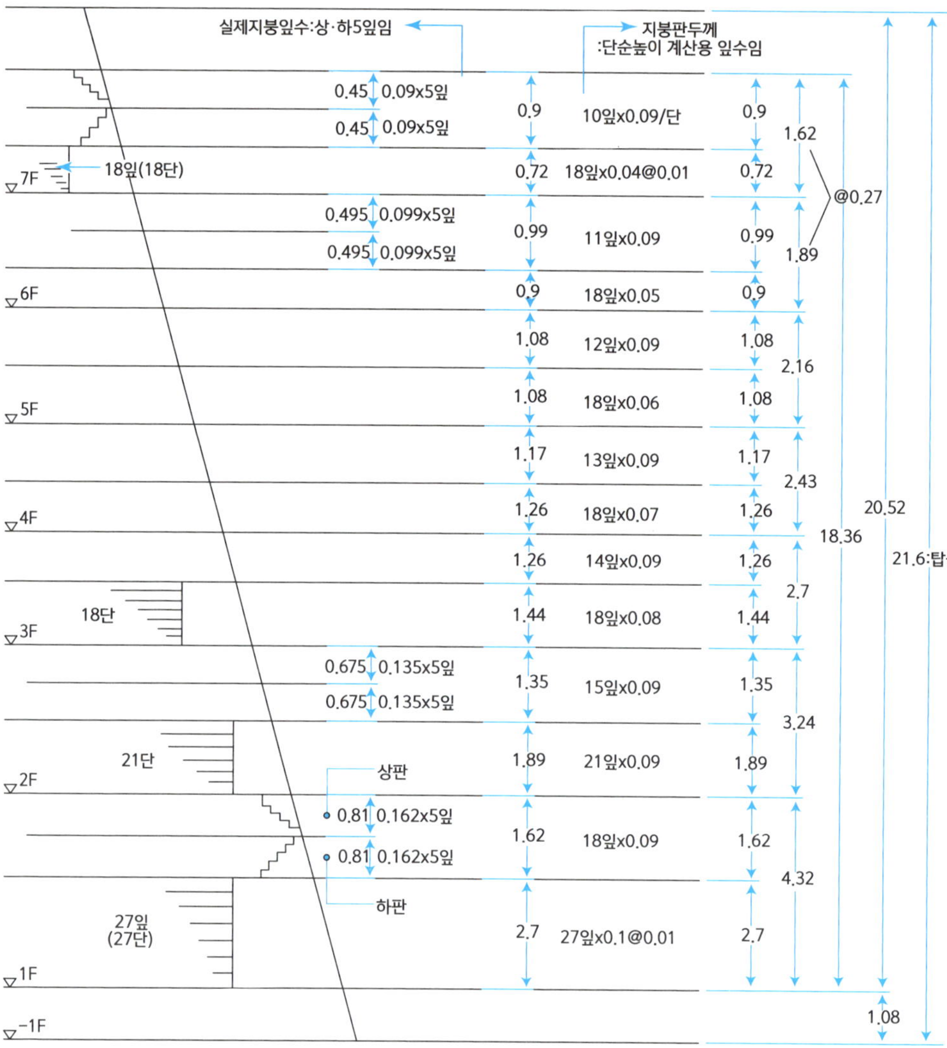

[그림 176] 지붕각 ⊿3&7층 안으로 생각해본 초기의 분황사탑 개념도

보시면 지붕 상하판잎수를 똑같이 5이파리로 생각했네요? 지붕판두께에서의 잎수는 단순히 지붕판두께를 구하기 위한 잎수로 실제 지붕판잎수와는 무관하답니다. 탑 규모는 21.6x21.6으로 생각했었답니다. 그리고 몇 년이 흐른 후 다시 분황사탑에 손을 대어 보았답니다. 자세히 들여다보니 문제가 심각하다는 걸 인지하기 시작했답니다.

석판두께가 7층같은 경우 4cm로 너무 얇기도 하고 층당 1cm씩 밑층으로 갈수록 두꺼워진다는 것도 아무런 근거도 없으며 지붕하판 잎이 5개라는 것은 일반석탑 기준에 따른 것이지 석판탑에까지 꼭 적용해야 할 필요가 있나 등등 의문점이 자꾸 발견되기 시작하더랍니다. 그럼 석판탑의 흔적을 찾아야 되겠다는 생각을 하기 시작했답니다. 그래서 석판탑류(전탑포함)의 탑을 샅샅이 뒤지기 시작했답니다. 인터넷을 보니 생각조차 하지 못했던 꽤 많은 석판류탑들이 있더랍니다. 이게 웬 떡이지. 그래서 하나하나 분석하기 시작했답니다. 제일 먼저 눈에 띄는 것이 바로 지붕의 이파리숫자더랍니다. 저는 많아야 5개 정도일 거라고 생각했었는데 무려 10잎까지 있더랍니다. 그리고 돌판두께도 층마다 다른 것이 아니라 기본적으로 같더랍니다. 엄청난 정보를 얻게 되었답니다. 제가 처음 생각했든거와는 완전히 다르더랍니다. 하긴 제 생각이 맞을리가 있겠어 ~ㅋㅋ~

가장 중요한 지붕이파리숫자를 대표적인 7층전탑과 5층석판탑을 기준으로 한번 비교해 봅시다. 1층 지붕이파리 기준이랍니다.

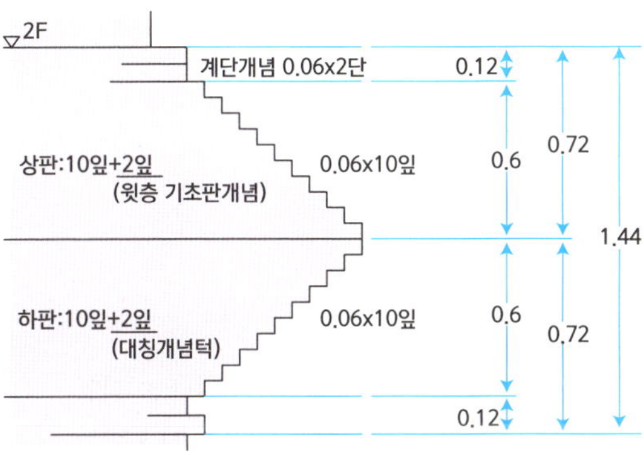

[그림 177] 안동 신세동 7층전탑 : 1층 지붕이파리

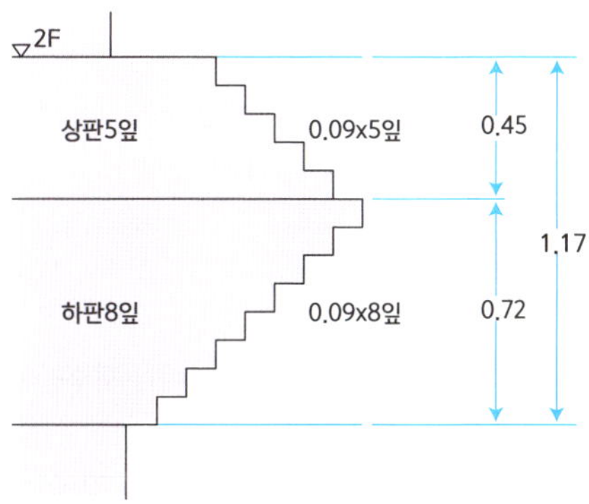

[그림 178] 영양봉감 5층석판탑 : 1층 지붕이파리

이파리수는 하판 이파리개수가 더 중요하답니다. 신세동 7층탑하판은 10개의 이파리이며 봉감 5층탑하판은 8개의 이파리가 있답니다. 무엇인지는 모르겠지만 알 듯 모를 듯하기 시작하실 겁니다. 이 석판탑 지붕의 상·하판은 희한하답니다. 즉, 상식(?)을 완전히 바꾸어 버린답니다. 일반석탑과 한번 비교해 보실까요?

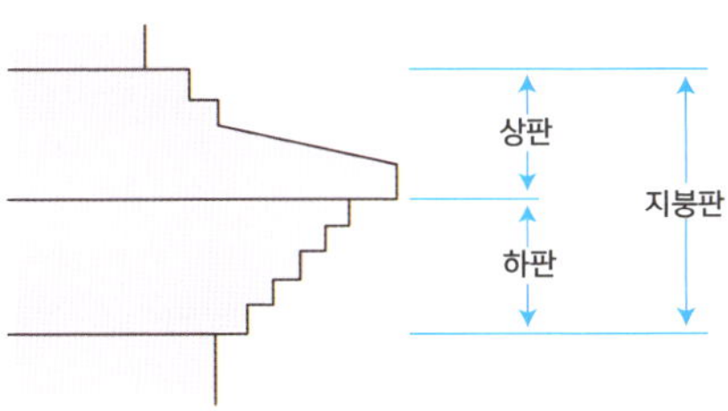

[그림 179] 일반석탑 지붕판 상·하판 구분개념

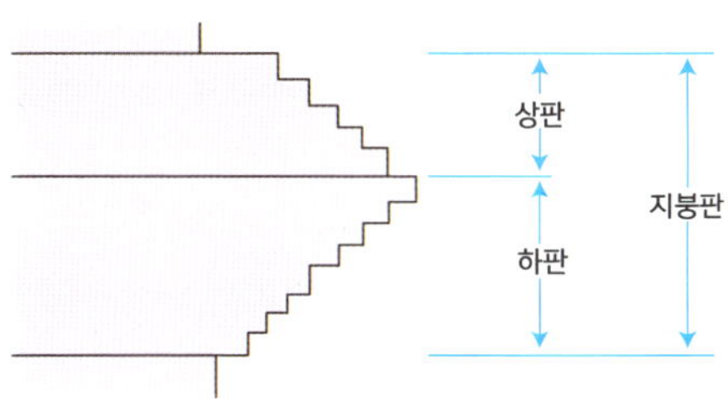

[그림 180] 석판탑의 일반적인 지붕 상·하판 구분개념도

일반석탑을 보시면 날개지붕판 끝이 상판에 소속된답니다. 석판탑은 희한하게도 지붕날개 끝꼭다리가 하판에 소속이 된답니다. 이해가 가시는지요? 어떤 누구도 인지하기가 그리 쉽지 않게 되어 있답니다. 상판보다 하판이 더 튼튼해야 된다고 판단했었나 봅니다. 그런데 희한한 것은 신세동 7층전탑은 이것도 저것도 아닌 중간 형태를 띤답니다.

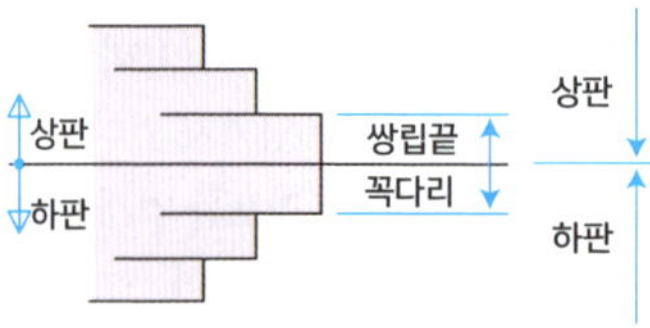

[그림 181] 신세동 7층탑의 지붕날개 끝부분의 쌍립이파리

아마 지붕끝꼭다리를 하판에 소속시키기가 좀 그랬는지는 모르겠지만 상판에도 1잎을 붙여서 쌍립끝꼭다리를 만들었답니다.
참! 이만하면 기발 idea상을 드릴 만하죠. 쌍립끝꼭다리라 ~ㅎ~

이제 석판탑류의 지붕이파리 개념이 어느 정도 감이 잡히기 시작하셨으리라 믿습니다.

이 석판탑류 이파리 갯수의 기본개념을, 현재 남아있는 석판탑류(석판탑+전탑 등)를 하판 잎기준으로 구분(정리)해 봅시다.

7층 석판탑류: 10잎
5층 석판탑류: 8잎
3층 석판탑류: 6잎(만약 지었다면)

아주 간단하죠. 하판 이파리 갯수만 봐도 몇층탑인지를 알 수가 있네요.
그리고, 석판탑류는 탑모양상 가장 어울릴 듯한 7층탑과 5층탑이 주류로 보인답니다. 어쩌면 9층탑이나 3층탑은 짓지를 않은 것 같답니다(현존상태 기준). 이 잎두께와 석판(돌판) 두께는 같답니다.

제가 어렸을 때에 분황사에 가면 정문을 지나 우측 담장 밑에 이 옛날돌판(잔존 석판이겠죠)이 수북이 쌓여 있었던 것 같은 기억이 있는데, 최근에는 이 돌판들이 안보이는 것 같더랍니다.

어디에다 옮겨 놓았겠죠!

(3) 석판탑 규모 개념

① 건물규모 개념

이 건물규모 추정이 너무 어렵답니다. 아니 어쩌면 영원히 알 수 있는 방법이 없을 수도 있답니다. 그런데, 다행인 것은 일반목탑형 탑류(관공서 계통)들은 처마선이든 외부경사기둥이 어떤 각을 갖고 있답니다. 천운(?)인 것이 이 분황사탑이 폭이 아주 좁은 석탑류가 아닌 어느 정도 덩치가 있는 걸로 보아서는 목탑형 탑류로 보인답니다.

벌써 반은 풀렸을 겁니다 ~ㅎㅎ~ 처마선 각도만 알아내면 금방 풀리겠죠.
이 분황사탑을 언젯적에 지었는지는 정확하게는 모르겠지만 아마 백제 미륵사7층석탑과 거의 같은 시기에 지어진 것 같답니다. 아마 두 국가는 어찌되었든 서로 문화교류는 있었을 겁니다.
이 미륵사7층석탑의 처마각을 분석해 보면 3각(⊿3)이 나온답니다. 그리고, 신라일반목탑인 7층탑도 처마각이 3각(⊿3)이랍니다. 묘하게도 어떤 공통점이 있네요.
또한, 현존하는 석판탑류들도 7층탑과 5층탑이 주류랍니다. 그래서 이 분황사탑도 7층탑일 확률이 제일 높답니다. 제 추리력이 신빙성이 있는 것 같나요 ~ㅎㅎ~

그렇다면, 이 처마각⊿3(3각) 안에 들어갈 수 있는 건물크기는 딱 지정이 되어있을 겁니다.
그려볼까요.

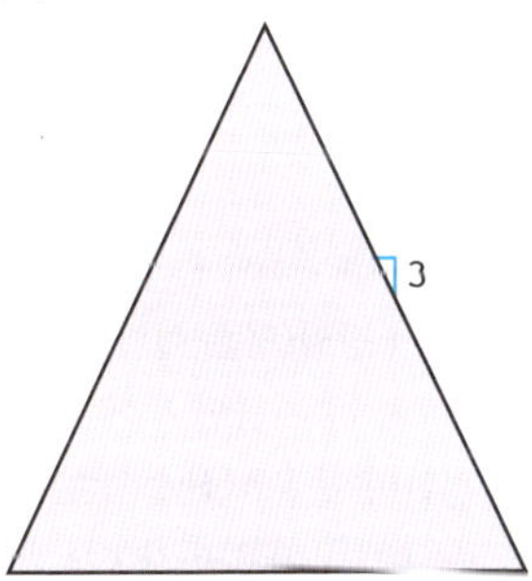

[그림 182] 3각(⊿3)안에 들어갈 수 있는 건축물 규모
- 꼭 현재의 사선제한과 비슷한 개념? -

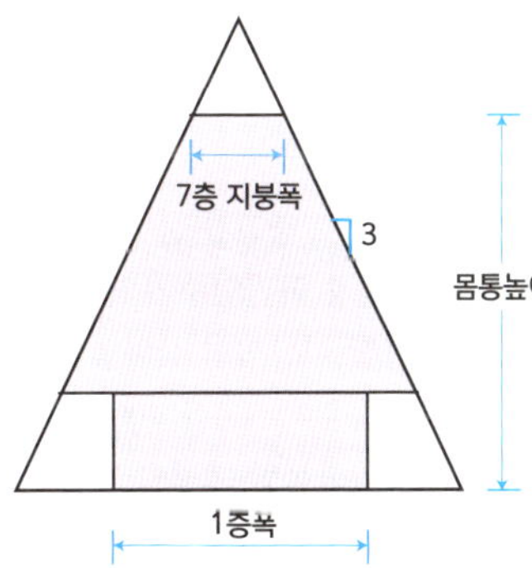

[그림 183] 실제로 3각(⊿3)안에 들어갈 수 있는 건축물 규모
- 건물규모를 결정짓는 3요소? -

어찌 되었든 이 3각(⊿3) 범위안에 건물을 낑가 넣어야겠죠 ~ㅋㅋ~
건물폭(1층폭)과 건물높이를 잘 조절해서 낑가 넣어봅시다. 특히, 1층폭과 7층폭(최상층)에 신경을 쫌 써야 될 겁니다. 건물규모는 수도 없이 많이 나오겠죠. 어떤 놈은 어떻게 나올거고 저런 놈은 저렇게 나올겁니다(말이 쪼게 이상?). 정가 놈은 정가스럽게 나올겁니다.

정가스럽게(조금 고급스럽죠!) 풀어 보겠습니다.

② 건물폭(1층폭) 개념

기본 Module(기준이 되는 치수)은 탑류에 공통적인 1.08과 2.7을 기준으로 하겠습니다.
1층폭을 7층 지붕폭과 몸통부 높이(1~7층 높이)를 고려해서 16.2m(2.7x6, 1.08x15)가 제일 적당할 것 같답니다. 물론 더 넓혀도 되고 더 좁혀도 되겠죠(엿장수 마음대로랍니다?).
몸통높이(7층까지 높이)를 고려해서 7층 지붕폭이 제일 아담할 것 같아서 1층폭(건물폭)을 16.2로 하겠습니다(일반적으로 탑폭이 중요하겠지만, 1층폭(건물폭)도 중요할 것 같아 건물폭을 별도로 분리해 봤답니다).

③ 층고 개념

이 층고를 잘 조절해야 한답니다. 어떻게 하면 자연스러운(보기 좋은) 층고가 나올까요!
그냥 풀다보면 지가 알아서 나올겁니다 ~ㅎㅎ~
제일 먼저 뭘해야죠? 바로 돌판두께(잎두께)를 알아야겠죠. 돌판두께와 단수에 따라서 층고가 결정되기 때문일 겁니다. 현 분황사탑을 보시면 돌판두께가 정확하게 몇 cm인지는 알 수는 없겠지만, 얇은 두께부터 약간 두터운 두께(약 8~10cm 정도)들이 있을 겁니다. 아마 그 시대에는 돌판가공을 수작업으로 하다 보니 너무 힘이 들어서인지 들쭉날쭉한 걸로 보인답니다.
그래서 탄생(?)된 것이 전탑이 아닐까도 생각해 본답니다.
이 돌판두께를 3의 3배수인 9cm로 하겠습니다(3의 배수공법). 9cm라야 R(단높이)이 자연스럽게 18cm(2잎)가 되겠죠.

이제 본격적(?)으로 층고를 풀어 볼까요.
7층 석판탑의 1층 지붕 하판잎수가 10잎이라고 했을 겁니다. 여러 정황(현존 석판탑류 기준)으로 미루어 보면 가장 이상적인 상하잎수는 10잎씩일 겁니다. 그럼 1층지붕판 두께는 자동으로 나오겠죠. ∴ 1층지붕두께=(10잎+10잎)x0.09(잎두께)=1.8m. 계산이 맞겠죠(산수수준 ~ㅋㅋ~).
그리고 1층층고는 일반목탑 1층층고법칙(지붕판 두께: 순층고= 1:2)을 따르면 자동으로 나오겠죠(모든 것이 자동화시스템이랍니다. 정가가 그렇게 맹글어 놨거들랑요!).

∴ 1층층고= 지붕판두께(1) + 순층고(2) = 1.8+3.6(1.8x2)=5.4(3)

바로 1층지붕판두께는 1층층고의 1/3이라는 법칙을 적용했답니다(그런데, 5층석판탑은 순층고를 더 키워야 된답니다).
1층층고가 5.4m이니 3층층고는 2.16(0.72x3)이 적은 3.24(5.4−2.16)로 하겠습니다.
이 1·2·3층 층고는 신라탑류에 기본적으로 적용되는 1·2·3층 층고비례공법을 따른답니다.
그리고, 기준층(3~7층)의 순층고는 1층지붕두께(1.8)와 동일하답니다(기준층 순층고법칙).
지붕판두께는 2잎(18cm)씩 줄어들겁니다.

층고산정시 적용한 법칙들을 정리해 볼까요

a. 1층지붕두께는 1층층고의 1/3이다.(일반목탑 1층층고법칙)
b. 1·2·3층은 1·2·3층 층고비례공법을 따른다.(1·2·3층 층고비례공법)
c. 기준층(3~7층)의 순층고는1층지붕두께다.(기준층 순층고법칙)
d. 지붕두께 증감계수는 2잎(18cm) 씩이다.(엄밀히는 법칙은 아님)

이 간단한 법칙으로 7층 석판탑의 층고를 구해봅시다. 잘나와야 될낀데!

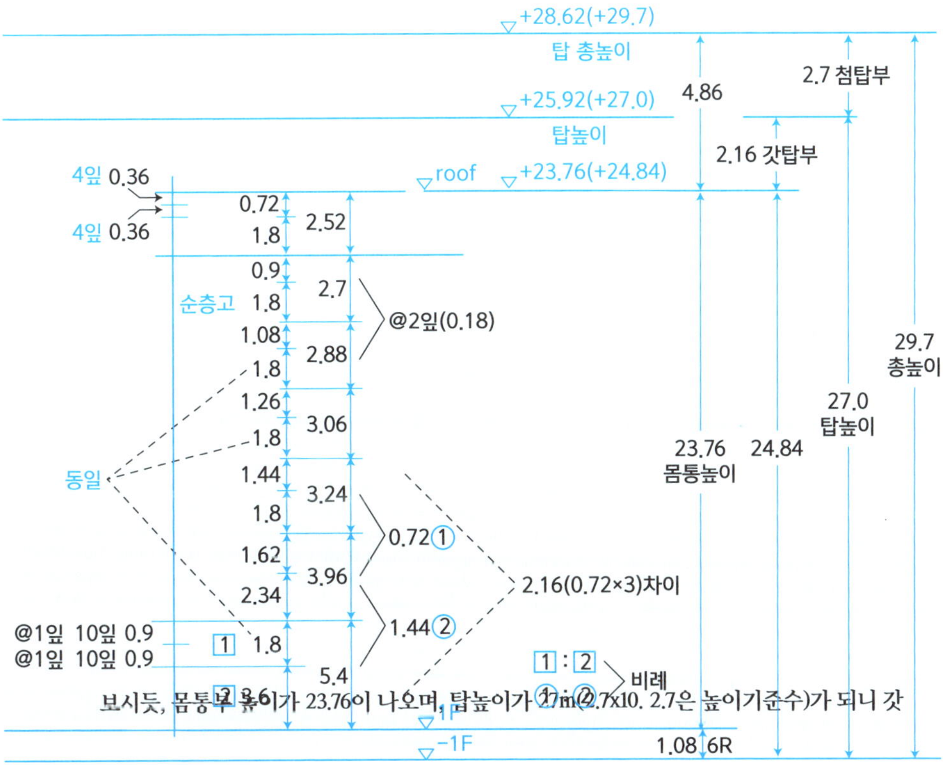

보시듯, 몸통부 높이가 23.76이 나오며, 탑높이가 27m(2.7x10. 2.7은 높이기준수)가 되니 갓

[그림 184] 분황사7층 석판탑 층고

탑부 높이는 자동으로 2.16이 나오며, 첨탑부높이는 2.7로 탑총높이는 29.7이 되네요. 일반목탑형 대형석탑에서의 탑총높이는 큰 의미는 없답니다. 그래도 석탑류라서 낑가는 줘야겠죠! 탑폭을 27m로 하면 탑높이 27m와 같으며 탑각은 1각이 되는 아주 멋진 건물이 된답니다.

이 층고구하기는 법칙만 알면 너무 쉽고 싱거워 초등3학년(2학년인가?) 수준 정도의 산수네요. 1층지붕 이파리수로 모든 층고를 풀 수 있는디 ~ㅎㅎ~ 아직도 이 층고를 마음대로 못 푸시는 분 계시나요? 안 풀리신다고요!
아! 갑자기 머리가 아파오기 시작하네요. 이 일을 우짜노 ~ㅋㅋ~

분황사 위치(일반목탑인 7·9층탑 근처)로 봐서는 정통파 일반목탑 형식을 따른 것 같답니다.

3. 개념도와 입면도

(1) 개념도

방금 전의 석판탑 접근개념을 근거로 분황사탑을 한번 보실까요.

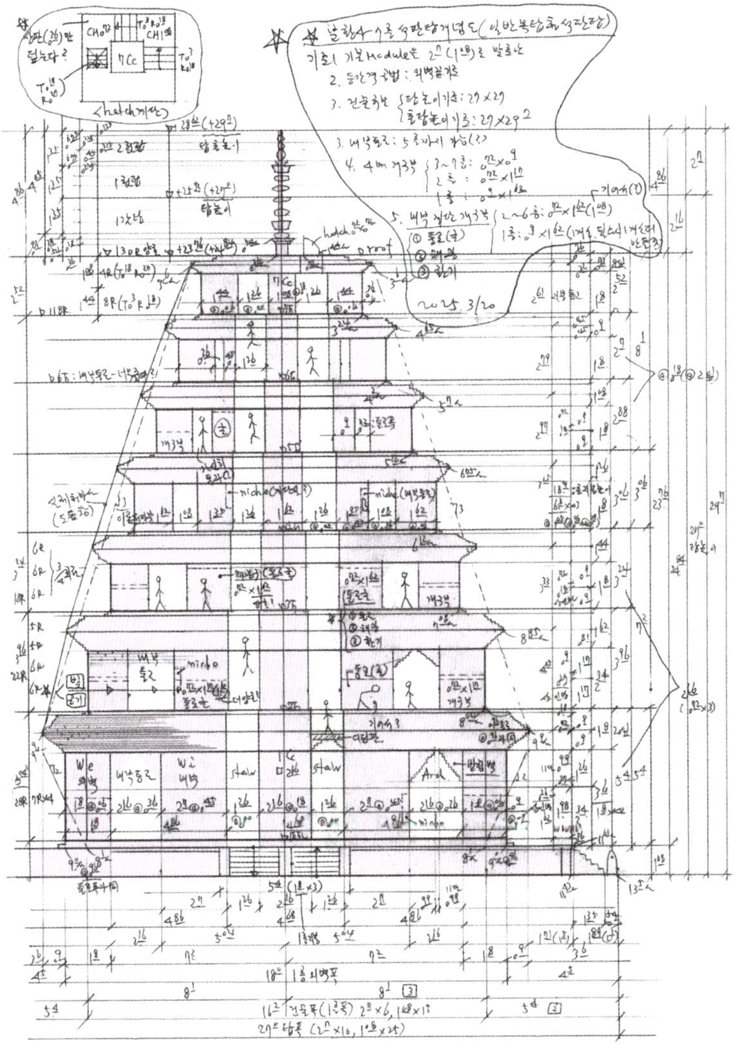

[그림 185] 분황사7층석판탑 개념도

Notice 원본도면 No.34 (311p) 분황사7층석판탑 개념도

석판탑이 아주 단조로운 듯 하면서도 아주 복잡하답니다. 분황사탑 규모는 27x27이랍니다. 탑의 총높이는 29.7m가 된답니다. 처마각은 일반목탑과 같이 ⊿3이 기본이며, 중앙지붕 끝부위(2~6층 지붕끝선)를 약간 외부쪽으로 도톰하게 처리했답니다. 너무 일자이면 보기도 좀 그렇기도 하지만 석판탑류가 사진을 보시면 전반적으로 중간층 지붕끝이 저의 느낌상인지는 모르겠으나 약간씩 볼록한 것 같아 약간 볼록처리를 했답니다. 사실은 등간격법을 적용하면 대부분 자동으로 중간층 지붕끝이 약간 볼록하게 된답니다. ⊿3식으로, 일자보다는 약간 볼록하니 부티가 조금 나는 느낌이랍니다. 빈티보단 낫답니다.

이 7층석판탑은 처마각이 ⊿3이니까 공통수 C=⊿3x⊿4x3=0.36이 될 것이며 계단단높이 R=0.18이 될 겁니다. 물론 경사기둥각 ⊿4는 가상각이겠죠. 그리고 어마어마한(?) 장고 끝에 내부계단을 넣기로 했답니다. 그래야만이 지붕꼭대기까지 올라갈 수가 있답니다. 내부계단이 있어야 할 특별한 이유는 없답니다. 일반인들이 올라갈 수도 있겠지만 가장 중요한 것은 유지보수를 위해 필요하기 때문일 겁니다. 1층 출입계단 2단은 목탑과 같이 1층층고에 소속시켰답니다. 그리고 지하층높이가 사찰목탑과 같이 6R(1.08) 밖에 되지 않아서 지하층으로 분류를 해야되는지 말아야 되는지가 헷갈리기도 하기는 하지마는 일단은 지하층으로 분류를 해 보겠습니다. 그렇다고 토대로 분류하기도 그렇고 해서 1/3지하쯤 밖에 안 되지만 지하층으로 봐 드리겠습니다. 반지하? 석판탑의 구조성격상 온지하로 하기에는 조금은 무리였나 봅니다. 그리고 모든 치수는 목탑형식을 따랐답니다. 1·2·3층 층고비례공법을 따랐으며 3~7층 순층고(1.8)도 1층지붕판두께인 1.8을 따랐답니다. 제가 분황사탑 1층지붕잎을 10잎으로 해서 탑규모가 27x27이지 만약 1층지붕잎을 8잎씩으로 하면 21.6x21.6으로 건물규모가 확 줄어든답니다. 여러 석판탑이나 전탑 등 여러 상황을 고려하여 1층지붕잎을 10잎씩으로 했답니다. 시간 나시는 분은 1층지붕잎이 8잎씩일 때 왜 21.6x21.6이 되는지 한번 그려 보세요. 석판두께는 9cm로 동일하답니다.

이제까지 저와 동행하셨으니 충분히 푸실 수가 있으실 겁니다. 3층석탑보다 석판탑 풀기가 훨씬 재미있답니다. 이 석판탑의 각 잎두께의 근거가 매우 애매하답니다. 7층·5층탑은 어느 정도 추정이 가능한데 1·3·9층 석판탑은 판단을 할 수가 없답니다. 9층탑이 있었다고 보시면 9층탑의 R=0.15이므로 돌판두께를 15cm로 하든지 아니면 그 반인 7.5cm로 해야 되어서 돌판 두께를 추정하기가 거의 힘들답니다. 또한, 3층석판탑이 있었다고 가정하면 3층탑(일반목탑기준)의 R=0.21로 돌판두께가 10.5cm나 된답니다. 7층석판탑 보다 돌두께가 더 두껍답니다. 1층석판탑은 예상돌판두께가 9cm이나 지었을 확률은 없답니다. 여러 생각을 해보면 석판탑은 7층석판탑이 제일 양호하며 5층석판탑도 그런대로 비교적 양호하답니다. 나머지 9·3·1층 석판탑은 억지로 만들면 만들 수는 있겠으나 높이가 지나치게 높아진다든지 하는 여러 문제점이 있어서 석판탑으로는 적당하지가 않을 것 같다는 생각이 현재의 제 생각이랍니다. 모르죠. 어떤 기발한 idea로 9·3·1층 석판탑을 해결할 수 있을지는 아직은 미지수랍니다.

한번 도전해 보십시오?

(2) 입면도

입면도도 한번 보셔야죠. 얼마나 미끈하게 생겼는지!
우람한 게 남자답게 생긴 것 같네요 ~ㅎㅎ~

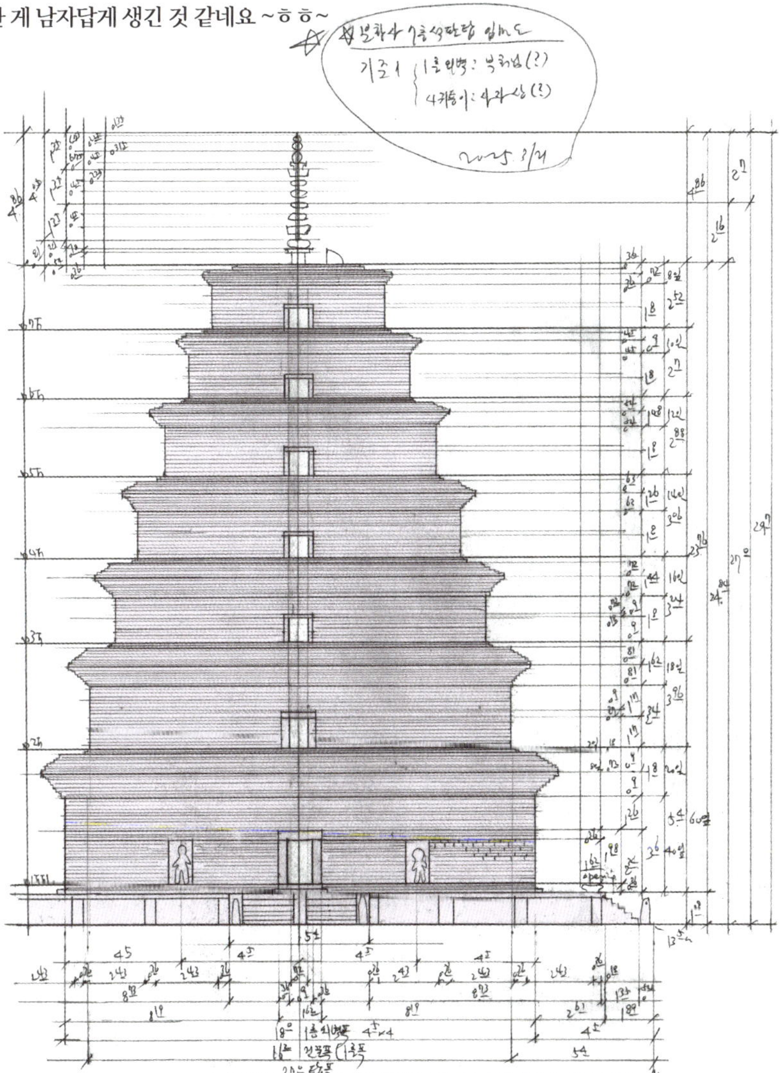

[그림 186] 분황사7층석판탑 입면도

Notice 원본도면 No.35 (313p) 분황사7층석판탑 입면도

4. 층별 개념

(1) 1층

① 단면도

그림, 분황사7층석판탑의 1층 단면도를 보실까요.

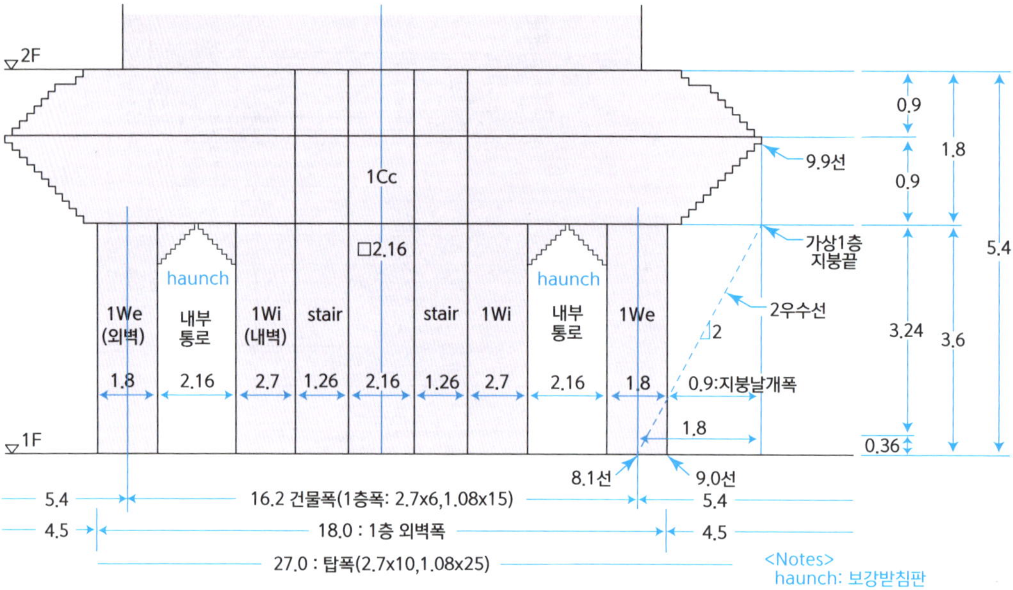

[그림 187] 분황사탑 1층 단면도

② 지붕판 날개 개념

1층단면도를 보시면, 지붕날개폭 0.9와 지붕하판두께 0.9를 같게 하였답니다. 구조적으로 가장 안전하다고 판단하여 선택했답니다. 이렇게 하다 보니 1층 지붕우수선이 묘하게도 가상 1층 지붕판하부끝점에 2우수선이 오더랍니다. 우수선만 분리해서 봅시다. 이 석판탑류가 우수선 성립자체도 힘들지마는 찾아내기도 그리 쉽지마는 않더랍니다.

보시면, 1층지붕판을 4각통 개념으로 보면 된답니다.

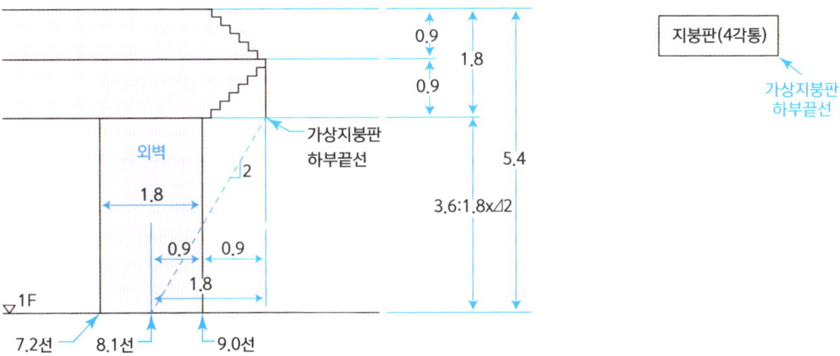

[그림 188] 분황사탑의 1층지붕 가상지붕판 하부 끝선: 2우수선 개념

즉, 가상지붕판 하부끝선이 설정되며 외벽중심선까지 거리가 1.8m이며, 가상 지붕끝선까지 높이가 3.6m이므로 3.6÷1.8=⊿2가 나와서 2우수선이 된답니다. 일반적인 2우수선 개념과는 조금 다를 겁니다. 아마 목재류가 아닌 석재류라서 그런가?

정상적인 2우수선 개념으로 1층지붕판 2우수선을 다시 그려볼까요.

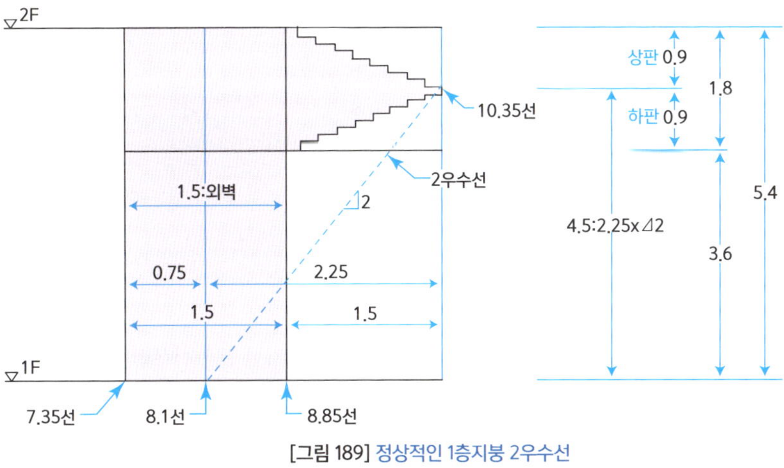

[그림 189] 정상적인 1층지붕 2우수선

앞 그림에서 보시듯 지붕하판상부끝선(10.35선)에서 외벽중심선까지가 2우수선이 되면서 일반적인 2우수선이 된답니다. 4.5÷2.25=⊿2 즉, 2우수선이 됨. 이렇게 될려면 지붕날개길이가 1.5m로 엄청 많이 노출된답니다.

처음에는 이것이 맞다라고 생각을 했었는데 여러 많은 생각을 하다 보니 구조적으로 문제가 있다고 판단이 되어서 결국에는 지붕날개를 줄여서 가상 지붕끝2우수선을 채택하기로 했답니다. 지붕날개 모양상으로는 이 정상적인 2우수선안이 더 마음에는 듭니다만 구조 우선주의를 채택했답니다. 어찌 생각해보면 잎두께가 9cm나 되므로 지붕날개길이가 1.5m라도 버틸 것도 같은 느낌이 들기도 하답니다. 이 글을 읽으시는 분이 판단할 수 밖에는 없네요?(이 지붕날개길이는 조금 뒤에서도 잠깐 말씀드릴 겁니다) 석탑 등을 봐오면서 기본 Module이 1.08이 대세였는데 이 분황사탑은 아무리 쳐다봐도 기본 Module이 0.9인 것도 같답니다?

이 석판탑의 지붕날개가 무척이나 판단하기가 어렵답니다. 조그마한 석판탑이나 전탑은 지붕날개폭과 하판높이가 같답니다. 처음에는 지붕날개폭을 하판높이(0.9)보다 조금 넓게(1.2) 생각을 했었는데, 그 뒤 여러 생각을 많이 하다 보니 제 마음이 움직이기 시작했답니다.
목탑형탑이니 어쩌면 1층지붕을 2우수선으로 했을 수도 있으며, 아니면 일반석판탑류인 지붕하판높이와 지붕날개폭을 같게 했을 수도 있다는 생각이 들기 시작했답니다.

그림을 그려가면서 생각을 해 봅시다.

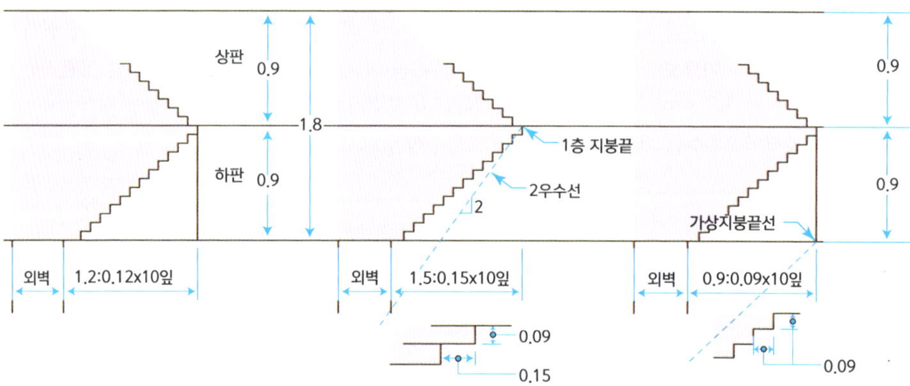

[그림 190] 처음 생각한 지붕날개길이 1.2

[그림 191] 1층 지붕을 2우수선으로 할시

[그림 192] 지붕날개폭 = 하판높이 : 채택안

그림을 보시니 이해하기가 조금 더 쉬우실 겁니다. 처음 생각한 안은 아무런 근거도 없으므로 파기하겠습니다.

마음에는 1층지붕 2우수선안이 쏙 들어온답니다.

그런데 잎폭높이비에서 폭이 넓은 편이죠.

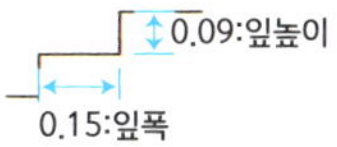

잎폭이 넓으니 약간은 구조적으로 마음에 걸리긴 걸린답니다. 구조적으로는 제일 안정감이 있는 잎폭높이비가 1인 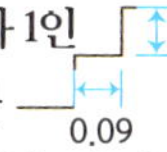

이것이 제일 좋기는 한데 지붕날개폭이 너무 좁아서 조그마한 건물에는 어울릴지 모르겠으나 목탑형석판탑인 대형 분황사탑에는 영 어울리지가 않을 것 같기도 하답니다.

그래도 여러 생각끝에 지붕날개폭과 하판높이가 같은 안을 채택하기로 했답니다.

1층 지붕판을 조금 더 확대해서 한번 봅시다.

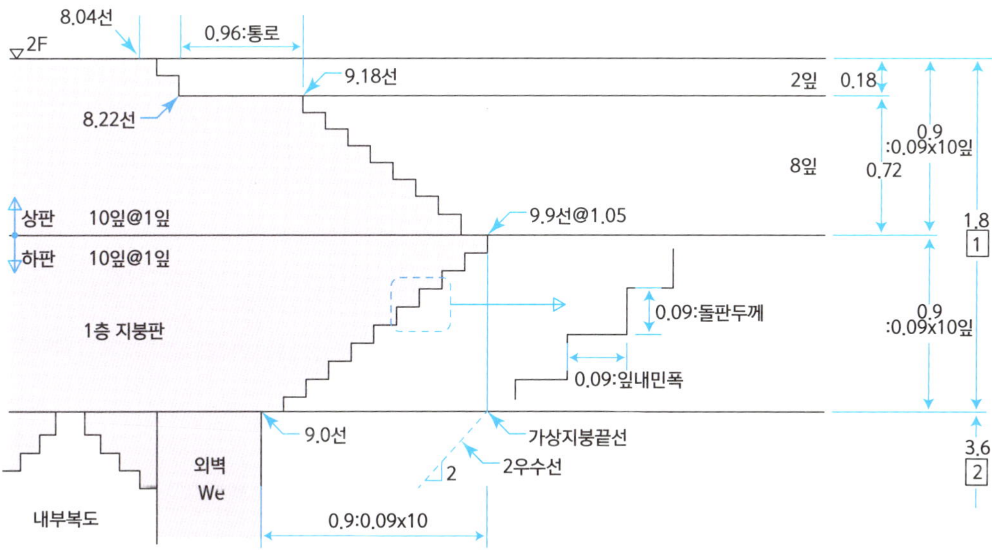

[그림 193] 1층 지붕판 날개 개념

잎수는 상·하판 똑같이 10잎으로 했으며 층당 증감계수는 @1잎이 된답니다. 즉, 7층지붕은 상·하판 각 4잎이 될 겁니다. 특별한 근거는 없으나 안동지방 근처에 많이 있는 석판탑류의 이파리 숫자를 비교 검토해 보니 상·하 10잎이 가장 합리적인 것 같아서 결정한 것이랍니다.

잎의 높이(돌판두께)는 9cm로 몸체석판두께와 같게 했으며 잎높이와 잎폭을 동일하게 했답니다. 1층지붕 상부를 보시면 0.96의 외부통로가 있답니다. 물론 걸어다니기엔 조금은 불편할지는 몰라도 있으면 더 좋겠죠. 7층까지 외부통로 폭은 동일하게 0.96이 될 겁니다. 돌판두께(잎두께)는 석재공장에서 가공하듯이 동일하게 9cm는 아니고 아마 수작업으로 만든 걸로 보이며 각 돌판두께가 다 다른 것 같네요. 심하면 몇cm의 차이가 날 수도 있답니다. 물론 돌판 자체 규격도 제 각각 일수도 있답니다. 전탑만큼 규격이 고르지는 않을 겁니다.

돌판 가공이 너무 힘이 들어서 어쩌면 전(벽돌류)으로 바꾸었을지도 모른답니다? 석판탑을 보실 땐 기본돌두께만 염두에 두시고 단수(잎수)로 높이를 고려해 주셔야 됩니데이.

자꾸 돌판두께를 마음에 두시다가는 층고가 되었든 뭐가 되었든 아무것도 알아낼 수가 없게 될 수도 있답니다. 기본 돌두께만 인지하시고 잎수만 세어야 죽이 되었든 밥이 되었건 뭔가가 될 겁니다.

③ 평면도

그럼, 분황사탑 1층 평면도도 한번 보셔야겠죠.

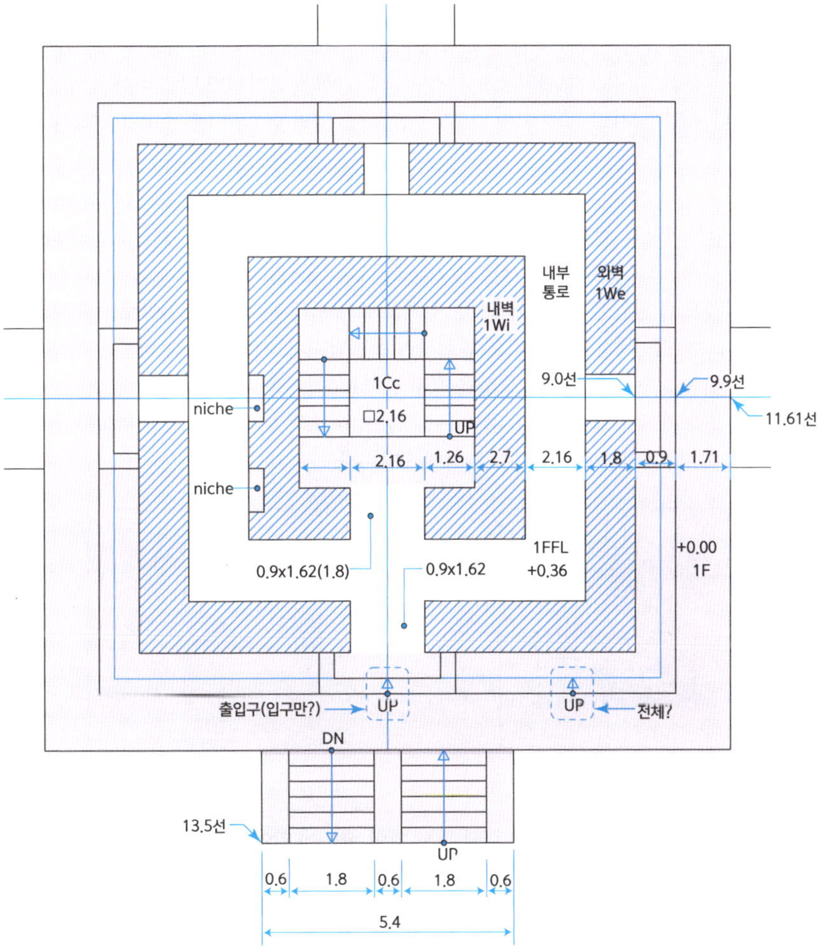

[그림 194] 분황사 1층 평면도 및 배치도

1층을 보시면 중앙기둥이 있고 내부계단이 있으며 내부 벽이 있고 또 내부통로도 있답니다. 물론 외부에는 외부 벽체가 당연히 있을 겁니다. 분황사 7층탑의 제일 간단한 구조는 내부계단을 없애버리고 내부통로를 크게 하면 제일 간단하나, 제가 아무리 생각해봐도 지붕까지는 궁금해서(?) 기어서라도 반드시 올라가 봐야겠더랍니다.

7층까지 지어놓고 1층내부만 살짝 보고 나온다는 것도 조금 쪽팔리는 일일 듯. 1층 내부통로폭이 2.16m이니 당연히 상부에 haunch(보강판: Arch개념)를 두어야할 겁니다. 그리고 내부통로의 내벽쪽에는 필요에 따라서 niche(벽감)를 설치하여 부처님을 모실 수도 있답니다.

출입개구부는 0.9x1.62 정도로 생각하고 있답니다. 폭이 0.9정도면 구조를 고려하더라도 괜찮을 것도 같은데 높이는 약간 낮을 듯 하답니다. 약간 낮은 듯한게 더 속닥할 수도 있답니다? 낮다고 생각하시는 분은 1.8m까지 높이시거나 그것도 성에 안차시면 더 올리셔도 아무런 문제는 없답니다. 이 분황사탑 1층층고의 2배가 7층탑(7층 일반목탑)의 1층 층고가 된답니다. 재미있죠.

1층 진입은 4방향 진입이며 내부계단진입은 1방향 진입이 된답니다. 1층계단은 28단(0.18x28단=5.04)으로 7단으로 4회전하면 2층에 도달하게 된답니다.
1층에서 남쪽으로 진입했는데 2층에서는 동쪽으로 나오게 되어있네요? 이것은 4각계단이라 그렇답니다. 별다른 해결책을 아직도 발견하지 못했답니다. 계단 내부는 약간은 어두울 겁니다. 촛불을 켜놓을가요? 아니면 호롱불을 들고 갈까요? 하여튼 사용상의 문제일 듯?
분황사7층탑과 미륵사7층탑의 1층 내부통로를 한번 비교해 보실까요? 항상 비교를 하면 재미있기도 하지만 비교 과정에서 뭔가를 느끼게 된답니다.

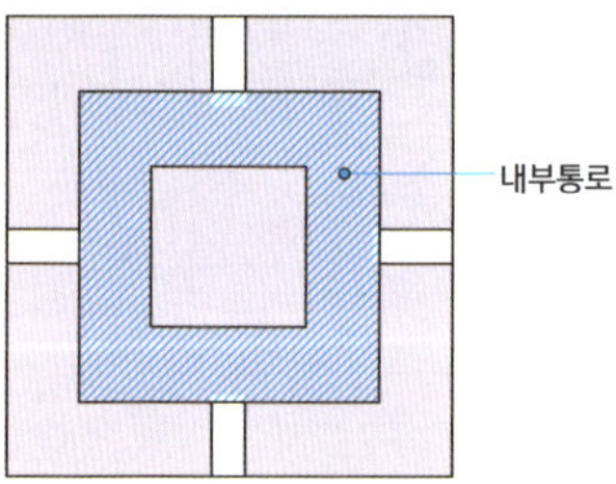

[그림 195] 분황사탑 내부통로: □자

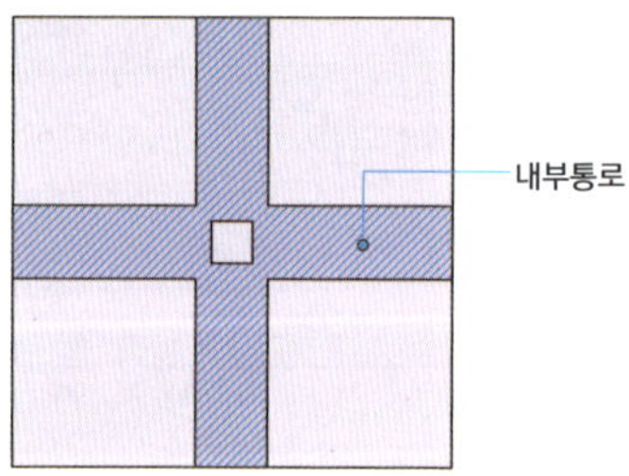

[그림 196] 미륵사탑 내부통로: ＋자

보시고 뭘 느끼셨는지요? 그냥 느낄 것도 없이 한눈에 알아보실 겁니다. 분황사탑의 내부통로는 입□자 형상인데 비해서 미륵사탑 내부통로는 열十자 형태랍니다. 두 탑의 내부통로 형태가 아주 재미있답니다. 구조적으로는 미륵사탑이 훨씬 강한 구조랍니다. 물론 분황사탑은 석판탑이고 미륵사탑은 석탑이긴 하지만 두 탑 다 목탑형의 초대형 구조물로서 공통점이 아주 많답니다.

□자와 十자 중 어느 형태가 좋을지는 저로서는 알 수가 없답니다. 아마도 기사의 취향인 듯? 내부계단 만들기는 □자인 분황사탑이 좋으며 구조적으로는 미륵사탑이 더 좋다는 것 정도 밖에는 알 수가 없답니다. 근데, 그 시대에 서방종교가 들어 왔었나? 왠 十자 통로가 다 있네.

(2) 7층

분황사탑 1층을 봤으니 7층만 살짝 봅시다. 중간층은 뺍시다.

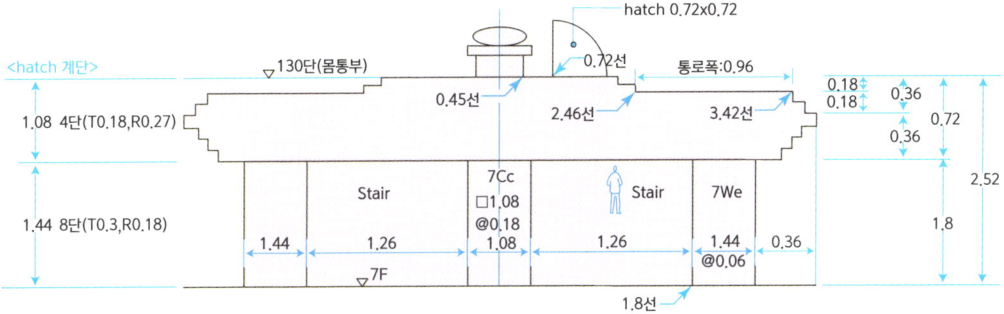

[그림 197] 분황사탑 7층 단면도

7층구조는 너무 간단하네요. 그래도 채광·환기를 위한 개구부(0.72x0.9)정도는 있어야 되겠죠. 계단이 조금 복잡하답니다. 4단으로 2회전하고 순층고 0.72의 계단참을 통과한 후(아마 납작 엎드려야겠죠?) hatch계단 4단을 올라가야 지붕에 도착하여 경주시내 구경을 하실 수가 있답니다. hatch계단은 가파르기도 하지만 디딤판폭(T)이 너무 좁으니(18cm) 미끄러지지 않도록 주의하세요! 아마 이 지붕에는 꼭 필요한 자만이 1년에 몇 번 정도 올라가는 듯하네요. 지붕이 너무 좁기도 하고 난간도 없으니 지붕까지는 가능한 한 올라가지 않는 것이 장수에 도움이 될 듯. 지붕까지 총계단단수가 138단(24.84÷0.18=138단)으로 끝수가 0이 아니랍니다.

그래서 지하층(6단)을 뺀 132단 중에서 7층에서 2단을 더 줄여서 몸통부만이라도 130단을 만들어서 계단단수 끝수가 0이 되도록 할 겁니다. 계단단수의 끝수가 꼭 0이라야 하는지는 미지수랍니다? 그냥 생각해보는 것일 수도 있답니다.

5. 갓탑과 첨탑

(1) 갓탑과 첨탑

갓탑과 첨탑을 잠깐 볼까요.

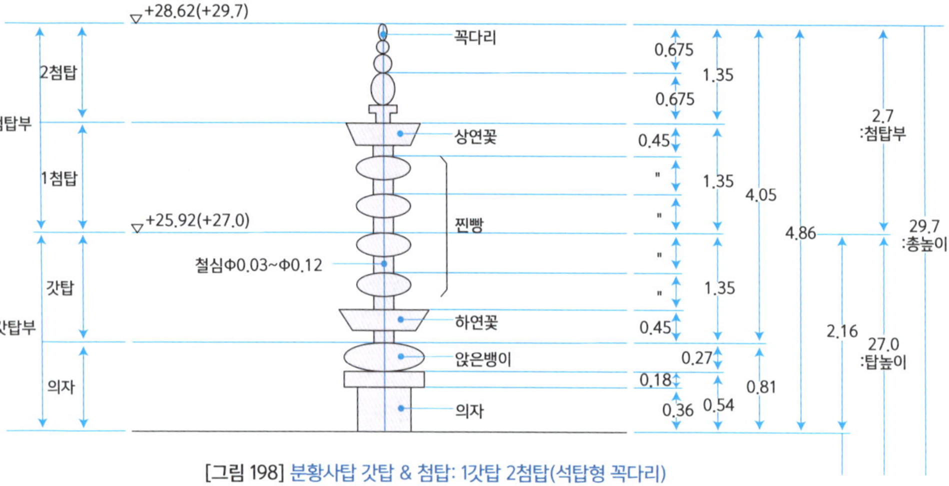

[그림 198] 분황사탑 갓탑 & 첨탑: 1갓탑 2첨탑(석탑형 꼭다리)

제가 첨탑 자체를 옳게 그리고 있는지가 사실은 무지 헷갈린답니다.
이 첨탑이 1개인지 2개인지 3개인지를 사실은 정확히 아는 방법은 없답니다. 오로지 추정할 수 있는 것은 숫자분석으로 가장 합리적이라고 생각되는 것을 선택할 수밖에는 없답니다.
또한, 첨탑높이도 2.16인지 2.7인지를 정확하게 구분하기도 애매하답니다. 이유는 간단하답니다. 2.16÷1.08=2이며, 2.7÷1.08=2.5로 어떤 것을 적용해도 아무런 문제도 없답니다. 분황사탑은 전체적인 숫자분석으로 볼 때 2.7이 더 합리적이라고 판단이 되어서 2.7을 선택한 것이랍니다.

사실은 탑총높이는 2.7의 정배수가 되어야 한다는 법칙을 따랐을 뿐이랍니다. 물론, 갓탑높이 등도 여러 경우의 수를 다 분석해서 결정을 해야 한답니다.

(2) 갓탑과 첨탑높이 개념비교표

여기서 첨탑의 높이가 어떤 경우에 어떤 것을 선택해야 되는지를 한번은 짚고 넘어가 볼 필요가 있어서 각 첨탑높이를 한번 비교해 봅시다.
전에도 말씀드렸듯이 이 비교표는 어떤 것을 판단하는데 무척 도움이 된답니다. 신라 일반목탑은 첨탑 자체가 큰 의미가 없으므로 제외하겠습니다.

ㄱ. 사찰목탑 첨탑높이

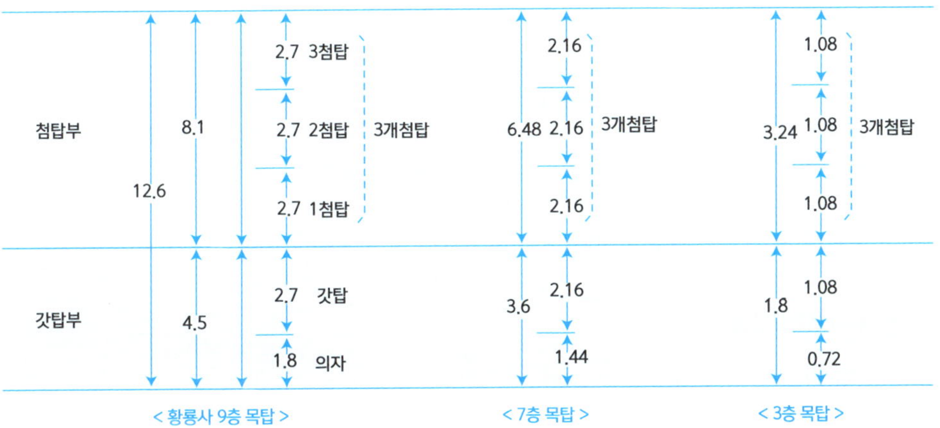

[그림 199] 사찰목탑 첨탑높이: 1갓탑 3첨탑

ㄴ. 석탑류 첨탑 높이

∴ Notes : 각 첨탑과 갓탑높이는 27의 배수가 기본임.

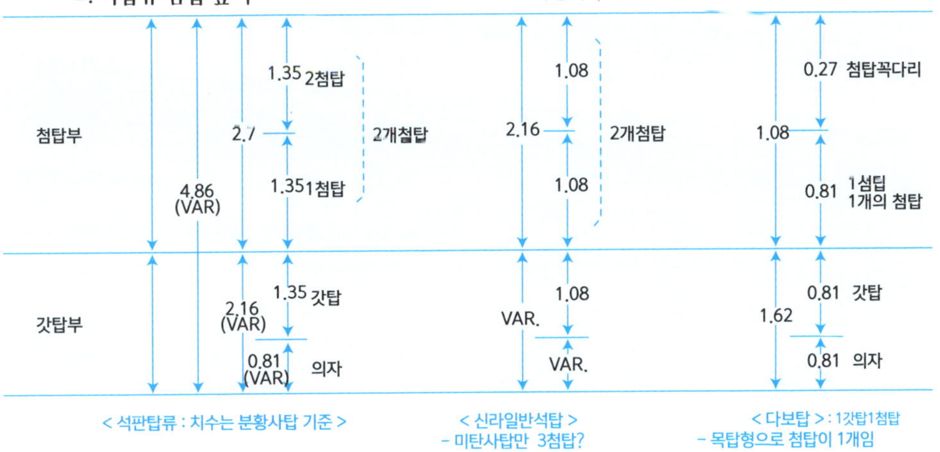

[그림 200] 석탑류 첨탑높이: 1갓탑 2첨탑(다보탑만 예외)

비교표 자체가 아주 간단하답니다. 눈에 금방 띄는 것이 각 첨탑높이와 갓탑높이는 반드시 같아야 한답니다. 그러고, 각 첨탑높이와 갓탑높이를 기준으로 보면, 황룡사9층목탑이 2.7로 가장 높으며, 7층목탑이 2.16m, 3층목탑은 1.08로 사찰목탑은 탑높이에 따라 첨탑높이(갓탑높이 포함)도 따라 바뀌네요. 석탑류를 보시면, 석판탑류가 기본적으로 각 첨탑높이가 1.35로 제법 높으며, 일반석탑의 각 첨탑높이는 기본적으로 1.08이네요. 유일하게 미탄사탑만이 3개 첨탑(?)이랍니다. 재미있는 것은 목탑형석탑인 다보탑인데 1개 첨탑으로 첨탑높이가 0.81로 가장 낮으며 그 위에 첨탑꼭다리도 있으며 총탑높이에 포함된답니다. 다보탑을 제외한 탑들은 첨탑꼭다리가 2첨탑이나 3첨탑에 포함되어 별도로 분리가 되지 않는데 유독 한 개 첨탑뿐인 다보탑만 묘하게도 첨탑꼭다리가 자기 높이를 갖네요. 재미있죠.

이 비교표를 보시면, 일반석탑 첨탑높이가 얼마일까를 고민할 하등의 이유가 없답니다. 그냥 2.16을 집어넣고 첨탑을 2개로 만들면 그만이랍니다. 이것보다 더 쉬운 것도 있나요. 물론, 탑높이가 아주 낮아질 때에는 첨탑높이도 낮아질 확률이 발생되겠죠.

신라탑을 봤으니 백제탑들의 첨탑높이도 한번 보셔야죠. 참새가 방앗간을 그냥 지나갈까요?

ㄱ. 백제석탑 첨탑높이

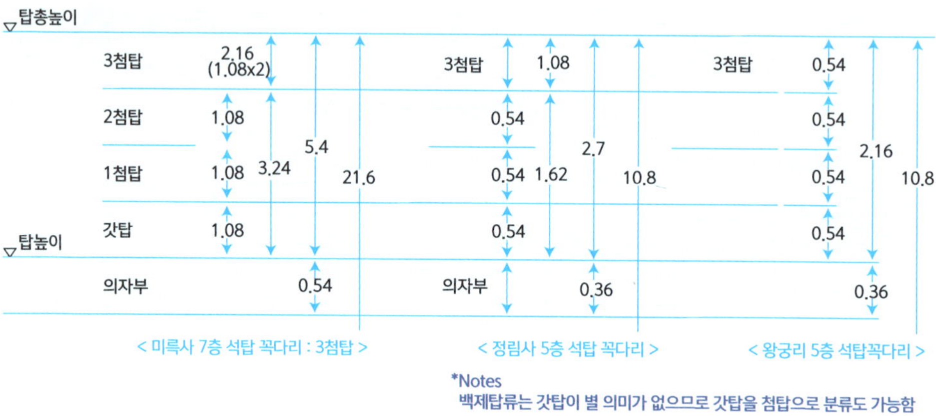

[그림 201] 백제석탑 첨탑높이: 1갓탑 3첨탑

ㄴ. 백제사찰목탑 첨탑높이(추정)

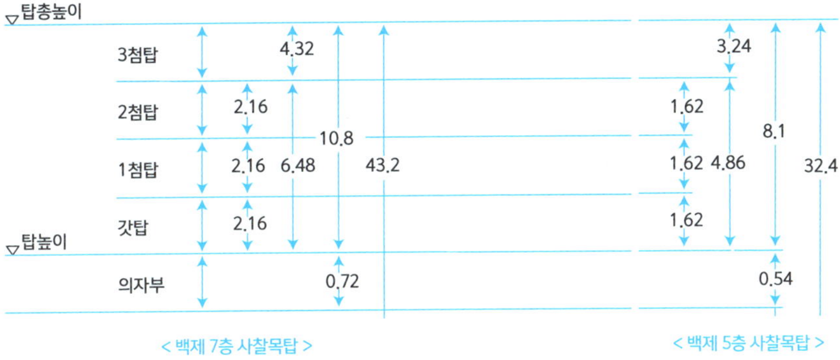

[그림 202] 백제사찰목탑 첨탑높이(추정): 1갓탑 3첨탑

백제탑의 첨탑개념이 신라탑류와는 약간 다르답니다. 신라탑은 사찰목탑이 3첨탑이 기본인데, 백제탑은 석탑이든 목탑이든 기본적으로 3첨탑이 기본이랍니다.

백제의 3첨탑이 재미있는 것은 신라 3첨탑은 하부 첨탑과의 높이가 같은데 비해서 백제 3첨탑은 하부 첨탑높이의 2배가 된답니다(왕궁리 5층탑은 신라양식과 같이 3첨탑도 일반첨탑과 높이가 같네요). 아마도 백제 3첨탑은 어쩌면 탑의 상징성에 무게를 더 많이 둔 것도 같답니다. 제가 백제석탑은 3개만 손을 대어봐서 정확한 비교가 될지는 미지수랍니다. 표본자료가 많으면 많을수록 정확할 확률이 높은데 조금은 아쉽답니다. 백제사찰목탑은 제가 가상으로 풀어본 것으로 그냥 추정이라고 생각하시면 된답니다. 제가 손을대어 본 첨탑높이는 각 탑(2개층 기준)마다 @0.54의 증감계수가 나오는 것 같답니다. 백제 사찰목탑을 4각형으로 생각하고 각 계단단높이도 R=0.18로 동일하게 적용했답니다.

이런 식으로 시간나시는 대로 비교표를 만들어 비교해 보시면 보는 그 자체만으로도 재미가 있으며, 그 다음에는 요골 살짝 바꾸어 볼까하는 마음의 동요 등 별의별 생각이 다 떠오를 때도 있답니다. 목탑형석탑이면서 처마각⊿3까지도 같고 대형 7층석탑류인 분황사탑과 백제양식의 미륵사탑을 비교해 보시면 석탑을 이해하시는데 도움이 되실겁니다. 분황사탑은 석판탑이라 아기자기한 멋이 있으며, 미륵사탑은 석탑이라 아주 중후한 멋이 있답니다.

두 탑을 비교해 보시면 두 국가 간의 문화교류가 매우 활발했었다는 걸 인지하실 겁니다.

II. 5층석판탑

1. 최초안

어디에 어느 사찰에서 지어졌었는지는 알 수는 없지만 5층목탑형 대형석판탑도 한번 구경을 해야겠죠. 이 석판탑은 최소한 7층탑과 5층탑은 지어진 걸로 보인답니다. 석판탑에서 제일 헷갈리는 것이 바로 석판두께랍니다. 이 5층석판탑의 돌판두께는 도통 얼마일까요? 9cm일까요. 6cm일까요? 이 석판두께가 층고가 되었든 계단단높이(R)가 되었든 전체를 지배한답니다. 엄청 고민끝에 이 5층석판탑의 잎두께를 7.5cm로 해서 접근을 해 봤답니다. 이유는 간단하겠죠. 바로 5층일반목탑의 계단단높이가 R=0.15이므로 이 5층석판탑도 R=0.15일 거라고 가정을 했답니다.
석판두께가 15cm면 너무 두꺼우니 그 반인 0.15÷2=7.5cm가 잎 두께가 될 겁니다. 그래서 단높이 R=0.15이며 석판두께가 7.5cm인 5층석판탑을 한번 풀어보았답니다.

물론 1층지붕판 하판잎수를 10잎으로 가정했답니다. 지붕하판 가상끝선을 2우수선으로 한 안으로 한번 보시죠.

Notice 원본도면 No.36 (315p) 5층석판탑안 : R=0.15, t=0.075기준 -최초안

이 계단단높이 R=0.15, 잎두께 t=0.075로 그려 본 이 안은 3~5층 순층고가 1.5로 1층 지붕판 두께 1.5와 똑같은 안으로 층고 자체로 보면 아주 이상적인 안이랍니다. 층고가 너무 완벽하여 이게 5층석판탑이 맞는구나라고 생각을 했더랍니다.

2. 갓탑과 첨탑 성립요건

그런데 꼭다리에서 심각한 문제점 하나를 발견했더랍니다. 보이십니까? 안 비신다구요? 큰일 났네요. 문제가 심각한 정도가 아니네요? 잘 보십시오.

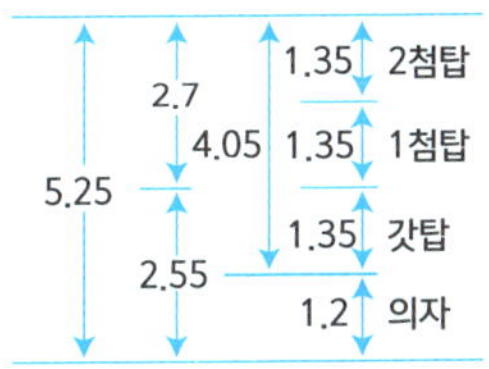

[그림 203] 5층석판탑 꼭다리 – 최초안

갓탑이든 첨탑이든 높이가 1.35로 숫자합이 9이며 3으로 나누어도 1.35÷3=0.45로 나온 0.45의 숫자합도 9로 완벽하답니다.

문제는 이 의자부 높이가 1.2m랍니다. 의자부가 조금 높은 느낌도 들지마는 높이도 높이지마는 이 1.2의 숫자합이 1+2=3이랍니다. 이 숫자합이 3으로는 의자부의 치수조절이 쉽지 않답니다. 물론 산술적으로는 안되는 것은 아닙니다만 꼭다리의 모든 주요부분의 치수의 합은 9가 되어야 한답니다. 설사 숫자합이 9가 되더라도 성립이 안되는 수도 있답니다. 보실까요.

1첨탑 높이가 1.8m로 숫자합이 1+8=9로 완벽한 것 같지마는 3으로 다시 나누어 보면 1.8÷3=0.6으로 숫자합이 6이 되면 이 첨탑높이는 성립이 되지가 않는답니다. 숫자합이 9가 되면서도 다시 3으로 나누어도 숫자합이 9가 되어야 첨탑높이가 성립된답니다. 또 보실까요. 지겹죠.

이 2.16이라는 첨탑높이는 2+1+6=9로 숫자 합이 9랍니다. 다시 3으로 나누어 보실까요. 2.16÷3=0.72네요. 0+7+2=9로 반드시 높이의 숫자합이 9가 되어야 이 꼭다리의 각 부위 치수가 성립이 된답니다. 보기보다 그리 호락호락 하지가 않답니다. 이유는 간단하겠죠. 첨탑높이가 되었든 갓탑높이가 되었든 자체 높이만 있는 것이 아니라 다시 분리가 되기 때문이겠죠. 또 한번 더 보실까요.

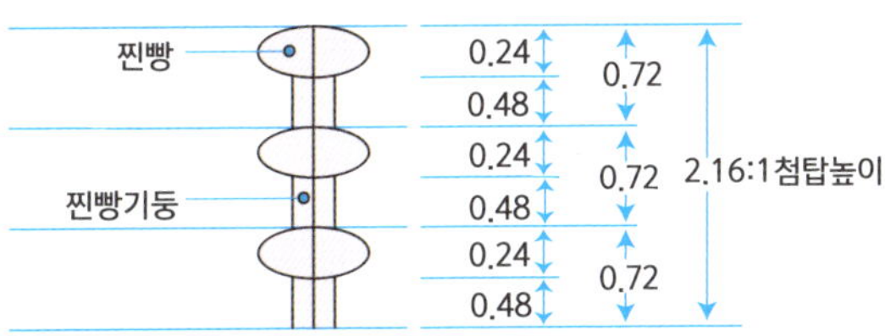

[그림 204] 한개 첨탑의 3개 찐빵(1첨탑 높이가 2.16일 경우)

1첨탑 높이가 2.16이랍니다. 이 1첨탑높이는 단순높이이며 여기에 다시 찐빵이 되었든 뭐가 되었든 또 들어간답니다. 일반적으로 3개의 찐빵이 들어가겠죠. 한 개 첨탑높이 2.16에 3개의 찐빵이 들어가네요. 각 찐빵높이는 0.72가 될 겁니다. 문제는 이 찐빵높이도 진짜 찐빵 1개와 찐빵기둥으로 되어 있답니다. 만약 찐빵 자체 높이가 찐빵높이 72cm의 1/3이라고 가정할 때 찐빵높이가 72÷3 =24cm가 나온답니다. 찐빵 높이가 24cm는 2+4=6으로 3의 배수가 된답니다.

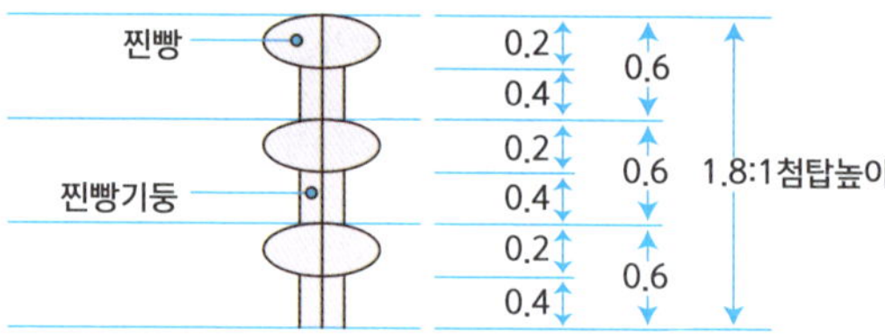

[그림 205] 1첨탑높이 1.8시: 성립이 안됨

만약 1첨탑높이가 1.8이면 1첨탑높이자체는 숫자합이 9이지만 3개의 찐빵을 넣어 보면 각 찐빵높이는 0.6이랍니다. 진짜 찐빵높이가 1/3이라고 보면 0.6÷3=0.2로 찐빵높이는 20cm로 2+0=2가 되어 숫자합이 2가 된답니다. 이 중요한 찐빵 자체 높이가 숫자합이 2면 쪼께 문제가 있겠죠.

중요한 것은 반드시 숫자합이 3의 배수라야 한답니다. 특히 꼭다리에서는 3으로 계속 나누어도 숫자합이 3이 나오는 숫자가 제일 좋답니다. 혹자는 순찐빵높이를 찐빵높이의 반으로 하면 되지 않느냐고 얘기할 수도 있지마는 반인지 1/3인지를 알 수 있는 방법이 없으므로 모든 것에 대비를 해 놓아야 되겠죠.

3. 석판탑 규모 개념

(1) 건물규모 개념

7층석판탑에서 기본적인 것들을 말씀드렸으므로 여기서는 아주 간단히 말씀드리겠습니다.

제일 먼저 처마각 설정부터 해야겠죠. 이 처마각이 묘한 것이 숫자가 클수록 수직화 경향을 보인답니다. 이 5층석판탑도 일단 건물폭(1층폭)을 석탑형이 아닌 목탑형으로 생각해 보겠습니다. 그러면 1층폭이 약간 도톰할 겁니다. R(계단단높이)을 18cm로 가정해 보면 처마각은 3각과 6각정도로 생각해 볼 수 있답니다(∵ ⊿3x6=18cm(R), ⊿6x3=18cm).

살짝 규모계획을 그려봅시다.

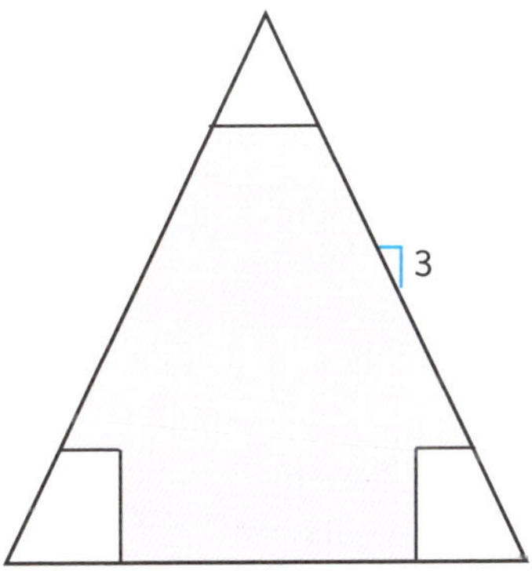

[그림 206] 처마각 3각시 예상되는 건물규모

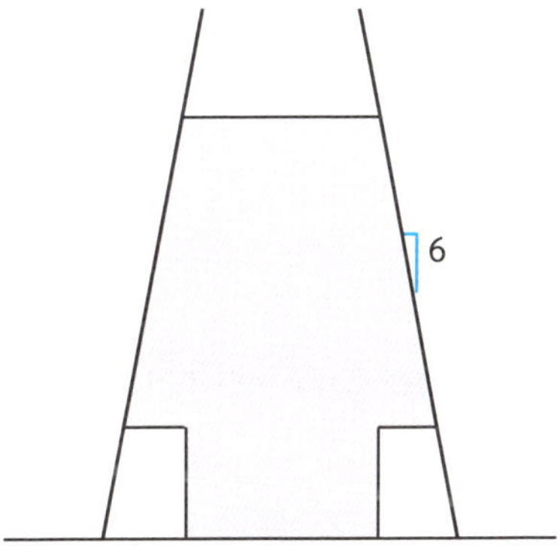

[그림 207] 처마각 6각시 예상되는 건물규모

6각은 꼭 석탑(일반석판탑 포함) 느낌이 나며 날씬하게 보이실 겁니다.
그래도 3각은 어느 정도 중후하면서도 안정감이 드니 목탑형으로는 더 어울릴 것 같네요. 그래서 처마각을 3각으로 가정해서 접근하겠습니다.

(2) 건물폭(1층폭) 개념

7층석판탑과 똑같이 기본 Module은 1.08과 2.7이 되겠죠. 모든 탑에 공통이니까요.
5층지붕폭과 몸통부 높이를 고려하여 1층폭을 12.96m(1.08x6, 2.7x2.4)로 하겠습니다.

말로 다 짓네 ~ㅋㅋ~

(3) 층고 개념

이 5층석판탑의 층고놈이 애를 많이 먹이네요. 7층석판탑은 제 명령 한마디면 졸졸 따라 주었는디 ~ㅎㅎ~ 힘들어도 풀어야겠죠. 말 안들으면 달랠까요 혼을 내줄까요! 알아서 하세요 ~ㅎㅎ~

① 층고 고정층(3층)

사시다 보니 별 희한한 말도 다 들어보시죠. 적당한 용어가 없어서 제가 즉흥적(?) 으로 이름을 붙여 보았답니다. 무슨 말인고 하니! 일반목탑의 3층층고는 어떤 조건만 주어지면 알아서 자동으로 나오게 되어 있답니다(층고지정). 웃기죠!

이 3층층고는 초등1학년도 알아낼 수가 있답니다. 보실까요.

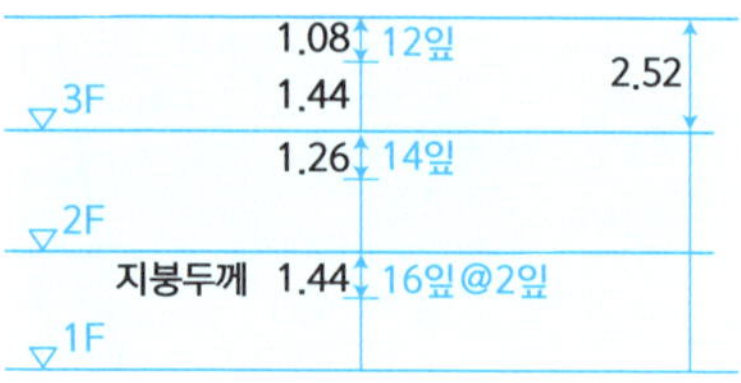

[그림 208] 3층층고: 고정층고

윗 그림을 보시고 어떤 조건을 넣어 봅시다.

어떤조건
- a. 1층지붕잎수가 16잎(상하판 잎수: 각 8잎)
- b. 잎두께: 9cm
- c. 잎수 증감계수 @2잎
- d. 순층고(3층 이상) = 1층지붕두께(1.44=16잎)

∴ 3층층고= 순층고 1.44(1층 지붕두께)+3층 지붕두께 1.08(1.44(1층 지붕두께)−4x0.09(4잎))= 2.52

손을 살짝 대니 지가 알아서 기어나오네요~~

3층층고가 나왔으니 1층층고도 알아봐야겠죠. 제가 말씀드렸을 겁니다. 1층 지붕두께는 1층층고의 1/3이라고 ~ 기억나시죠 ~ 그럼 자동으로 1층층고=1.44x3=4.32

혹시 계산에 잘못이라도 있나요? 근데 이 1층층고에 심각한 문제가 있답니다. 바로 1·2·3층 층고 비례법칙이 맞질 않는답니다(계산상으로는 맞는데, 이론적으로는 잘 맞질 않는답니다. 말이 조금 이상하죠?).

보실까요.

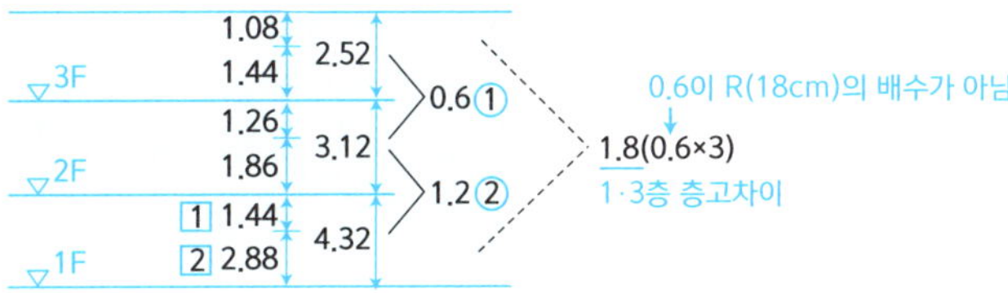

[그림 209] 이론 층고의 문제점

윗 그림을 보시면, 1층과 3층 층고차이가 1.8m(4.32–2.52)가 날겁니다. 이 1.8을 2층과 1층에 나누어서 주어 봅시다.

2층층고= 2.52(3층층고)+0.6(1.8x1/3)= 3.12
1층층고= 3.12(2층층고)+1.2(1.8x2/3)= 4.32

계산상으로 완벽하게 잘 나오니 당연히 맞을 겁니다. 근데, 무엇이 문제일까요.
찾아내셔야 될낀데! 찾아내셨다구요 ~ 아주 영리한 분이시네요 ~ㅎㅎ~ 바로, 1·3층 층고 차이(1.8m)를 3으로 나누었을 때(차이를 1:2 비율로 1·2층에 분배해 주어야 하므로) 나온 숫자는 반드시 R(계단단높이)의 배수가 되어야 하거들랑요. 나누어 볼까요. 0.6(층고차이를 3으로 나눈 수)÷0.18(R)=3.33333 이거 어디까지 가노! 아이고 머리아파! 계단단수는 딱 떨어져야만 한답니다. 다시 2층층고를 R(단높이)로 나누어 볼까요. 3.12(2층층고)÷0.18(R)= 18 1/3단. 하! 머리 아픈 단수네요. 그래서, 이 순수이론인 1층층고 4.32는 파기시키겠습니다. 새로운 1층층고를 찾아야 겠네요. 새로이 찾아낸 1층층고로 5층석판탑의 층고들을 알아봅시다.
잘 나와야 될낀데 ~ 두근두근 ~ 물론 기본원칙들도 지켜야 할 겁니다.

② 층고

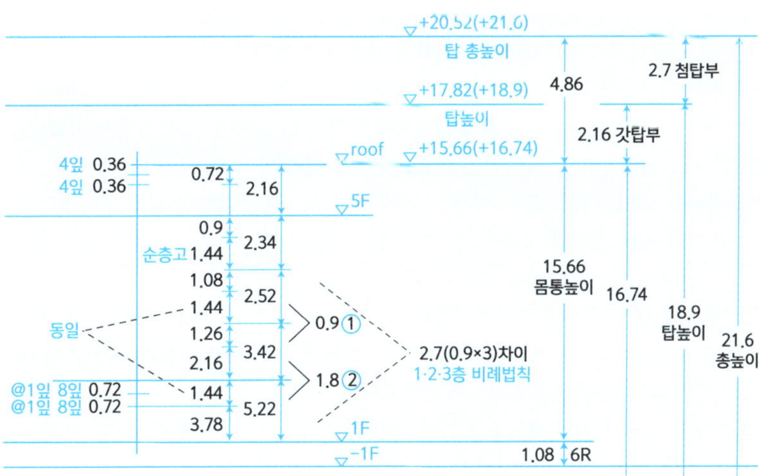

[그림 210] 5층석판탑 층고: 최신형(?)

그림에서 보시듯 1층층고를 이론층고보다 90cm를 더 키워서 5.22(4.32+0.9)로 하면 모든 층고가 아주 자연스럽게 나온답니다. 특이한 것은 꽉다리(갓탑과 첨탑) 높이가 7층석판탑과 동일하게 나오네요. 7층석판탑은 탑폭과 탑높이가 1각(탑각)인데, 5층석판탑은 탑폭과 총 탑높이가 1각으로 나오네요. 쪼께 다르게 나오네요!

4. 개념도

최초안인 R=0.15, t=0.075로 풀어 본 5층석판탑의 의자부 높이가 1.2m로 숫자합이 3이긴 하나 숫자합이 9가 되지 않으므로 아예 쳐다볼 일이 없게 생겼답니다. 설사 숫자합이 9가 나와도 다시 점검해 봐야하는데? 그리하야 층고가 너무 완벽하긴 하나 이 안은 눈물을 머금고 파기해야겠답니다. 다시 다른 방법을 찾아내어야 할 것 같네요. 이 석판탑류가 보기보다 무지 헷갈리더랍니다. 어떤 완벽한 법칙이 있는 것도 아니며, 오로지 돌판두께에 의존하면서 1층지붕하판의 이파리숫자까지 동시에 고려해야 하기 때문이랍니다. 길고 긴 장고(?) 끝에 또 한 가지의 다른 안을 생각해 내었답니다. 돌판두께 7.5cm는 성립 자체가 너무 힘들 것 같아서 돌판두께를 9cm로 하고 1층지붕하판 이파리숫자를 7층석판탑이 10잎이니 5층석판탑은 8잎일 거라는 가정하에 다시 도전해 보았답니다. 돌판 두께가 9cm이니 당연히 단높이 R=9cmx2=18cm가 될 겁니다. 물론 1층지붕 2우수선을 1층지붕 가상하부끝선에 맞추었을 겁니다. 최신형인 우측 도면을 보십시오.

우측 그림을 보시면, 탑규모가 21.6x18.9로 7층석판탑 보다 무지 줄어들었답니다. 1층지붕판 두께를 1.44(0.09x8잎x2)로 했는데 3·4·5층의 순층고도 1.44가 나오네요. 순층고로는 조금 낮은 편이랍니다. 처마각은 Δ6이 너무 무리라서 Δ3으로 하였답니다.

힘들게 5층 목탑형 대형석판탑을 풀기는 풀어보았는데 어느 정도의 신빙성이 있는지는 저도 알 수가 없답니다. 5층석판탑은 보기보다 경우의 수가 제법 있더랍니다. 그냥 돌판두께를 9cm로 했을 때 7층석판탑의 1층지붕하판 이파리숫자가 10잎이면 5층석판탑은 8잎이 맞을 것 같아서 한번 풀어봤답니다. 어느 절에 있었는지는 알 수는 없지만 5층석판탑은 지었던 걸로 보인답니다. 안동지방 근처에 남아있는 석판탑류들이 7층탑과 5층탑이 주류거들랑요. 그런데, 3층 석판탑류는 보이지 않는 걸로 봐서는 3층석판탑류는 짓지 않았던 걸로 보이네요. 3층석판탑이라면 차라리 3층석탑을 지었을 지도 모른답니다.

정리를 해보면, 정통파 신라일반석탑은 3층으로 지었으며, 석판탑류들은 5층과 7층으로 지은 것 같답니다(5층석탑이 제법 있으나, 이것은 변형탑(or 자체 진화형)에 속하거나 백제석탑(주로 5층탑임)과의 융합형태로 보시면 된답니다).

그건 그렇고, 이 석판탑 해독소설(?)이 재미있었나요~ㅎㅎ~ 석판탑류를 더 보시고 싶으신 분은 제가 펴낸 '탑의 신비를 찾아서'를 보시면 몇개가 더 있을겁니다.

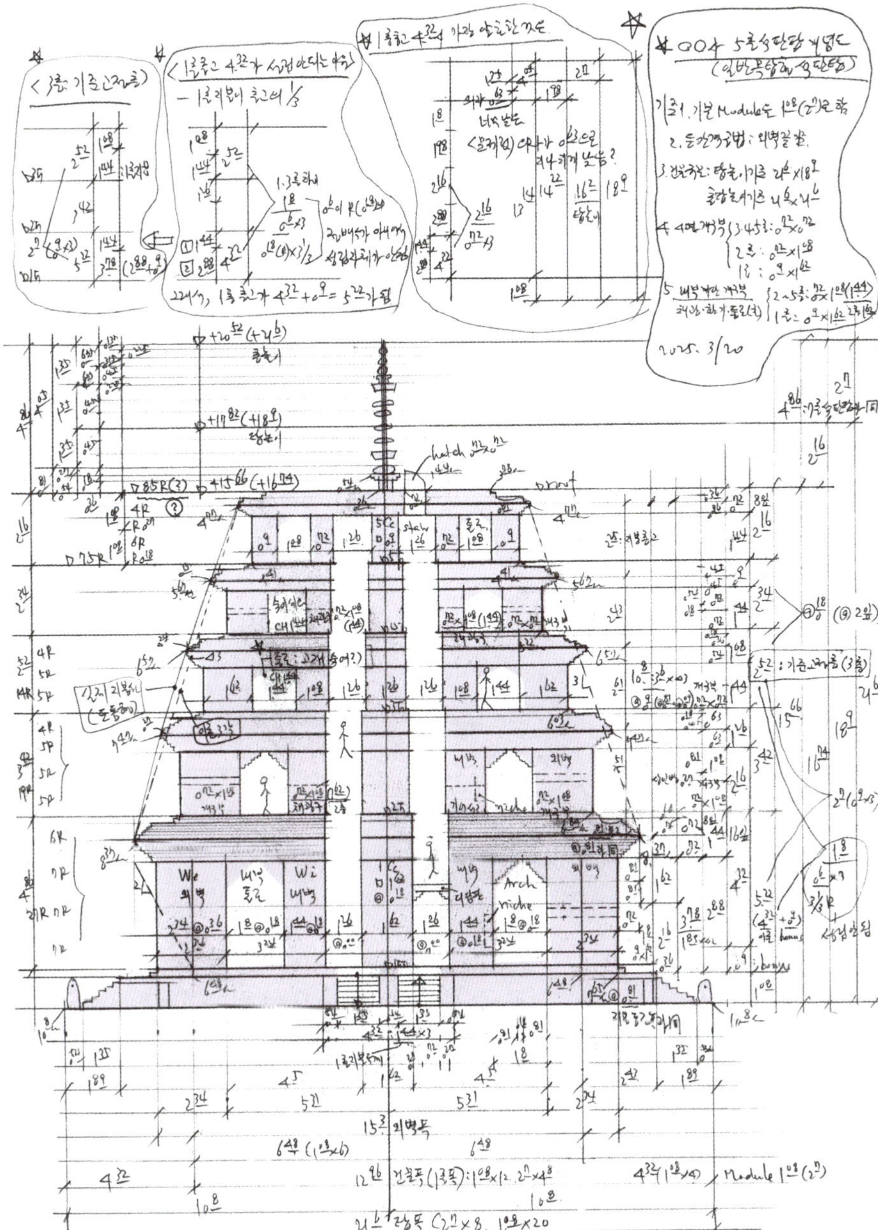

[그림 211] 5층석판탑 개념도(목탑형) : 최신형

Notice 원본도면 No.37 (317p) 5층석판탑 개념도(목탑형) : 최신형

高仙寺址塔

고선사지3층석탑

感恩寺址塔

감은사지동탑

Part 3. 신라의 석탑

저희들이 동궁과 월지(안압지. 월지의 동쪽에 동궁이 있었던 걸로 추정된다 카네요!)의 동쪽측의 건축물(황룡사9층목탑과 분황사7층석판탑)을 보다 보니 그냥 지나가기가 섭섭하니 더 동쪽(감포쪽)에 있는 고선사3층석탑과 감은사3층석탑도 심심풀이(?)로 한번 구경이나 합시다.

아주 간단하지만 그래도 이 두 석탑은 3층석탑전성기시대의 전형적이며 아주 웅장한 석탑이므로 탑의 생김새 정도는 알아야겠죠. 이 두 탑은 신라 3층석탑의 완성형이랍니다.

간단히 봅시다.

1. 고선사지탑(경주 고선사지3층석탑)

고선사지탑은 보문(암곡동)쪽에 있던 탑을 경주박물관으로 옮겼답니다. 이 탑이 재미있는 것은 감은사탑과 탑높이와 총탑높이가 같으며 탑폭까지 같답니다. 두 탑을 분석해 보시면 동일인(동일인이 아니라면 수제자일 확률이 높거나 아니면 석탑제작에 관련된 기본도면이 있었을 것으로 보인답니다.)이 설계한 것일 확률이 무척 높답니다. 거의 동시대에 만들어진 것 같은 느낌은 들지만 아마도 고선사지탑이 조금 더 빨리 만들어졌을 수도 있답니다. 이유는 고선사지탑이 대본쪽에 있는 감은사지탑보다 경주에 가깝답니다. 가깝다고 꼭 빨리지어 졌다고 할 수는 없겠지만 확률적으로 보문쪽을 거쳐야 대본쪽으로 갈 수가 있기 때문이랍니다.

즉, 대본(감포밑쪽, 대왕암(문무왕수중릉)있는 쪽)쪽으로 가는 길목 부근에 고선사지가 있었다는 말이랍니다. 그래도 연대추정이 어렵기는 마찬가지네요?

이 고선사지탑과 감은사지탑은 신라3층석탑 중 규모가 큰 것으로 봐서 3층 석탑 전성기에 만들어진 탑으로 추정이 된답니다. 고선사지탑 형태나 한번 보고 가야죠. 실측치수를 근거로 각층고의 숫지합을 9에 맞추어서 치수를 넣어 보았답니다.

Notice 원본도면 No.38 (319p) 고선사지3층석탑 개념도

순수이론치수는 1·2·3층 층고비례공법으로 가정해 본 것이랍니다. 이 순수이론이 억수로 헷갈리게 되어있더랍니다. 즉, 목탑형일 때와 석탑형일 때의 순수이론치수개념이 다른 것 같더랍니다. 제일 처음에는 목탑형이론치수로만 생각을 했었는데, 현재의 실측치수와 너무 많은 차이가 나서 다시 석탑형이론치수를 실측치수에 근거하여 설정을 해 보긴 했는데 접근방법이 옳은지까지는 잘 모르겠네요. 한번 비교해 보실까요. 몸통부 기준이랍니다.

물론 고선사지탑 기준이겠죠.

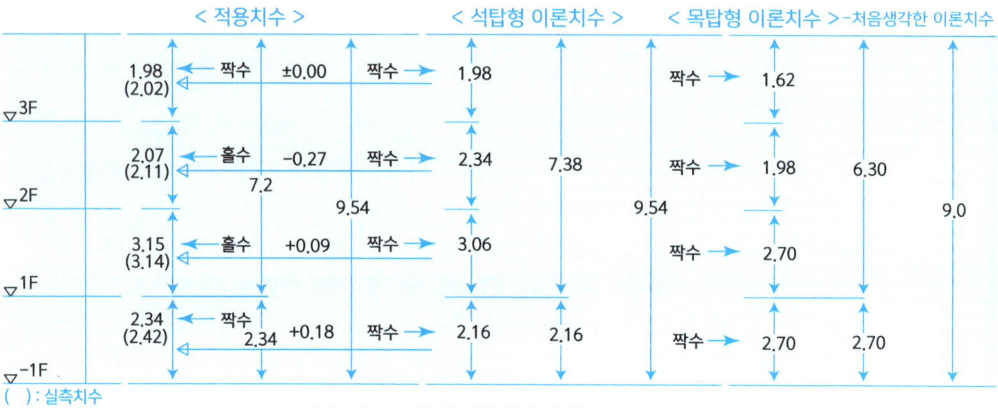

[그림 212] 고선사지 이론치수와 적용치수

제일 처음 이론치수는 목탑형·석탑형 구분없이 그냥 단순한 이론치수였는데 실측치수와 비교를 해보니 너무 많은 오차(54cm)가 나길래 무슨 이런 일이 다 있지 하고는 길고 긴 장고(?)에 들어갔겠죠. 여러 많은 생각 끝에 제가 제일 처음 생각한 이론치수가 목탑형이론치수라는 걸 인지했답니다. 이 목탑형이론치수는 말 그대로 일반목탑에는 한 개의 첨탑만 있는 이론안이랍니다. 그러고 목탑형이론치수는 치수가 단순하면서도 층고 등의 기본치수 끝수가 짝수도 짝수지만 0.18(R)로 나누어지는 치수로 되어있답니다.

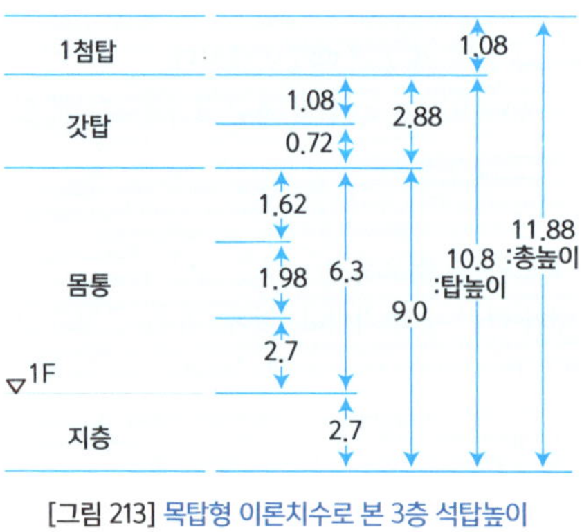

[그림 213] 목탑형 이론치수로 본 3층 석탑높이

3층석탑의 기본처마각이 ⊿6이므로 계단단높이가 당연히 ⊿6x3=0.18로 R=0.18이기 때문일 겁니다.

이 목탑형이론치수로 3층석탑의 높이를 계산해 보면 좌측에서 보듯이 첨탑은 1개이며, 탑높이는 10.8이 되며, 첨탑 포함 탑총높이는 11.88이 나온답니다. 일반목탑형은 탑총높이는 크게 의미가 없을 수도 있답니다.

이 자체로도 훌륭한 3층석탑이 되긴 된답니다. 그런데, 일반목탑이 완전히 석탑화되면서 석탑에 어울리는 치수개념이 등장한 것으로 보인답니다.

즉, 탑총높이가 1.62(1.08x1.5)가 더 높아졌답니다. 이 1.62m 중 1/3인 0.54는 몸통부에 주고, 나머지 1.08은 석탑의 제2첨탑이 되면서 석탑의 완성형인 2개의 첨탑이 된 걸로 보인답니다. 몸통부가 0.54라는 공짜치수를 얻었으니 당연히 석탑형이론치수가 등장한 것으로 보인답니다.

그래서 여러 생각 끝에 1·2·3층 비례공법을 적용해서 제 나름대로 석탑형 이론치수를 가정해 봤답니다. 숫자를 맞추기는 맞추었는데 층고 등의 끝수가 홀수가 많이 등장한답니다? 홀수가 많이 등장하는 것은 그리 바람직한 것은 아니랍니다.
어쨌든 계단 단높이가 R=0.18이 아니라 R=0.09로 아마 생각했었는가 봅니다? 어차피 계단은 없으니까요? 이 석탑형이론치수와 적용치수를 비교해 보시면, 3층 층고는 같으며, 2층층고가 0.27줄어들면서 1층에 9cm, 지하층에 18cm를 나누어 주네요. 마음씨 고운(?) 2층 아지아네요. 저라면 안 줄낀디? 왜 멀쩡한 이론치수를 떼어다가 다른 층에 나누어 주는지는 알 수가 없답니다.
지붕끝선은 등간격공법을 적용했으므로 처마각 ⊿6은 아닐 겁니다. 아마도 지붕각은 방향성을 잃은 것 같답니다. 간단히 지하층과 1층 부분만 확대해서 봅시다. 지하층부터 먼저 봅시다.

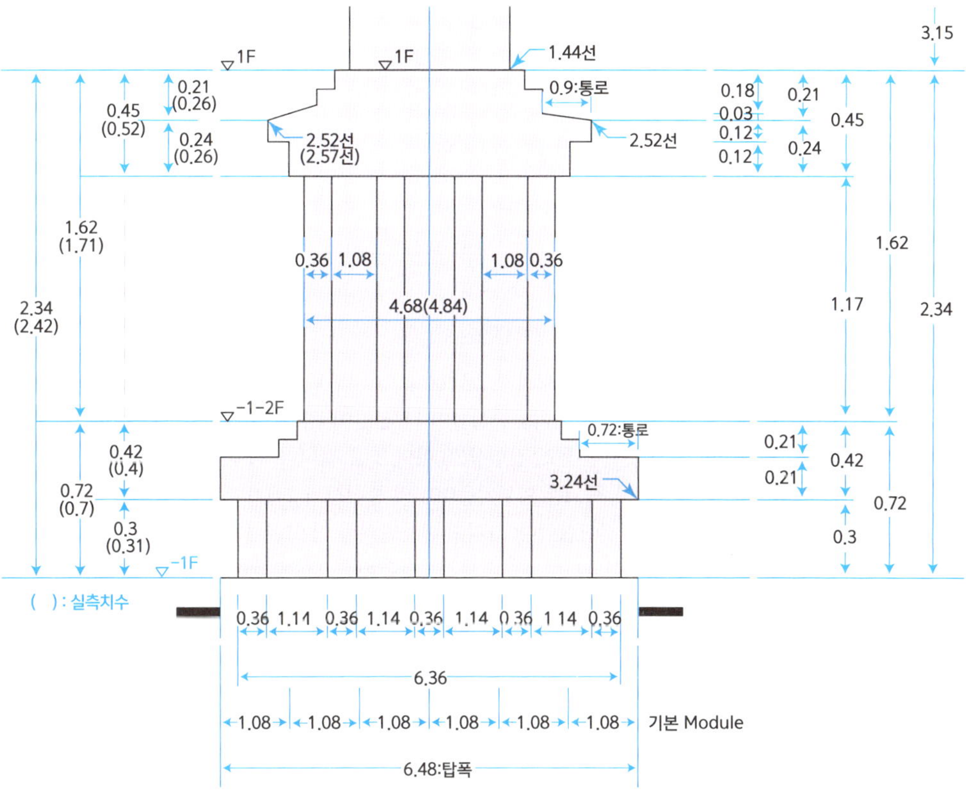

[그림 214] 고선사지탑 : 지하층 개념도

지하층이 삐쭉해졌네요 ~ㅋㅋ~ 치수 등을 넣다보니 그렇게 되었네요.
실제는 펑퍼짐 할겁니다.

보시다시피 -1-2F기둥은 4개이며, -1F기둥은 5개랍니다. 현재의 석가탑과 비교해 보십시오. -1-2F 상판두께가 실측치수와 잘 맞질 않네요?

1층도 잠깐 봅시다.

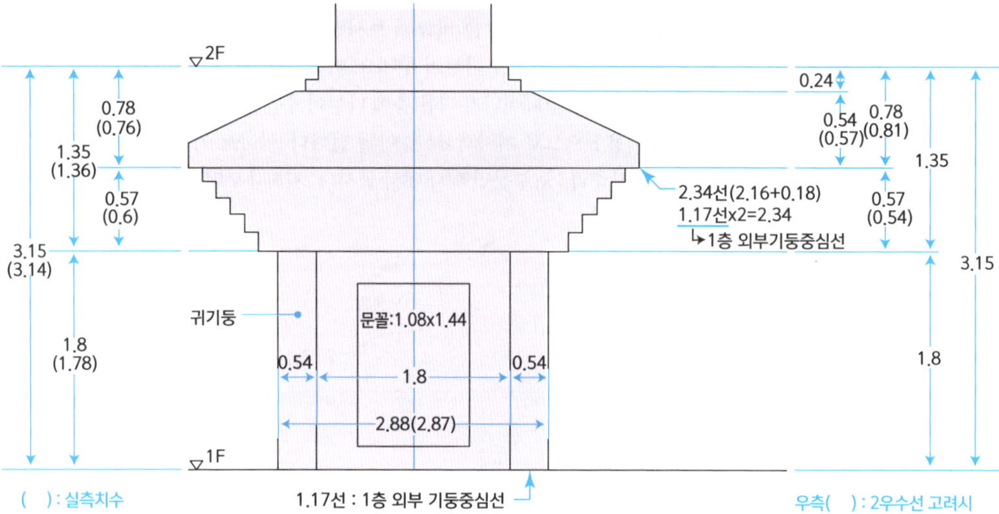

[그림 215] 고선사지 1층입면도

1층이 특이한 것은 1층벽면에 문꼴이 새겨져 있답니다. 탑 내부로 무척이나 들어가고 싶었나 보군요. 다보탑 같이? 그리고 1층 외부기둥중심선이 1.17선인데 1층 지붕끝선이 2.34선이네요. 1.17x2=2.34, 계산이 맞는지 헷갈리네요. 경험상(?) 아마 맞을 겁니다. 다보탑·석가탑·고선사지탑·감은사탑이 다 똑같답니다. 즉, 1층 외부기둥(1C1)의 중심선의 2배가 1층지붕끝선이 된답니다. 참 묘하죠. 알다가도 모를 일이랍니다. 그리고 다보탑처럼 이 고선사지탑의 1층 지붕끝선을 2우수선으로 맞출수가 있긴 있답니다. 1층 지붕판상판두께를 0.78에서 0.81로 3cm를 키우면 묘하게도 1층 지붕이 2우수선이 가능하답니다(도면 우측 치수에 괄호로 표기되어 있음).

문제는 실측치수와의 차이가 너무 난답니다. 그래도 2우수선을 적용할까도 생각중이랍니다. 꼭다리 의자가 아주 특이하게 생겼네요.

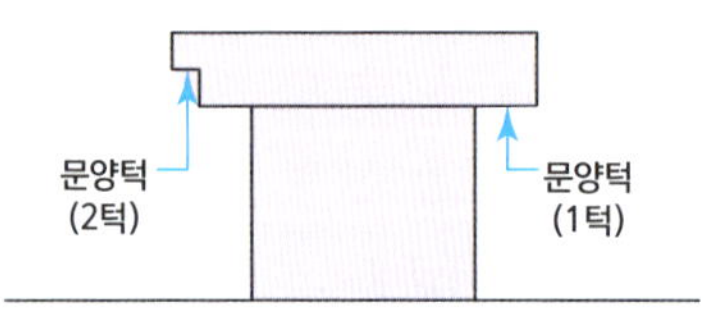

[그림 216] 일반적인 탑류의 의자형태

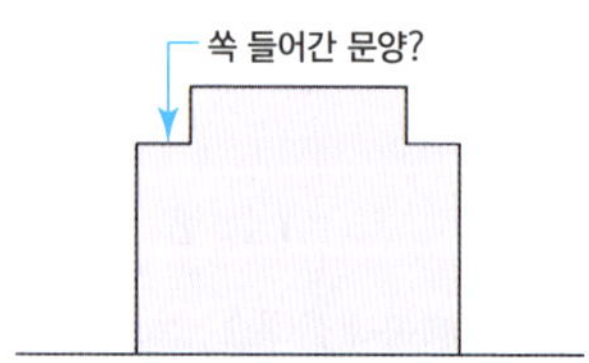

[그림 217] 고선사탑의 의자 : 역문양턱?

일반적으로 의자 날개문양턱이 2개가 되었든 1개가 되었든 툭 튀어나오는데, 이 고선사탑은 날개가 나와야 하는데 내부로 쏙 들어갔네요?
알다가도 모를 일이랍니다. 참 헷갈리네요? 깨먹었나.
그리고 다른 탑(감은사탑, 석가탑 등)에 비해서 꼭다리(갓탑과 첨탑) 높이가 18cm가 적답니다.
그래서인지 층고(특히, 지하층고와 지붕두께) 추정이 너무 어렵네요.

이 고선사 3층석탑은 보존상태가 아주 양호하답니다. 3층석탑 중에서도 특A급에 속한답니다. 물론 작품 자체도 특A급이겠죠. 균형잡힌 몸매에 중후하면서도 은은한 멋이 있답니다.
키도 석가탑보다 한 단계(2.7m) 큰 13.5m로 아주 준수하게 생긴 멋쟁이랍니다.

잘 보존해야 되는 훌륭한 건축물이랍니다.

2. 감은사지동탑(경주 감은사지 동·서 삼층석탑)

감은사지[경주에서 보문호(그 위쪽에 덕동댐이 있음: 암곡동-고선사지탑이 있었던 곳)를 끼고 기림사(골굴사도 있음:한국의 소림사?)를 거쳐 감포에 거의 다 가서 어일에서 우측으로 가면 대본(대왕암쪽) 약간 덜 가서 좌측에 있음]에 있는 쌍탑 중 동탑에 대해 알아봅시다. 쌍탑으로 아주 유명한 탑이랍니다. 실측치수가 동탑기준으로 나와 있답니다. 서탑실측치수도 있었으면 비교가 아주 편리한데 조금은 아쉽기도 하답니다. 서탑은 정확히는 알 수는 없지만 현상태의 몸통폭이 동탑보다 약간 가늘다는 것까지는 살짝 인지만하고 있답니다. 두 탑이 동일하게 만들어졌는지 아니면 처음부터 서탑을 약간 가늘게 만들었는지 아님, 어떤 보수과정에서 살짝 변형이 되었는지는 알 수는 없으나 일단은 동·서탑이 똑같은 탑으로 가정하고 동탑을 같이 풀어봅시다. 처음에는 아무런 실측치수도 알 수가 없어서 오로지 가정으로 자질과 감만으로 탑높이가 10.8m로 풀었답니다. 실측치수를 입수하고 다시 풀어보니 석가탑과 마찬가지로 높이가 0.54더 높아져서 탑높이가 11.34가 되네요. 인간의 눈과 감은 그리 정밀하지가 않은가 봅니다. 저만 그런가? 어쨌든 틀리기는 틀렸지만 비스무리하게는 맞추었네요.

처음 풀 때에는 인터넷에 있는 사진이 동탑사진인지 서탑사진인지조차도 모르고 좌충우돌 했었는데? 나중에 가마이 생각해보니 웃음만이 나오더랍니다. 동탑을 같이 보실까요. 실측치수에 최대로 근접시켜 보았답니다.

Notice 원본도면 No.39 (321p) 감은사지동3층석탑 - 개념도

층고만 조금 다를 뿐이지 고선사지 3층석탑과 거의 동일하답니다. 가상이론치수와 비교해 보면 지하층고는 18cm가 적으며, 2층층고 18cm를 떼어다가 1 & 3층에 9cm씩 나누어 준답니다. 2층층고 아지아가 마음이 그리도 착하신 분인가 봅니다. 석가탑·고선사탑·감은사탑 다 같이 떼어주네?

이유를 알 수 있는 방법이 없네요. 이 감은사탑의 지하층고가 무지 헷갈리게 되어있답니다. 실측치수를 보면 2.7m가 아니라 2.43m가 되어야 맞답니다. 이 줄어든 0.27을 몸통부 쪽에 주어야 하는데 실측치수를 보면 줄 때가 없답니다. 공정하게 1·2·3층에 9cm씩 주면 되는데 아무도 받아줄 마음의 여유가 없답니다. 그렇다고 이 27cm를 꼭다리에 줄려고 해도 꼭다리도 다 받아줄 마음의 여유가 없다하네요? 18cm만 받아주겠답니다. 그래서 이 감은사탑의 지하층고가 비록 실측치수로는 2.43에 가깝지만 아무도 다 받아주질 않으니(?) 2.52가 될 처지랍니다. 8짜가 사납네요. 아무도 모르죠. 꼭다리에서 지하층이 불쌍하니 9cm를 더 받아들이겠다면 지하층고가 실측에 가까운 2.43m가 될 수도 있답니다? 실제로는 지하층고 2.43이 홀수(13.5R)라서 짝수인 2.52(14R)로 한 것이랍니다. 지하층고가 홀수가 되면 꼭다리치수도 자동으로 홀수가 될 겁니다.

이 놈의 홀수·짝수가 뭐길래 이리도 헷갈리게 만드노. 저희들이 신라의 3층석탑을 두고,

3층석탑으로 부르기는 하나 수학적으로는 정확히 4층석탑이랍니다. 다보탑도 정확히는 2층석탑이랍니다. 지하층까지도 완벽하게 반지하도 아닌 온지하랍니다. 앞에서 보셨겠지만 신라의 석판탑이나 전탑같은 경우는 지하층이 온전하지 못하답니다. 전에는 신라사찰 목탑도 보셨을 겁니다. 지하층이라 해 봤자 6R(6단) 밖에 안 된답니다. 반지하도 아니고 그렇다고 1/3지하층도 1/4지하층도 아닌 그냥 기초판(토대)같은 느낌이 강하여 이런 높이도 지하층으로 분류해야 될지 애매는 하나 층고를 갖고 있으므로 지하층에 포함시킨답니다. 백제석탑이나 사찰목탑들도 신라의 석판탑과 같이 지하층이 6R이라 지하층으로 봐야 할지가 애매하긴 하답니다. 우스개로, 신라사찰목탑·석판탑·전탑 등과 백제석탑·사찰목탑 등은 무지 많이 봐주면 반지하층으로 까지는 봐줄 수가 있으니 지하층으로 낑가줄까요? 형태는 어느 정도 갖추었으니 낑가주자고요. 그럼, 낑가 주는데 돈드는 것도 아닌데 낑가드리죠머~ㅎ~

그런데, 신라석탑은 완벽한 온 지하층이니 봐줄 필요도 없이 정식으로 지하층이 되며 1개층이 된답니다. 신라석탑이 아닌 다른 탑들도 다 정식지하층입니데이.
자꾸 그리기도 그러니 고선사지 3층석탑과 감은사지 3층동탑의 높이 비교표를 만들어 봅시다.

		고선사지3층석탑 : 6.48 x 13.5			감은사지3층동탑 6.48 x 13.5		
		층 고		총높이 ▽+11.16(+13.5)	층 고		총높이 ▽+10.98(+13.5)
첨탑	2첨탑	2.16	1.08		2.16	1.08	
	1첨탑		1.08	탑높이 ▽ +9.0(+11.34)		1.08	탑높이 ▽ +8.82(+11.34)
갓탑	갓탑	1.8	1.08		1.98	1.08	
	이자부		0.72	지붕 ▽ +7.2(+9.54)		0.9	지붕 ▽ +6.84(+9.36)
3층	지붕판	1.98	1.23		1.89	1.14	
	몸통		0.75	▽ +5.22(+7.56)		0.75	▽ +4.95(+7.47)
2층	지붕판	2.07	1.29		1.98	1.2	
	몸통		0.78	▽ +3.15(+5.49)		0.78	▽ +2.97(+5.49)
1층	지붕판	3.15	1.35		2.97	1.26	
	몸통		1.8	▽ +0.00(+2.34)		1.71	▽ +0.00(+2.52)
지하층	-1-2F	2.34	1.62		2.52	1.8	
	-1F		0.72			0.72	

[표 6] 고선사지3층탑과 감은사지3층동탑의 높이 비교표(탑폭은 모두 동일함)

지붕판은 상판·하판으로 나누지 않고 간단히 묶었답니다. 지하층이 고선사지가 0.18이 적으며, 고선사지의 2·3층층고는 감은사보다 각각 9cm씩 크며, 1층층고는 18cm가 더 크답니다. 그리고 고선사탑 지붕판두께가 감은사탑보다 모두 다 9cm가 더 두껍네요.

두 탑에서 각층 탑폭들은 같게 하면서 왜 높이에만 차이를 두었는지는 알 수가 없답니다. 감은사지동탑의 보존상태는 비교적 양호하답니다. 감은사탑이 재미있는 것이 있다면 현재 꼭다리 부위에 철심이 아주 길게 남아 있답니다. 이 철심이 갓탑과 첨탑이 무지 높았다는 걸 알려주는 표시이기도 하답니다. 실제로도 높답니다. 이 철심이 중앙에 들어가고 철심 주위에 찐빵기둥과 찐빵이 들어갈 겁니다.

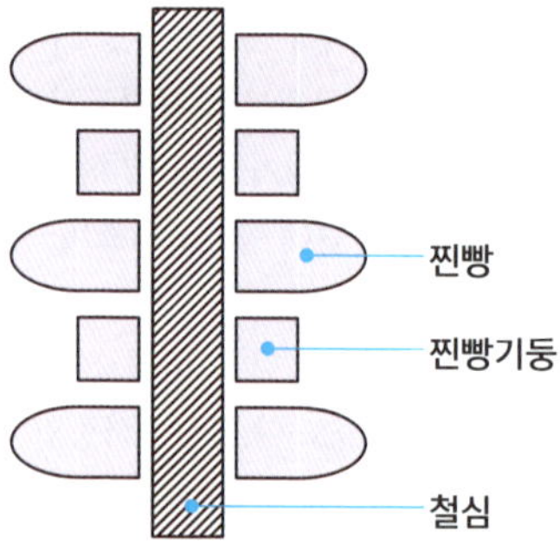

[그림 218] 철심과 찐빵

철심 지름은 찐빵기둥의 1/3로 추정이 된답니다. 자세히 보시면 찐빵이든 찐빵기둥이든 위로 들어올리면 상부쪽으로 다 빠지게 되어있는 구조랍니다. 바람이 심하게 불면 위로 다 날아가 버리니 어딘가에서 빠지지 않게 해야 할 것 같군요. 철심을 중심으로 완전히 조립식구조랍니다.

제가 이 찐빵과 철심의 규격을 어떻게 하면 알아낼 수 있을까 해서 잔머리(?)를 무지 굴려보았는데 이렇지 않을까 하고 생각중이랍니다. 각 찐빵의 폭도 다 같은지 위로 갈수록 작아지는지도 무지 헷갈린답니다.

어떻든 자체 찐빵만 놓고 한번 생각해봅시다.

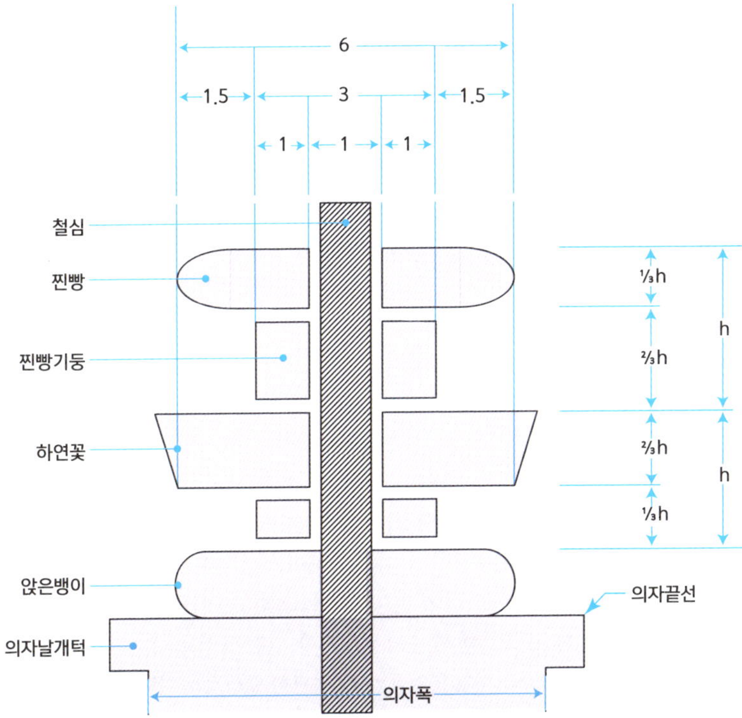

[그림 219] 찐빵폭과 높이개념: 추정(애매함)

찐빵폭이 6이라고 가정하면 찐빵기둥폭은 반인 3이 되며, 찐빵기둥의 1/3인 1이 철심지름이 아닐까하고 생각중이랍니다. 각 찐빵높이는 찐빵 한칸높이의 1/3일 확률이 제일 높으며 어떤 찐빵(하연꽃)은 2/3일 수도 있답니다. 물론 찐빵폭은 의자폭의 영향을 받게 될 겁니다. 즉, 의자폭만 정확하게 인지하면 모든 찐빵류의 폭은 어느 정도 추정이 가능할 수도 있답니다. 의자폭·앉은뱅이폭·찐빵폭 설정을 잘 하는 것이 중요한데 그리 만만치가 않네요. 언젠가는 다 분석해 내셔야 한답니다. 누가요? 이 글을 읽으시는 분이? 꼭다리가 찐빵과 찐빵기둥만 보이는 것 같지만 그 찐빵기둥 속에 또 철심기둥(찰주)이 있는 2중기둥구조를 하고 있답니다. 꼭다리가 보기보다 재미있는 구조랍니다.

이 감은사탑과 고선사탑의 높이 등을 비교해 보면(각층 폭은 동일), 이 감은사탑이 조금 더 균형이 잡힌 걸로 보인답니다. 그래서 고선사탑보다 약간 더 진화가 된 것이 아닐까 하는 생각이 드네요(감은사탑편이라고 편드는게 아닙니데이 ~ㅎㅎ~).

✿ 감은사지의 삼각문양과 태극문양 ✿

감은사지는 동서쌍탑으로 유명하기도 하지만 저희들이 무심코 지나치기 쉬운 태극문양이 새겨진 장대석도 있답니다. 혹시 보신 분이 계시더라도 그리 유심히 까지는 보시지는 않았을지도 모른답니다. 언제 한번 가시게 되면 유심히 한번 보세요. 감은사지에 가시면 긴 장대석 2개가 땅바닥에 놓여 있답니다. 그 중 1개에 태극문양이 새겨져 있답니다(나머지 장대석 1개는 확인할 수가 없었답니다. 가려져 있거들랑요. 혹시 여기도 있을 수는 있답니다). 물론 삼각문양도 함께 새겨져 있답니다. 이 태극문양이 재미있는 이유는 석공이 처음부터 태극문양을 새길려고 한 것이 아니라 장대석면에 삼각문양만을 새기려다가 이유는 알 수는 없지만 갑자기 삼각문양 중간에 태극문양을 새겨 넣었기 때문이랍니다.

그런데 왜 삼각문양을 새기려고 했으며 또한, 이 삼각문양이 무얼 의미하는지 그리고 왜 태극문양을 갑자기 넣었는지를 지금도 생각하고 있습니다만 도통 알 수가 없답니다. 혹시 내용을 아시는 분이 계시면 한 수 알으켜 주이소? 제가 이제까지 생각해 낸 것은 이 삼각문양이 7층탑(관공서)의 처마각(⊿3)과 동일하다는 것 뿐이랍니다. 그렇다면 이 삼각문양은 혹시 7층탑의 형상을 나타낸 것이 아닐까요? 그런데 알 수가 없답니다. 그건 그렇고 왜 이 석공이 삼각문양만을 새기려다가 갑자기 태극문양을 새겨 넣었을까요? 간단하게 생각을 한번 해봅시다. 어떤 과정에서 이 석공아지아가 태극문양을 인지한 것 같답니다. 건축기사가 얘기했을 수도, 책 등에서 봤을 수도, 어떤 친구가 알으켜 주었을 수도, 아니면 어디에선지는 모르겠지만 직접 봤을 수도, 아님 처음부터 태극문양 자체를 알고 있었을 수도 있답니다. 저희들로서는 알 수가 없답니다.

어쨌든 삼각문양만을 새길려다가 대칭도 맞지 않게 태극문양을 갑자기 중간에 넣어버렸답니다. 알다가도 모를 일이랍니다. 건축기사의 지시가 있었을까요. 아님 본인의 순수 판단이었을까요? 본인 판단이었다면 왜 갑자기 마음이 바뀌었을까요? 궁금하지마는 알 수는 없네요. 이 태극문양 장대석을 어느 위치에 사용하려고 만들었는지는 알 수는 없지만 아마도 불량품으로 분류가 되어서 정위치에 사용되지 못하고 별로 중요하지 않은 위치에 사용되었거나 그냥 방치되어 있다가 현재까지 운 좋게 존재하게 된 것 같답니다. 시간나시면 왜 불량품인지도 한번 점검해 보세요. 아마 정위치에 사용되었더라면 현재까지 존재하지도 못했을 수도 있답니다. 참 아이러니 하답니다. 그리고, 이 삼각문양 자체도 자주 접하지 못하는 문양이랍니다. 아마 그 시대에는 이 삼각문양을 선호(?)했었는지도 모른답니다. 다만 저희들이 무슨 의미인지를 모를 뿐이겠지요. 그리고 현재 상태의 태극문양석과 정상적일 경우의 태극 문양석을 한번 비교해 봅시다.

감은사지의 태극문양석도 잠깐 봅시다.

[사진 2] 감은사지 태극문양석

가. 현재 상태의 태극문양석

a. 석공의 최초설계안 : 삼각문양만 고려함

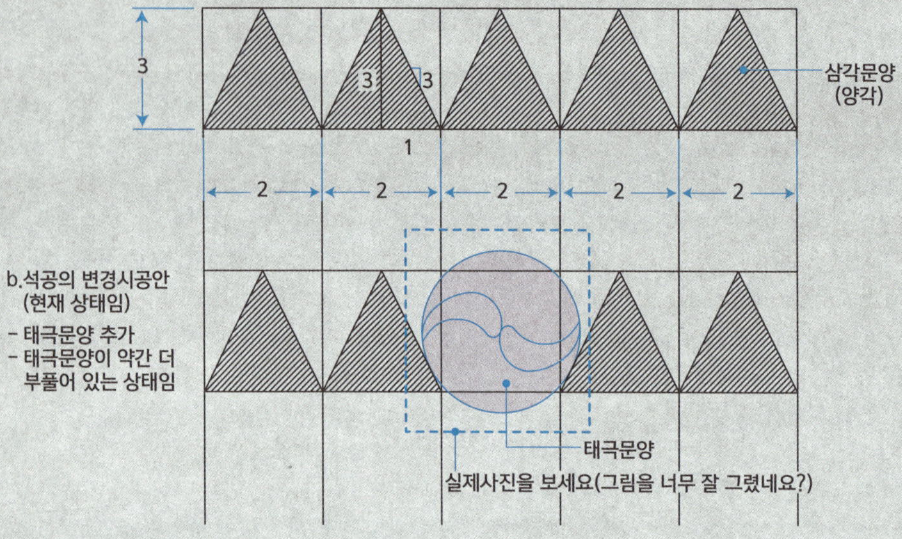

나. 정상적인 일반안 : 삼각문양과 태극문양을 처음부터 넣을려고 했을시의 정상안

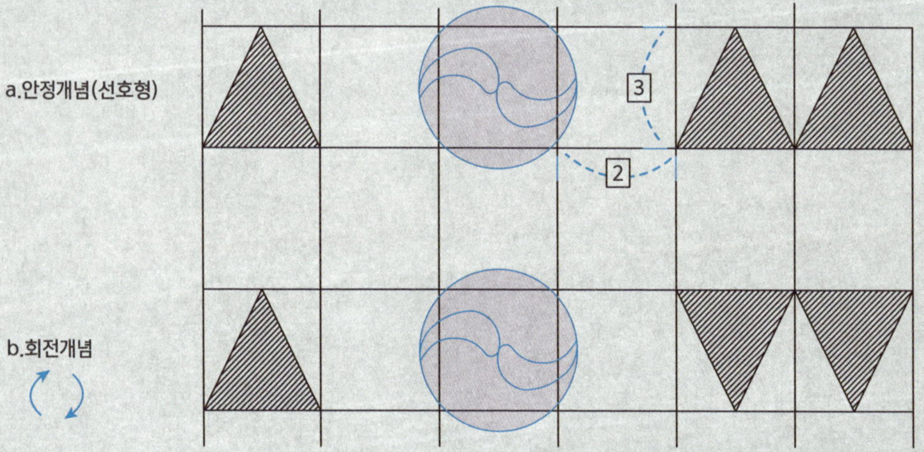

[그림 220] 태극문양을 왜 넣었을까요?

아무리 생각해봐도 우리 석공아지아의 심리상태를 파악할 수가 없네요? 정상적인 일반안은 일반적으로 안정개념 형태를 많이 선택할 것 같답니다. 제가 이 태극문양을 그릴려고 엄청 노력해 봐도 그리기가 너무너무 어렵더랍니다. 원래 제가 그림솜씨도 없는데다가 문양모양새가 하도 헷갈리게 되어 있어서 도통 판단이 되지 않아서 무지 헤맸겠죠. 제가 가마이 있을 놈이 아니겠죠? 그래서 아주 간단한 작도법을 한번 생각해 봤답니다. 맞는지는 영원한 미지수~

제가 그릴 때는 이렇게 그릴 겁니다. 한번 보실까요.

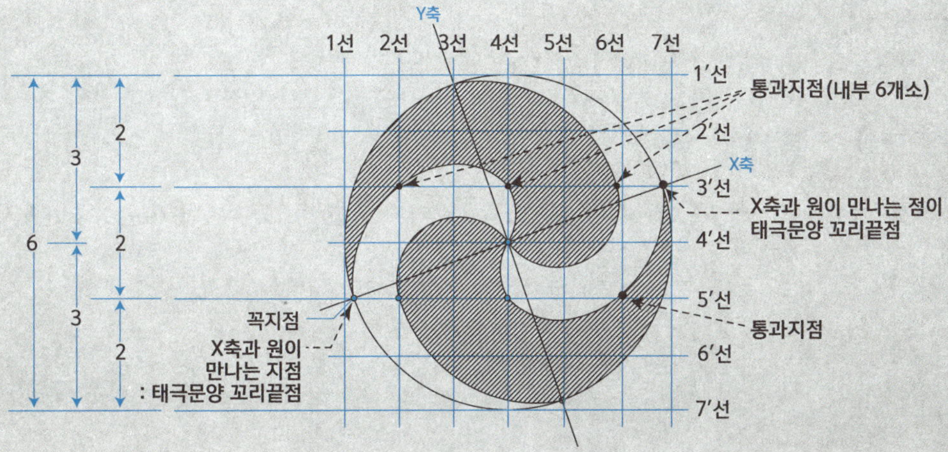

[그림 221] 태극문양 작도법

먼저 6개의 모눈을 만들어, 원을 그린 뒤 원과 3′선 & 5′선의 교차점을 연결하여 X축과 Y축을 만든답니다. 약간은 삐딱은 하지만 X축과 Y축으로 구분하면 X축과 원이 만나는 점이 태극문양 꼬리의 끝점이 되며, 위 그림과 같이 통과지점(6개소)을 기준으로 원이나 곡선형태로 연결하여 그리면 될 것도 같은데? 확실치는 않지만 대충 눈대중으로 맞추어 보았답니다. 사실은 그리기가 너무 힘이 들어서 제 나름대로 잔머리 한번 굴려 보았답니다.

언젠가는 완전한 작도법을 어떤 누군가는 반드시 찾아내셔야만 한답니다. 태극문양이 새겨진 상태만 갖고도 유심히 보시면 우리 석공 아지아의 고민 흔적과 심리 상태까지도 어느 정도 파악이 가능할 수도 있답니다 ~ㅎ~

Part 4. 신라탑의 개념과 원리 및 용어와 약자

신라탑의 개념과 원리 및 용어와 약자가 내용상 제일 앞쪽으로 가는게 맞을 겁니다.
어느 정도 기본개념을 알고 본 내용을 보는 것이 순서는 맞답니다. 그러나, 이론(?)들이 먼저 나오면 본 내용을 보기도 전에 지쳐버릴까봐 뒷쪽으로 옮겨 왔답니다.
내용을 보시다가 잘 모르는 용어나 궁금하신 것이 있으신 분은 읽으시는 중간중간에 보면 도움이 되실겁니다.

1. 탑의 개념

황룡사9층목탑은 너무나도 많이 들어서 본적은 없지마는 아주 친숙한 이름으로 들리실 겁니다. 분황사탑은 어찌 되었든 현존하니 보신 분들이 많이 있으실겁니다.
고선사탑과 감은사탑은 경주시내에서 조금 떨어져(감포쪽) 있어서 듣긴 들었지만, 가보신 분은 그리 많지는 않으실겁니다(고선사탑은 경주국립박물관으로 옮겨서 자주 보실 수 있을겁니다).

이 탑들을 이해하기 위해서 신라탑의 개념 등을 간단히나마 아시면 이해하기가 편하실 겁니다.

(1) 신라탑 분류

일반적으로 우리가 탑이라고 하면 자주 접해본 석탑이 제일 먼저 떠오르실 겁니다.
하지만 신라시대에는 저희들이 처음 들어보는 목탑도 있었답니다.

탑을 이해하기 위해 신라시대에 있었던 탑들부터 먼저 정리를 해 봅시다.

신라탑(新羅塔) 분류표

	대분류	소분류	탑명	용도	현상태	탑규모(탑폭 X 탑높이) - 단위 : m	비 고
목탑	1. 일반목탑		9층 목탑	관공서	옥룡암바위에 조각상태	108 ×108	
			7층 목탑	관공서		97.2 × 86.4	
			5층 목탑	관공서	-	86.4 × 64.8	행방불명
			3층 목탑	관공서	2 마애조상군에 조각상태	75.6 × 43.2	
			1층 목탑	관공서		64.8 × 21.6	
			첨성대	관공서	현존	18.9 × 13.5	-1층목탑
			석굴암	종교	현존	43.2 × 16.2	1층목탑
	2. 사찰목탑		황룡사 9층 목탑	종교	-	48.6 × 67.5	기록
석탑	1. 일반석탑	목탑형 소형석탑	다보탑	종교	현존	7.56 × 10.8	1층석탑
		일반석탑 (석탑형 석탑)	석가탑	종교	현존	4.32 × 10.8	3층석탑
			고선사탑	종교	현존	6.48 × 13.5	3층석탑
			감은사탑	종교	현존	6.48 × 13.5	3층석탑
			미탄사탑	종교	현존	3.78 × 10.8	3층석탑
			나원리 5층석탑	종교	현존	5.4 × 13.5	
	2. 석판탑	목탑형 대형석판탑	분황사 7층탑	종교	3층존재	27 × 29.7	돌판탑
		일반석판탑	봉감 5층탑	종교	현존	6.48 × 16.2	
	3. 전탑	일반전탑	신세동 7층탑	종교	현존	16.2 × 18.9	
	4. 석판+전탑 (혼합형)						존재함

*Notes
첨성대는 경주 쪽샘44호분 토기행렬도에도 그려져 있음.
이 토기행렬도의 첨성대 형태가 본래 모습임 ~ㅎㅎ~

[표 7] 신라탑 분류표

보시면, 목탑에도 일반목탑(관공서 건물, 사찰목탑과 구분하기 위한 이름임)과 사찰목탑이 있으며, 석탑류에도 친숙한 일반석탑도 있지만 석판탑류(석판탑과 전탑) 등이 있답니다.
이번 편에서는 사찰목탑(황룡사9층목탑 등)과 석판탑(분황사탑) 및 석탑 중 고선사지탑과 감은사지탑을 보게 될 겁니다.

(2) 각 탑들의 구분법

탑들을 보시면 일반석탑같은 경우는 하도 많이 봐와서 금방 알아보실 겁니다.
탑을 크게 분류해 보면, 목탑에는 일반목탑과 사찰목탑이 있으며, 석탑류에는 일반석탑과 석판탑류(석판탑·전탑)가 있답니다. 이 네 종류의 탑들의 생김새(형태)가 조금씩 다르답니다.
어떻게 다른지 알아볼까요. 이것만 아셔도 어떤 탑을 보는 순간 '저놈이 일반목탑이었구나' 라는 걸 금방 알아 보실겁니다 ~ㅎㅎ~ 볼까요.

① 일반목탑 형태

이 일반목탑을 보신 분들은 아마도 없을 겁니다? 근데, 저는 수도 없이 많이 봤답니다 ~ㅋㅋ~ 혹시 정가 눈에 문제가? 아마 보신 분들이 실제로는 제법 있으실 겁니다. 경주 남산 옥룡암근처에 가시면 옥룡암바위(9층탑·7층탑)와 그 근처에 있는 2마애조상군(1층탑·3층탑)에 물경 4개의 일반목탑이 바위에 단단히 새겨져 있답니다. 보신 분들은 거의 대부분 사찰목탑이 아니었을까 하는 생각에 일반목탑을 보시고도 전혀 인지 못하셨을 겁니다. 그냥 사찰목탑을 본 꼴이었을 겁니다. 이 일을 우짤꼬 ~ㅋㅋ~ 일반목탑(관공서)의 형태를 보실까요

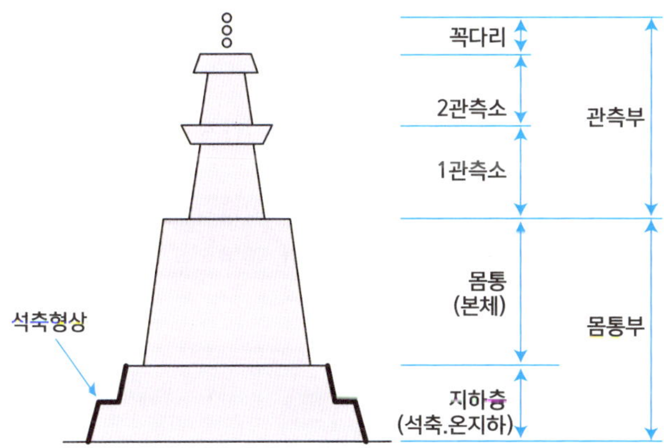

[그림 222] 일반목탑 형태

보시면, 윗쪽에는 관측부가 있으며(2관측소는 9층탑에만 있음), 본 건물인 몸통부에는 몸통과 지하층(석축이 본 건물을 감싸고 있음)이 있답니다.
이 석축의 형상(모양새)을 잘 기억하세요. 아직 5층탑을 찾아내지 못했답니다. 아마 어떤 바위에 새겨져 있을지도 모른답니다. 경주 남산이 아닐 수도 있겠죠!
보신 분은 반드시 공개해 주이소 ~ㅎㅎ~

② 사찰목탑 형태

이 사찰목탑은 모형탑 등을 통해서 보신분들이 제법 있을 겁니다. 어찌 생겼을까요.

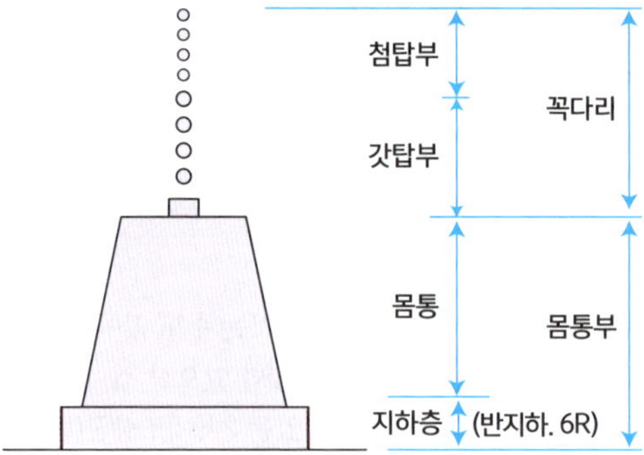

[그림 223] 사찰목탑 형태

일반목탑과 비스무리하게 생겼을 겁니다(어쨌든 목탑이니까?). 근데, 크게 다른 것이 있을 겁니다. 윗쪽의 꼭다리(갓탑과 첨탑)는 같답니다.
사찰목탑에는 관측소가 흔적도 없이 사라졌네요.
몸통부는 어차피 사용공간이니 같겠죠.
그런데, 지하층이 크게 다를 겁니다. 석축이 흔적도 없이 사라져 버렸으며, 특히 지하층 높이가 6R(계단단수로 6단)로 쥐꼬리만해졌네요 ~ㅋㅋ~

이 쥐꼬리만한 6단 높이도 지하층이랍니다(토대로 생각하시면 안됩니데이).
근디, 이 지하층에는 들어가서 일할 공간(?)이 없답니다 ~ㅎㅎ~

③ 일반석탑 형태

이 일반석탑은 누구든지 다 아니 특별한 설명은 필요없겠죠. 제 입만 아프니까요 ~ㅎㅎ~

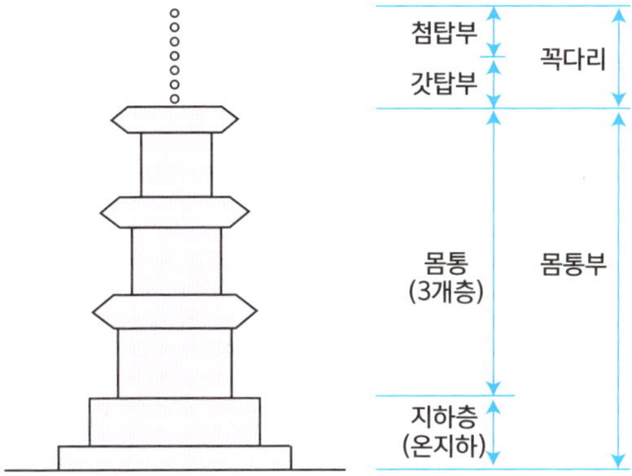

[그림 224] 일반석탑 형태

제일 위에는 꼭다리가 있겠죠.

몸통은 3개층으로 되어 있네요(정통파 층수임, 변형으로는 5층도 있겠죠. 백제석탑은 기본이 5개층임). 밑에는 지하층이 있답니다. 이 지하층이 신기(?)한 것이 신라일반석탑은 기본이 온지하랍니다(이 지하층은 토대가 아닙니데이. 일반적으로 기단으로들 알고 있으나 아마 잘못 알고들 있을겁니다. 완벽한 지하층이랍니다).

그런데, 백제석탑은 묘하게도 6단(6R)이랍니다.

④ 석판탑류 석탑 형태

석판탑(돌판탑)과 전탑(벽돌류탑)을 이르며, 석판탑은 목탑형과 석탑형으로 구분될 겁니다.

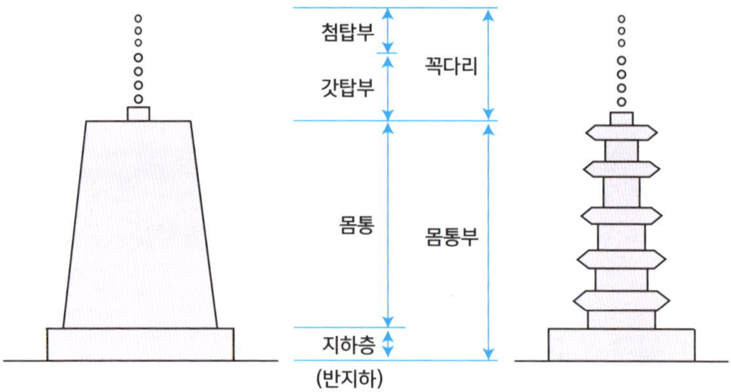

[그림 225] 목탑형 석판탑: 석판탑만 [그림 226] 석탑형 석판탑류

목탑형은 석판탑에만 있으며, 석탑형은 석판탑과 전탑에 다 있답니다. 즉, 전탑에는 목탑형이 없다는 말이겠죠.

일반석탑과 석판탑류 석탑은 무엇이 다를까요? 재료야 당연히 다르겠죠 ~ㅎㅎ~
층수도 약간 다르겠지만(석탑은 3개층이 주, 석판탑류는 5·7개층이 주임), 가장 다른 점은 일반석탑은 온지하(완전한 1개층 지하층)이며, 석판탑류는 반지하(6R)랍니다. 눈만 빠이 뜨기만 하면 알아보실겁니다 ~ㅎㅎ~

이제 정리를 해 보셔야죠. 그래야 한눈에 알아보겠죠.

- 일반목탑, 일반석탑 → 온지하(완전한 1개층 높이임)
  일반목탑만 관측소가 있음(종교용도인 석굴암은 없답니다)
- 사찰목탑, 석판탑류 석탑 → 반지하(쥐꼬리만한 6R(6단))

와이리 싱겁노! 이제 지하층만 똑바로 쳐다봐도 '조놈이 일반목탑이구나, 이놈은 석판탑류 석탑이네 ~ㅎㅎ~' (물론 약간의 예외정도는 있을 겁니다) 그리고, 건물형태가 아니더라도 꼭다리 형태만 보아도 구분이 가능하답니다.

고고 참 신기하죠 ~ㅎㅎ~

2. 사찰목탑의 기본원리

일반목탑이나 사찰목탑이나 아님 석탑들도 기본원리는 동일하답니다. 모두 다 일반목탑에서 파생되었거들랑요. 즉, 일반목탑원리만 이해하시면 나머진 거저 줍는답니다 ~ㅎㅎ~
기본원리이기도 하지만 실제로는 개념성격이 더 강하답니다.
이 기본 개념을 간단히 아시면 탑이해에 도움이 되실겁니다.

(1) 경사각(마법의 자)과 공통수

① 경사각(마법의 자: 기울기)

신라사찰목탑의 처마선(처마각)을 보시면 어떤 각도를 갖고 있답니다.

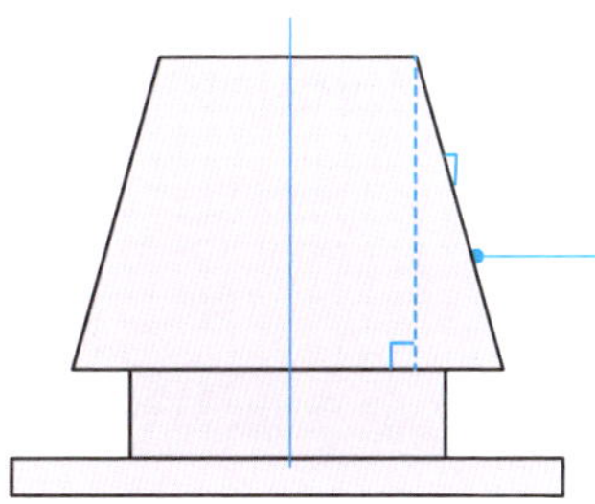

[그림 227] 사찰목탑의 처마각

이 처마선이 기본적으로 일직선이랍니다(실제로는 중간층 지붕이 약간 튀어나옴).
근데, 재미있는 것은 이 각도가 각도각이 아닌 숫자각을 갖고 있답니다. 그림을 보시면 쉬우실겁니다.

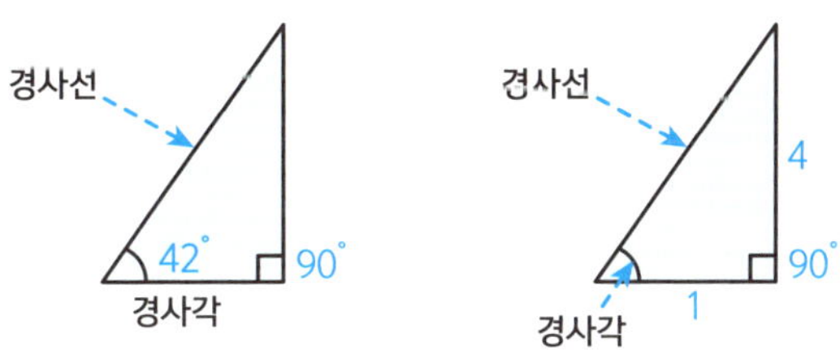

- 각도가 지정되어 있음 -　　- 지정각도는 없으나 어떤 각도는 있음 -

[그림 228] 각도각(左), 숫자각(右)

숫자각의 기본은 밑변(윗변도 됨)이 1이고 수직변이 어떤 정수가 나온답니다(치수가 정수라는 말이 아니라, 밑변치수로 수직변 치수를 나누면 수직변이 정수가 나온다는 개념임. 예를 들면, 밑변길이가 3m이고 수직변 높이가 9m이면 9÷3=3이라는 정수가 나올겁니다. 즉, 밑변:수직변=3:9= 1:3이라는 비례가 나올겁니다. 1:3 비율을 3각(⊿3)이라고 부를겁니다. 1:6이면 당연히 6각(⊿6)이 되겠죠).

이 경사각으로 탑의 치수계산이 가능해진답니다. 너무 신기하여 제가 '너는 마법의 자야' 라는 이름을 붙여 주었답니다.

② 공통수

이 공통수 개념은 일반목탑에서 계단 단높이를 알아내는데 아주 요긴한 개념이랍니다.
사찰목탑이나 석탑류에는 기본적으로 경사기둥이 없으므로 이 공통수 자체가 발생은 되지는 않으나 간단히 용어라도 알고 있으면 도움이 될겁니다(사찰목탑도 일반목탑형 사찰목탑으로 하면 공통수는 발생이 된답니다).

(2) 숫자의 개념

① 일반숫자 개념

신라탑을 풀려니 별걸 다 알아야 되네요. 사실은 엄청 많이 알아야 한답니다.
숫자 개념이라? 숫자에 개념이 있을까요? 사실은 개념이라기보다 숫자의 법칙이라는 말이 맞을 것 같네요.!

숫자를 보실까요. 0, 1, 2, 3, 4, 5, 6, 7, 8, 9, 10, 11 ... 끝이 없네(정수든 소숫점이 들어가든 동일함). 이 많은 숫자 중 신라건축기사가 좋아하는 숫자가 있답니다. 바로 3, 6, 9, 12, 15... 등 3의 배수의 숫자를 좋아한답니다. 3의 배수숫자중 더 좋아하는 숫자는 바로 9랍니다. 더 웃기는 것은 1′(자)로 나누어도 9가 되는 숫자를 좋아한답니다. 아주 독특한 기사들이랍니다. 쉽게 얘기하면 3의 배수숫자만 모든 치수에 사용한답니다. 즉, 1m, 2m, 4m와 같이 3의 배수가 아닌 숫자는 치수로 사용하지 않는다는 말이랍니다. 1′(자)의 개념을 보실까요. 신라시대에는 10진법을 사용했을까요, 12진법을 사용했을까요? 여러 정황들로 미루어 보면 10진법을 사용한 것 같네요. 1자를 보실까요?

1′=3cm(1치)x10=30cm (10진법시)
1′=3cm(1치)x12=36cm (12진법시)
로 10진법을 쓰든 12진법을 쓰든 1치는 3cm로 같답니다.

아마 1치가 3cm라서 그런지 모든치수에 3의 배수를 쓴 것으로 보인답니다.

숫자가 0~9 사이는 자체숫자가 나오지만, 108cm라든가 할 때에는 반드시 숫자를 끝까지 더해 보세요. 108 ⇒ 1+0+8=9로 3의 배수가 나오죠(단위라든가 소숫점 등은 무시하세요. 오로지 숫자만 보세요). 하나 더 볼까요, 486cm라는 치수를 봅시다. 486 ⇒ 4+8+6=18이라는 숫자가 나올겁니다. 두 자리 이상의 숫자가 나오면 나온 숫자를 한번 더(끝까지) 더해 보세요. 18 ⇒ 1+8=9로 3의 배수가 나오네요. 만약 치수가 124cm라고 봅시다. 1+2+4=7이 나올겁니다. 이 숫자는 합(合)이 7로 3의 배수가 아니므로 이 124cm라는 치수는 신라탑에는 존재하지 않는 치수랍니다. 그래도 예외는 있답니다. 다른 치수에 영향을 주지 않는 독립치수는 3의 배수법칙을 따르지 않아도 된답니다. 예를 들면, 보폭과 같은 자체폭치수는 3의 배수가 아니어도 된답니다.

그리고, 수 에는 홀수와 짝수가 있을겁니다. 신라건축기사는 홀수를 좋아했을까요, 짝수를 좋아했을까요? 어떤 초등학생이 대답하네요~ 예! 홀수요~~ 그리고 몇년 뒤 중학생이 되어서는 이렇게 대답하네요 ~예! 짝수요~ㅎ~ 우리 학생이 많이도 컸죠. 예! 맞습니다. 신라인들은 짝수를 선호한답니다. 아마 이 초등3학년 학생은 3층석가탑, 황룡사9층목탑 등의 얘기를 하도 듣다 보니 본인도 모르게 홀수가 맞는 걸로 생각했나 보네요. 그렇게 생각하시는 분도 계시고 실제로 거의 대부분의 사람들은 그렇게들 생각하고 또한 들었을 겁니다.

근데, 우짜죠. 저희들이 잘못들 생각하고 또한 잘못 알고 있는 개념들이랍니다. 수학적으로 석가탑은 4층석탑이 정확하게 맞답니다. 제가 이렇게 청개구리기질이 강한 놈인가 보네요? 제가 첨성대를 -1층일반목탑(말이 조금 이상하죠?)이라고 말씀드렸을 겁니다. 이 첨성대는 수학적으로 정확하게 0층 일반목탑이랍니다.

즉, 0이라는 말은 사용가능한 층(사무를 보든 예불을 올리든)이 한층도 없다는 의미랍니다.

일반적으로 신라건축물은 짝수로 구성이 되어 있답니다(층수가 되었든 높이가 되었든). 근데, 항상 반기를 드는 놈들이 있겠죠. 조심하셔야 됩니데이. 바로 저희들이 알고 있는 첨성대는 묘하게도 탑높이(13.5m)와 탑폭(18.9m)이 모두 홀수로 구성이 되어 있네요. 물론 우리에게 친숙한 황룡사9층목탑의 탑높이(67.5m)도 홀수로 되어 있답니다. 또한 석탑에도 홀수가 있답니다(감은사지3층석탑 높이 : 13.5m, 첨성대와 높이가 같네요).

홀수의 구분법은 숫자의 끝수가 홀수이기도 하지만 곱수(곱하는 수)로 알 수가 있답니다. 예를 들면, 첨성대 탑높이 13.5m = 2.7x5(곱수)에서 곱하는 수 5가 홀수이기 때문에 홀수로 분류된답니다(여기서의 2.7은 탑높이의 기본수로 탑높이는 2.7m단위로 높아지거나 낮아진다는 의미임). 짝수를 좋아하긴 하나 가끔은 홀수 치수도 등장한답니다.

이 황룡사9층목탑 높이가 홀수인 걸 보면 같은 홀수 높이인 첨성대도 종교건물 냄새가 쪼께 나는듯 하기는 하네요, 알 수 없으라!

② 탑높이와 탑폭의 숫자 개념

앞에서 주요한 치수(탑높이나 탑폭 등)는 9의 배수이기도 하지만 자(1'=30cm)로 나눈 숫자도 반드시 숫자 합이 9가 되어야 한다고 했을 겁니다. 이 말을 수학적으로 분석해 보면 9x0.3(1자길이)=2.7이라는 숫자가 나온답니다. 27(2.7이나 27은 같은 숫자 개념임. 소숫점은 아무런 의미가 없음)의 배수숫자는 숫자 합이 9가 되며 또한 1'(1자)로 나누어진 숫자의 합도 반드시 9가 된답니다. 즉, 숫자 합이 9가 되며 1'(1자)로 나누어도 숫자합이 9가 되는 최소단위 숫자가 27이라는 숫자랍니다. 볼까요. 27 ⇒ 2+7=9 맞죠. 자로 나누어 볼까요. 2.7÷0.3(1')=9 이것도 맞네, 자로 나누어도 역시 9라는 신라인들이 제일 좋아하는 숫자가 나오네요. 이렇게 좋은 숫자인 27을 엄청 중요한 치수인 탑높이와 탑폭에 적용했을 겁니다. 맞습니다. 반드시 신라건축물의 탑높이와 탑폭은 27과 108(27x4)의 배수가 된답니다.

이 108은 27의 4배수로 어쩌면 27보다도 신라인들이 더 좋아한 숫자인 것도 같답니다. 쉽게 얘기드리면 이 108이라는 숫자가 가장 완벽한 숫자랍니다. 그래서(?) 절에서 108배를 드리는가 보죠! 특히, 신라석탑 등은 108의 배수(27의 배수도 당연하겠죠)를 더 선호하는 것도 같답니다.

예를 들어봅시다. { 첨성대 높이 13.5 = 2.7x5로 2.7의 배수가 나온답니다.
9층탑 높이 108=2.7x40으로 또한 2.7의 배수랍니다.

석탑인 다보탑의 폭을 보실까요 { 다보탑 폭 7.56=1.08x7로 108의 배수가 나오죠.
다보탑 폭 7.56=2.7x2.8로 2.7의 배수랍니다.

다보탑폭은 묘하죠. 1.08로는 정배수가 나오죠. 근데 2.7로는 소수점 정수가 나올겁니다. 그런데, 이 숫자개념에서는 소숫점은 별 의미가 없답니다(나눔수의 단위(m냐 cm냐 등)를 따르기 때문이겠죠. 27cm로 나누어 보면 7.56÷0.27(27cm)=28로 정수배수가 나온답니다).

이 탑높이나 탑폭이 반드시 27이나 108의 배수가 되어야 한다는 법칙은 탑을 푸는데 무지 중요한 사항이랍니다(이 27이나 108에는 단위가 없습니다. 필요에 따라 cm나 m 등을 넣어 주세요. 또한 0.27도 되고 1.08도 되니 필요에 따라 변화시키면 된답니다).

③ 치수 표기방법

기본원리는 아니지만, 이 책의 내용과 도면의 모든 치수표기는 미터(m) 기준이랍니다.
즉, m를 기준으로 모든 치수를 나타낼겁니다.

예를 들면, 240cm일 경우에는 2m 40cm가 되겠죠. 여기에서 m인 2를 쓰고 나머지는 소숫점 뒤에 넣을겁니다. 그러면 2.40m가 될겁니다. m는 쓸 수도 있으나 기본적으로 쓰지 않을겁니다. 즉 240cm는 그냥 2.4로 표기될겁니다.
216cm는 2m16cm이므로 2.16이 되겠죠. 18cm는 m가 0이 되겠죠. 즉 0m 18cm이므로 18cm는 0.18이 된답니다.
3cm는 m도 0이고 10cm도 0이겠죠. ∴ 3cm= 0.03이 될겁니다.
0.003은 3mm가 되겠죠. 와 이리 쉽노!

한번만 더 봅시다. 21.6은 21m 60cm가 될 겁니다. 순간적으로 이 21.6을 보고는 이게 뭐지 할까봐 노파심(?)에서 얘기 드린답니다.

(3) 1자(1尺: 1′)의 길이 개념

신라시대의 1자(1′) 길이가 현재의 미터법으로 몇 cm쯤 될까요? 궁금하실겁니다.
물론 신라시대와 현재를 비교해 봐야죠. 신라시대의 1′ 길이는 현재로서는 아무도 알수가 없답니다. 그럼, 현재 저희들이 사용하는 1′ 길이부터 알아봅시다.

현재 1자 길이 = 30.303030... = $30\,{}^{30}\!/_{99}$ 이네요. 무리수(분수로 나타낼 수 없는 수)가 아니라 희한하게도 유리수네요? 이 1자 길이를 무엇을 보고 현재의 미터법자를 가지고 실측해 내신 건지는 모르겠으나 이 분은 귀신보다 눈이 더 정밀하셨던 분 같네요 ~ㅋㅋ~
근디, 이 분이 실수한 게 있네요. 무리수를 보셔야 하는디 아마 유리수가 눈에 보이셨나 보네요 ~ㅎㅎ~ 현재의 미터법길이도 영원한 무리수인디?(현재의 미터법 길이도 가정으로 어떤 기준을 정한 것이겠죠. 아닌가?)

혹시 읽으시다가 이상한 느낌이 안 드셨는지요?
제가 1자를 30cm라고 큰소리(?) 치면서 얘기드렸잖아요. 아마, 말은 안 했겠지마는 속으로들 이 놈의 무식해 빠진 놈이 별 소리를 다 지껄이네 라고들 생각하셨을 겁니다 ~
예! 맞습니다. 제가 더위를 먹은 건지 요즘 맛이 살짝 간 것도 같네요 ~ㅋㅋ~
제 정신으로는 1자를 30cm라고 우기지는 않을 테니까요! 그런데 우짜죠. 1자는 정확히 30cm가 맞답니다.

다만, 각 시대의 1자 길이에 적용했든 길이 개념이 현재 우리가 사용하는 미터법의 치수와 차이가 날 뿐이랍니다. 즉,

- 신라시대의 1자 길이=30cm(10치)
- 최근까지 사용되던 1′=30cm(10치)
- 현재의 1′=30cm(1자로 가정. 현재는 1자라는 말 자체도 없으며,
  치라는 개념은 더더욱 없겠죠).
  앞으로 천년 뒤의 1′=30cm(바뀔 수도 있겠죠. 1자와 치가 살아날 수도 있겠죠)

보시듯 기본 개념은 30cm(1자=3cm(1치)x10: 10진법)로 똑 같답니다.
물론 그 시점의 미터법이겠죠. 다만, 그 시점(시대)과 현재의 미터법 길이를 비교해 보니 약간 다를 뿐이랍니다. 즉, 최근까지 우리가 사용하던 1자=30.303030...는 현재 미터법의

1자 개념으로 보면, $\frac{30.303030}{30} = 1.0101 = 1\,{}^{1}\!/_{99}$ 로 약 1.0101배가 더 클 뿐이랍니다.

쉽게 얘기하면 현재 미터법의 1.0101배가 최근까지의 1자 길이랍니다.
이 1자 길이는 제가 얘기하면서도 제가 더 헷갈리는 것 같네요.

사실 제가 탑풀기를 시작하고 조금 지나서 하도 궁금하여 손을 댄 것은 바로 신라시대의 1자 길이가 현재의 미터법으로 몇 cm일까 였을겁니다. 몇달을 오로지 신라시대의 1자 길이를 찾아내려고 했는데 알아낼 수 있는 방법이 영원히 없다는 걸 알았답니다.

이유는 간단하답니다. 계산시 어떤 한 치수가 고정치수여야 나오는 치수도 고정치수가 되어 길이 추정이 가능한데, 입력치수(input)가 가변적이니 나오는 치수(output)도 당연히 가변적이더랍니다. 아마 저만큼 1자 길이에 대해 많이 생각해 보신 분은 그리 많지는 않을겁니다.

그런데, 다행인지 천운인지는 모르겠지만 제가 힘들이지 않고도 신라시대(물론 그 탑을 지을 당시이거나 그 탑에만 적용되었을 수도 있음)의 1자 길이를 정확하지는 않을지라도 어느 정도 인지하게 되었답니다. 어디에서 일까요? 바로 석탑의 이론치수(계산치수)와 현상태의 실측치수를 서로 비교해 보면 알 수 있겠죠, 현재까지 신라시대의 1자 길이는 1′=30.15 cm 정도로 추정된답니다. 즉, 30cm보다 1~2mm나 1~3mm가 더 큰 것으로 보인답니다. 최근까지 사용된 1자보다 쪼께 적답니다. 그렇다면, 신라인들의 발이 최근까지 사람의 발보다 쪼께 적었다는 이바구?

이 자(尺)라는 놈은 신라시대(신라시대도 시기별로 다를 수 있음)나 조선시대에 따라 다를 수도 있으며, 지역마다 다를 수도 있으며, 기사마다 또는 각 탑마다 다 다를 수가 있답니다. 아니 달랐을 겁니다. 아무리 국가에서 표준자를 비치해 두었더라도 손솜씨에 따라 달랐을 겁니다. 물론 현재 사용하는 자조차도 제품마다 다를 수도 있답니다. 아니 계절에 따라서도 자길이가 달라질 수도 있답니다. 정밀도가 다를 수도 있다구요.
~ 역시 영리 하시네요 ~ㅎ~ 그러니, 너무 신라시대의 1자길이가 몇 cm일까를 고민하실 필요까진 없을 것 같네요. 간단히, 신라시대엔 30cm였으나 신라시대의 30cm가 현재 미터법보다 약 1.5mm 정도 더 길구나라고 생각하시면 된답니다. 제가 이렇게나 길게 얘기할 때는 다 이유가 있으며 중요하기 때문일겁니다. 이제 1자 길이의 궁금증이 조금 풀리셨는지요.

원래 탑높이와 탑폭 등 모든 치수를 그 시대의 자(예를 들면 12자, 3자 3치 등) 단위로 표시하는 것이 맞으나 자의 길이개념이 저희들에게 익숙하지 않네요. 예를 들면, 9층탑 높이가 108m라고 해야 높이 개념이 퍼뜩 떠오르지, 108÷0.3(1자)=360′로 '9층탑 높이가 360자다' 라고 얘기하면 '어느 정도 높이지?' 하면서 순간 잘 안 떠오를 수가 있답니다. 첨성대 높이가 13.5m인데 자로 환산해 보면 13.5÷0.3=45′로 '야! 첨성대 높이가 45자데이'라고 하면 감을 떠나서 무슨 말인지 조차도 잘 모를겁니다. 아마 목수양반도 잘 못알아 들을 겁니다.

그래서 모든 치수는 미터법으로 쓰겠습니다. 물론 그 시대의 미터법이겠죠. 첨성대 높이가 45자가 정확한 표현법이나 13.5m로 할 겁니다.

그럼, 현재의 미터법으로 실제 첨성대 높이를 계산해 봅시다.
13.5÷0.3=45′→45′x30.15(신라시대 1자 길이의 현재 미터법 길이)=13.5675로 제가 13.5m라고 표기한 것보다 약 6.75cm가 더 높네요. 맞습니다. 제가 13.5m라고 쓴 것이나 45자라고 쓴 것이나 약 6~7cm 밖에 차이가 없답니다.
오십보 백보네요(억수로 쉽게 생각하면 현재의 미터법과 거의 같답니다). 제가 첨성대 높이를 13.5m라고 써도 되겠죠~ 제가 이렇게 미리 양해를 구할 줄도 안답니다 ~ㅎㅎ~

자(尺)에 대해 한가지 아쉬운 점은 오래 사용되왔었던 1평(平)=6′x6′=1보(步)x1보≒3.3㎡가 이제는 ㎡로 통일했다네요. 그래도 당분간은 쓰겠죠.

(4) 갓탑과 첨탑

첨탑(spire)은 어찌되었든 들어들은 보셨을 겁니다. 고층건물의 꼭대기에 주로 철구조물로 삐죽이 세워놓았죠. 그런데 갓탑이라는 말은 금시초문일겁니다. 당연할 겁니다, 제가 붙인 이름이거들랑요 ~ㅎㅎ~ 그럼, 탑의 제일 위쪽을 보실까요.

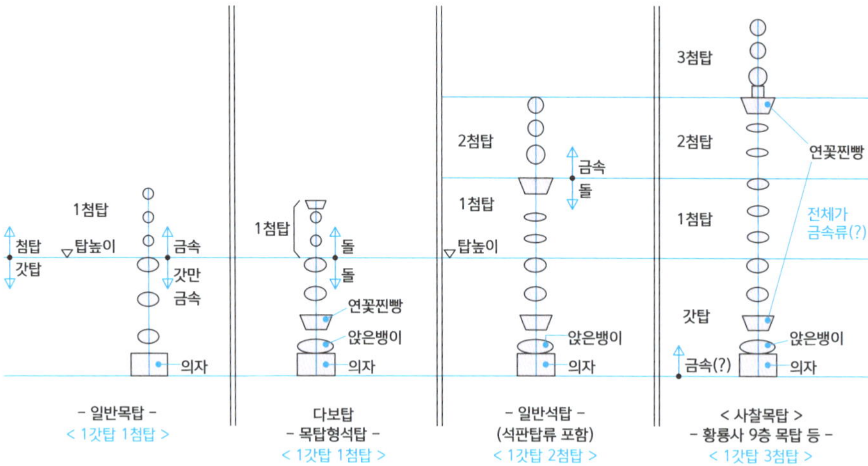

[그림 229] 탑별 꼭다리(갓탑과 첨탑) 형태

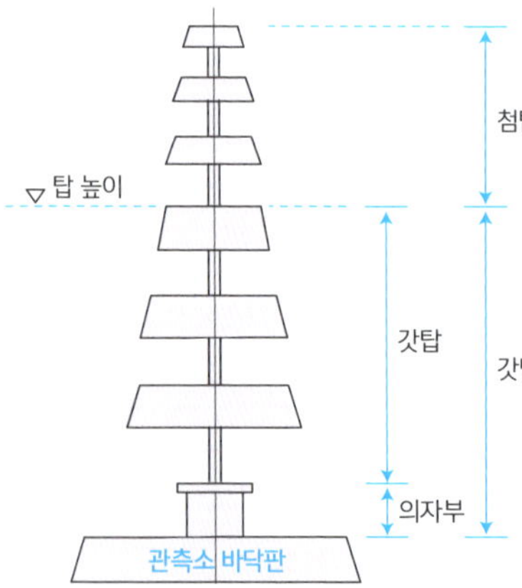

[그림 230] 일반목탑의 꼭다리: 1갓탑 1첨탑

자세히 보시면, 일반목탑꼭다리와 석탑과 사찰목탑의 꼭다리는 다르게 생겼을겁니다. 일반목탑은 기본적으로 갓탑에 뭔진 모르겠지만 의자 같은 것 위에 3개가 있으며, 첨탑에도 3개가 있답니다.

일반목탑의 꼭다리쪽을 먼저 봅시다. 갓탑과 첨탑을 묶어서 꼭다리라고 부르겠습니다(석탑류에서는 일반적으로 상륜부라고들 하겠죠. 아마 잘못 붙여준 이름일겁니다).
갓탑부를 보시면 제일 밑에 의자가 있으며 그 위에 어떻게 생겼는지는 알 수 없으나 세 개의 큼직한 것이 있으며, 그 위에 있는 첨탑부에도 하여튼 밑쪽보다는 적은 듯한 세 개의 뭔가가 있답니다.

합쳐서 그냥 첨탑이라고 하면 될것을 왜 굳이 갓탑부와 첨탑부로 구분을 했을까요? 구분시는 분명히 어떤 이유가 있을 겁니다. 바로 갓탑까지의 높이가 탑높이랍니다. 즉, 첨탑은 탑높이에 포함되질 않는답니다. 첨탑이 저한테 밉보였나 보네요~

그런데, 이 첨탑은 석탑이나 사찰목탑에서는 쪼께 불쌍하여(?) 탑 총높이에는 낑가(끼워) 줄겁니다. 일반목탑에서는 첨탑 높이가 차지하는 비중이 워낙 미미해 있으나 마나한 높이랍니다(일반목탑은 초거대형 고층건물이거들랑요!).

그럼, 제가 왜 갓탑이라는 이름을 붙여드렸을까요? 봅시다.

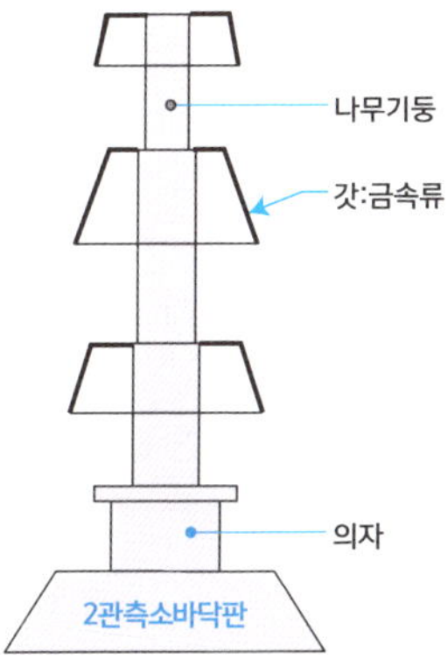

[그림 231] 갓탑이름의 연유

이 갓탑이 어떻게 생겼는지는 알 수는 없습니다마는 보시면 꼭 갓같이 기둥에 걸려있는 느낌이 들어서 제가 갓탑이라 명명했답니다. 물론 8각 갓일 겁니다.
첨성대도 분명히 이 갓이 걸리며 같은 2관측소라서 그런지 9층탑의 갓탑높이와 똑같을 겁니다.
9층탑과 첨성대의 갓형태를 같게 할지 다르게 할지는 아직 미정이겠죠. 현재까진 갓형태를 아주 조금 인지하고 있으나 여러 금속공예가가 힘을 합치면 탑의 꽃인 이 갓을 아주 이쁘장하게 만들어 낼겁니다.(이 갓은 일반목탑에만 있으며, 석탑이나 사찰목탑에는 없으나 이름은 같이 부를 겁니다)

갓탑의 갓과 첨탑 전체는 아마 금속류일 것 같답니다(혹시 황금?).
갓탑 위에 있는 세개의 조그마한 첨탑도 갓탑과 기본생김새는 같을 것 같답니다.

꼭다리 얘기가 나왔으니 석탑이나 사찰목탑의 꼭다리도 잠깐만 봅시다. 석탑이나 사찰목탑은 다 일반목탑의 기본형태를 그대로 따르고 있답니다(다만 관측소만 없겠죠. 다보탑만 빼고).

먼저 석탑의 꼭다리를 봅시다. 다음페이지의 그림을 보시면 일반목탑의 꼭다리와 약간 다를 겁니다. 제일 밑의 의자는 같으나 의자 바로위에 둥그스럼한 뭔가가 앉아 있네요. 그래서 제가 앉은뱅이라고 명명했답니다(제 마음대로죠? 제가 주심이거든요 ~ㅎㅎ~). 일반목탑에는 없는 이 앉은뱅이는 종교적 의미가 있는 것으로 보인답니다. 석탑류와 사찰목탑에 다 있답니다. 갓탑과 1첨탑에는 찐빵인지 호떡 형태인지는 모르지만 각각 세개씩 있답니다. 그래서 제가 '너는 찐빵이야'라고 이름을 붙여 드렸답니다. 제성깔하나 지랄같죠? 지가 뭔데 ~ㅋㅋ~ 좋은 이름이 생각나시는 분은 이쁘게 지어주세요. 그럼 따르겠습니다. 순해졌죠! 일반목탑의 갓과는 모양새가 완전히 다를 겁니다(납작한 것 외에는 부피가 거의 없네요. 그래도 상·하 연꽃모양새는 약간의 부피는 있답니다).

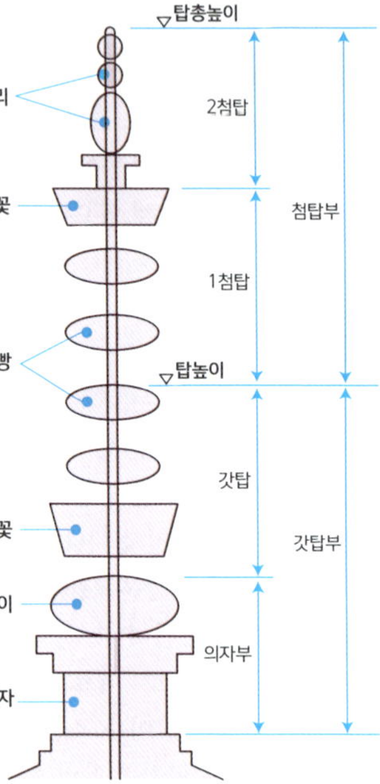

[그림 232] 일반석탑꼭다리(석판탑류 포함): 1갓탑 2첨탑

그리고, 제일 위에 있는 2첨탑(꽃봉오리 첨탑)에는 꽃봉오리인지 구슬류인지 뭔지는 잘은 모르겠지만 세 개가 있답니다.
제일 윗쪽 끝에는 끝꼭다리가 있겠죠.
같은 석탑인데도 다보탑은 1첨탑만 있답니다. 아마도 다보탑은 2관측소라서 그런지 일반목탑의 꼭다리 형식을 따르고 있답니다(일반목탑에 충실한 다보탑은 분류가 쪼께는 애매하지만 목탑형 석탑으로 분류가 된답니다. 4면의 진입계단과 2관측소가 있기 때문이겠죠). 보셨듯이 첨탑이 두개(2단)로 높이에서 차지하는 비중이 높답니다. 그래서 석탑과 사찰목탑에서는 갓탑까지가 탑높이이며, 첨탑높이를 포함해서 탑총높이가 될겁니다. 즉, 두개의 탑높이를 동시에 고려해야 된답니다.

보는 김에 사찰목탑 꼭다리도 잠깐 봅니다.
빼면 섭섭하겠죠~

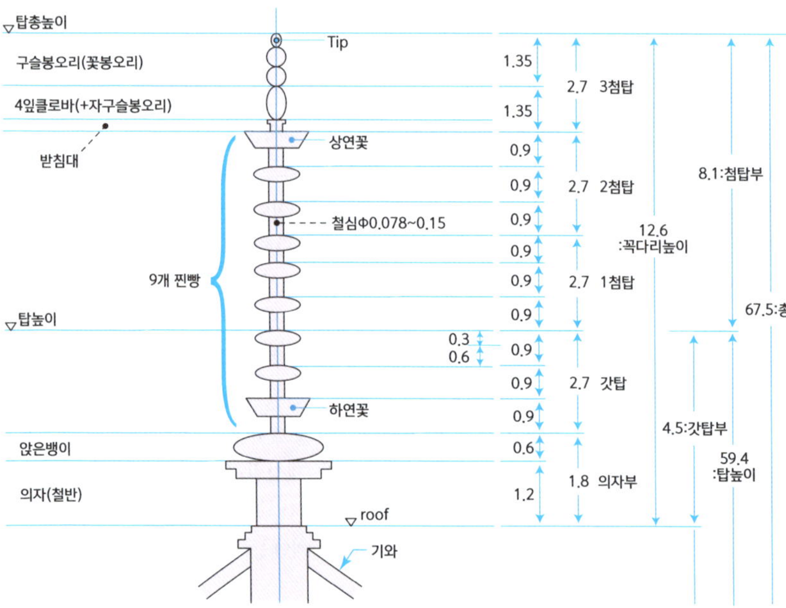

[그림 233] 9층목탑 꼭다리 개념도: 1갓탑 3첨탑

사찰목탑중 제일 중요한 황룡사9층목탑 꼭다리 개념이랍니다.
보시면 물경 세개의 첨탑이 있네요. 석탑과 사찰목탑이 첨탑에 공을 들인 걸로 봐서는 이 꼭다리가 아주 중요한 의미가 있으며 또한 탑의 꽃인가 봅니다.

제 애기가 길었죠.
바로 이 꼭다리 형태만 봐도 이것이 일반목탑인지 석탑류인지 아니면 사찰목탑인지를 알수가 있기 때문이랍니다.

(5) FFL(바닥마감선. 실제 바닥)

이 말은 Floor Finish Level(바닥마감선)의 약자로 희한하게도 신라탑에도 등장(?)한답니다. 가장 쉽게 말씀드려 볼까요. 우리 Apt 얘기가 좋겠죠. 3층을 예로 들겠습니다.

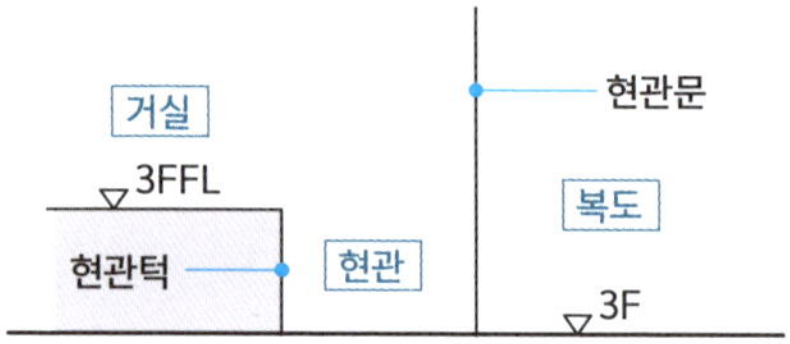

[그림 234] FFL 개념: (실예) Apt 3층

elev에서 내리면 이 친구는 3F에 오게 된답니다.
그런데, 현관문을 열고 현관을 통과하니 거실턱에 딱 걸리겠죠. 이 턱을 올라가면 거실바닥이 되겠죠 ~ 이제까지 맞나요! ~
바로 이 거실바닥이 3FFL(실제 바닥)이 된답니다 ~ 쉽죠 ~ㅎㅎ~ 그런데, 어떤 누구가 몇층에 사시느냐고 물어 오면 3F에 산다고 얘기하세요. 유식하다고(?) 나 3FFL에 살거들랑요라고 하시면 상대가 이상한 눈초리(?)로 쳐다볼지도 모른답니다 ~ㅋㅋ~ 이 FFL은 어떤 바닥의 Con'c (Concrete or 다른 바닥판일수도 있겠죠) 위에 마감(미장, 타일 등)을 할 때 마감두께를 지정하기 위한 용어로 쓰이지만, 이 신라탑에도 올라가는 계단턱이 툭 튀어나오니 적당한 용어가 생각나지 않아서 그냥 이 FFL이라는 용어를 쓴답니다. 좋은 우리말 없나!

우리 신라일반목탑에서는 주로 1층과 지하층에 이 올라가는 계단턱이 2단으로 있답니다. 물론 정식 계단높이의 단이겠죠(1F 외부통로의 물구배를 고려하면 단높이가 약간 줄어들 수도 있답니다).

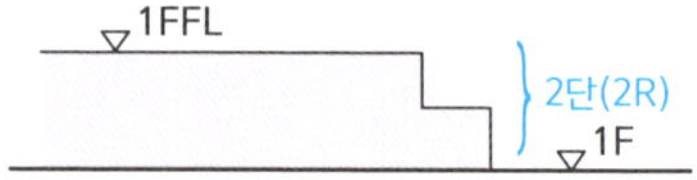

[그림 235] 신라일반목탑: 2단턱 개념

보시듯 1F와 1FFL은 완전히 개념자체가 다를 겁니다. 그런데, 1층 외부통로에서 그냥 평평하게 들어가면 편할텐데 왜 힘들게 2단을 더 올라가죠?(Apt 같이 바닥난방하는것도 아닌 것 같은디?) 사람들은 1층으로 들어갈 때 올라가려는 욕망이 있나보네요 ~ 이건 무슨 심리죠. 상승욕망 ~ㅋㅋ~

그리고, 석탑에서도 이 묘한 계단턱이 조그마하게 2단(흉내계단)으로 있는데, 그 층에 소속되는 것이 아니라 밑층소속이 되며 모양새 뿐만 아니라 층구분(상부층 기초판)개념도 겸하고 있는 것 같답니다(고로, 석탑에서는 FFL이 존재하지 않을겁니다).

(6) 1·2·3층 층고비례공법

신라탑에는 별 희한한 공법도 다 있답니다. 1·2·3층 층고비례공법(간단히 1·2·3층 비례공법이라고 부르겠습니다)이라, 하! 도통 이 놈이 뭘까요?

9층탑 1·2·3·4층 층고를 한번 분석해 봅시다.

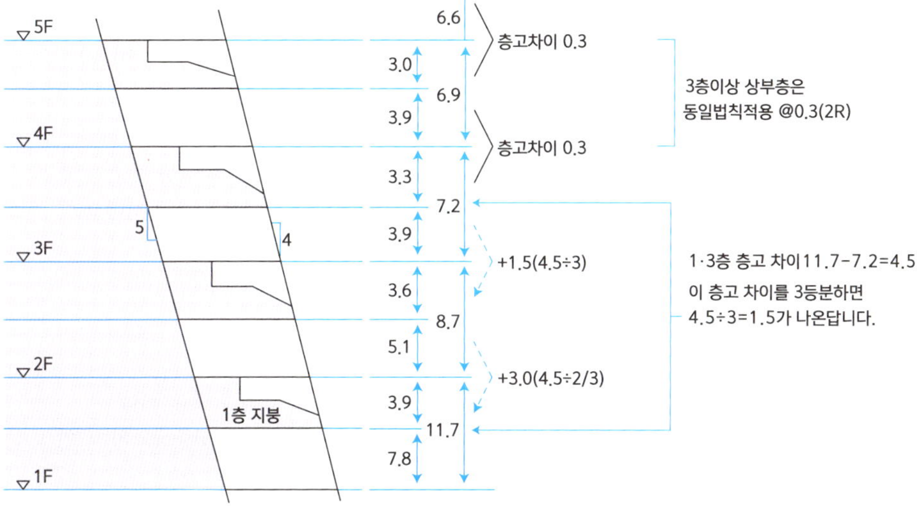

[그림 236] 9층탑 1·2·3층 층고비례공법

이 1·3층 층고차이의 1/3인 1.5m를 2층 층고에 준답니다.
즉, 2층층고는 7.2(3층층고)+1.5=8.7이 된답니다. 나머지 2/3인 3m를 1층층고에 준답니다. 1층층고 = 8.7(2층층고)+3.0(4.5×$\frac{2}{3}$)=11.7이 된답니다. 즉, 1·2·3층 비례공법은 1·3층 층고차이의 1/3을 3층층고에 더하면 2층층고가 되며, 2층층고에 나머지 2/3를 더해주면 자동으로 1층층고가 된답니다. 9층탑에서 2층층고를 제외한 모든 층고는 거의 자동으로 계산이 되는데 유일하게 이 2층층고만은 1·2·3층 비례공법인 1·3층 층고차이의 1/3을 3층층고에다 더해줘야 한답니다. 이유는 정확히는 모르겠으나 1층층고와 3층층고가 차이가 많이 나는 걸 보간법으로 처리하지 않고 차이를 1:2 비율로 맞춘 것 같답니다. 이 1:2 비율도 혹시 보간법에 해당되는지는 제가 수학에 문외한이라 헷갈리네요? 주의하실 점은, 1·3층 층고 차이의 1/3인 숫자가 반드시 그 탑몸통부의 계단단높이(R)로 나누어져야 된다는 겁니다.

만약 그 탑몸통부의 단높이로 나누어지지 않으면, 그 전에 계산한 다른 층의 층고가 잘못되었다는 걸 의미하니 다시 처음으로 돌아가셔서 시작하셔야 될 것 같네요.

이 1·2·3층 비례공법은 무척이나 간단하지만, 이 법칙을 인지하지 못하시면 그 탑의 몸통부높이는 커녕 탑높이 자체를 자자손손 푸셔도 영원히 못 풀 수도 있답니다?
신라탑을 풀려니 별 걸 다 알아야 되네요? 앞으로도 더 많이 있을지도 모른답니다?

1·2·3층 비례공법과 관련된 제 개인 느낌하나 말씀드리겠습니다.
저는 신라석탑도 1·2·3층 비례공법을 적용하면 되겠구나 생각하고 석탑을 열심히 풀었답니다. 1·2·3층 비례공법이 완벽할지까지는 모르겠으나 어느 정도 완벽한 비례를 갖고 있기 때문에 신라석탑이 기본적으로 3층석탑이라 딱 맞아 떨어질 줄 알았답니다. 어쩌면 신라석탑은 5층석탑이 비례가 덜 어울릴 수도 있답니다.
그래서 이 1·2·3층 비례공법을 석탑에 반드시 적용했었겠지라고 생각했답니다. 이 세상이 자기 마음대로 안 되더랍니다. 기본적으로는 1·2·3층 비례공법을 사용한 건 맞는 것 같은데, 각 층이 자기들끼리 서로 치수를 주고 받더랍니다. 치수가 넉넉한 쪽에서 치수가 적다고 아우성치는 층에다 공짜로(?) 막 떼어 주더랍니다.
우찌 이런 일이! 아마도 신라 석탑 설계하신 분은 마음씨가 아주 좋은 아재였나 봅니다.
그래도 기본원칙인 1·2·3층 비례공법 자체를 많이는 벗어나지 않았네요.

신라탑은 1·2·3층 비례공법을 썼는데, 그럼 과연 백제탑은 어떤 공법을 썼을까요?
궁금하시죠. 희한하게도 1·2층 층고비례공법을 사용했네요. 즉, 2층층고는 1층층고의 1/2인 반공법(1·2층 비례공법)을 사용했답니다.
신라탑은 1층 → 2층 → 3층에 걸쳐서 어떤 비율(2:1)로 층고가 줄어드는데 비해, 백제탑은 2층층고가 갑작스레 1층층고의 반으로 줄어드네요. 신라탑만 보다가 깜짝 놀랐답니다.
2층 층고가 갑자기 줄어드니 백제석탑은 3층탑이 비례가 너무 어울리지가 않을 것 같아서 아마도 5층석탑으로 하지 않았을까 하는 생각이 들더랍니다. 갑작스런 층고 감소로 인한 비례문제를 2개층(4·5층)을 더 높여서 자연스런 비례관례로 맞춘 것 같은 생각이 든답니다.
이렇게 층고접근방법에 큰 차이가 있네요. 신라탑은 1·2·3층 비례공법, 백제탑은 1·2층 비례공법을 사용했다는 것만 아셔도 탑에 대해 이제 반 도사가 다 되신 겁니다.

이제까지 일반목탑의 기본원리들을 잘 이해하셨는지요. 이 기본적인 원리들을 이해하시고 황룡사9층목탑 등을 보셔야 한 눈에 쏙 들어오실 겁니다. 사실 기본원리들이 제법 많이 있지마는 여기서는 황룡사9층목탑 등과 관련이 있는 것만 애기드렸답니다.

3. 용어와 약자

(1) 선

도면을 보시다 보면 4.5선 식으로 어떤 숫자 뒤에 선이라는 말이 있을겁니다. 이 말은 건물중심선으로부터 4.5m 떨어져 있다는 의미랍니다.

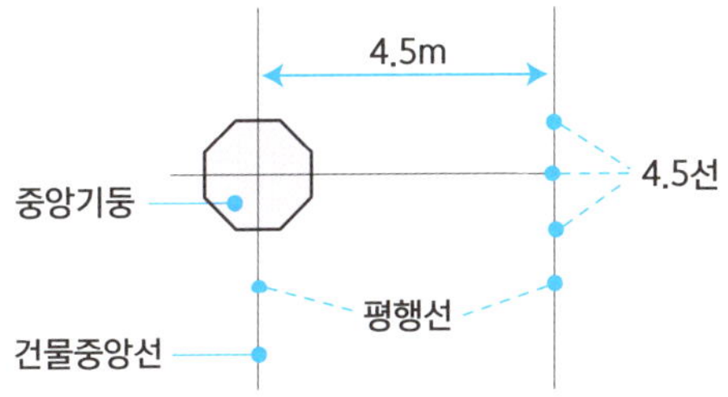

[그림 237] 선의 의미

즉, 건물중심선과 평행으로 떨어져 있는 모든 점들이 4.5(450cm) 만큼 떨어져 있다는 말이랍니다. '2.16선' 이라면 자동으로 건물중심선에서 2m 16cm 떨어져 있다는 말이겠죠. 숫자(치수)만 써 놓으면 이게 폭 치수인지 높이 치수인지가 헷갈릴 수가 있어서 아예 선이라는 말을 붙여서 건물중심선으로부터 얼마만큼 떨어진 거리임을 명확하게 하기 위함이랍니다.

(2) core(계단실)

말 그대로 핵이죠. 중요한 곳을 의미한답니다. 건축에서는 주로 엘리베이터(elev.)·계단·화장실 등이 밀집되어 있는 곳을 core부라고 부른답니다. 건물중앙부에 집중되어 있으면 중앙 core형 건물이 되겠죠. 그런데, 여기서는 중앙기둥(Cc)을 중심으로 그 주변공간을 core라고 부를 겁니다. 건물의 핵은 맞긴 맞네요(중앙 core형 건물이네!).

주로 계단실로 이용될 것이며(간단히 계단실이라고 아시면 됨), 통로나 복도 등이 될 수도 있납니다. 9층탑 core부를 보실까요.

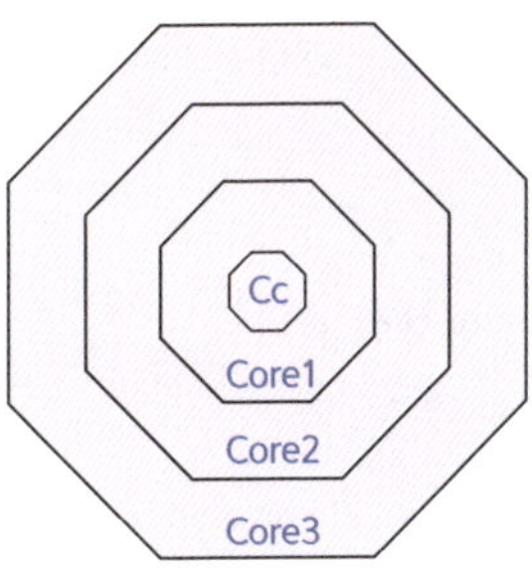

[그림 238] 9층탑 core부 개념

이 9층탑은 저층에서는 core3이 계단이 되고, 위로 가면(일반층) core2가 계단이 되며, 관측소에 가면 core1이 계단이 되는 묘한 구조랍니다.
세개의 core가 있네요.

(3) C

① 기둥

기둥(Column)의 앞자로 기둥표시 부호랍니다. 기둥표시는 이렇게 한답니다.

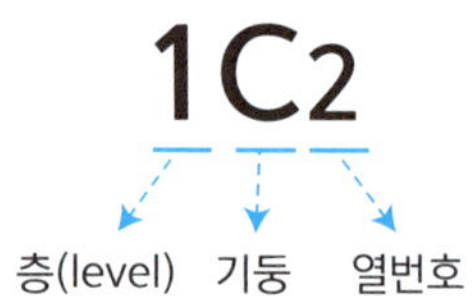

[그림 239] 기둥표시법: 고유 기둥번호임

앞의 1은 층을 표시하며, C는 말 그대로 그냥 기둥이죠.
뒤의 2는 기둥의 열번호(연속번호 Ser. No) 랍니다.

0층에 있는 1열기둥은 $0C_1$이 되겠죠.
아주 쉽게 얘기드리면 그 기둥의 고유기둥번호라 생각하시면 된답니다.
일반목탑이나 사찰목탑에는 중앙기둥(Cc: Central Column)이 있답니다.
모든 기둥의 중심기둥이랍니다(중앙기둥이 왜 필요한지 아시는지요?
숙제를 내어 드리겠습니다!
크게 2가지 정도. 혼자서 풀어 보세요 ~ㅎㅎ~ 생각해본다는 건 중요하겠죠?).

기둥규격을 표시할려면 $1C_2$∠0.7식으로 기둥번호 우측에 규격표시를 한답니다. 이 기둥은 1층에 있는 2열기둥이며, 8각기둥(∠)으로 기둥지름이 0.7(70cm)이라는 의미랍니다.

② 공통수

공통수에서 살짝 말씀드렸듯이 간단히 C로만 표현하며, 앞에 숫자를 넣어 '3C(3×C, C의 3배수)' 이런식으로 사용할 겁니다.

기둥표시와 비교해 보실까요.

$1C_2$: 기둥 표시의 C — 금방 알아 보시겠죠?
3C : 공통수 표시의 C — 안경 안끼셔도 알아보실 겁니다

(4) 기둥형태(모양)

① ∠(8각기둥)
일반목탑의 내부기둥들은 기본적으로 8각기둥이랍니다(경사기둥은 기본적으로 원형기둥임). 8각기둥을 ◯ 이런 식으로 그림을 그리기도 그렇고 말로 8각기둥이라고 하기가 애매해서 간단히 8각기둥을 ∠으로 표기하겠습니다.

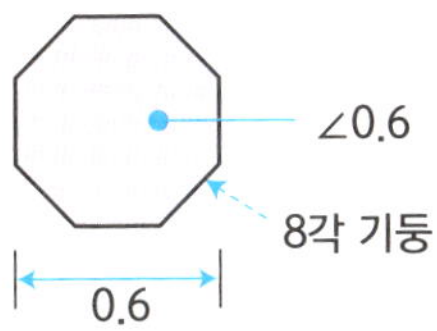

[그림 240] ∠0.6 이해도

즉, ∠0.6이라고 표시해 놓으면 그림에서 보시듯 8각기둥으로 지름이 60cm라는 의미랍니다.
∠1.2면 당연히 8각기둥으로 지름이 1.2m라는 의미일 겁니다.

② R(원형기둥)
원형기둥표시이며 독립적(독립적으로 쓰면 계단 단높이가 됨)으로 쓰지 않고 기둥규격이 따름. 볼까요. R0.6 이런 식이죠. 이건 원형기둥으로 지름이 60cm를 의미함.

③ □ (사각기둥)
모양 그대로 정사각 기둥임.
□ 0.36: 정사각 기둥으로 한 변이 36cm를 나타냄.

(5) ⊿(경사각: 기울기)
⊿는 숫자경사각으로 ⊿6/1 등과 같이 밑변치수가 1이고 높이가 6(실제는 치수가 아니고 두변의 비례임. 예를 들면, 밑변이 3이고 수직변이 18이면 3:18=1:6이라는 의미임)인 숫자각이랍니다. 이 ⊿6/1 을 간단히 ⊿6 or 6각 으로 표현할 겁니다.

[그림 241] 도면상의 6각 표시

원래 밑수(수평치수, 윗변포함)인 1을 써야 맞으나 귀찮아서(?) 생략할 겁니다. 그리고 도면상에는 그림과 같이 ㄱ6으로 표시할 겁니다. 바로 6각을 의미하겠죠. 경사각이니 당연히 경사기둥에서 발생될 겁니다. 경사기둥은 아니지만 건물끝과 건물꼭대기까지의 각도도 이 경사각 표시를 할 수도 있답니다.

볼까요?
도면과 같이 건물끝선과 건물높이 끝을 연결하면 ⊿1 즉, 1각이 나올 겁니다.

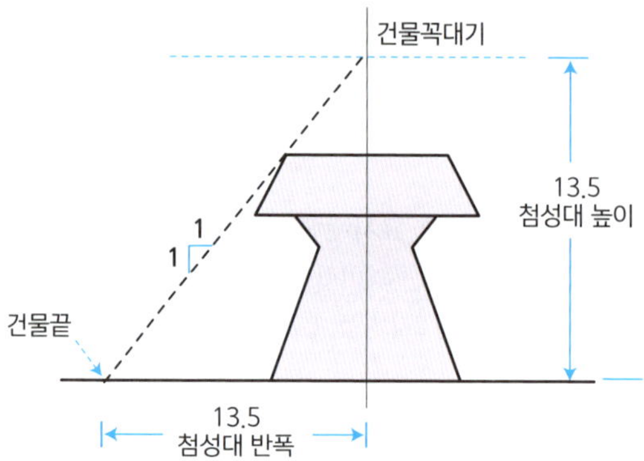

[그림 242] 건물끝과 건물높이 끝의 표시각: 탑각

이건 건물반폭과 건물높이가 같다는 걸 의미할 겁니다.
이와 같이 첨성대의 탑각은 1:1(1각)로 아주 잘 나온 답니다. 9층탑은 2각이 나올겁니다.
탑풀기가 끝이 나시면 심심풀이로 이 탑각을 한번 구해보세요. 재미있답니다 ~

(6) R(단높이)과 T(단폭)

계단이 어찌 생겼는지 한번 봅시다. 보시듯이 크게 디딤판과 챌면이 있답니다.

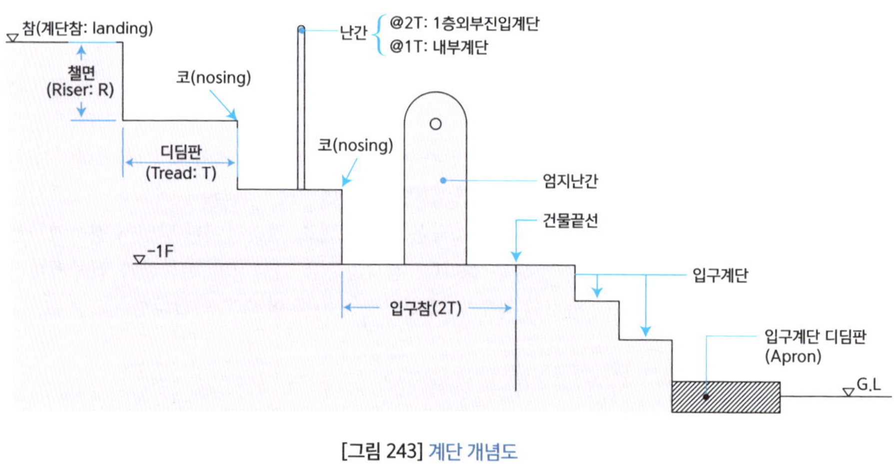

[그림 243] 계단 개념도

또한, 쉬어갈 수 있는 계단참도 있답니다. 당연히 계단난간도 있을겁니다. 계단에서 이 디딤판폭(T)과 챌면높이(단높이 R)는 엄청 중요하답니다. 우리나라에서는 T(디딤판폭)+R(단높이)=45~48cm가 적당하답니다. 서양같은 경우는 약간 더 클겁니다. 체격조건(키 등)과 남녀노소를 고려해서 이 T와 R을 결정한다네요.
신라일반목탑에서는 특별한 치수표기가 없으면 이 T(디딤판폭)는 30cm가 될겁니다.

그런데, 사찰목탑의 T는 27cm가 될 수도 있답니다. R(단높이)은 공통수를 이용해서 나오는 대로 적용하면 된답니다. 이 단높이(R)는 일반적으로 15cm나 18cm이며 21cm도 가끔 나오며, 꼭대기문 계단같은 경우는 30cm도 있답니다. 사찰목탑같은 경우는 R=18cm가 주류가 될겁니다. 이 R(단높이)은 수도 없이 많이 나올 것이므로 꼭 기억하세요.

앞에서도 보셨지만 R은 원형기둥표시도 된답니다. 간단히 R0.6이라고 하면 원형기둥으로 지름이 60cm를 의미할 겁니다.

(7) @(증감계수)

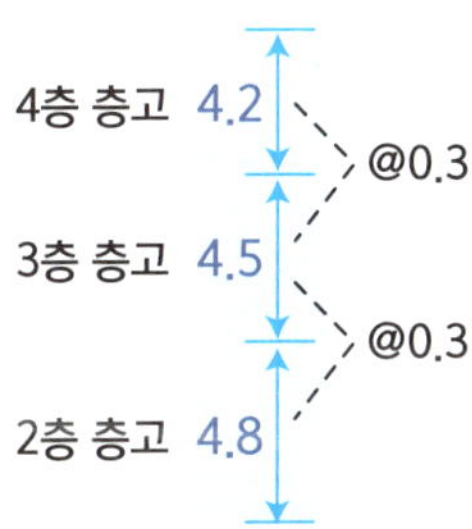

[그림 244] @의 실예

이 @는 골뱅이가 아니라 at의 약자부호랍니다. 건축에서는 주로 간격(철근간격 등)에 사용되는 부호이나 여기서는 증감계수로 사용될 겁니다. 예를 들면, 그림에서의 층고와 같이 각층 층고가 30cm(0.3)씩의 차이가 날겁니다. 이런 경우에 간단히 @0.3 이라고 표기할 겁니다.

즉, 30cm씩 늘어나거나 줄어든다는 증감계수 개념이랍니다.

- 맺음말 -

동해바다의 시원한 공기를 마셨는지요! 이번 여행길은 힘든 여정이었을 겁니다.
아무것도 모르는 상태에서 어떤 것을 알아내는 것이 얼마나 힘이 들며 또한 얼마나 많이 헤매게 되는지를 보여주네요. 그래도 저희들은 힘을 내어 도전해 봤답니다. 저희들이 바로 투사랍니다 ~ㅎㅎ~

이 모든 과정은 잘 모르는 어떤 것에 부딪쳤을 때 이렇게 끈질기게 도전해 보면 어떤 것을 알아낼 수도 있다는 접근과정이라 보시면 된답니다. 물론 증명근거가 없으므로 '이것이 맞다'라고는 할 수 없겠지만 어느 정도 접근까지는 할 수 있답니다. 당연히 앞으로도 어떤 누군가는 반드시 계속 도전해서 원형까지 최대한 이르도록 해야 할겁니다.
그 어떤 누구가 누굴까요? 바로 여러분들이랍니다!

어찌되었든 책제목의 황룡사9층목탑 높이도 알아내었고 층고도 알아내었잖아요!(탑높이만 알면 자동으로 층고는 나오는디 ~ㅋㅋ~)
이렇게 한 걸음 한 걸음 앞으로 나아가면 언젠가는 다 풀릴겁니다.

비록 완성품(?)은 아니겠지만(어떤 증거에 근거하여 증명을 할 수 없으므로), 그래도 혹시 마음에 드시는 안이 있으시고 지으실 의향이 있으신 분은 2027년 9월까지 신청해 주세요(황룡사탑과 분황사탑이겠죠). 물론 모든것은 공짜로 드릴겁니다 ~ㅎㅎ~ 그래도 엄청난 연구는 더 하셔야 할 겁니다. 아마도 종교단체가 될 확률이 높을겁니다. 개인도 가능합니데이!
먼저 신청하시는 분이 임자 ~ㅎㅎ~

이 동해안쪽(황룡사탑·분황사탑·감은사탑 등)은 묘하게도 근처에 가게(서점 포함)들이 없어서 경주에 여행오시는 분은 아마도 이 책을 황리단길(경주시 황남동·사정동) 쪽에서 구해야 될것도 같답니다(전국 서점에도 다 있겠죠).

아무쪼록 마음 편히 여행 잘 하시고 시간이 나시면 동해바다도 한번 구경해 보이소!

2025년 8월 정상현 씀

Index

Index

9층목탑 - 1층 평면도 (4각3간 비례안)

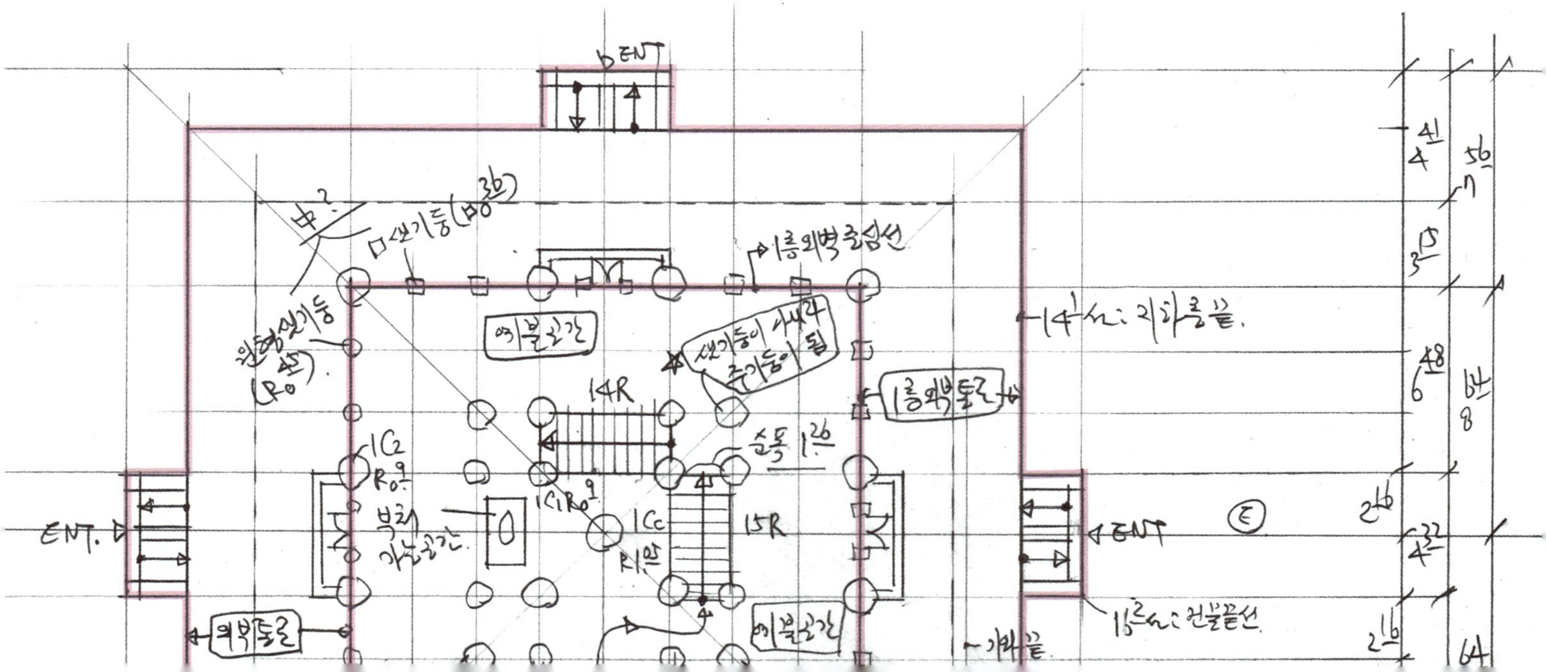

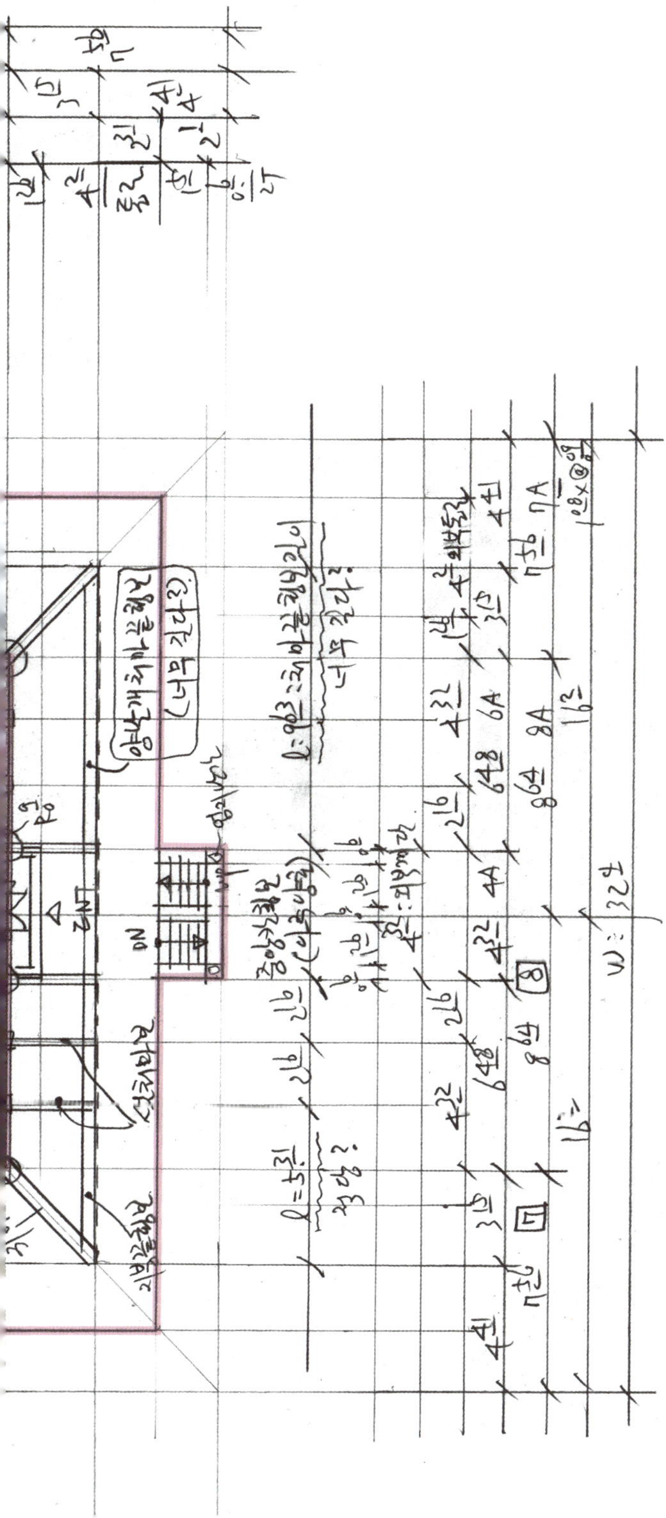

기준

01 _ { 1층내부공간　4A : 8A : 4A
　　　 1층외부공간　6A : 4A : 6A

02 _ 처마각 { ⊿ 8.$\underline{75}$
　　　　　 ⊿ 7.$\underline{175}$

<공통사항> : 사찰목탑도면
01_ 도면이 확정된 것이 아니므로 형태만 그림.

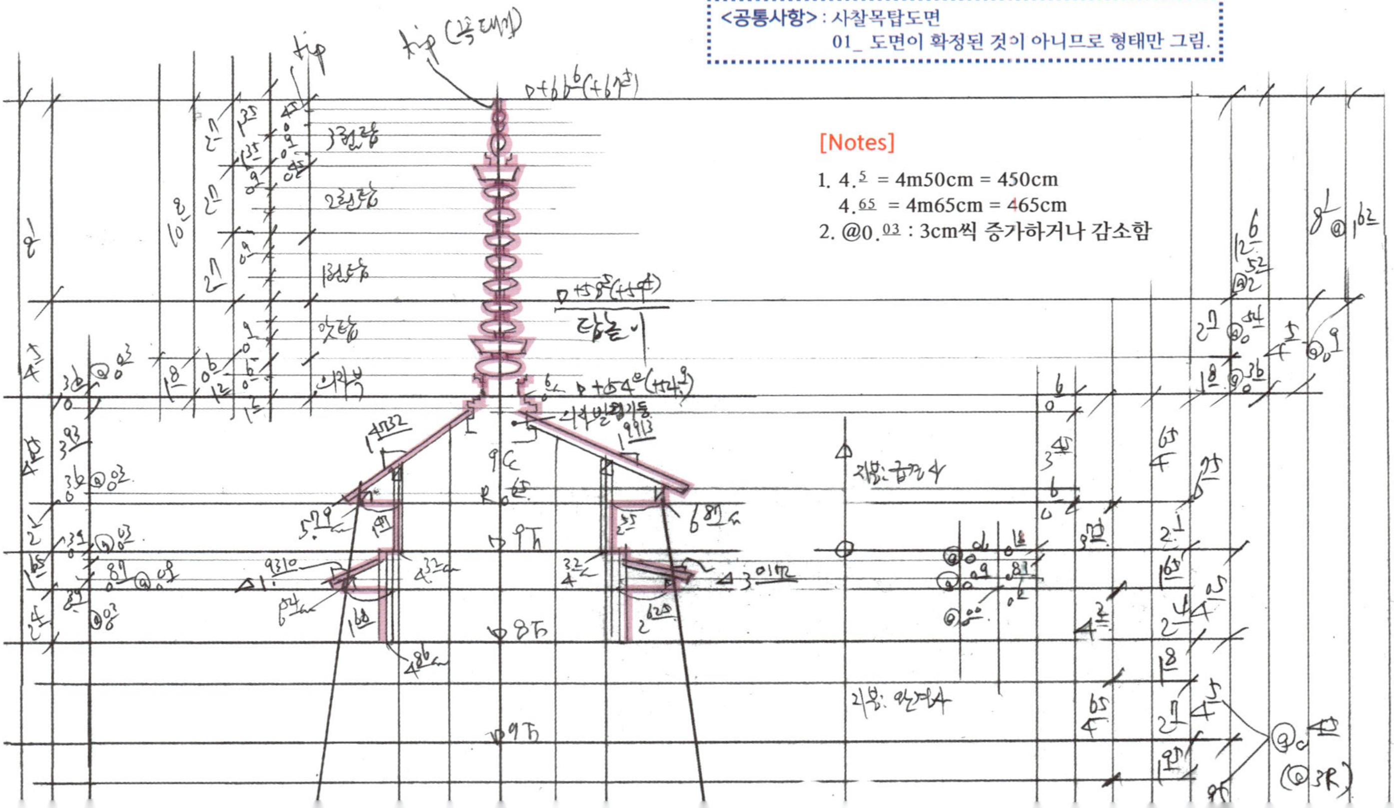

[Notes]

1. 4.$\overset{5}{}$ = 4m50cm = 450cm
   4.$\underline{65}$ = 4m65cm = 465cm
2. @0.$\underline{03}$: 3cm씩 증가하거나 감소함

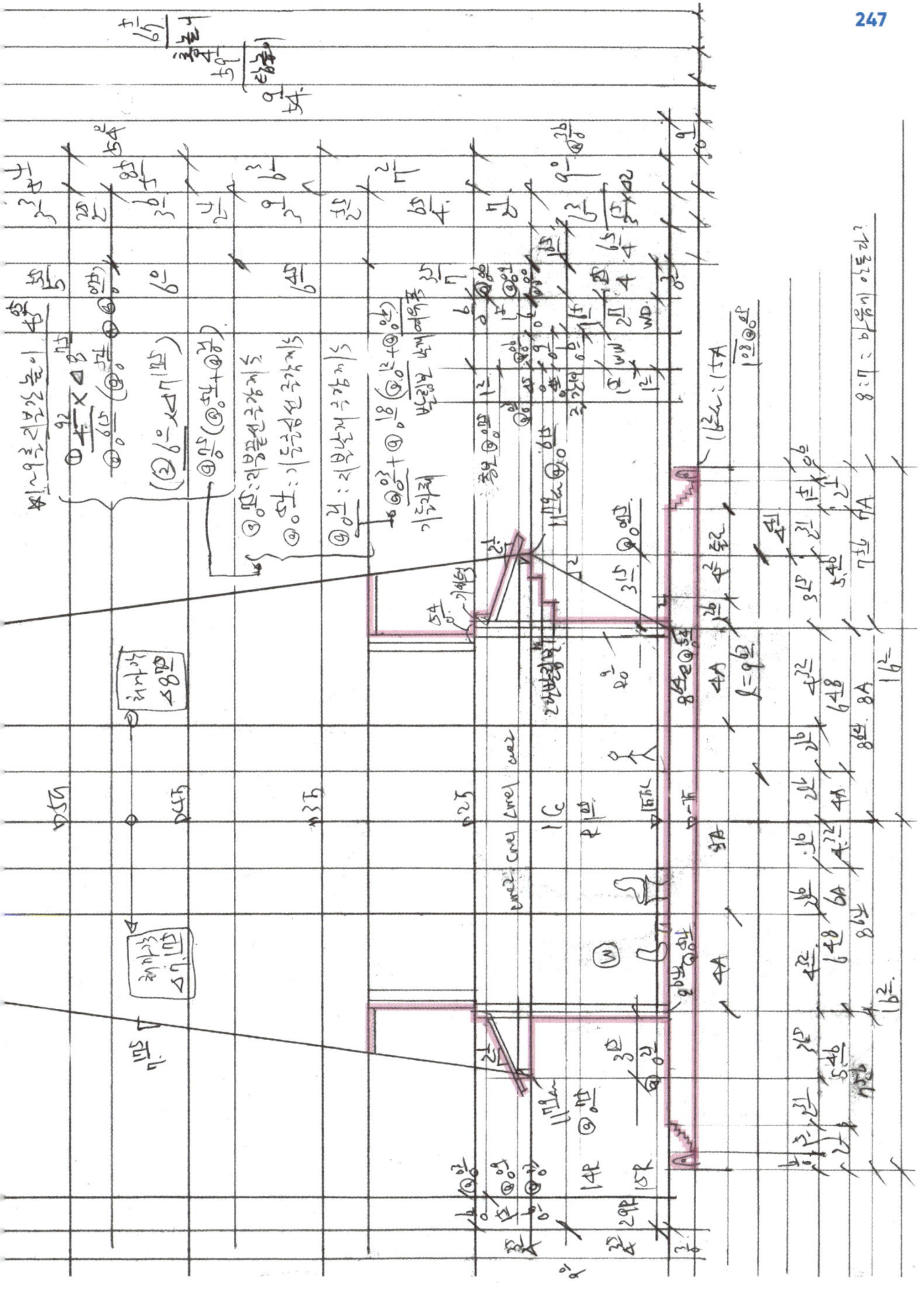

9층목탑 – 개념도 : 기준층층고비례안 (4각3칸 비례안)

원본도면 03 (본문 p101)

기준
01 _ 지붕두께 : $2.^{7}$ @$0.^{00}$: 지붕물매가 애매(?)
02 _ 지붕두께 : $2.^{7}$ @$0.^{15}$: 지붕물매 양호, 9층지붕 : 평지붕

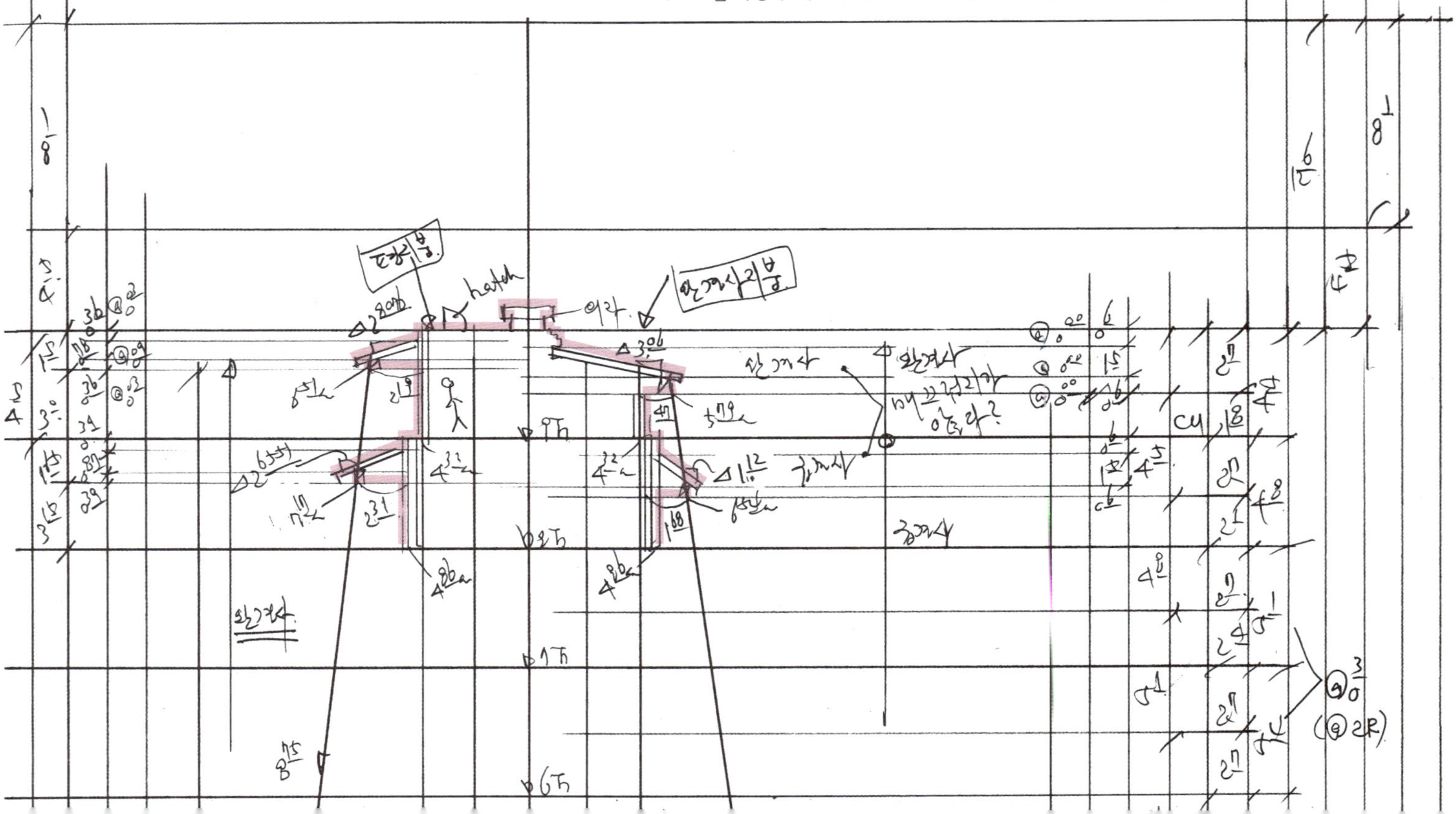

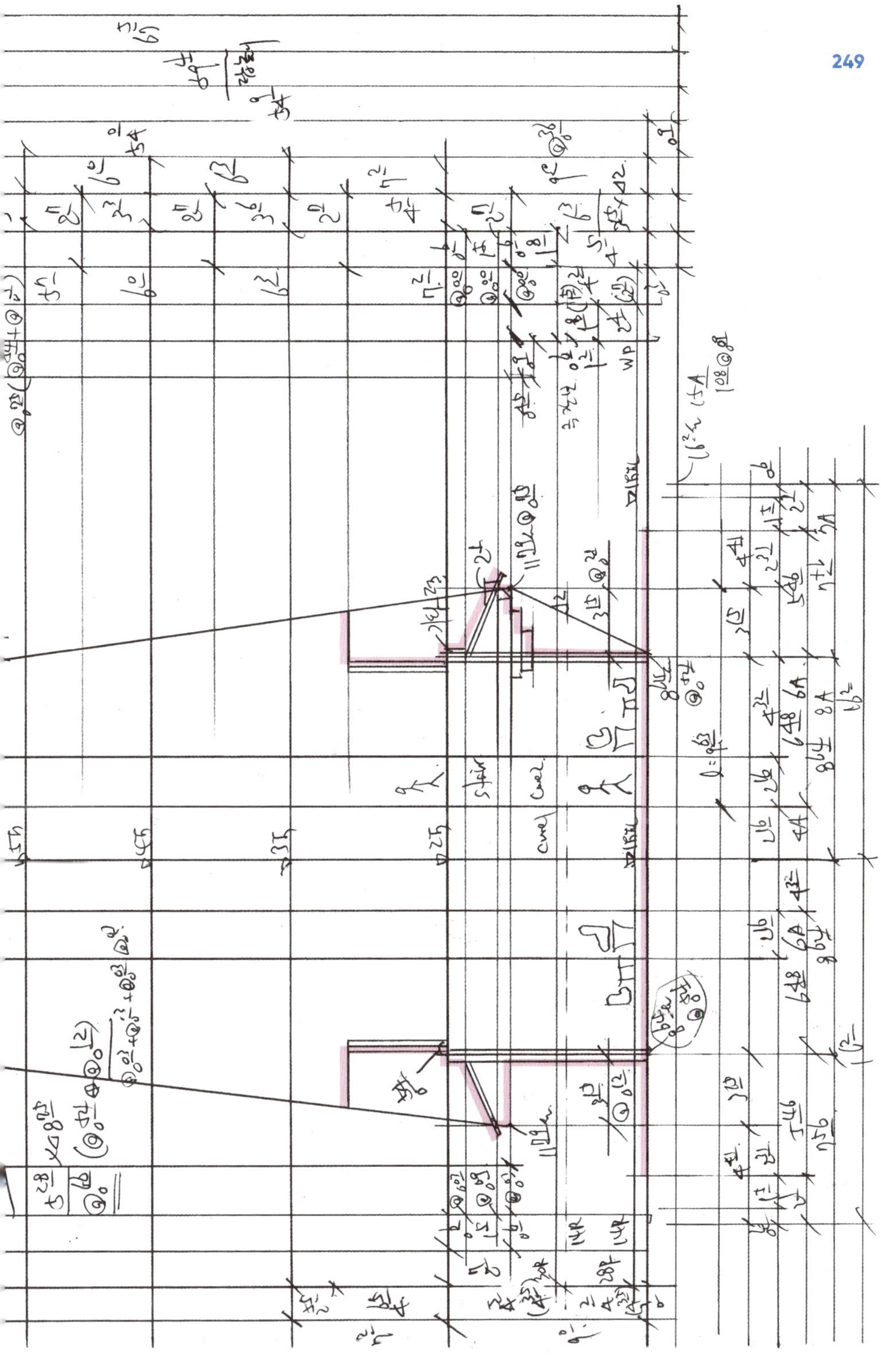

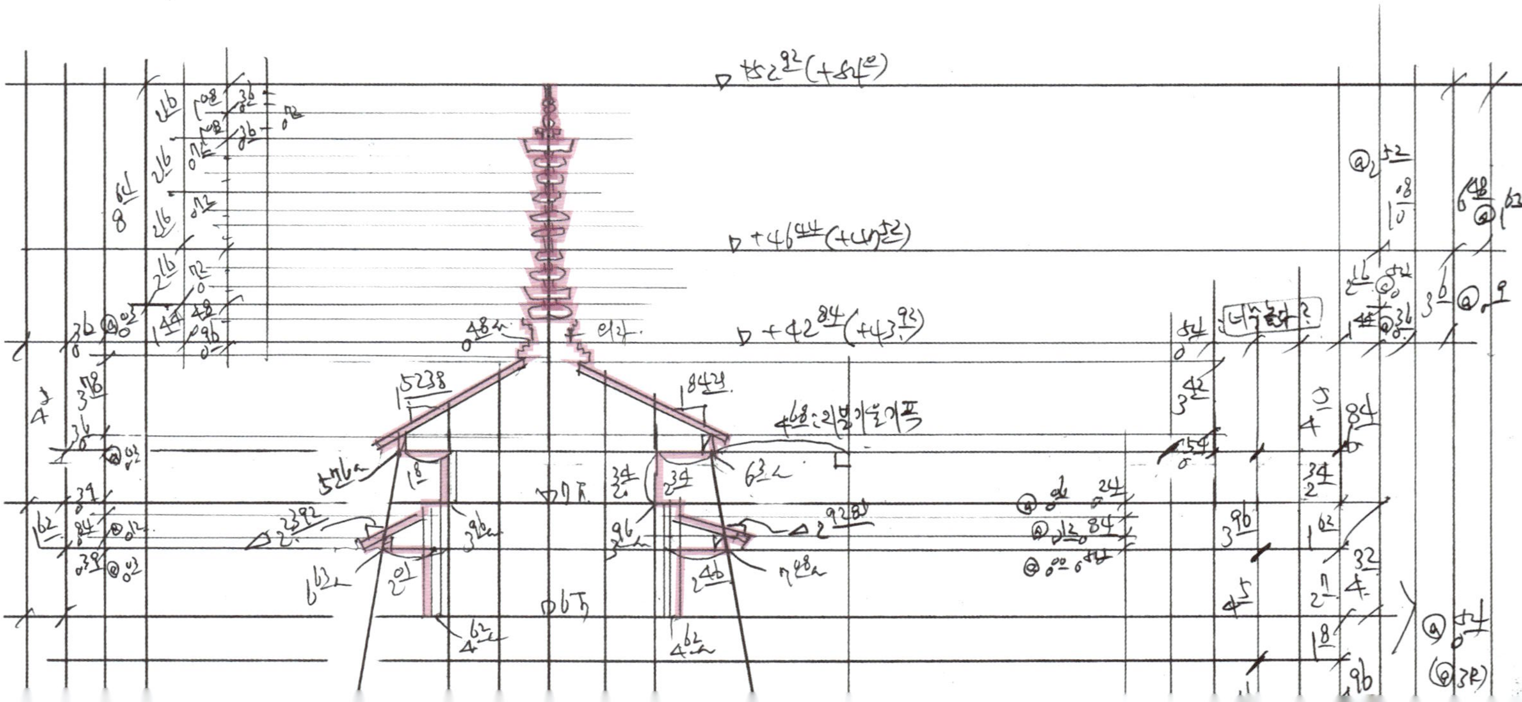

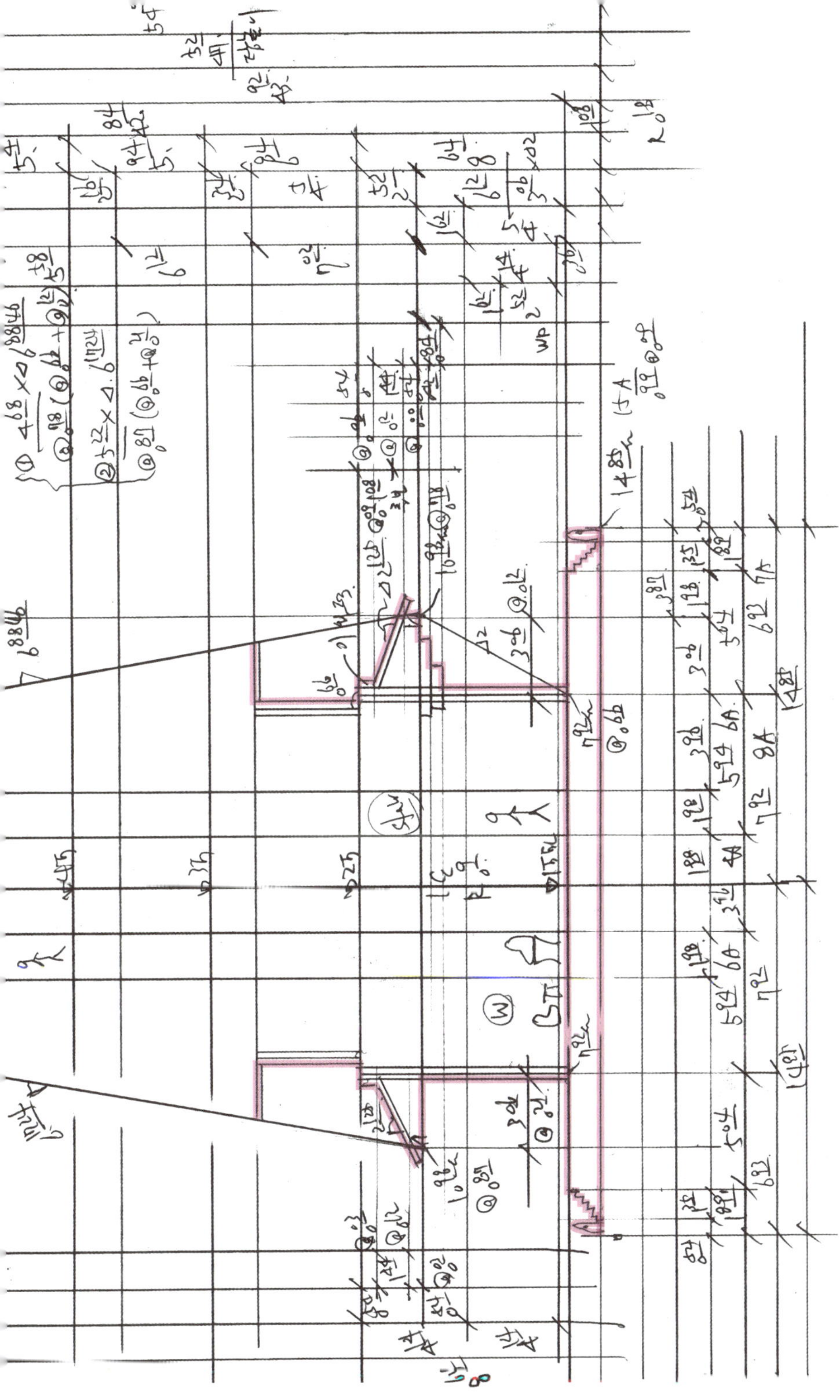

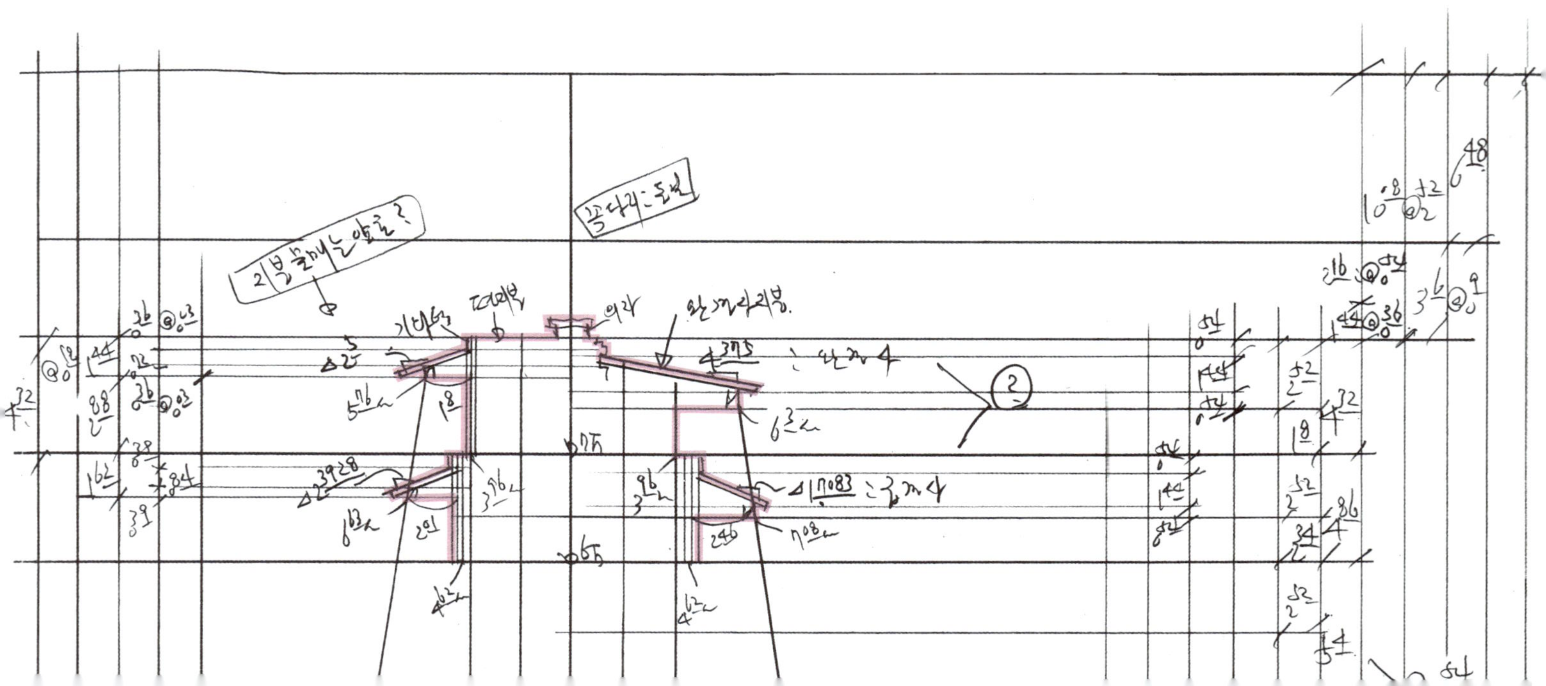

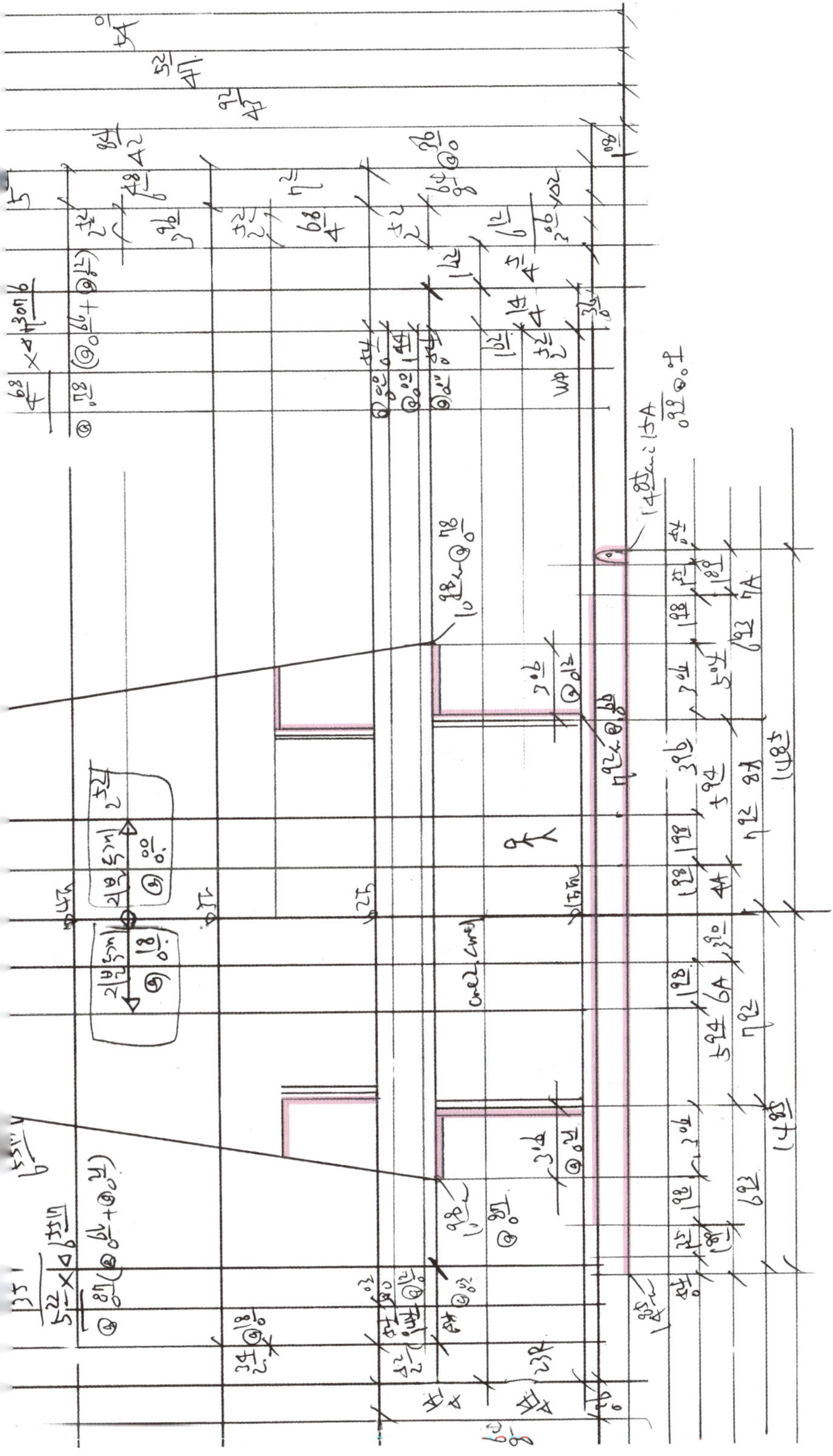

기준 | 01 _ 내부계단 { Core2 : 기본 / Core3 : 가능함

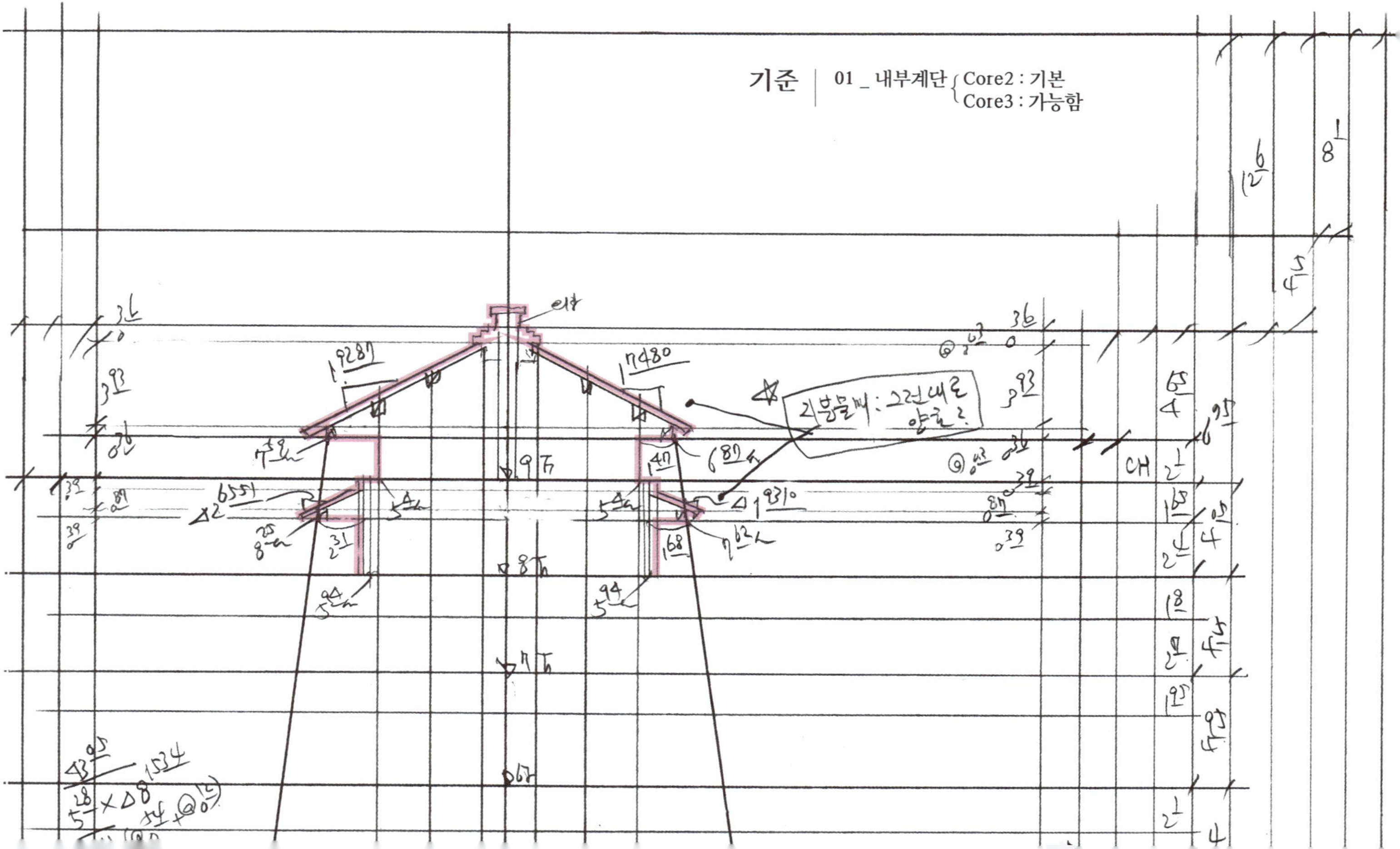

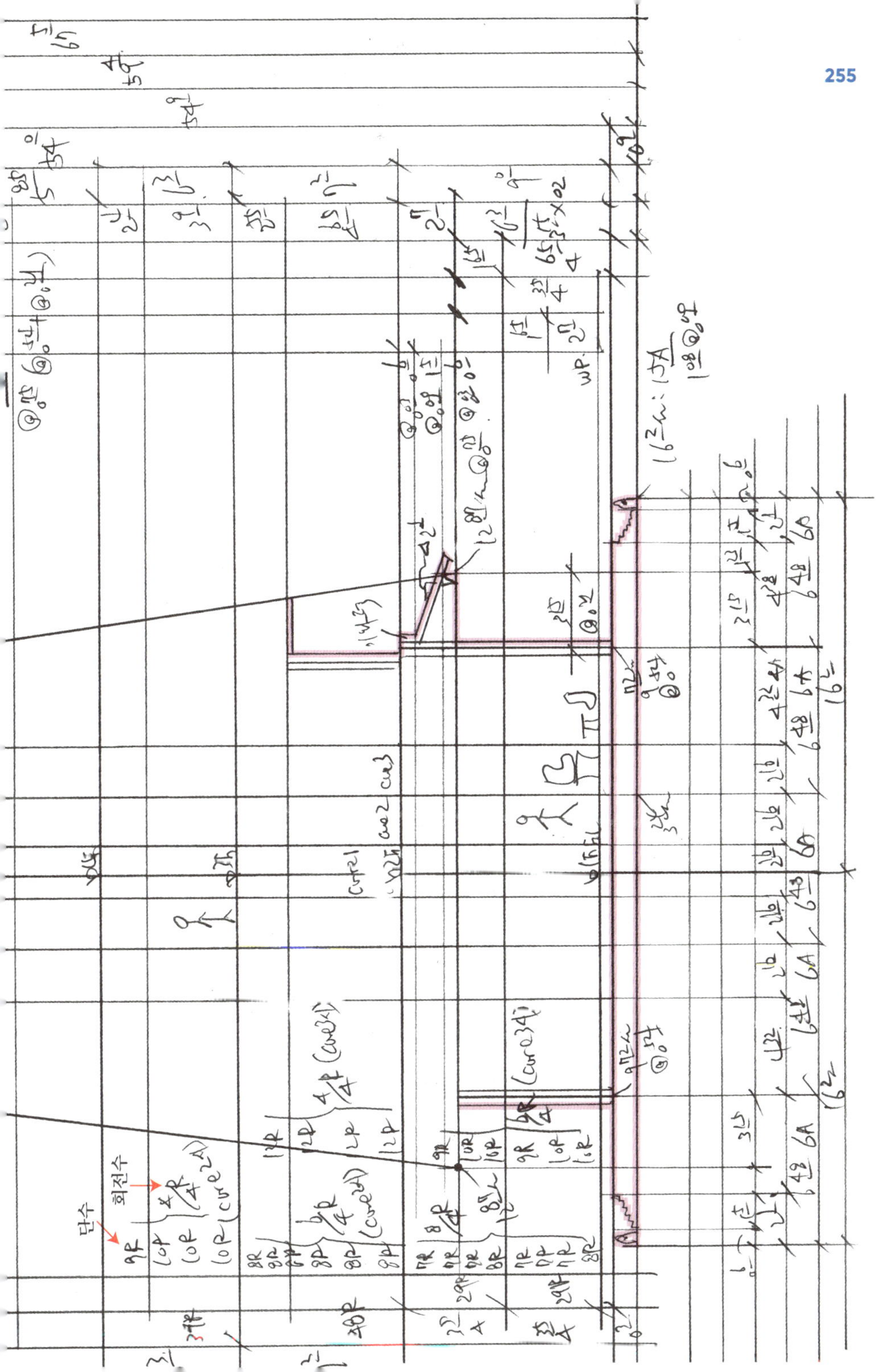
단수
회전수

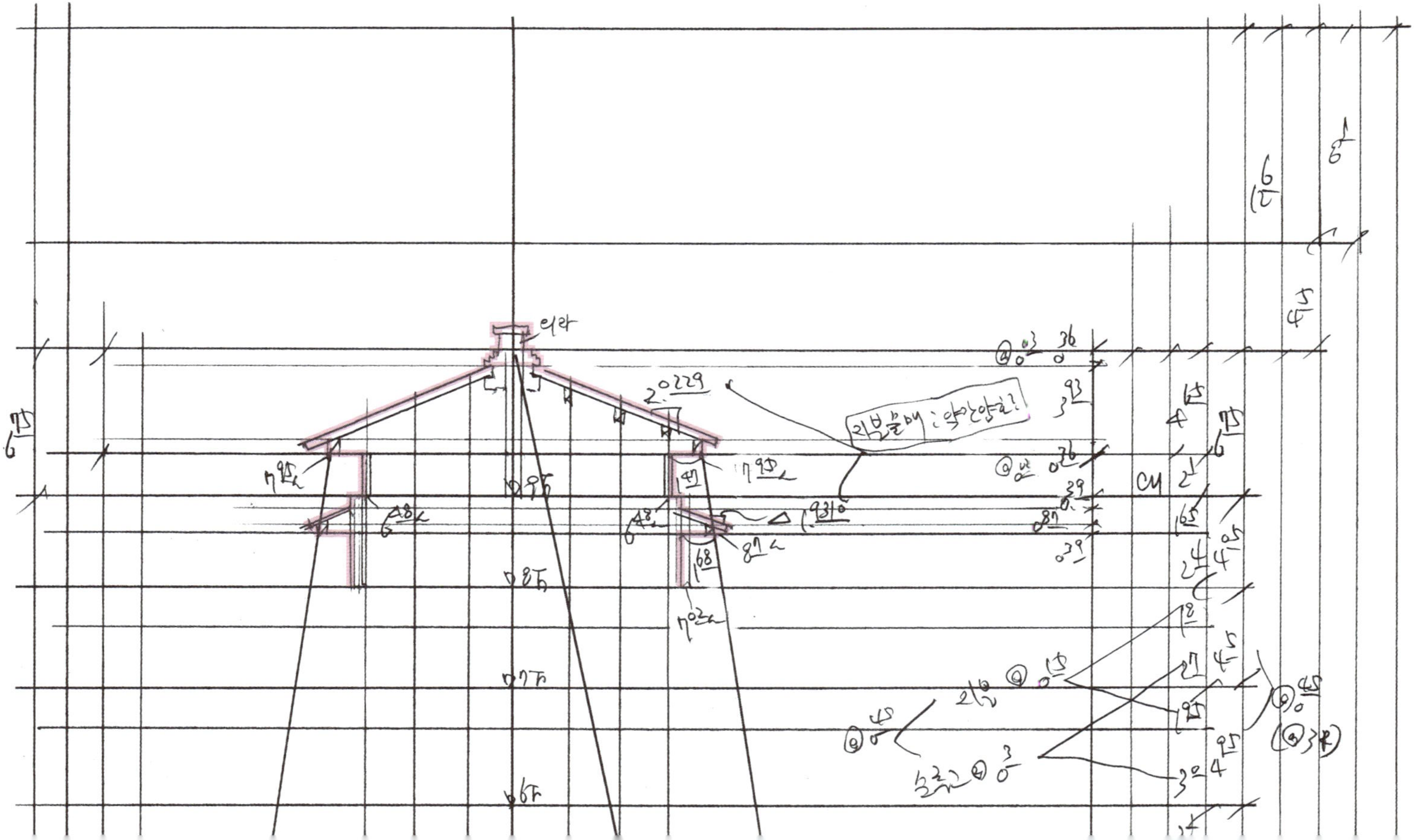

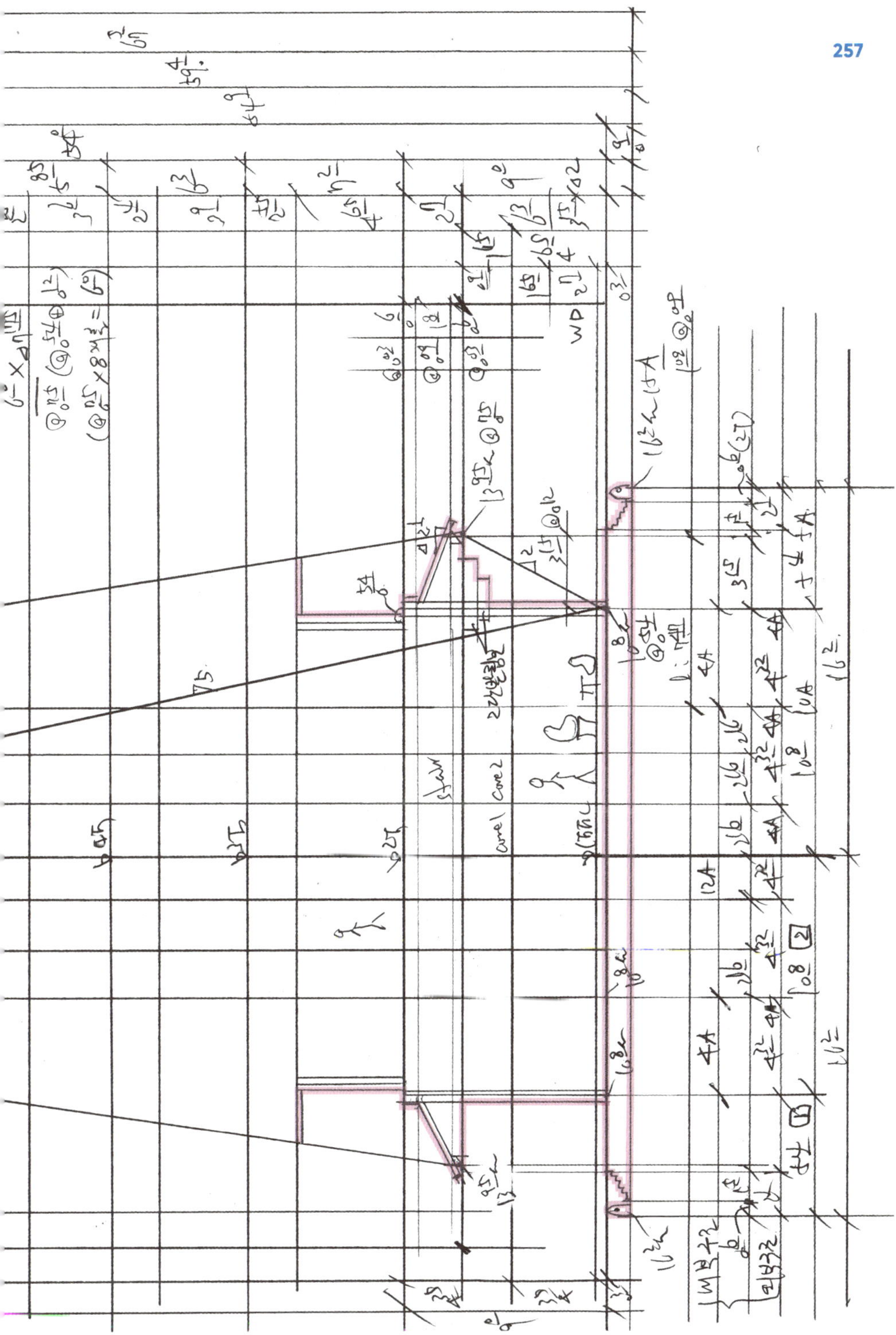

9층목탑 – 개념도 : 기준층층고비례안 (4각5칸 등간격안)　　원본도면 08 (본문 p110)

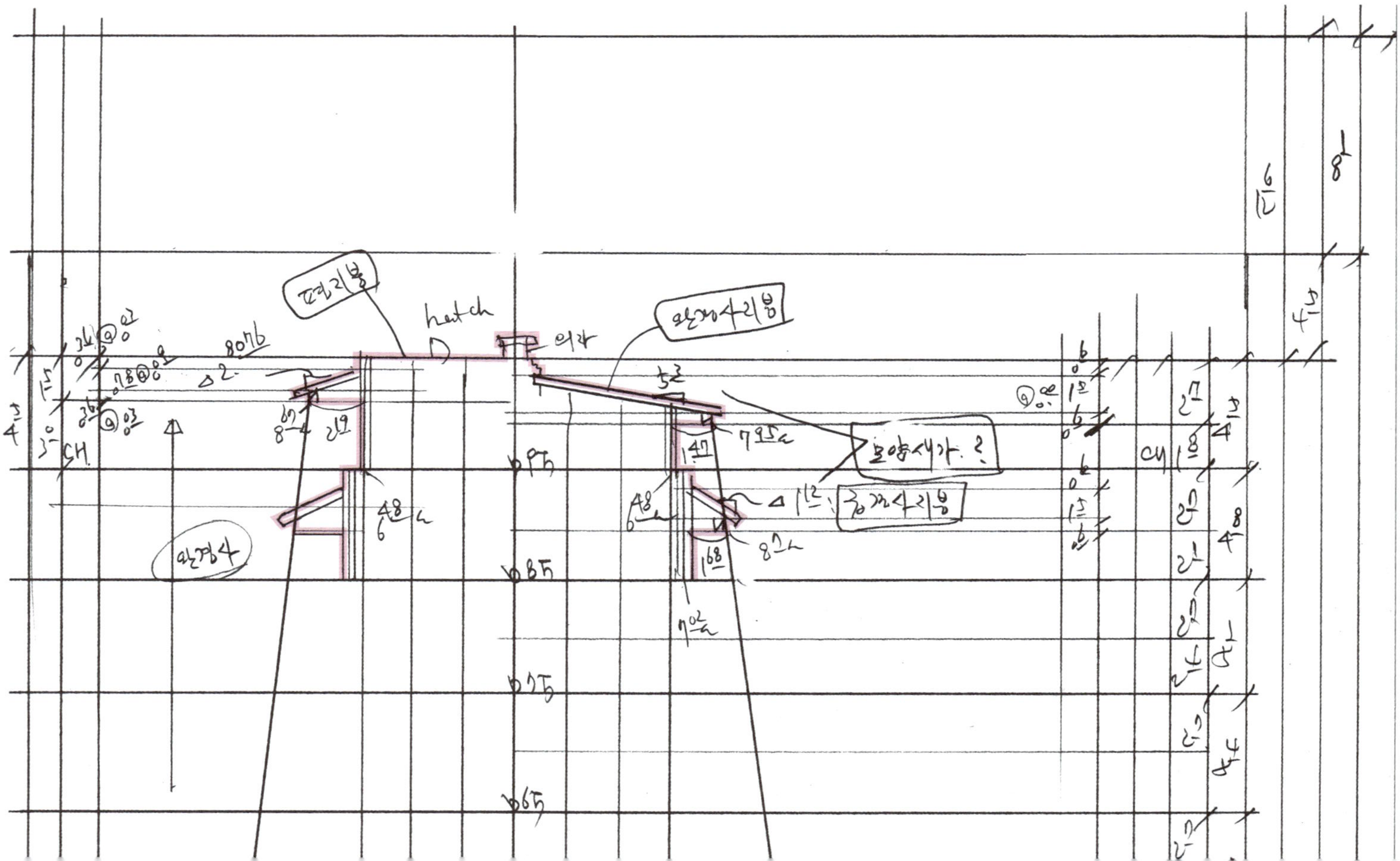

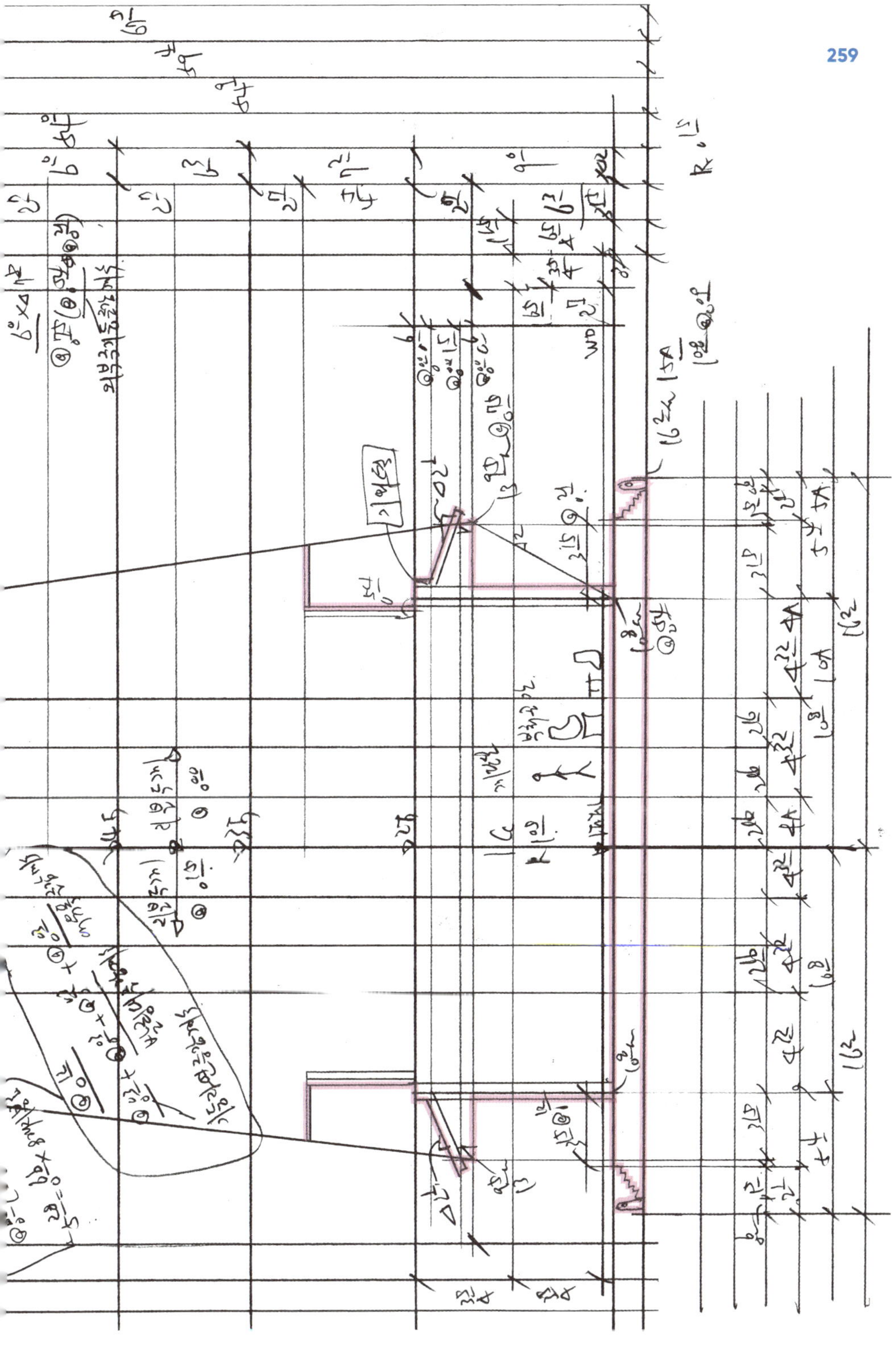

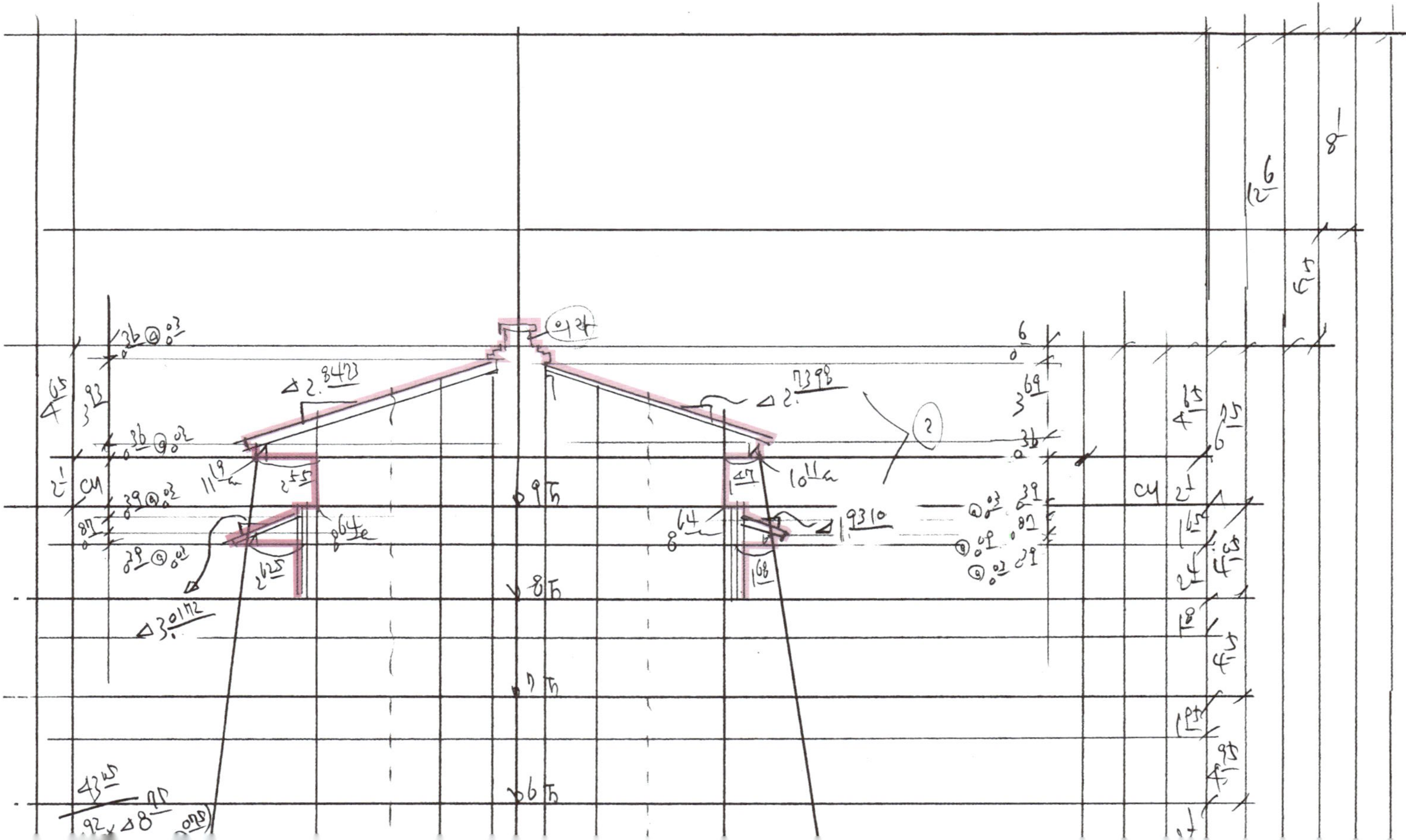

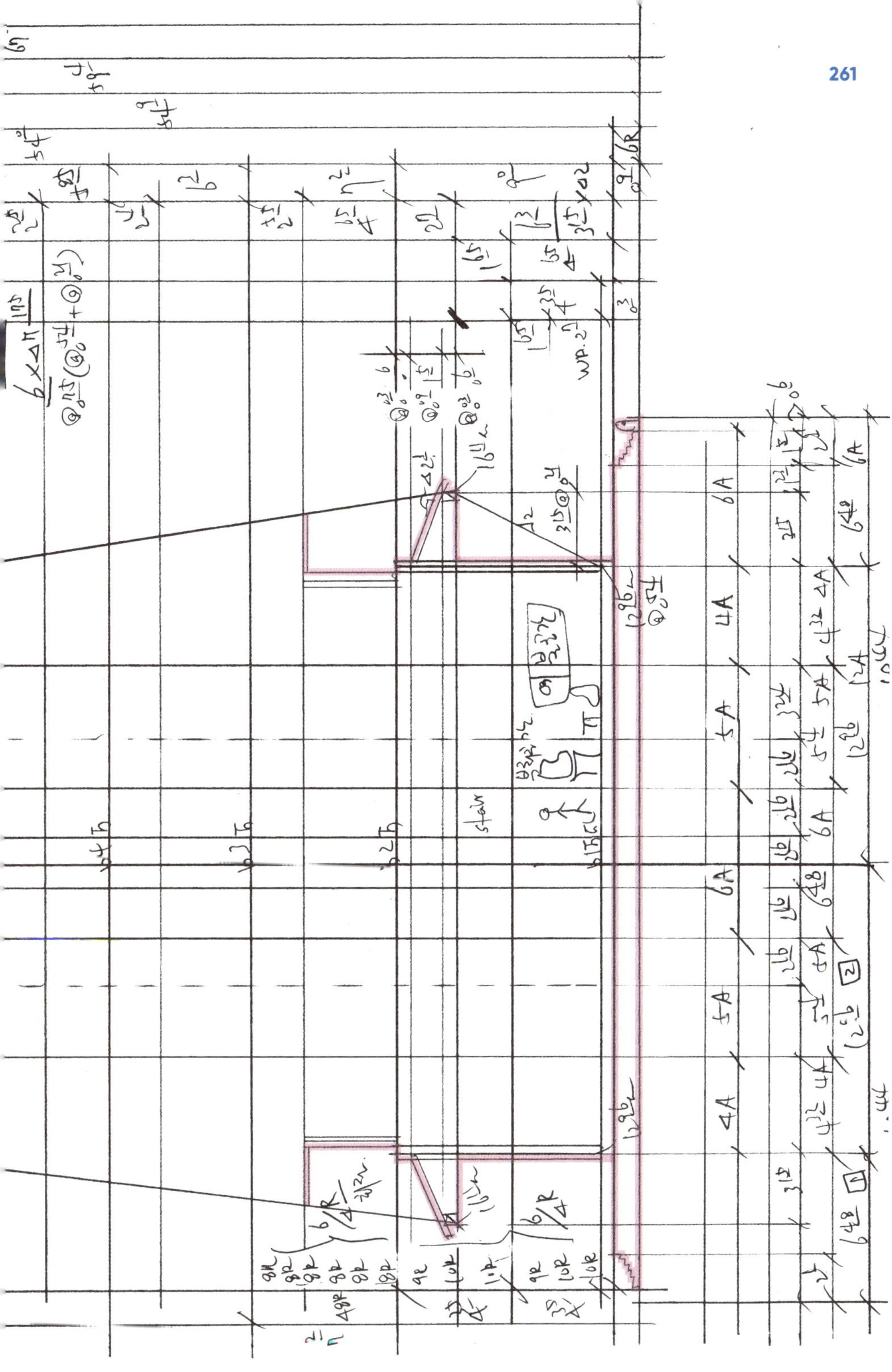

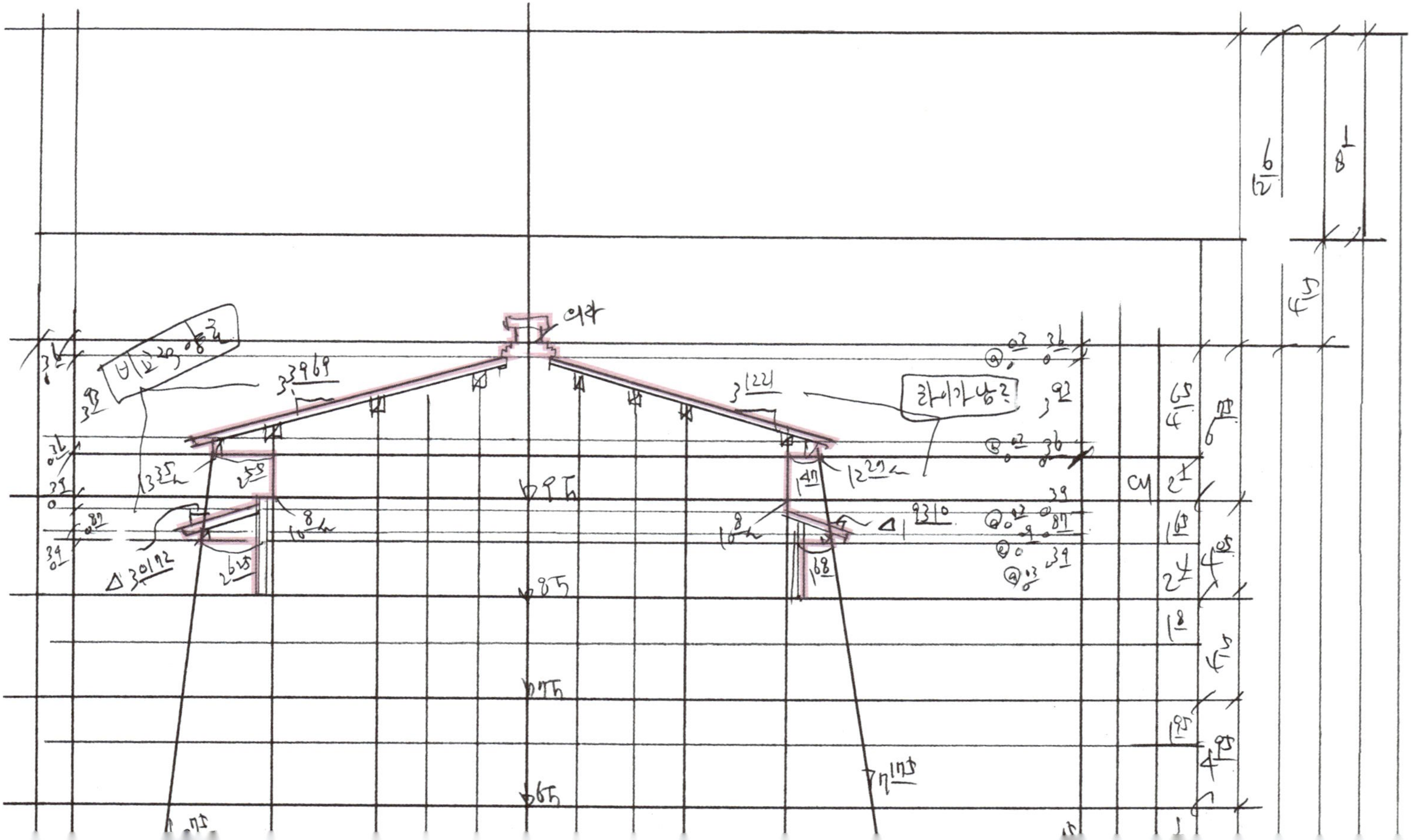

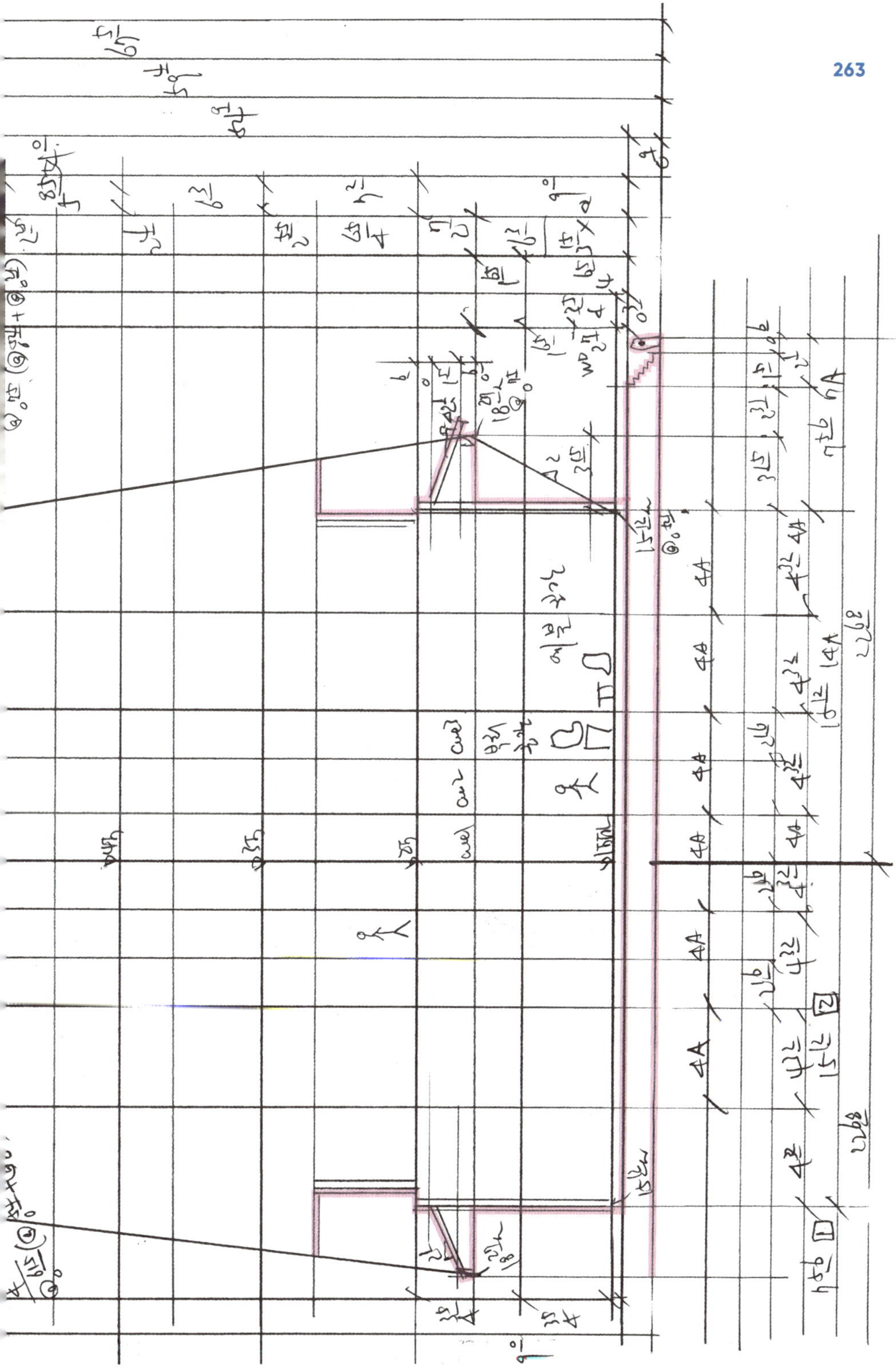

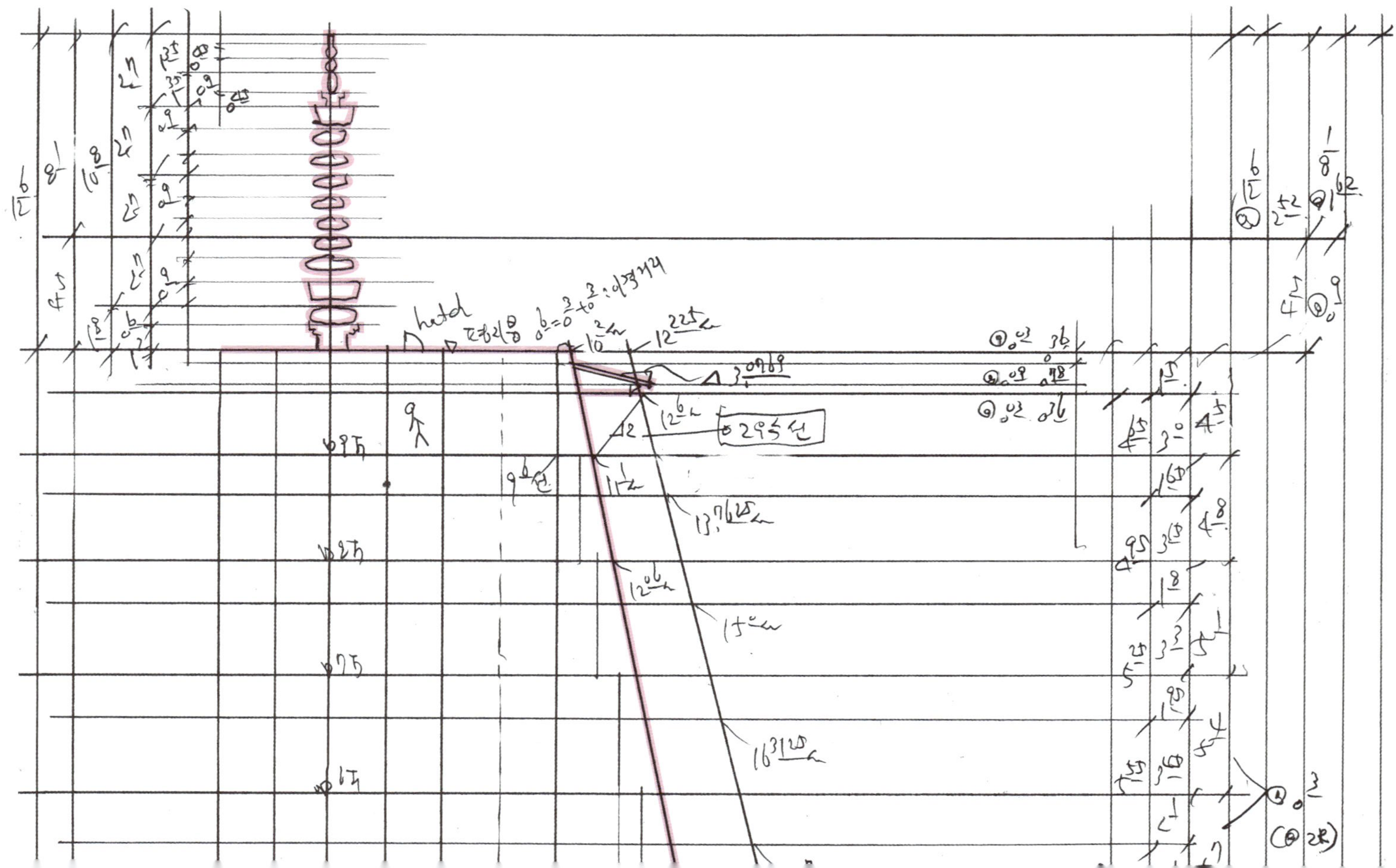

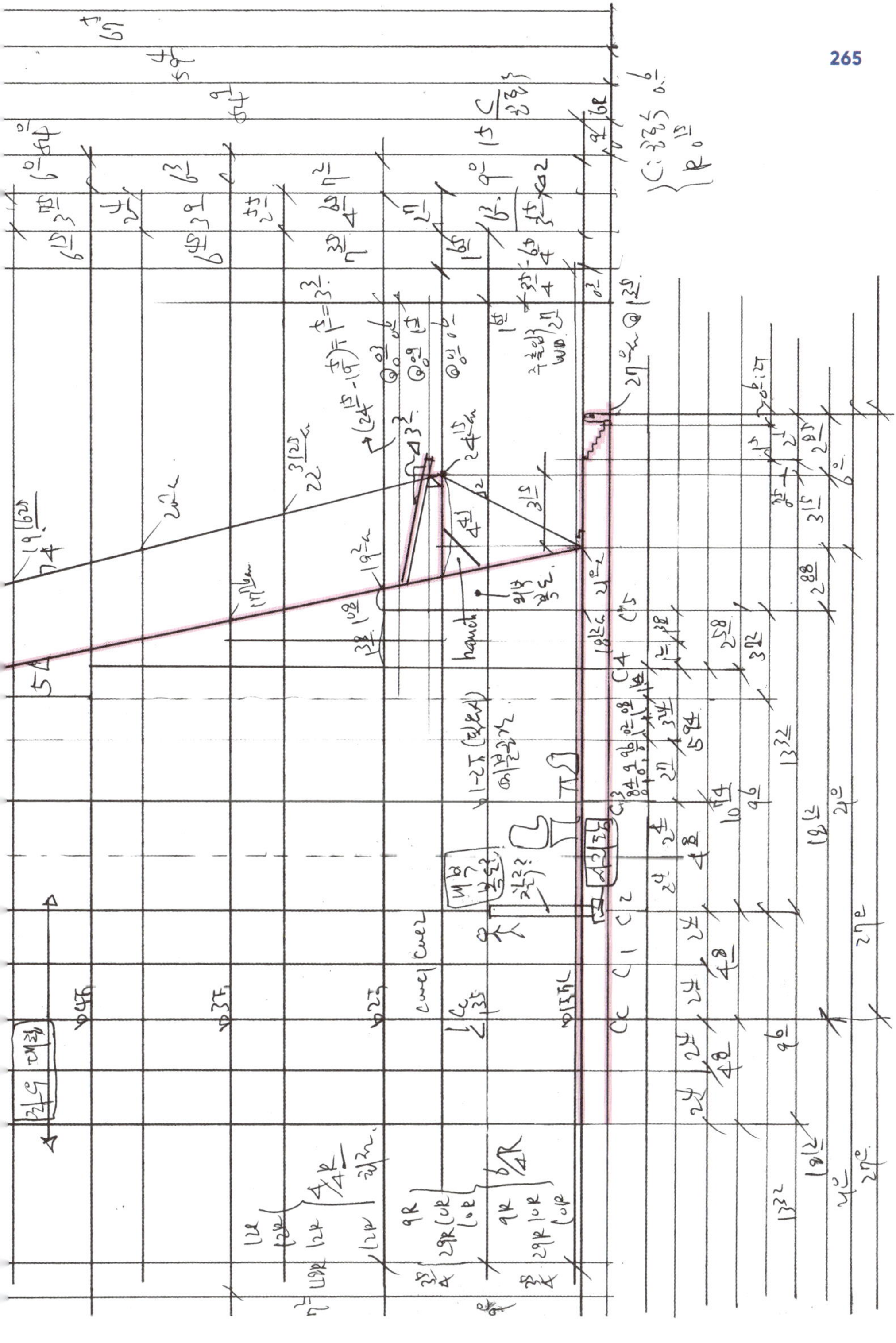

[Notes]

1) $5.\overline{07}$선 : 1변(1개방)의 중심선에서 평행으로 떨어진 거리

ex)

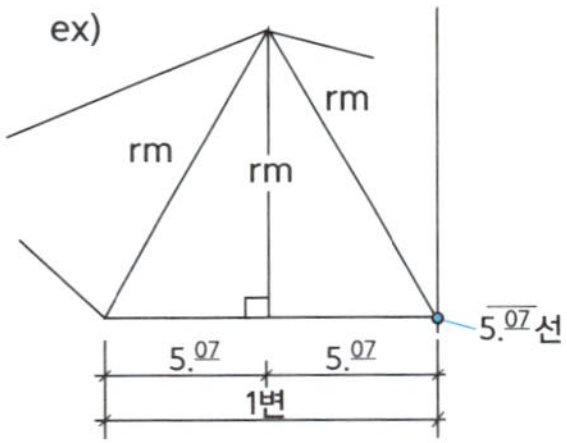

2) 선의 개념

① $9.\dot{6}$선 : 건물중심선(Cc)기준
② $\overline{5.07}$선 : 1변중심선기준

} 좌표개념이 있답니다.

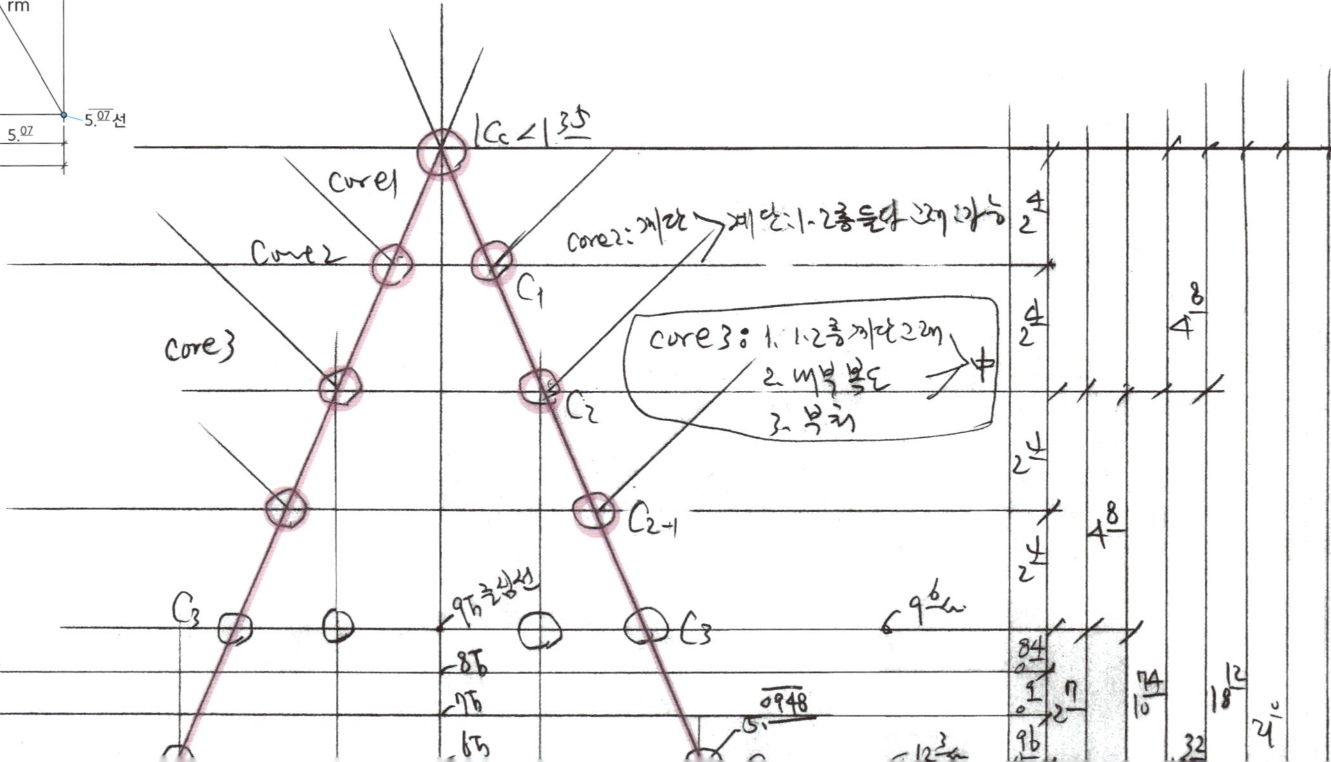

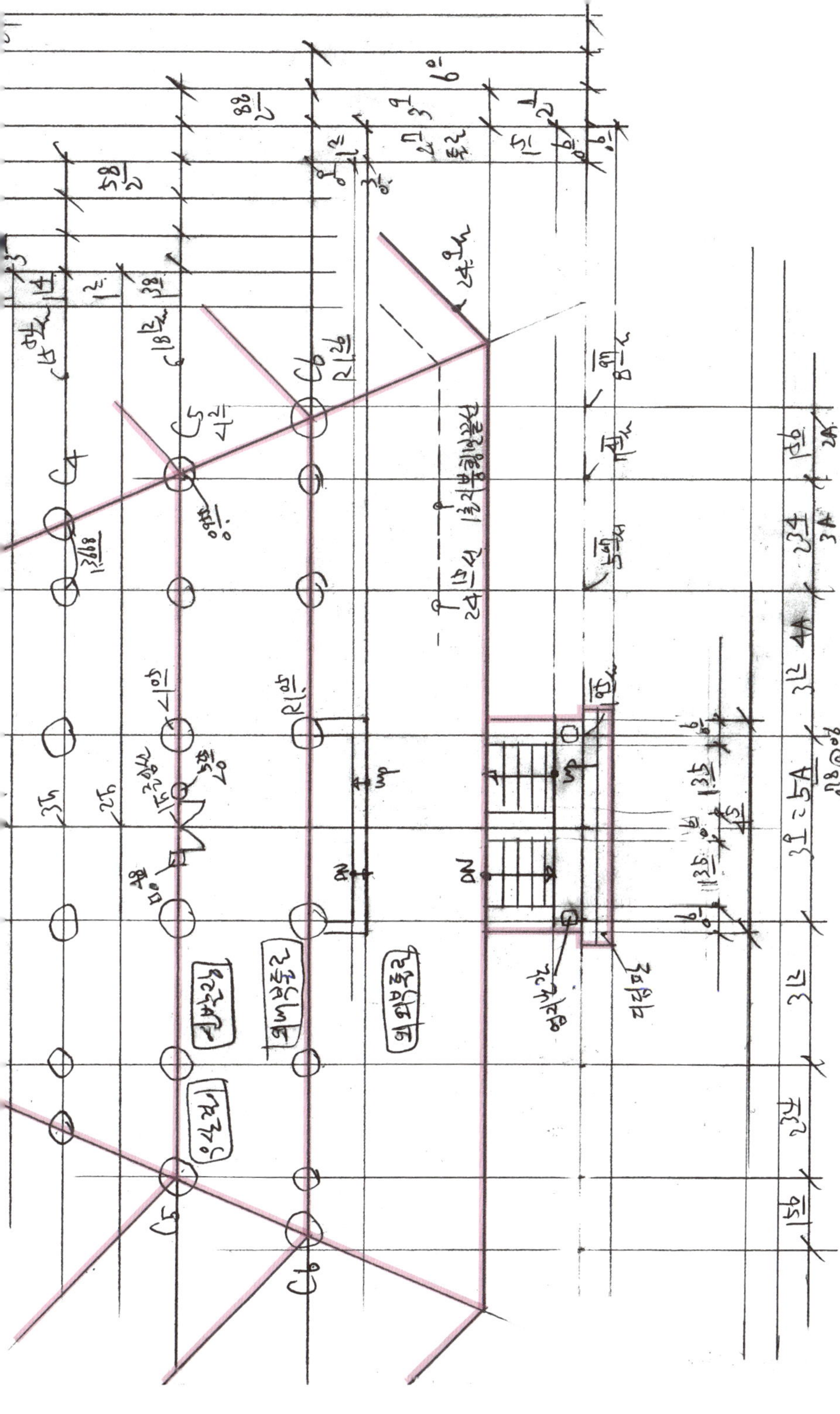

기준 | 01 _ 1층층고 : { H : 8.64 : 적용 / H : 8.82 : 층고로서는 더 양호?

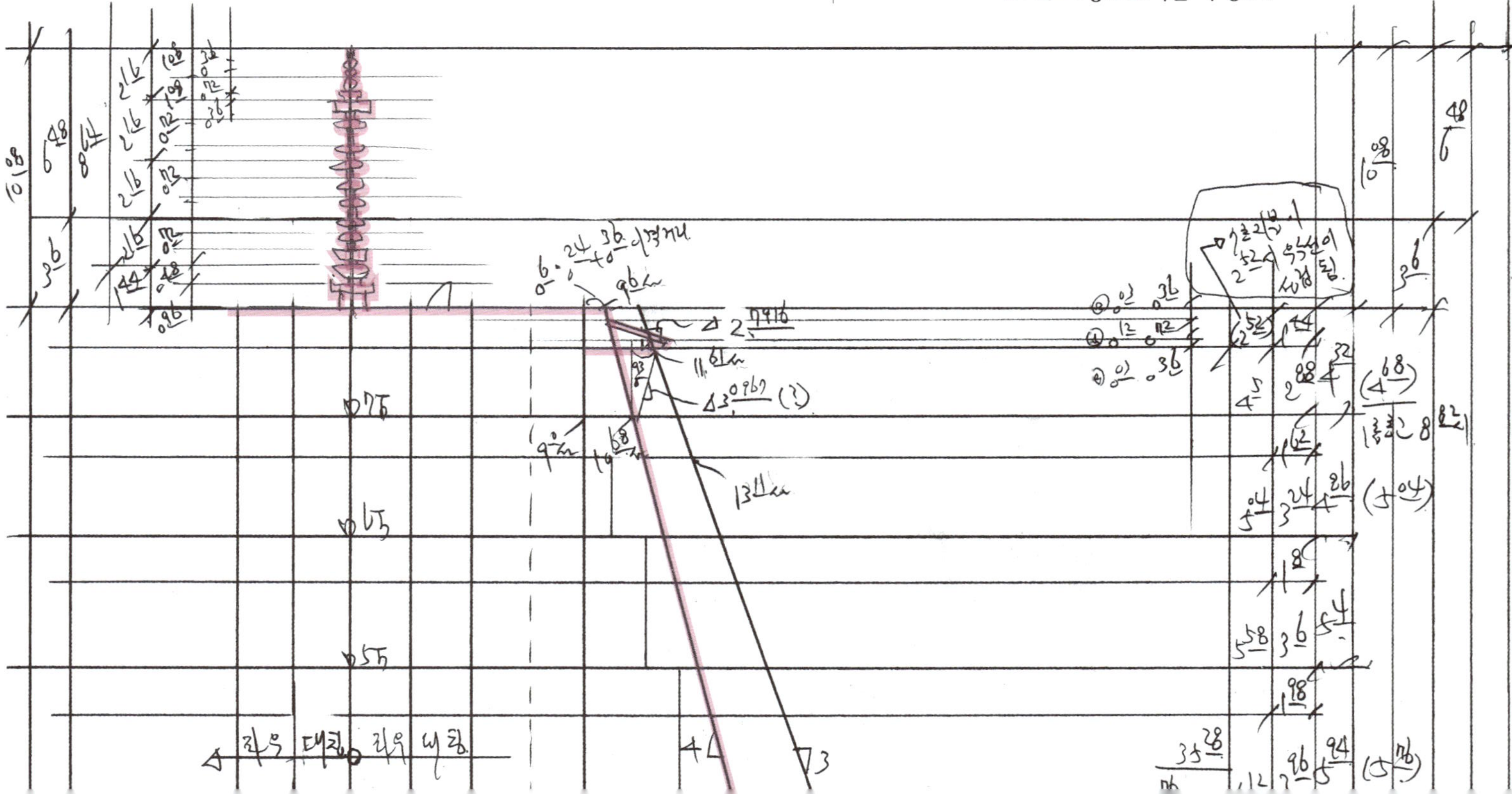

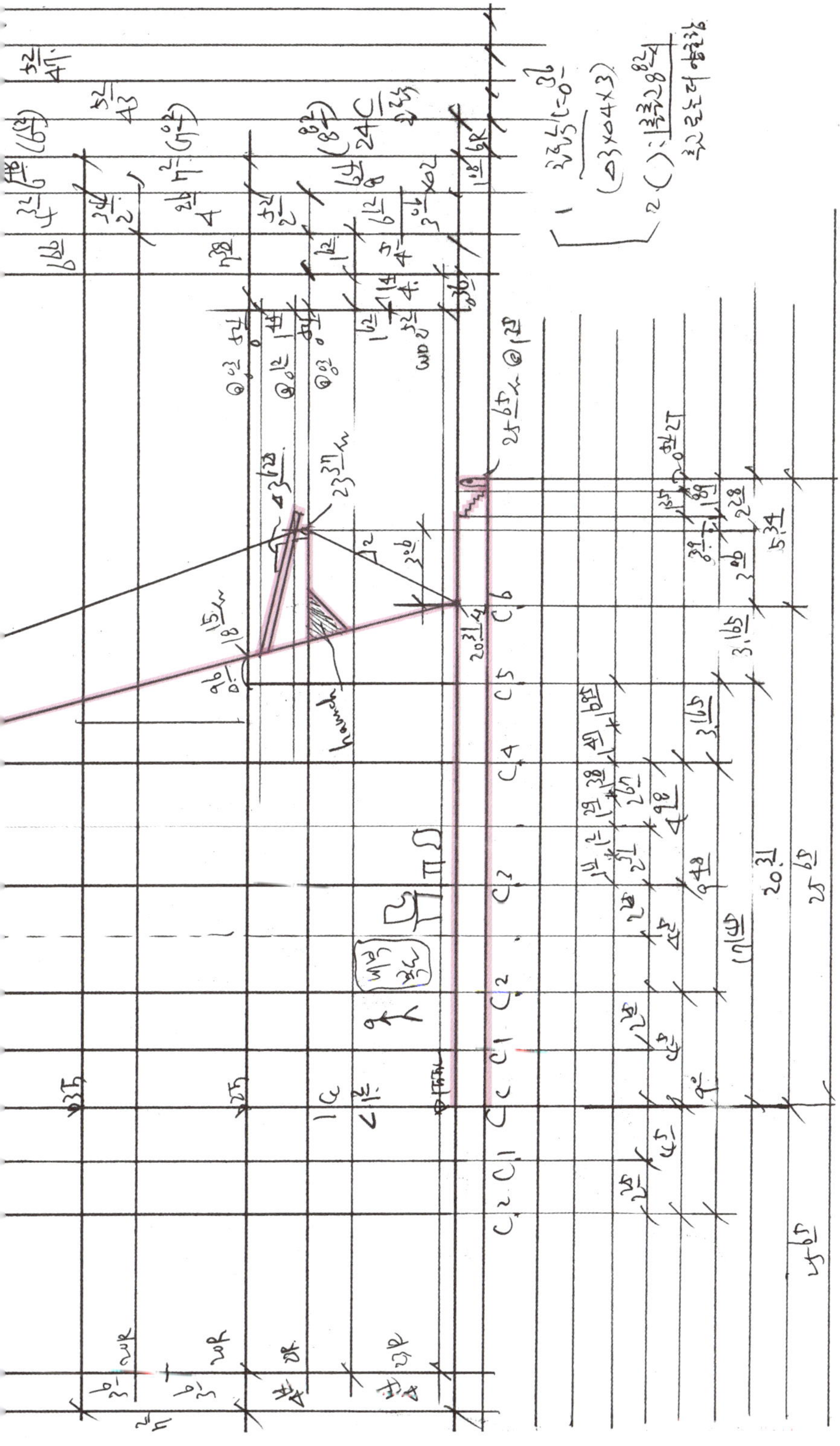

7층목탑 - 1층 평면도 : 1/8면 (8각 일반목탑형)

원본도면 14 (본문 p117)

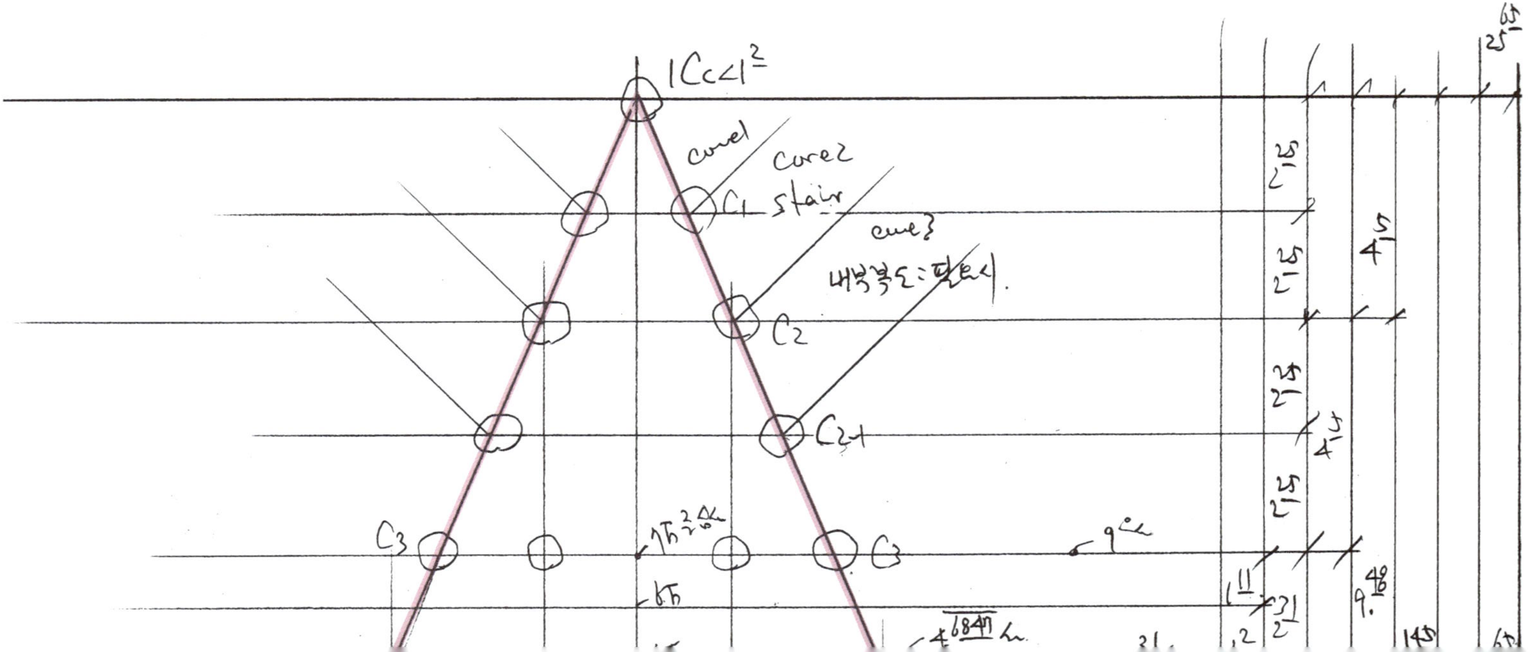

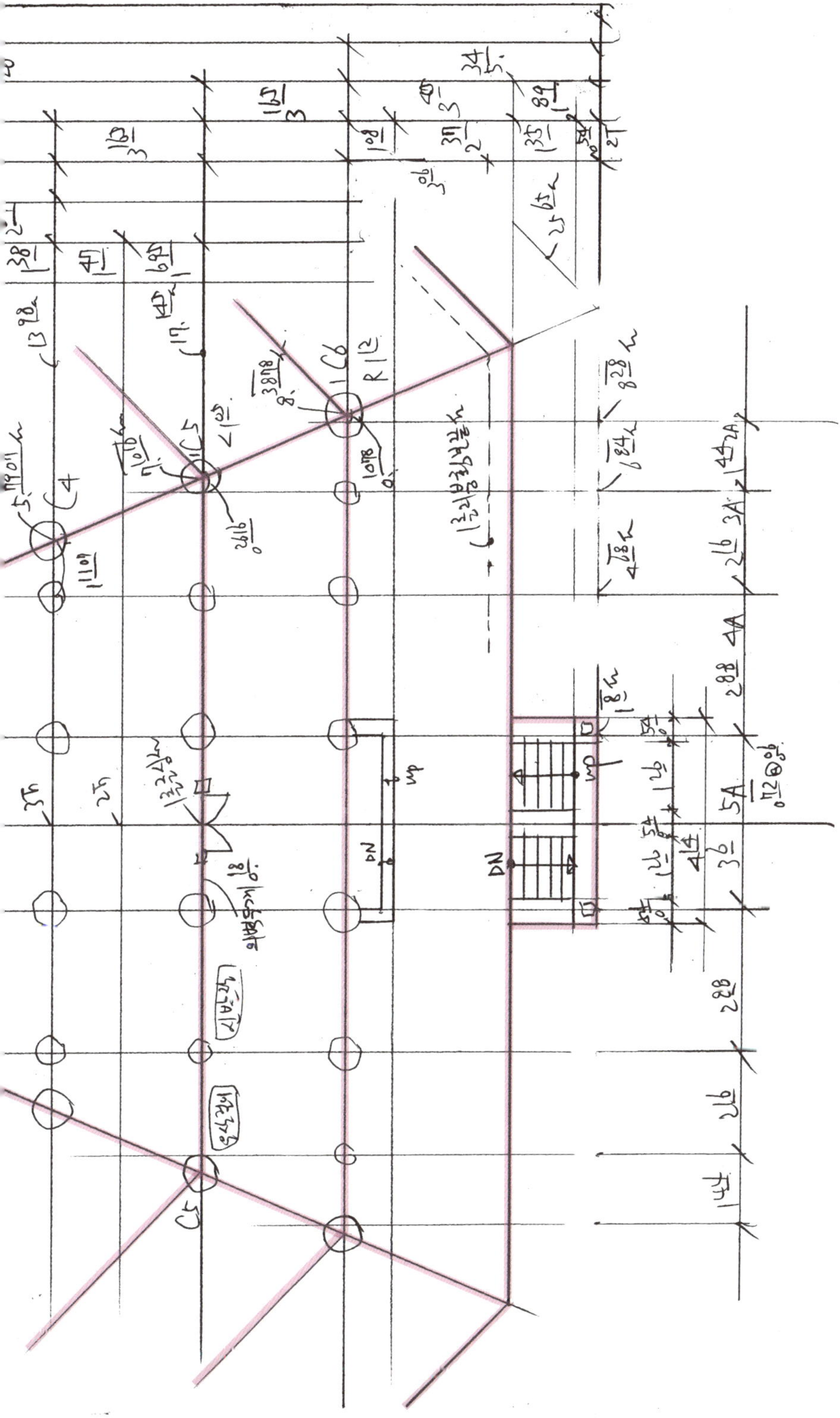

9층목탑 – 개념도 : 최상층층고증가안 (8각 사찰목탑형)

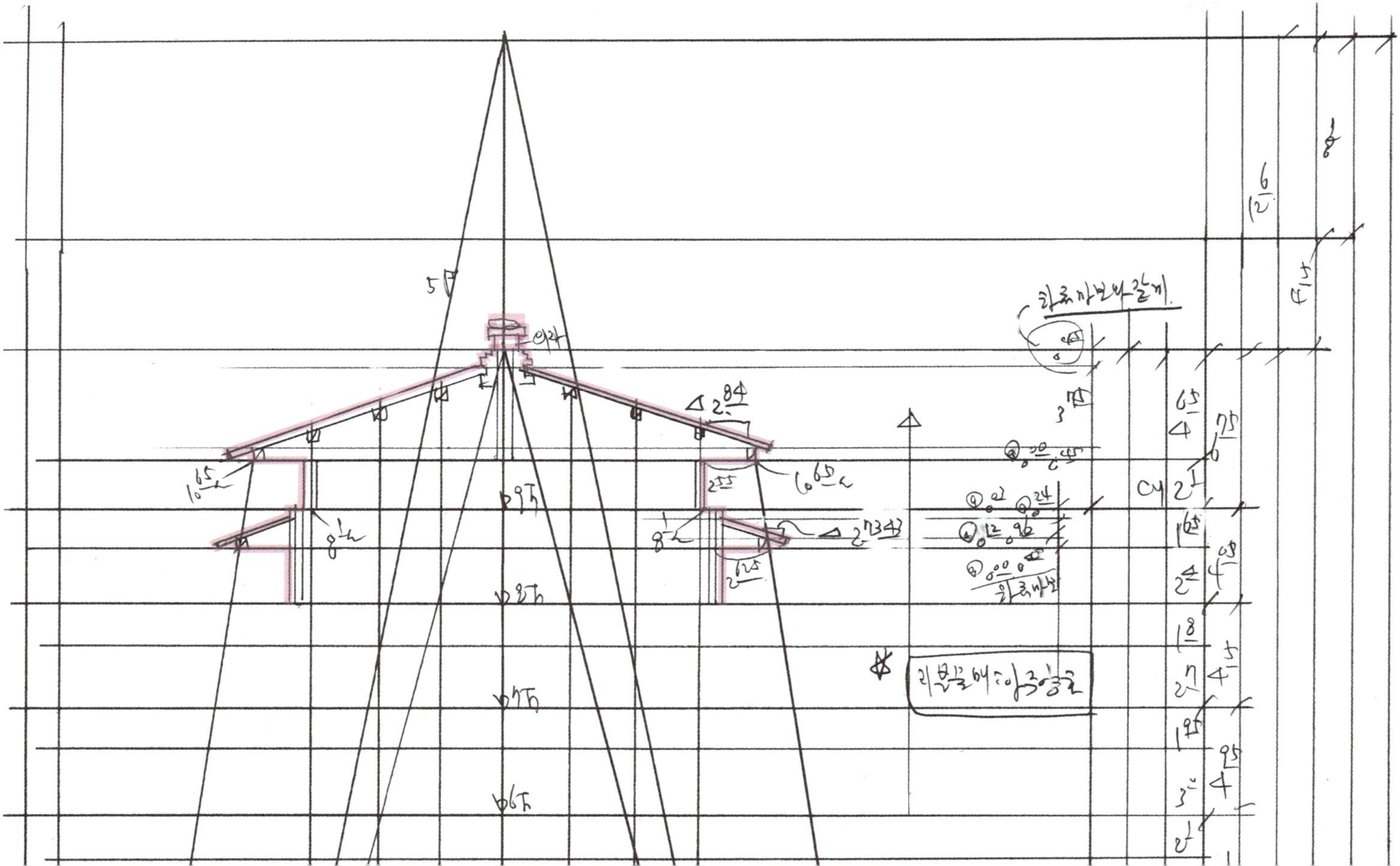

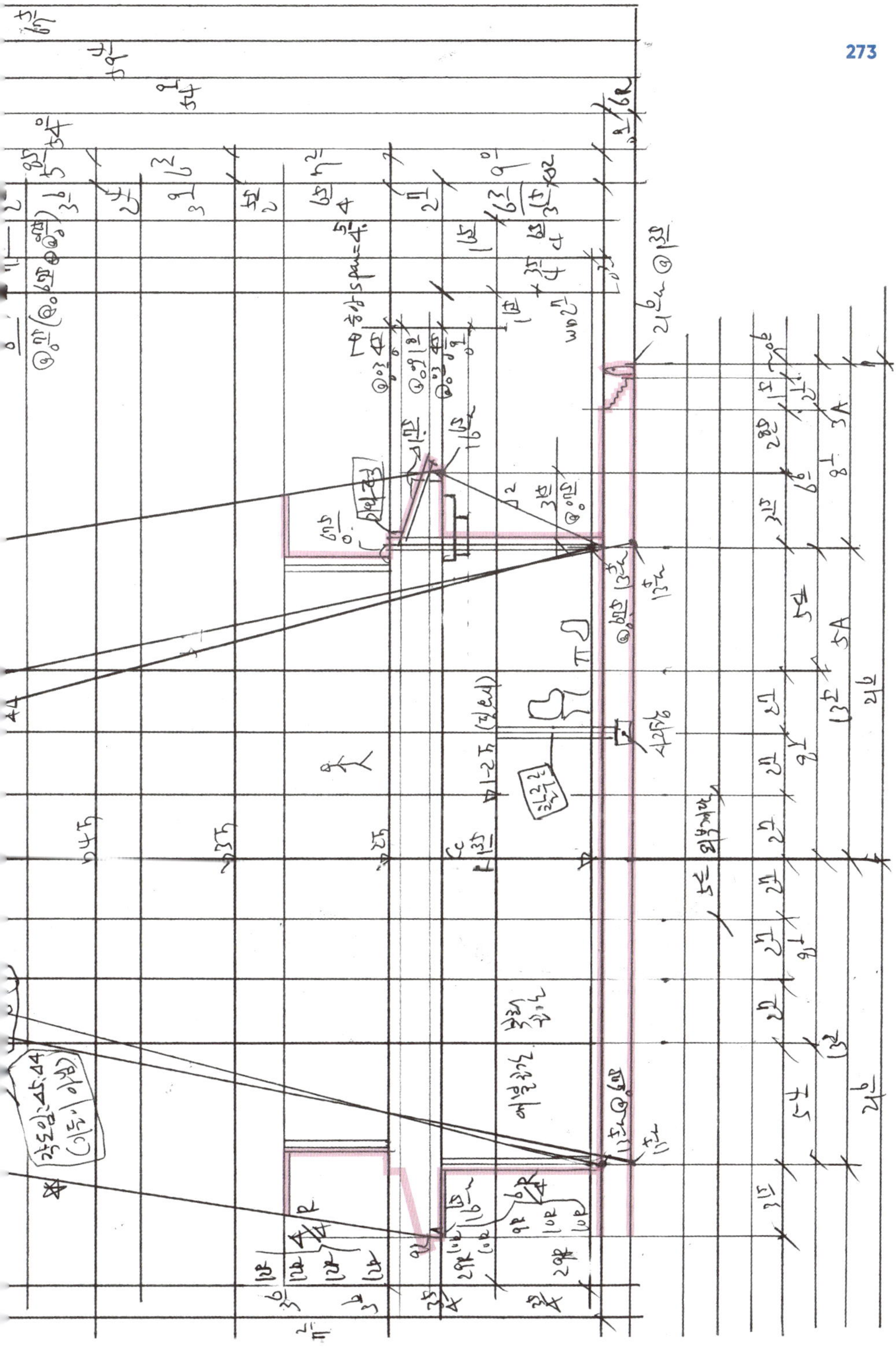

기준 | 01 _ 지붕증감계수 : @0.^{15} → 최상층지붕 : 평지붕
지붕증감계수 : @0.^{00} → 최상층지붕 : 완경사지붕

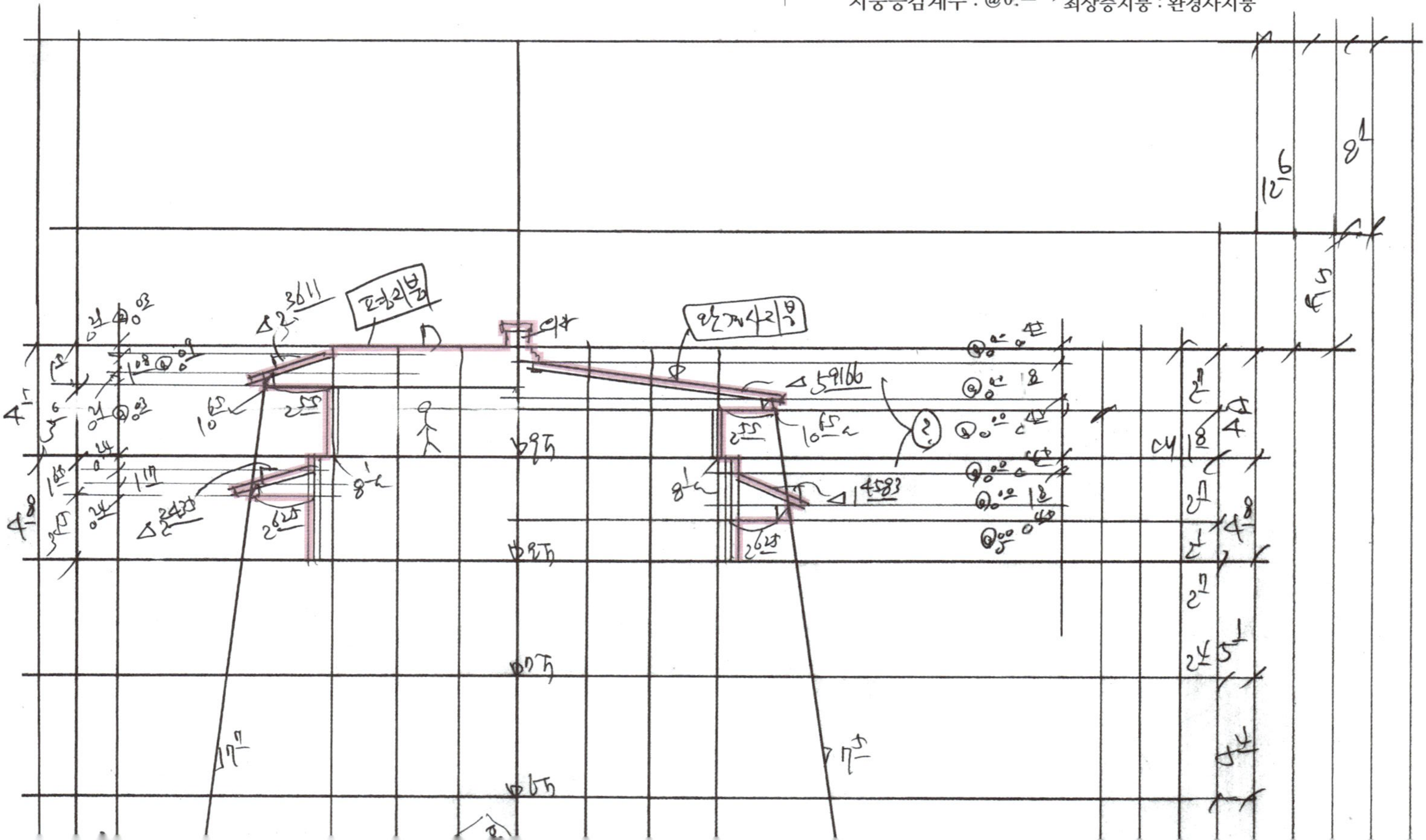

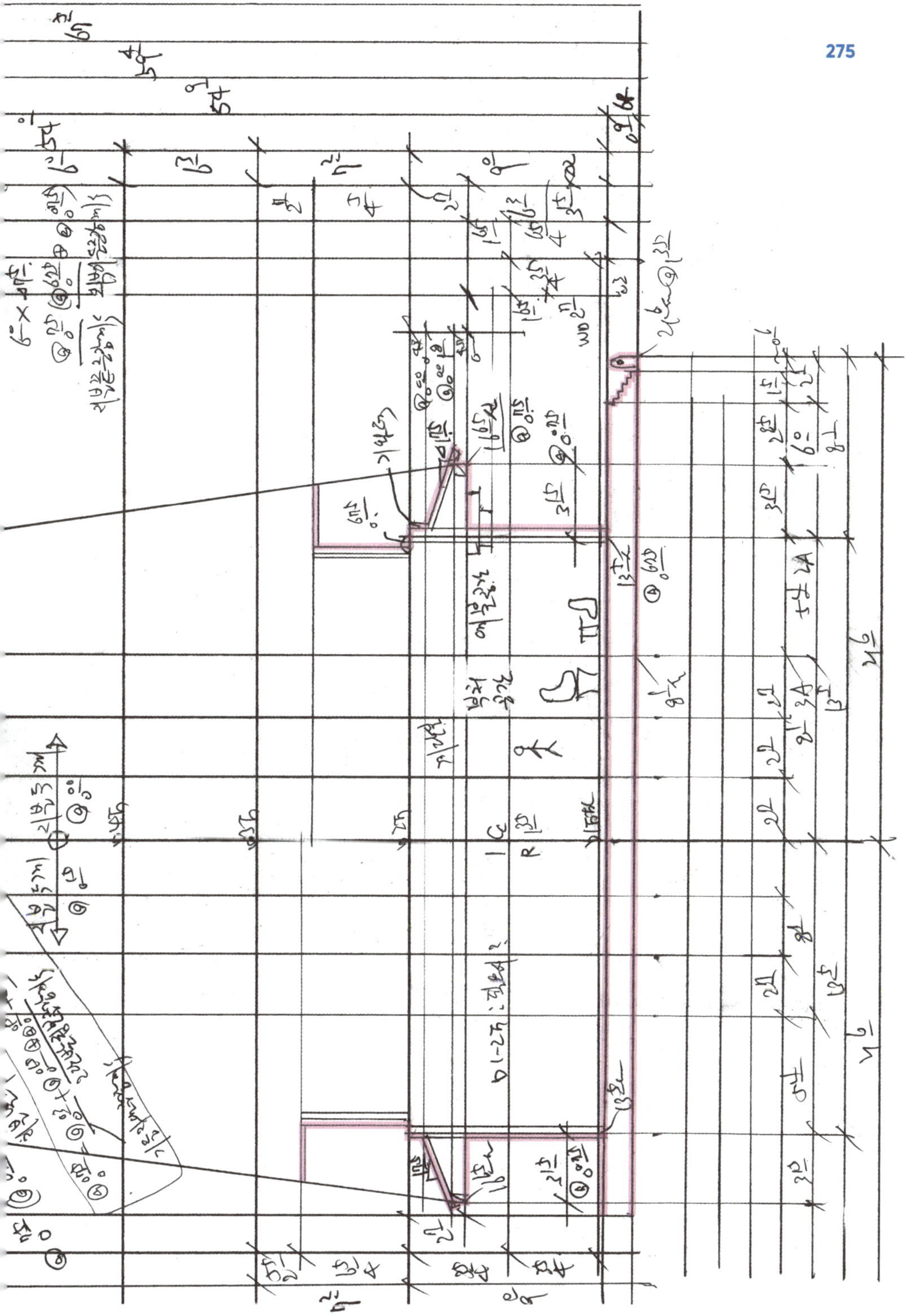

[Notes]

사리함(비밀금고?)을 처음에는 Core1공간에 넣으려고 했는데, 공간이 너무 좁아서 Core2-3사이공간으로 옮겨 보았답니다. 알 수가 없네요?

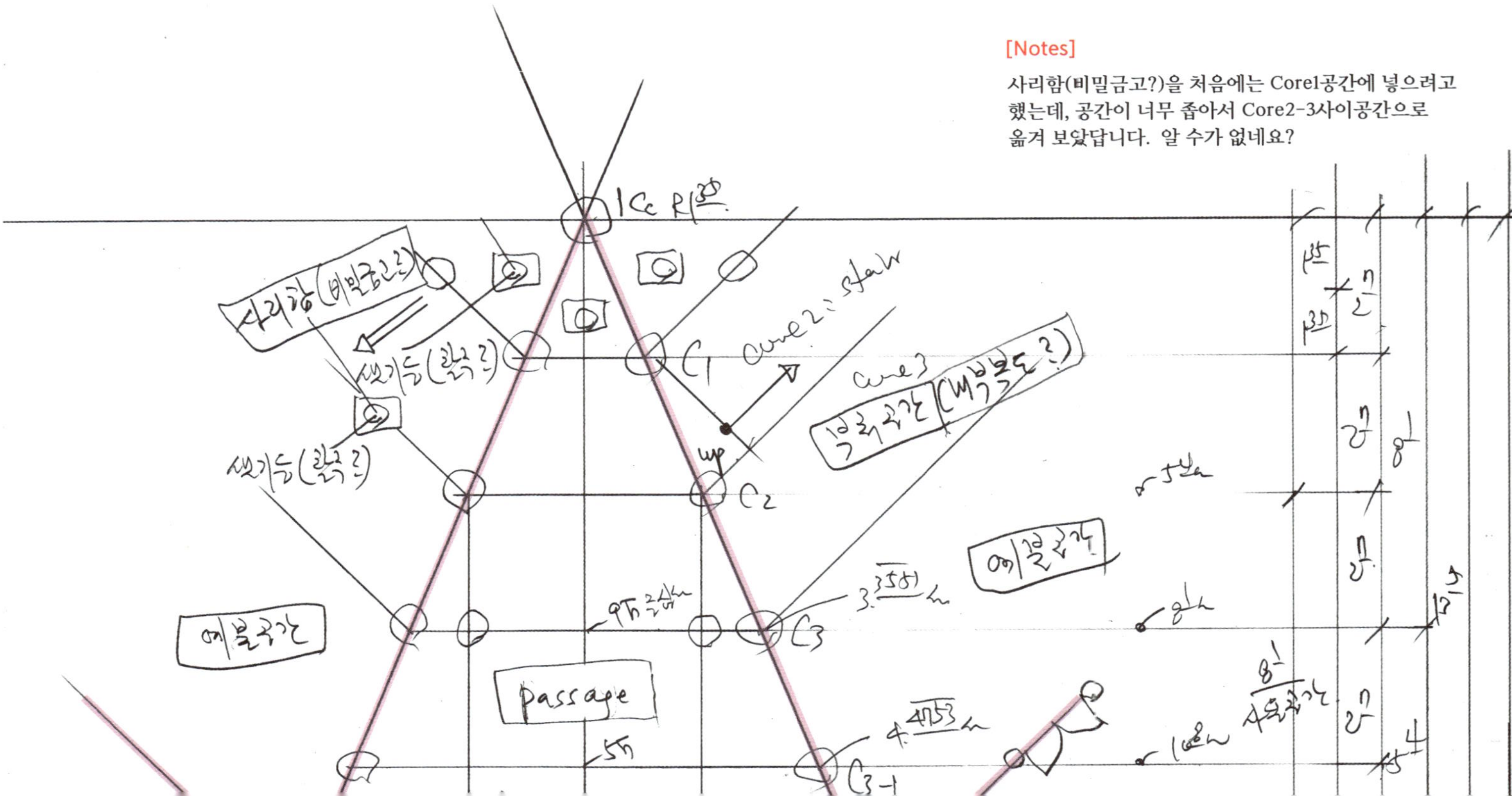

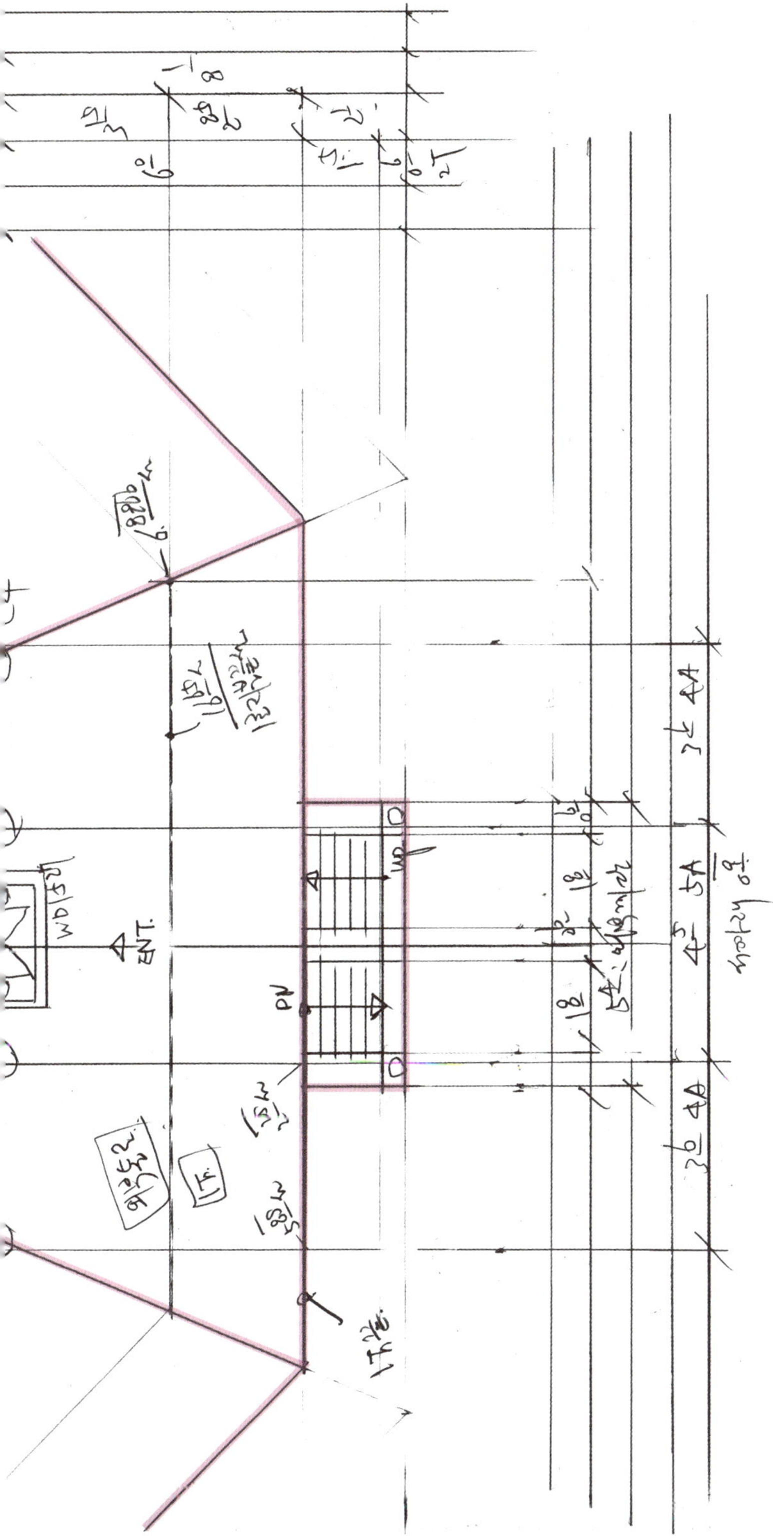
ENT.
UP
DN

7층목탑 – 개념도 : 최상층층고증가안 (8각 사찰목탑형)

원본도면 18 (본문 p125)

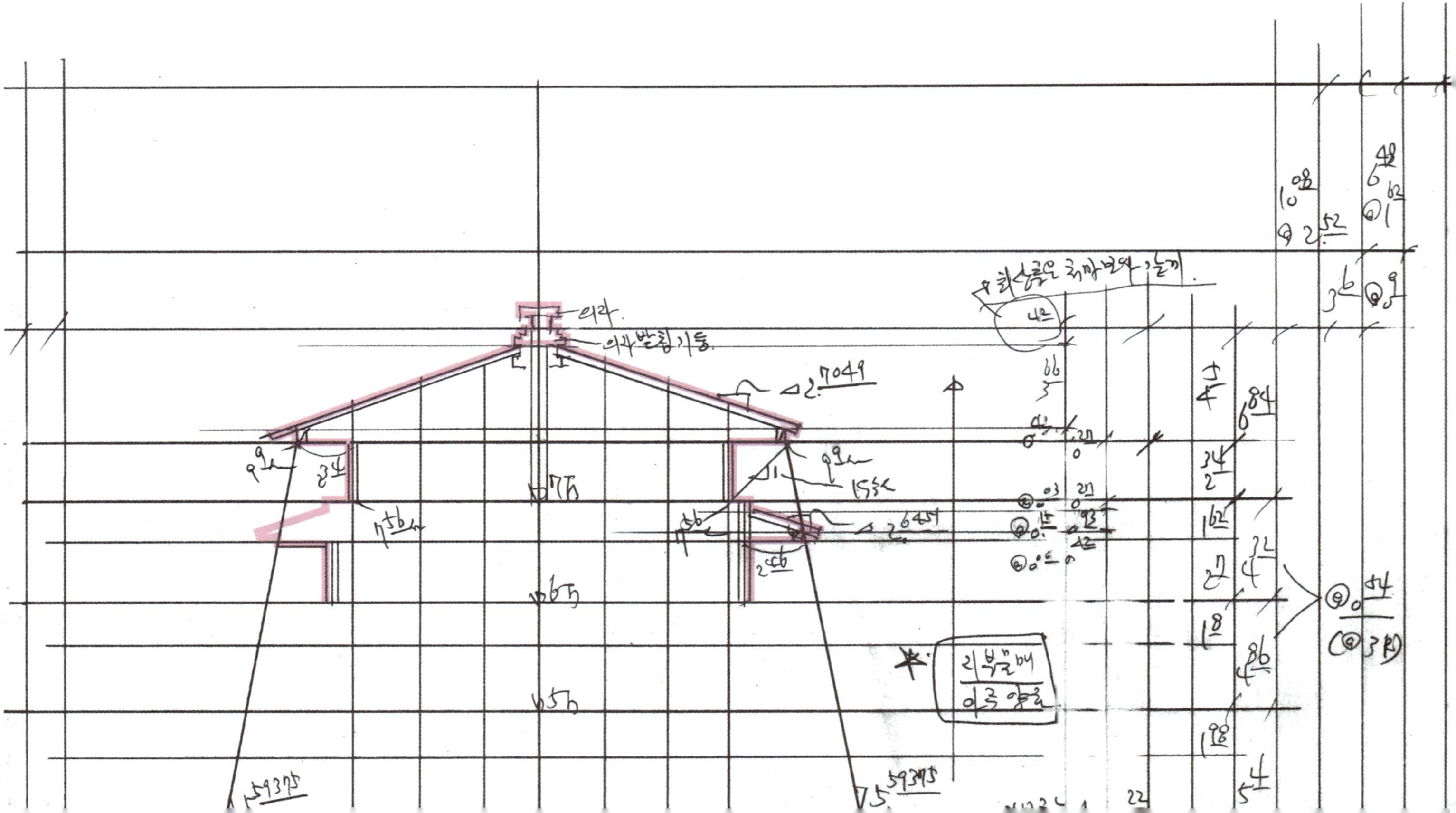

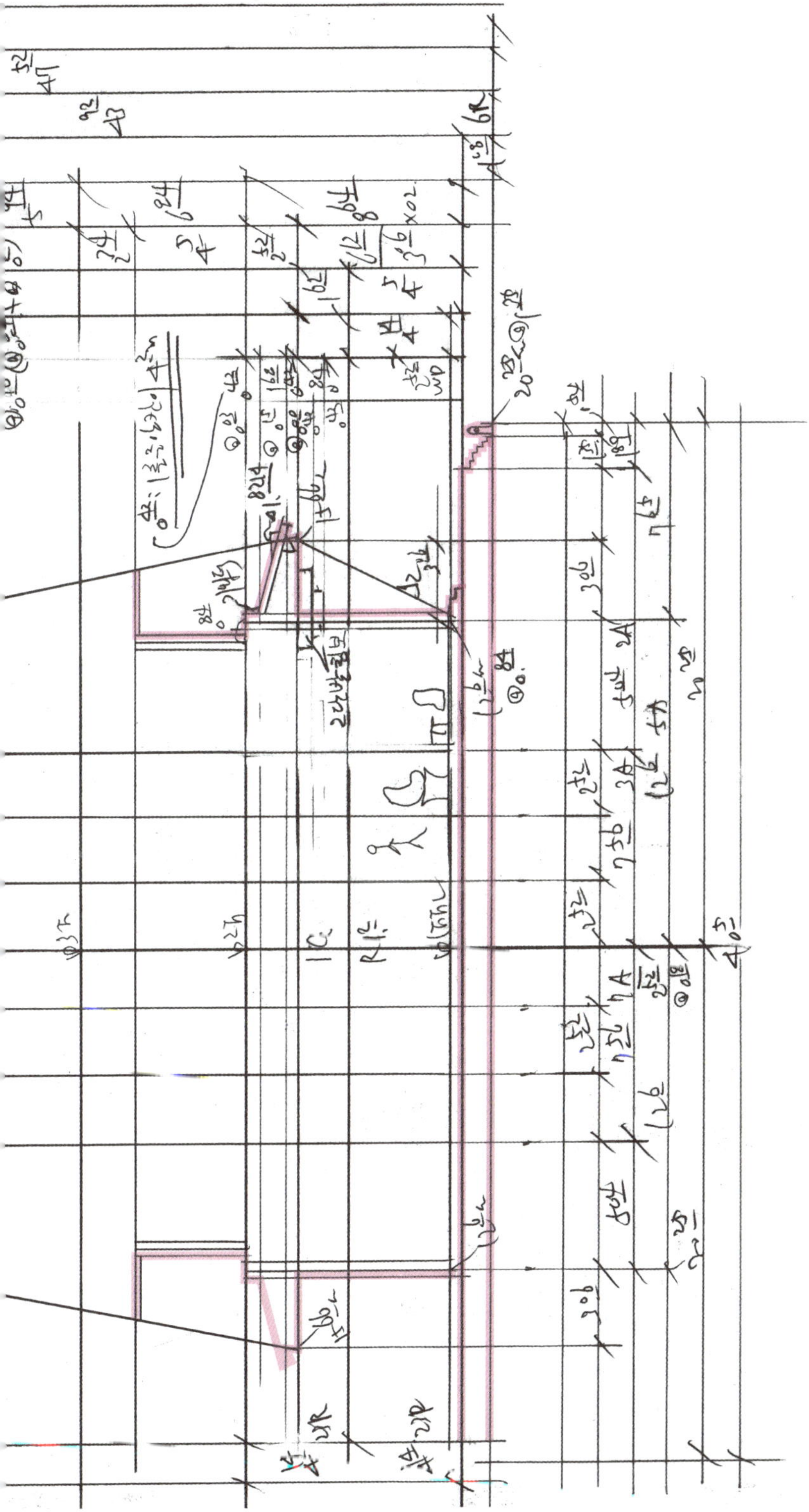

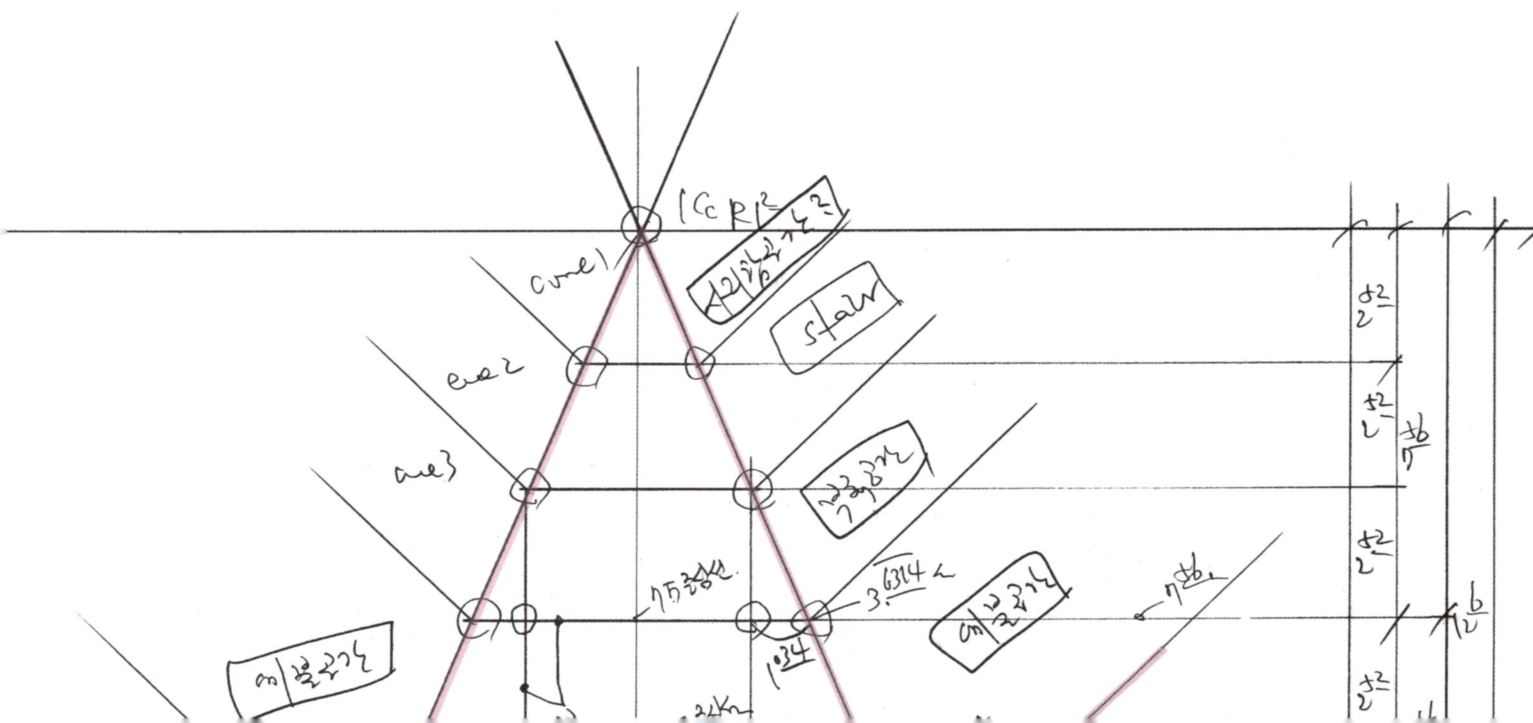

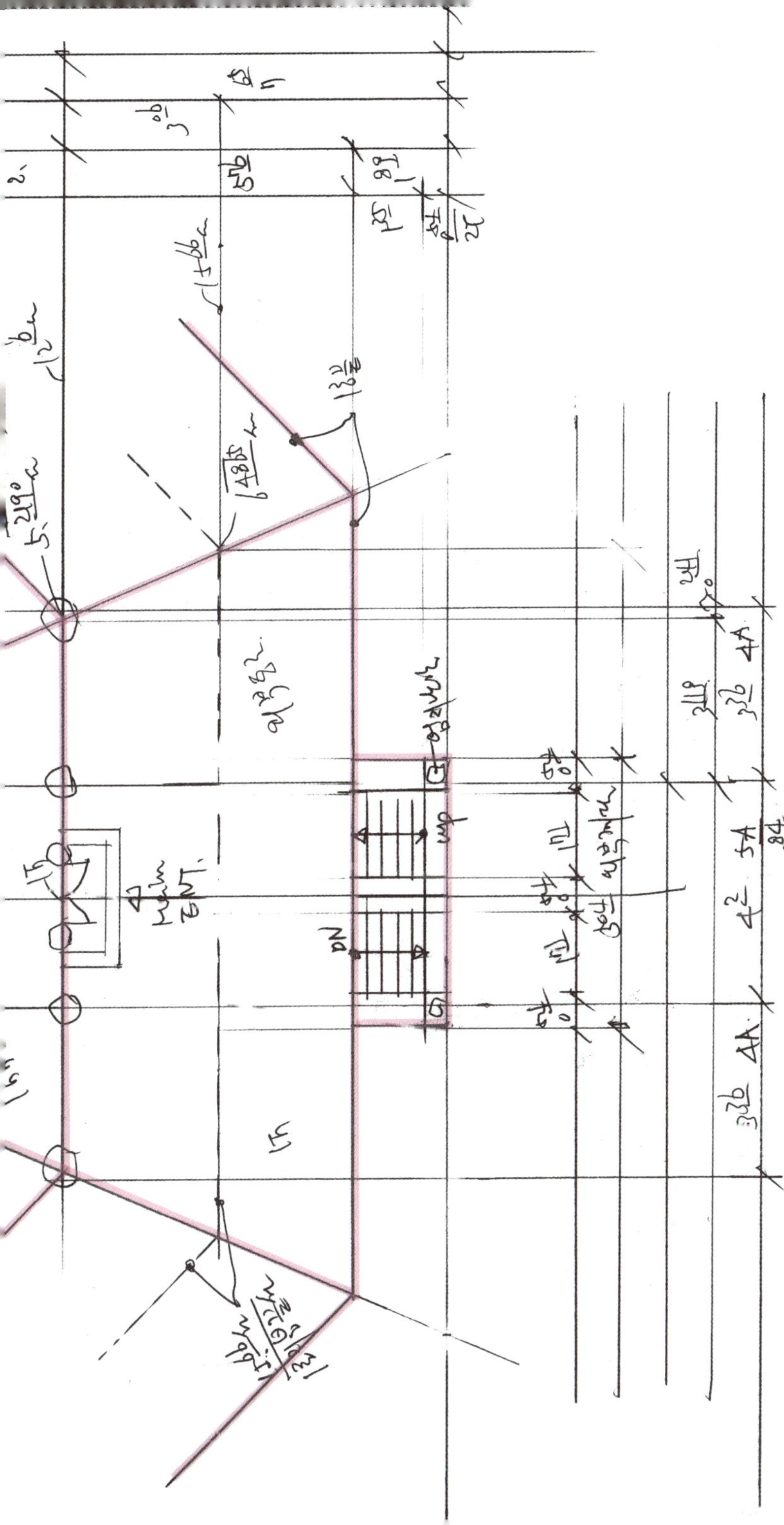
Main ENT.
DN
UP

원본도면 20 (본문 p125)

1층목탑 - 개념도 (8각 사찰목탑형)

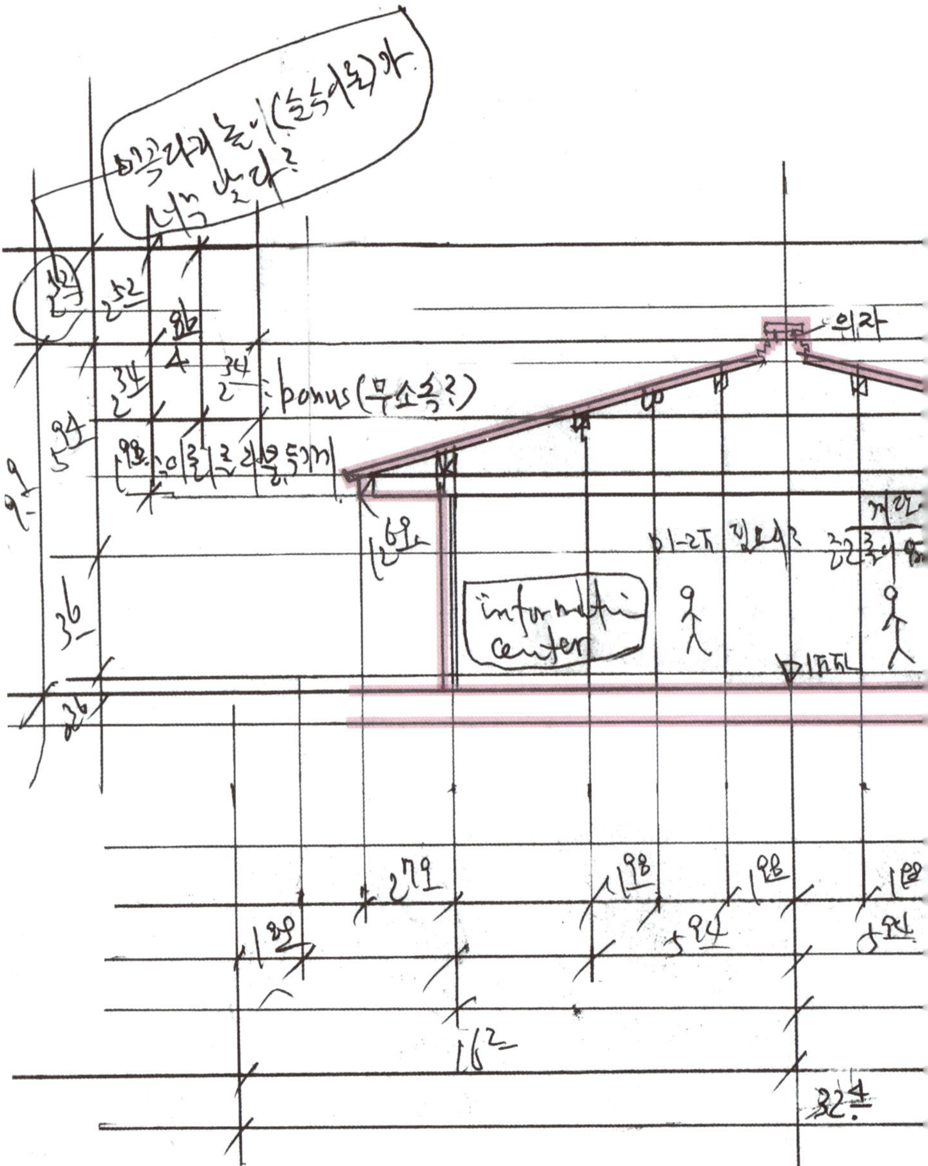

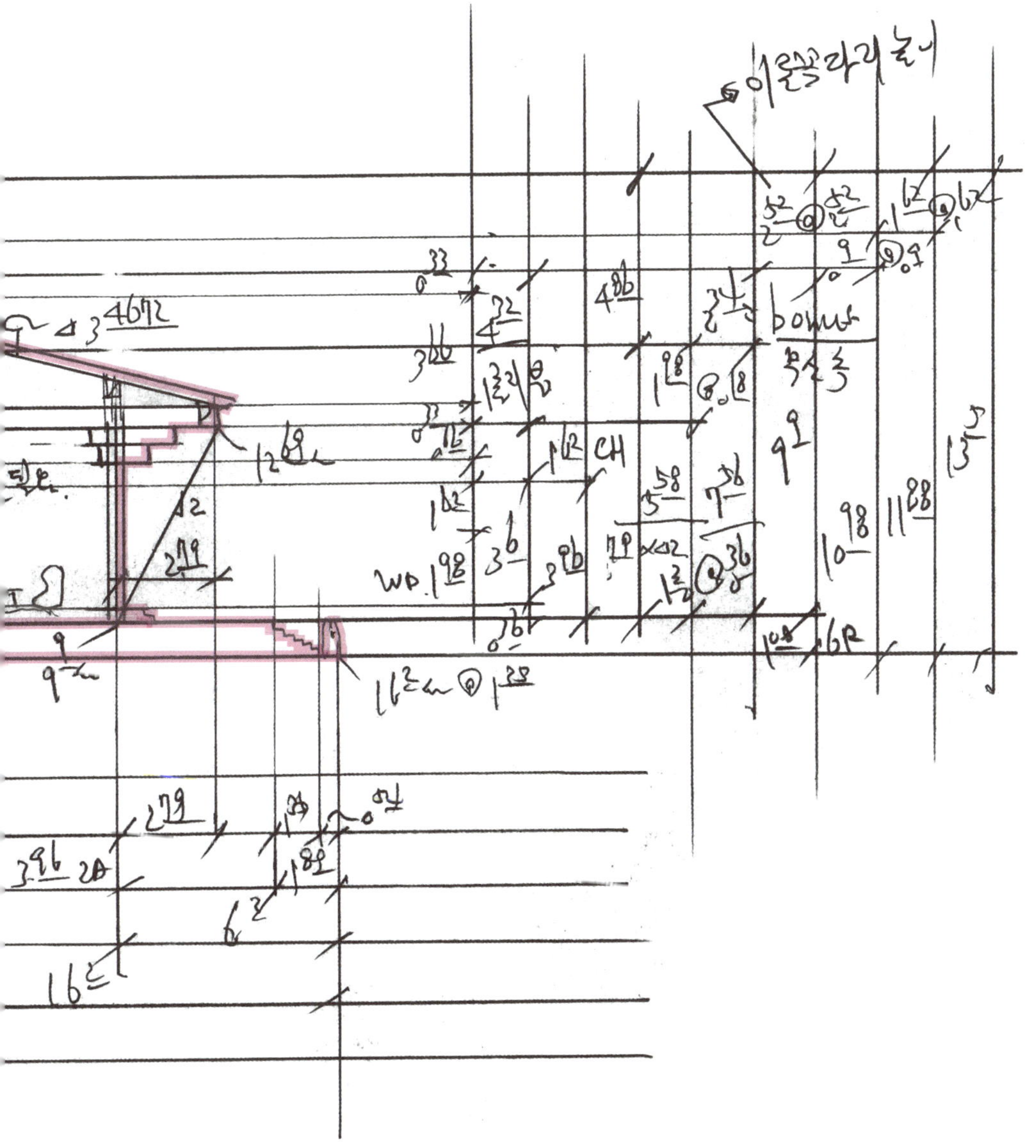

황룡사9층목탑 - 개념도 : 최상층층고증가안 (3 core type/ 8각 사찰목탑형)　　원본도면 21 (본문 p147)

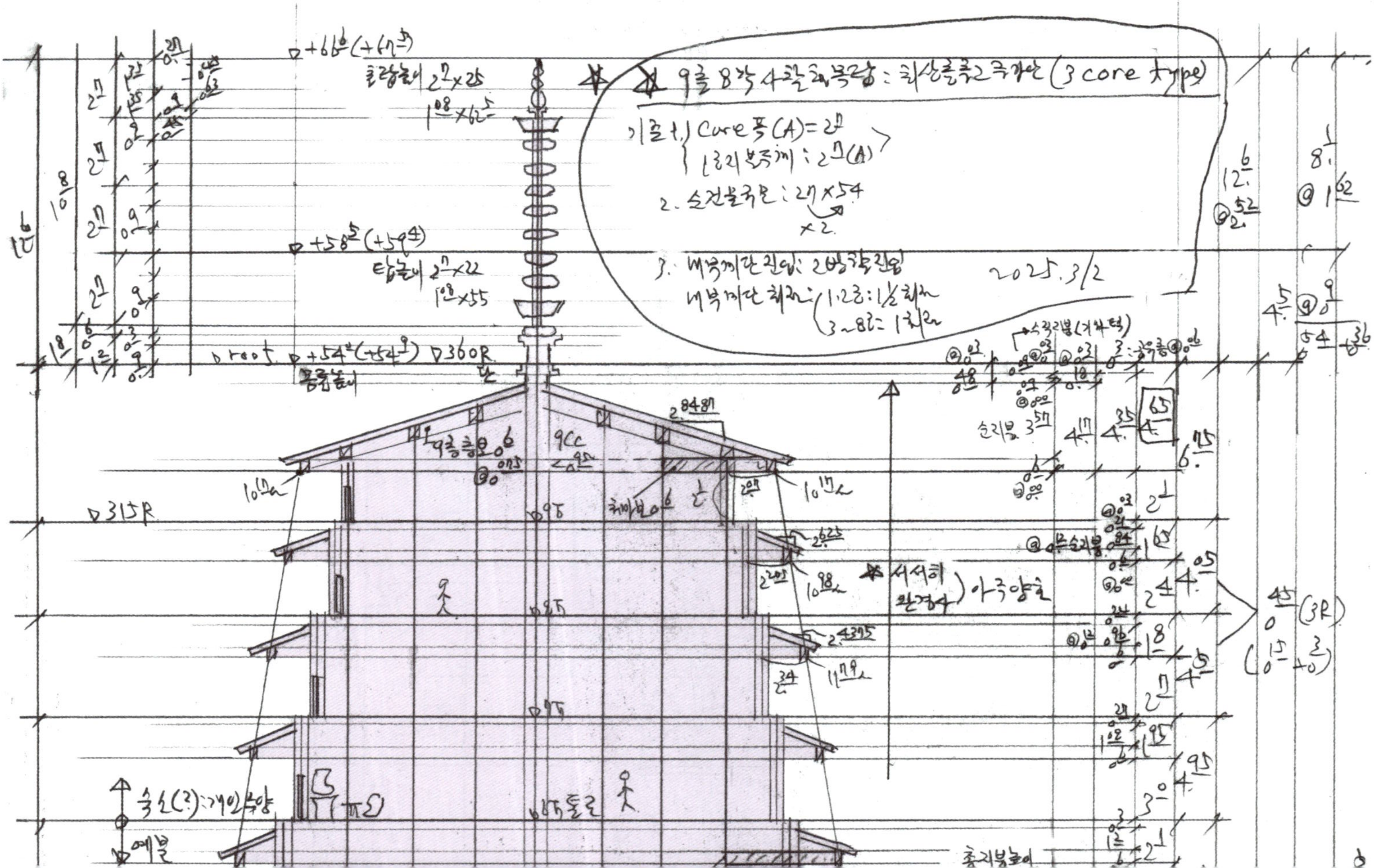

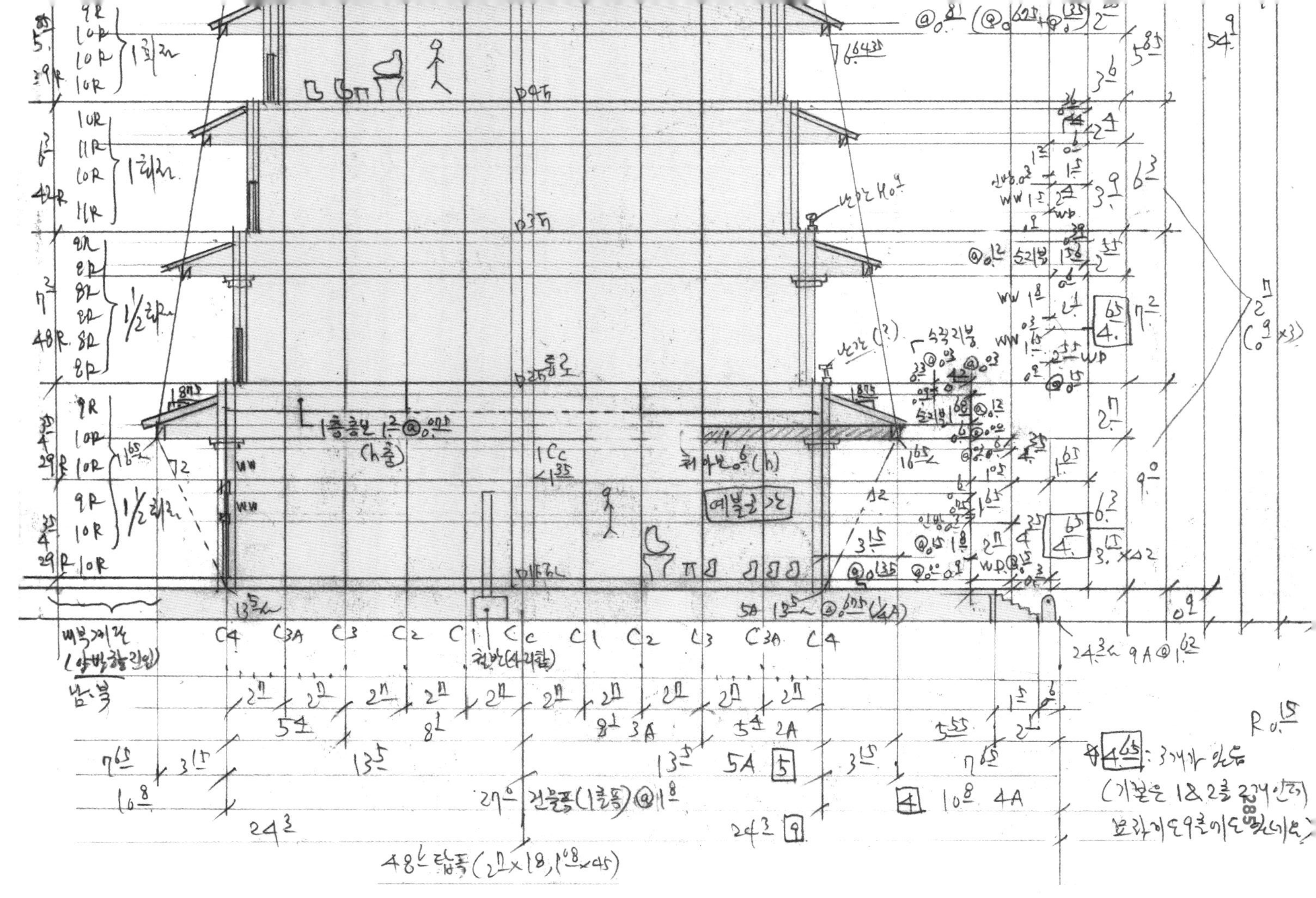

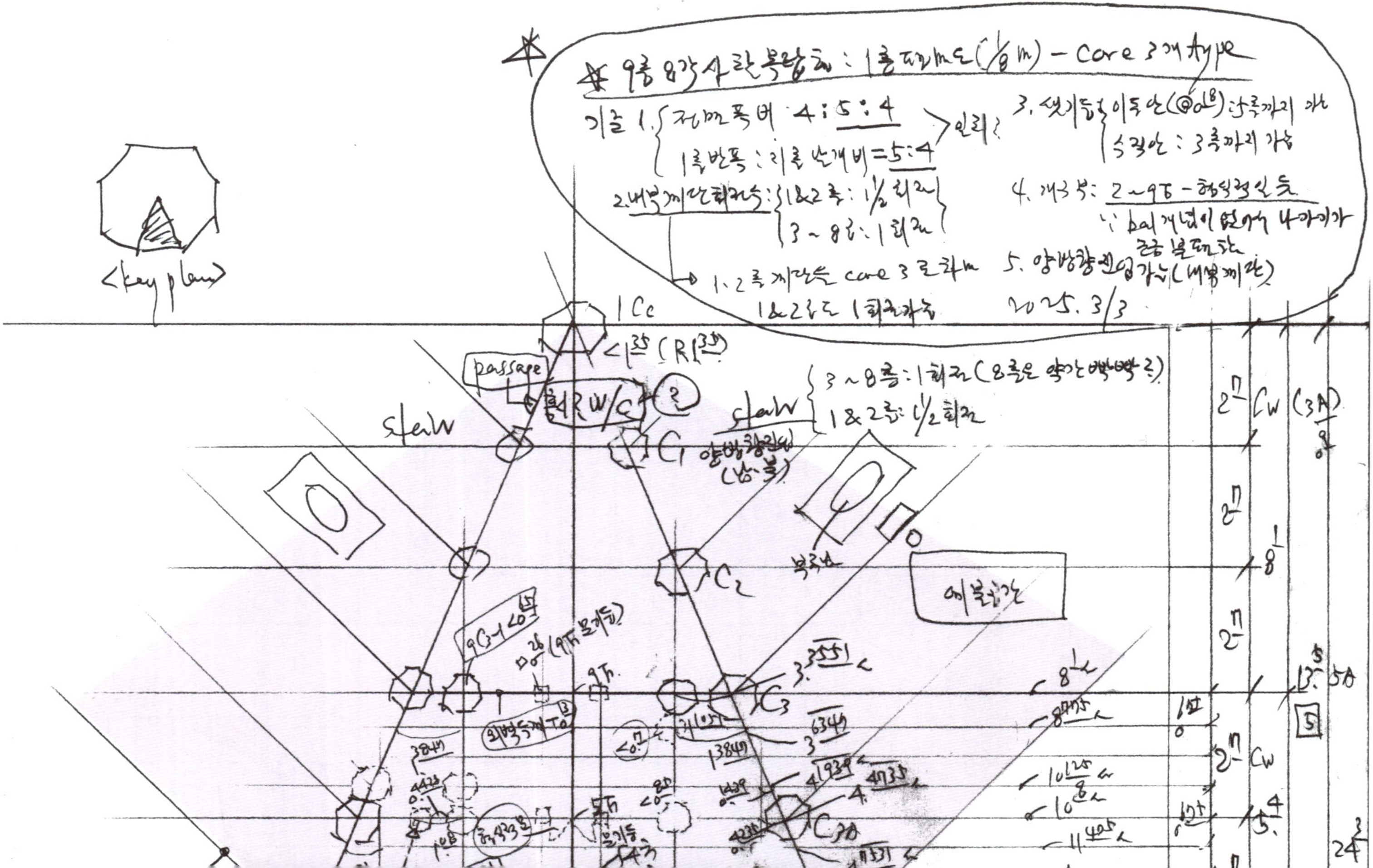

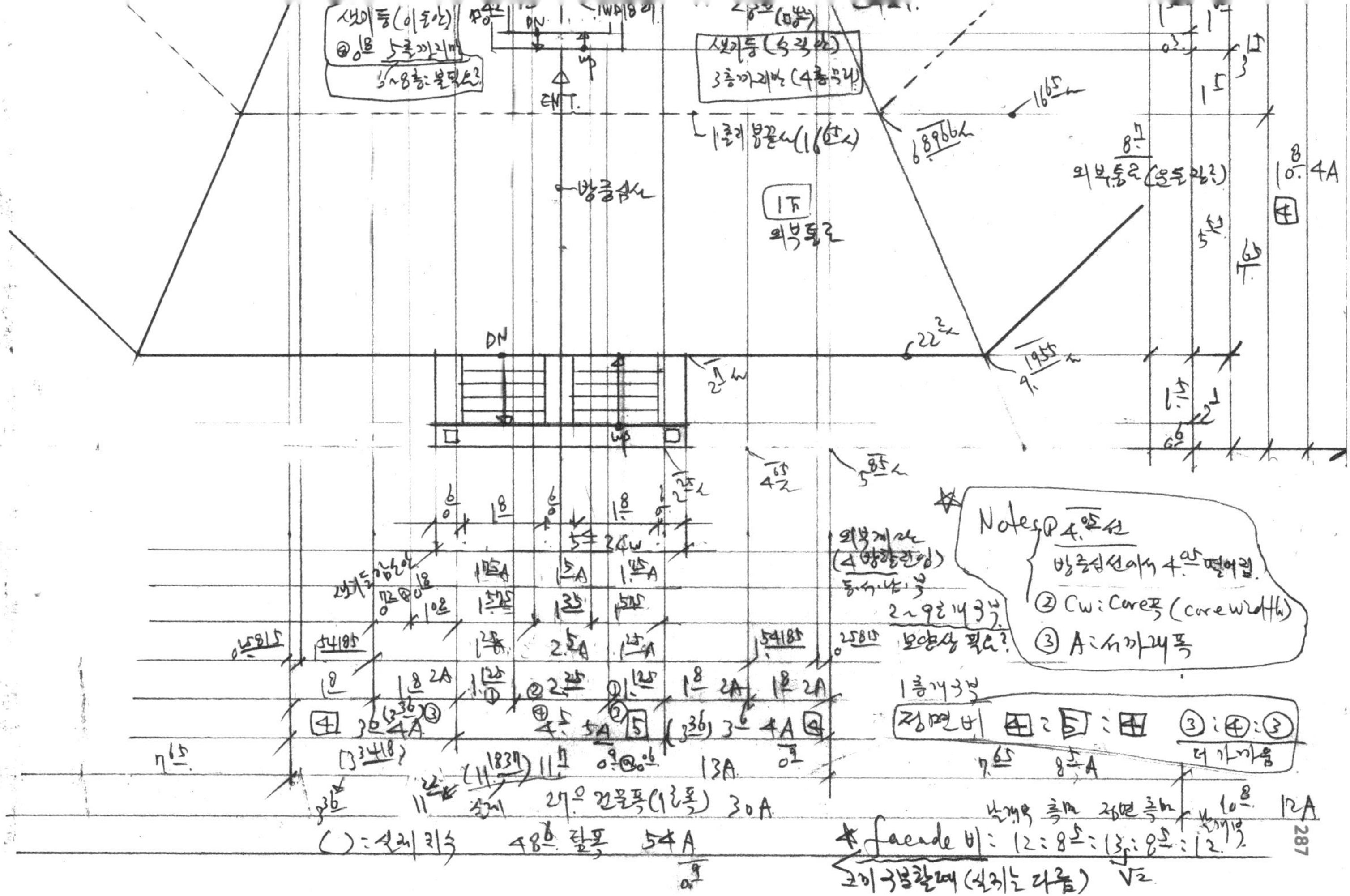
DN
UP
ENT.
Notes
② Cw : Core폭 (core width)
③ A : 사까개폭
facade 비 : 12 : 8.5 : 13.5 : 8.5 : 12

황룡사9층목탑 – 입면도 (3 core type/ 8각 사찰목탑형)

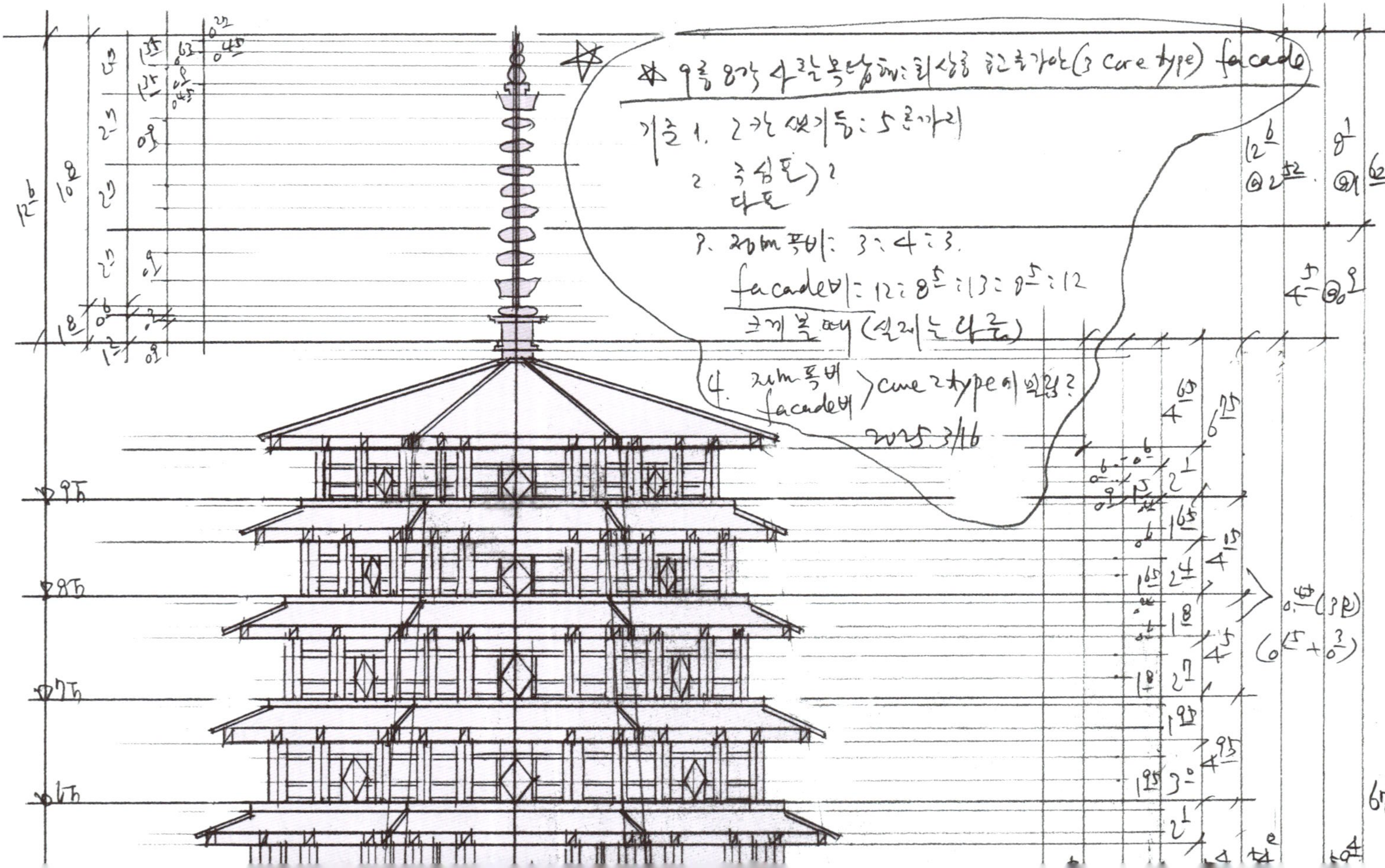

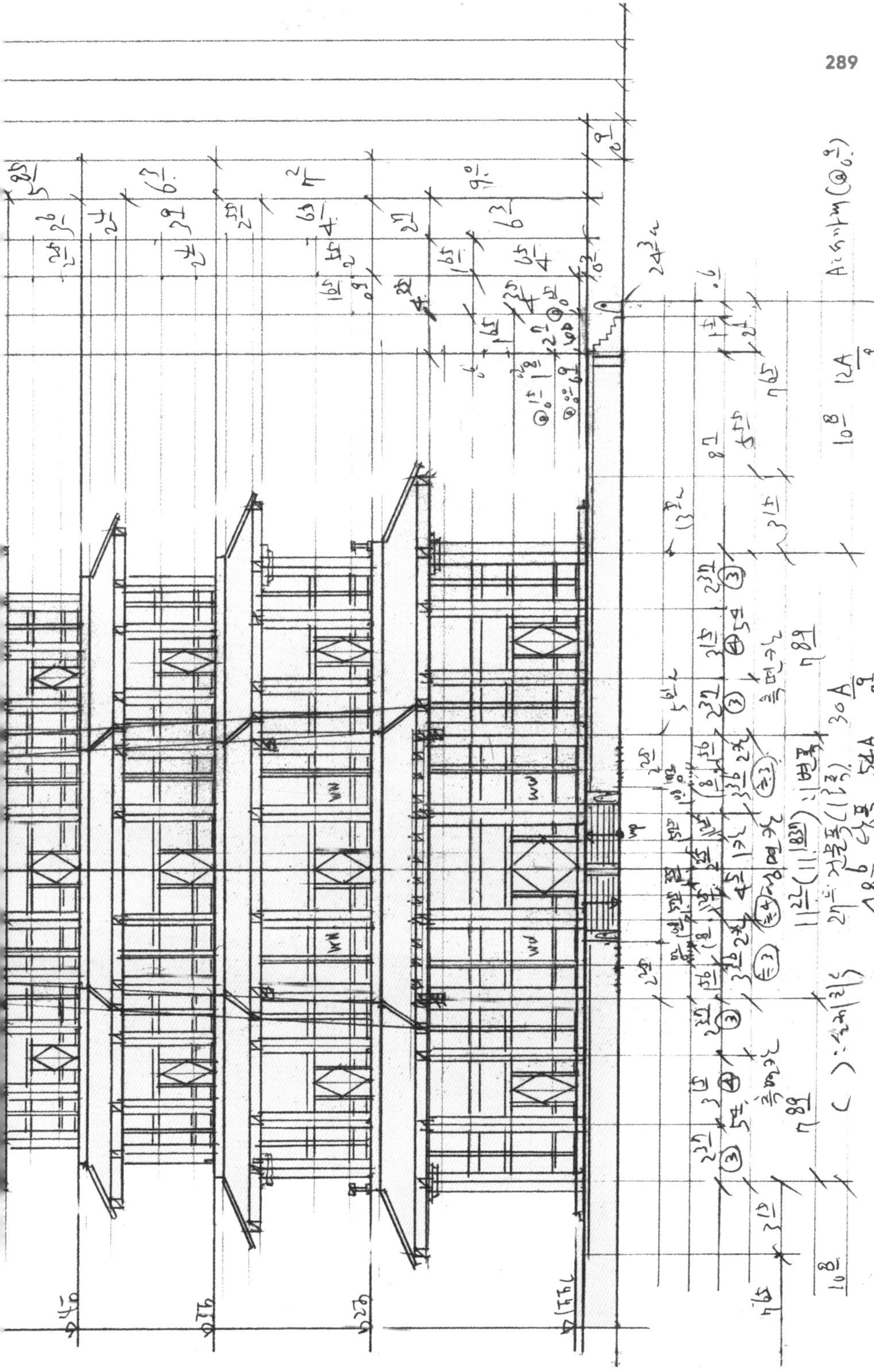

황룡사9층목탑 - 개념도 : 최상층층고증가안 (2 core type/ 8각 사찰목탑형) 원본도면 24 (본문 p150)

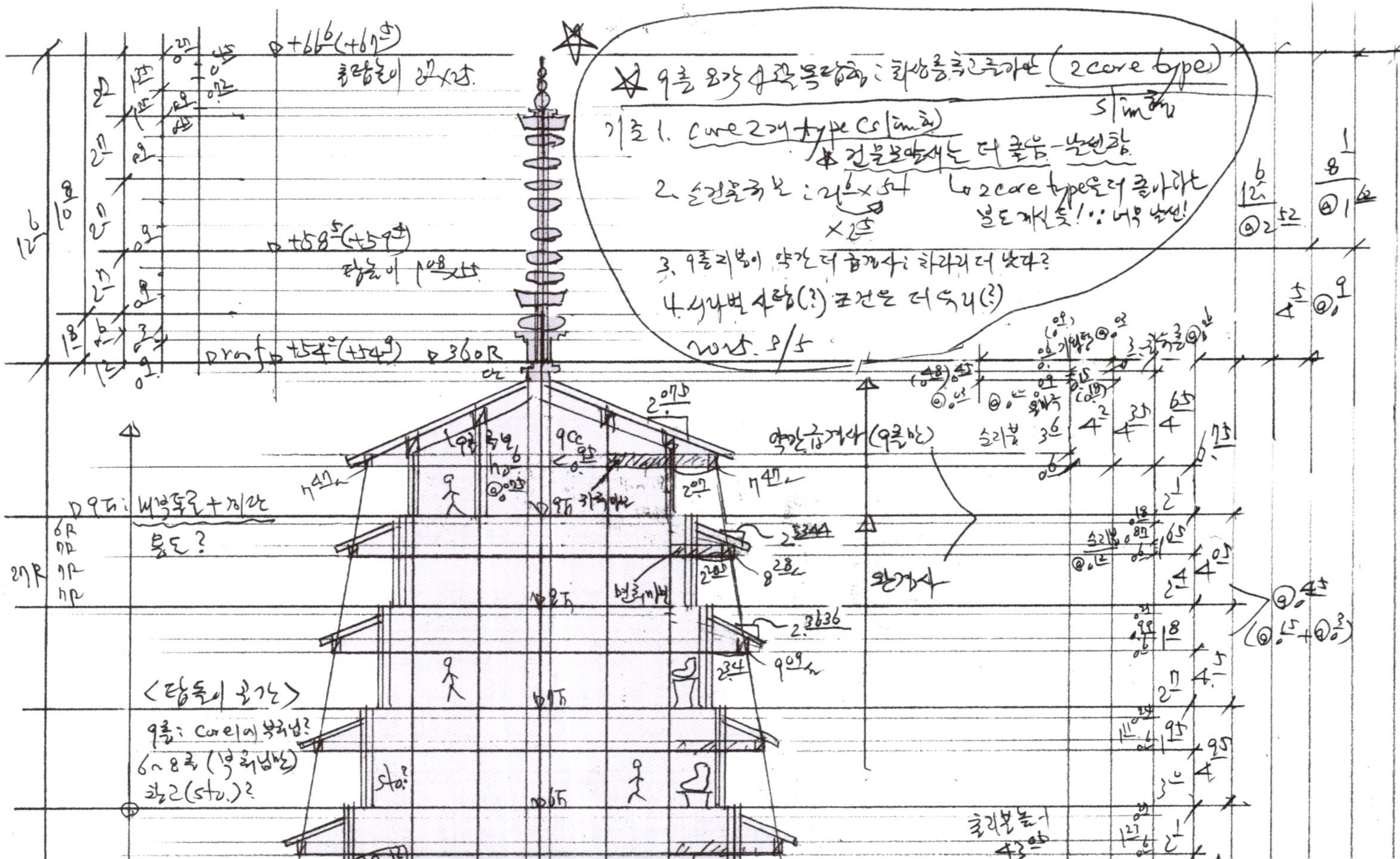

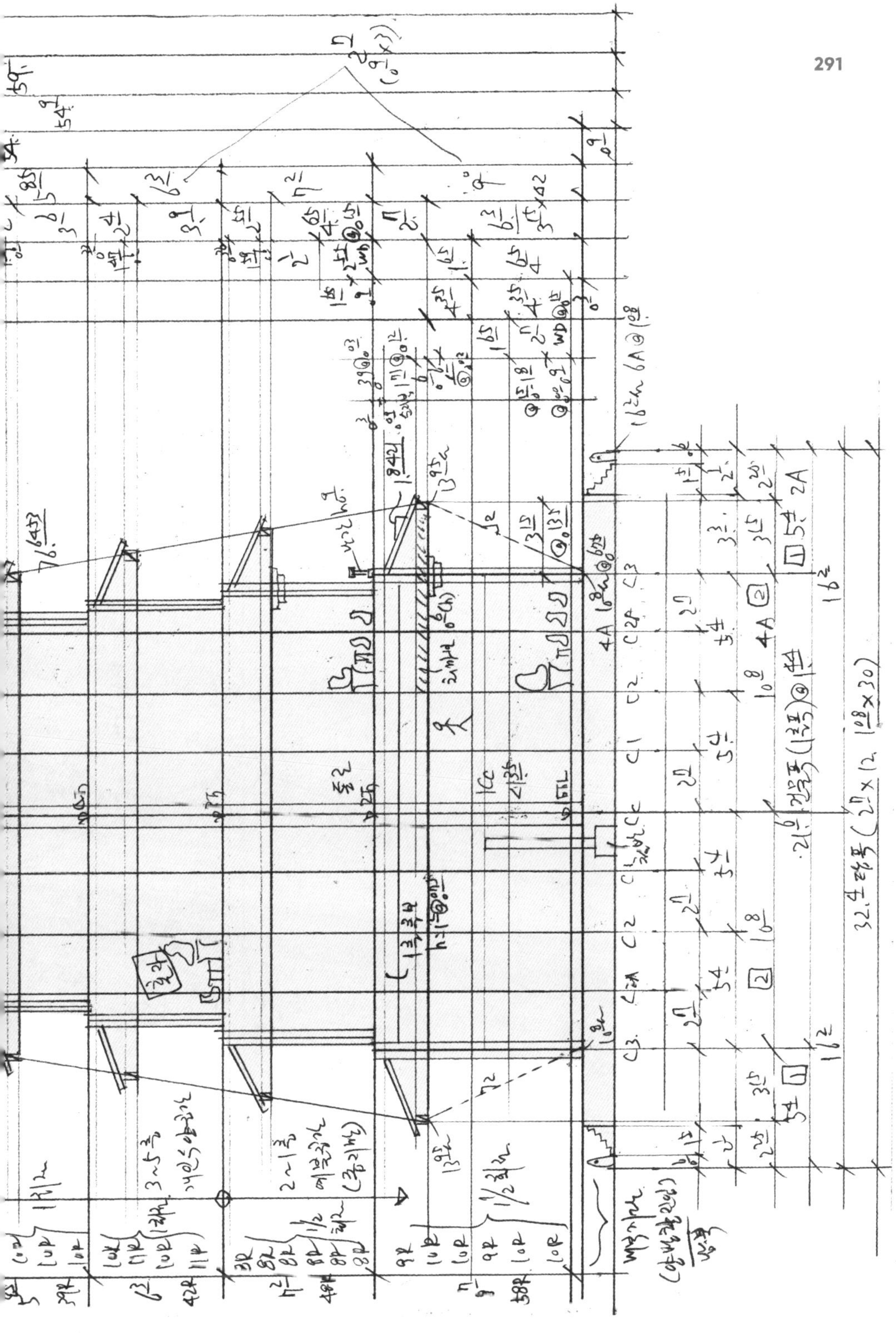

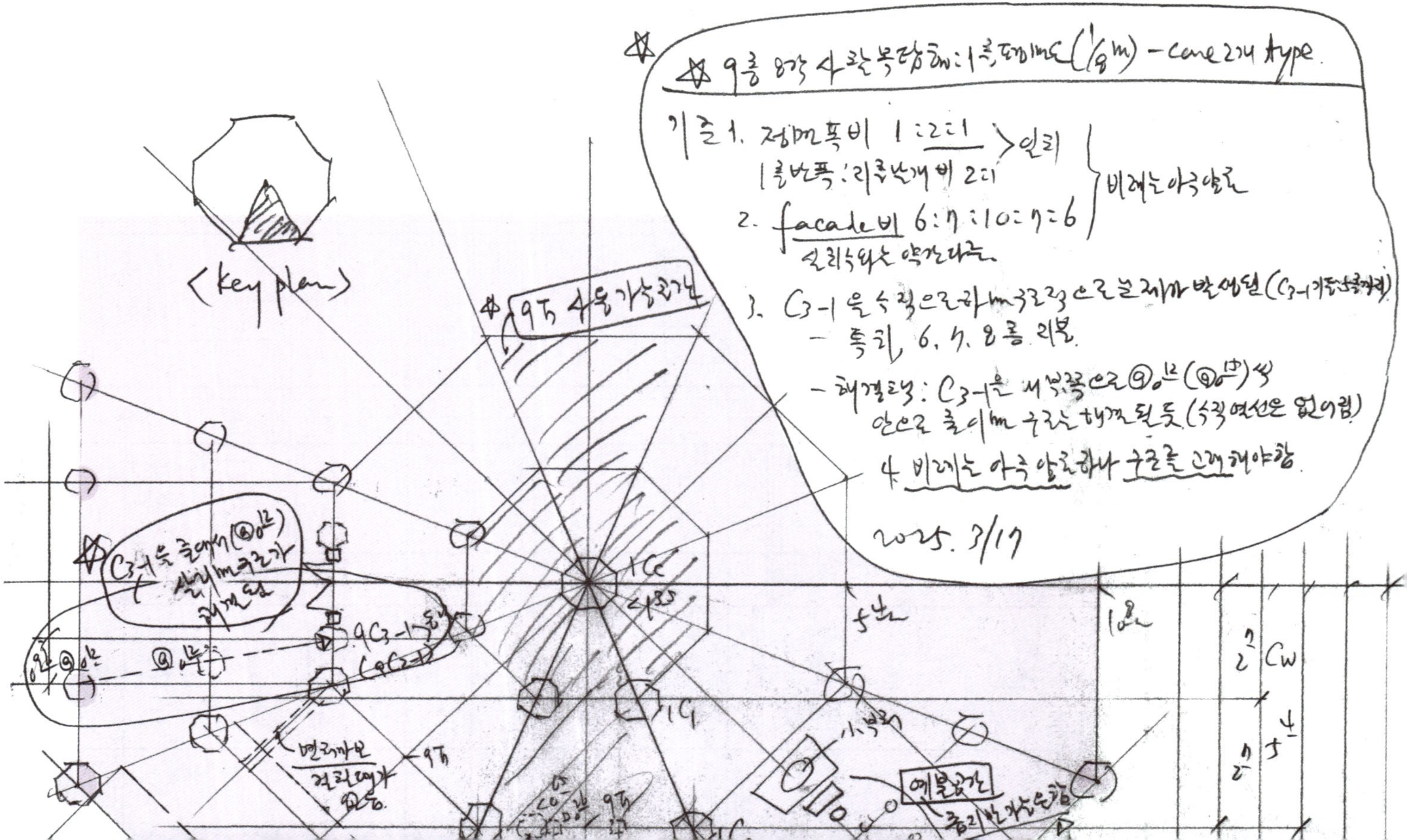

<Key plan>
9층 8각 사찰목탑 : 1층 평면도 (1/8면) – core 2개 type
기준 1. 정면폭비 1:2:1 > 원리
1층반폭 : 리큐반개 비 2:1
2. facade비 6:7:10:7:6
비례는 아주 알로
3. C3-1을 수직으로 하면 구조적으로 문제가 발생됨
– 특히, 6, 7, 8층 위불
4. 비례는 아주 알로하나 구조를 고려해야함
2025. 3/17
9층 사용가능공간
1Cc
1C1
Cw

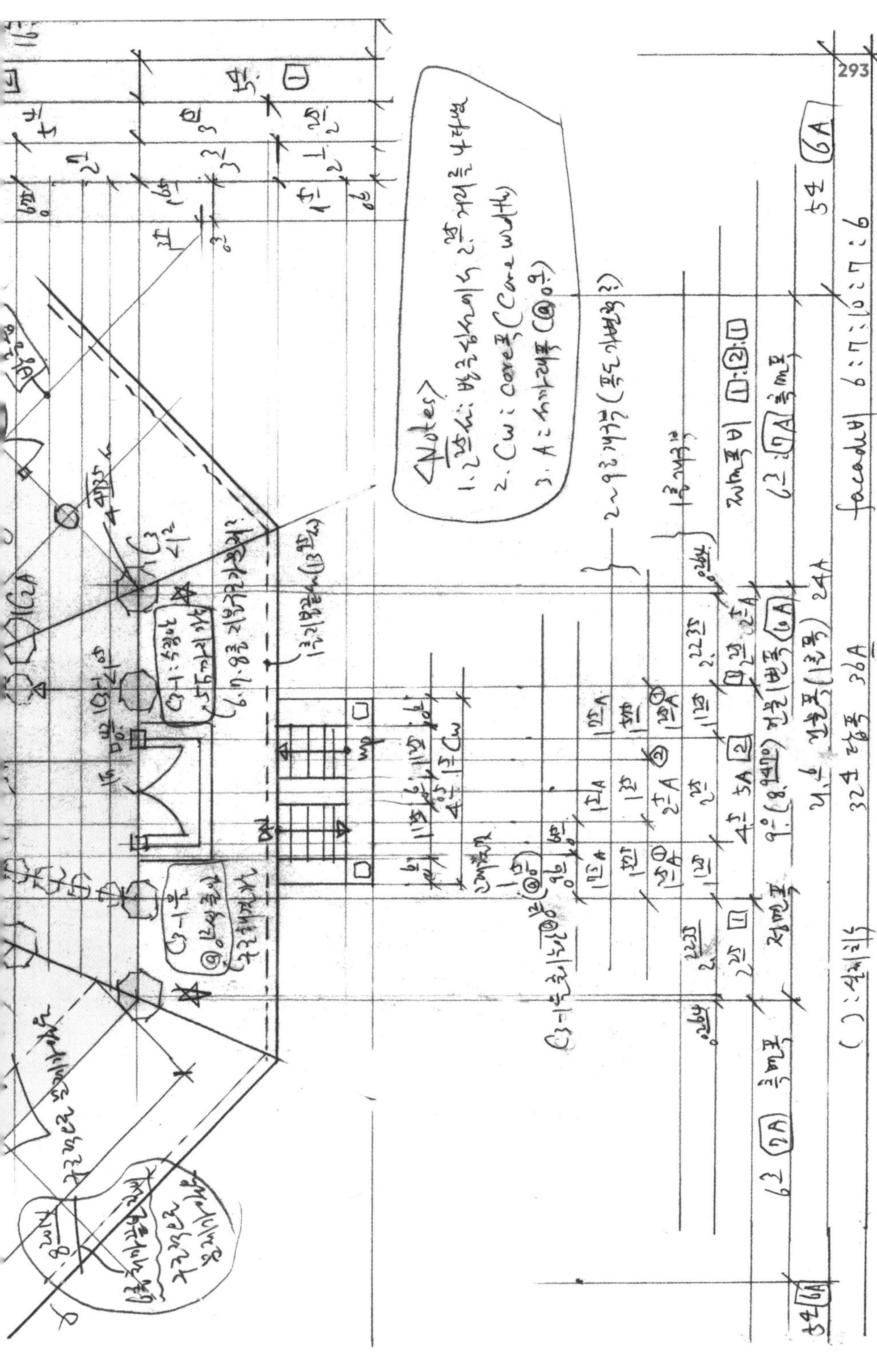

<Notes>
2. Cw : core폭 (Core width)
facade비 6:7:10:7:6

황룡사9층목탑 - 입면도 (2 core type/ 8각 사찰목탑형) 원본도면 26 (본문 p152)

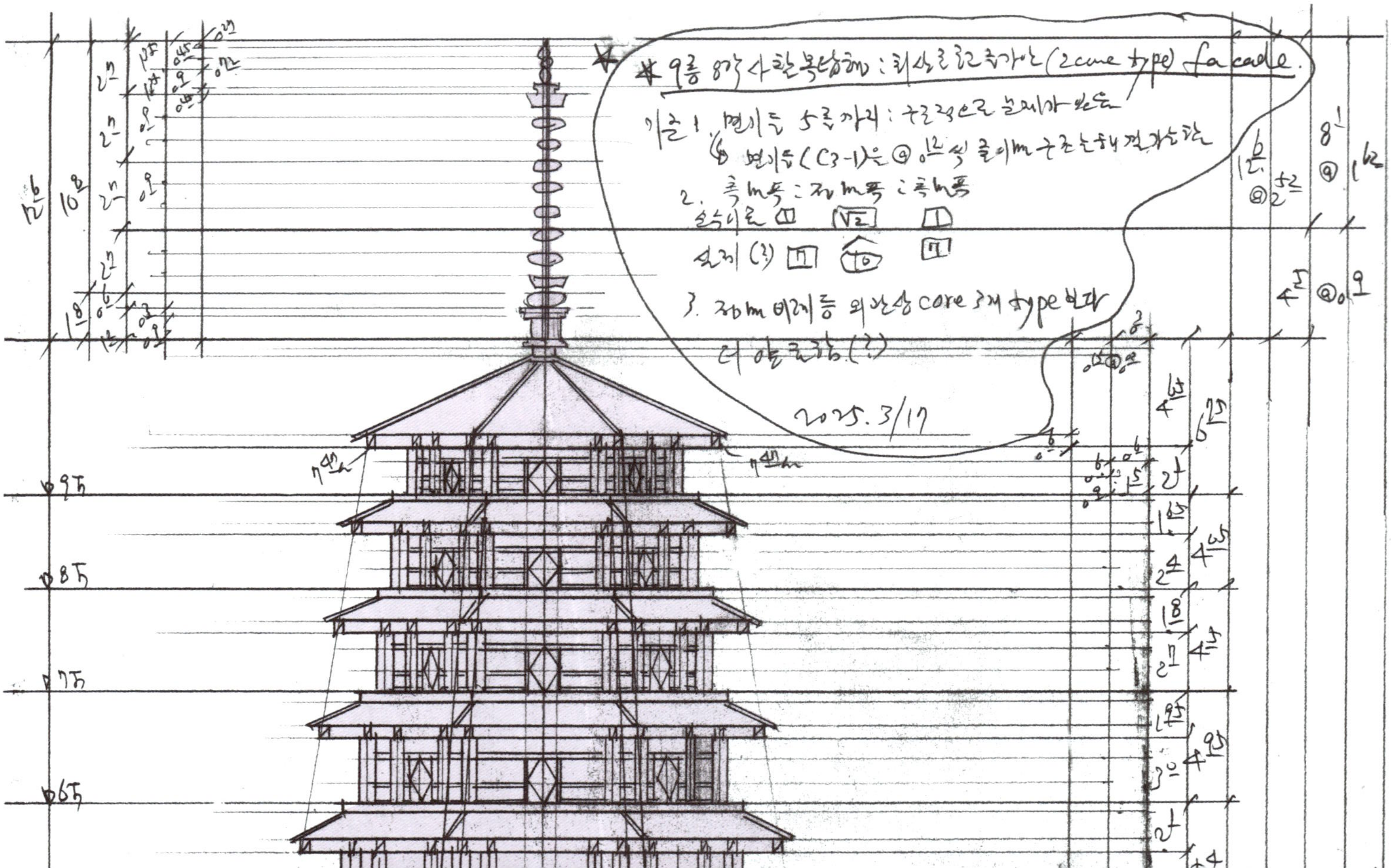

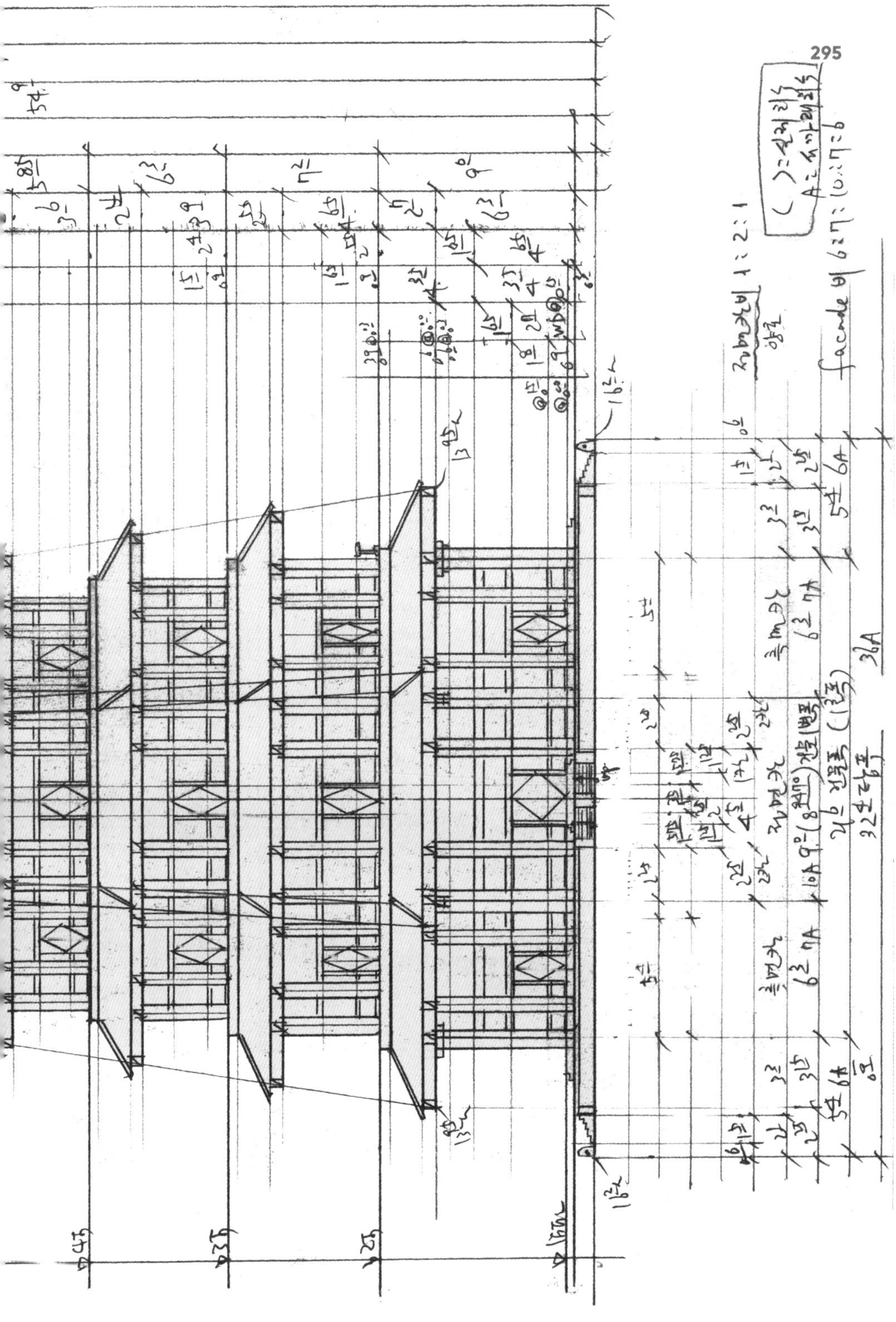

7층목탑 – 개념도 : 최상층층고증가안 (3 core type/ 8각 사찰목탑형)

원본도면 27 (본문 p155)

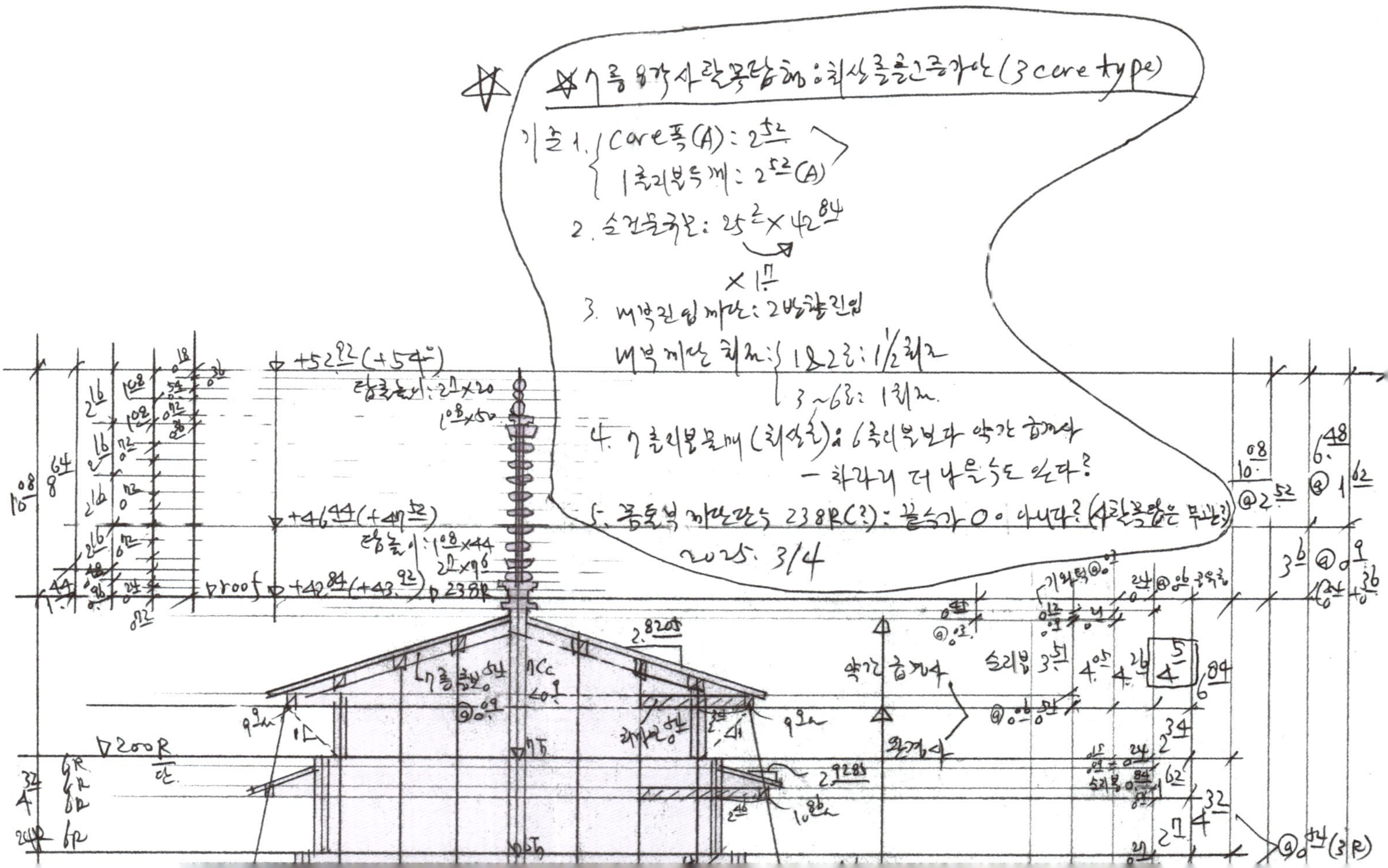

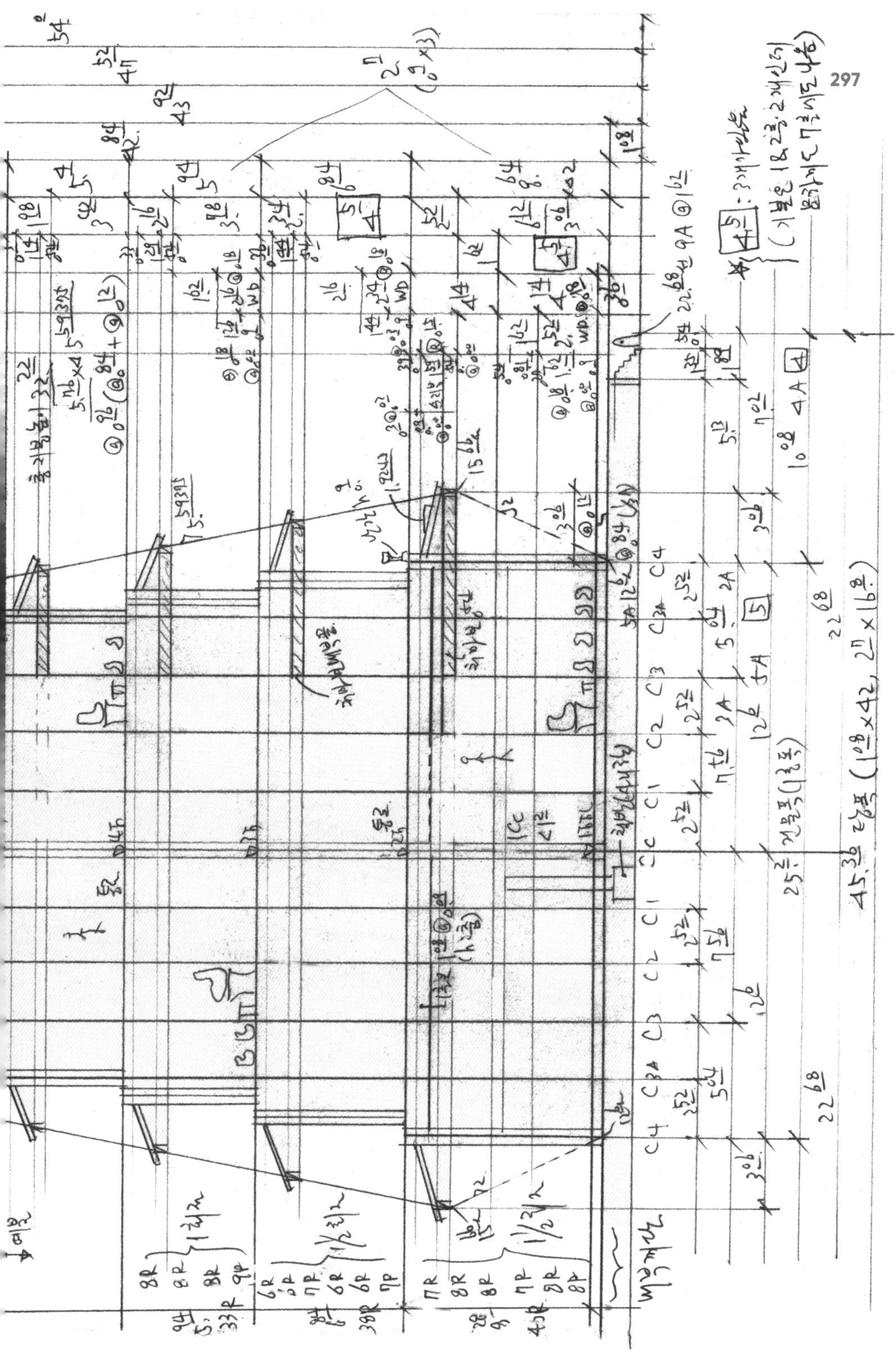

7층목탑 - 1층 평면도 : 1/8면 (3 core type/ 8각 사찰목탑형)

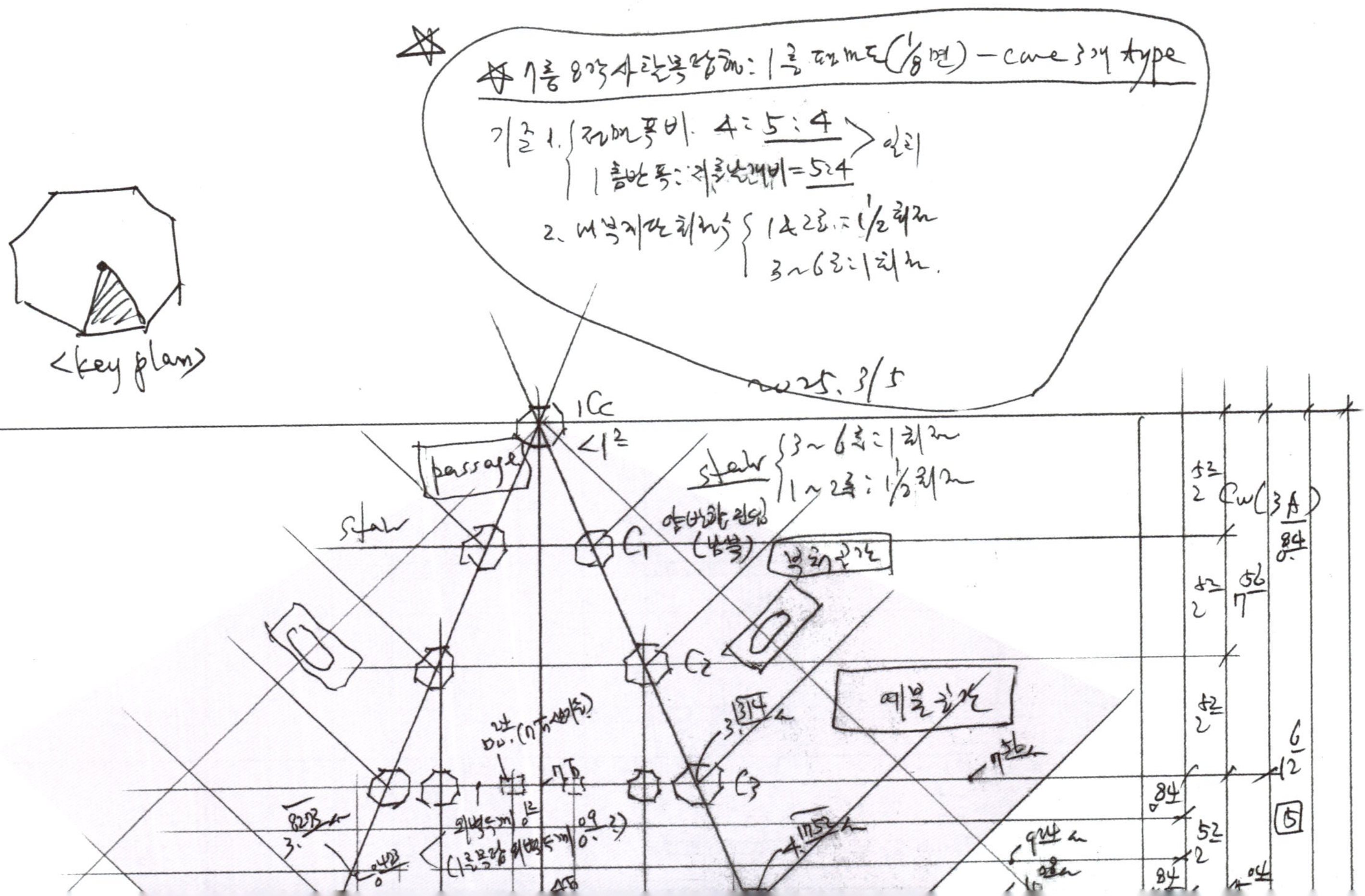

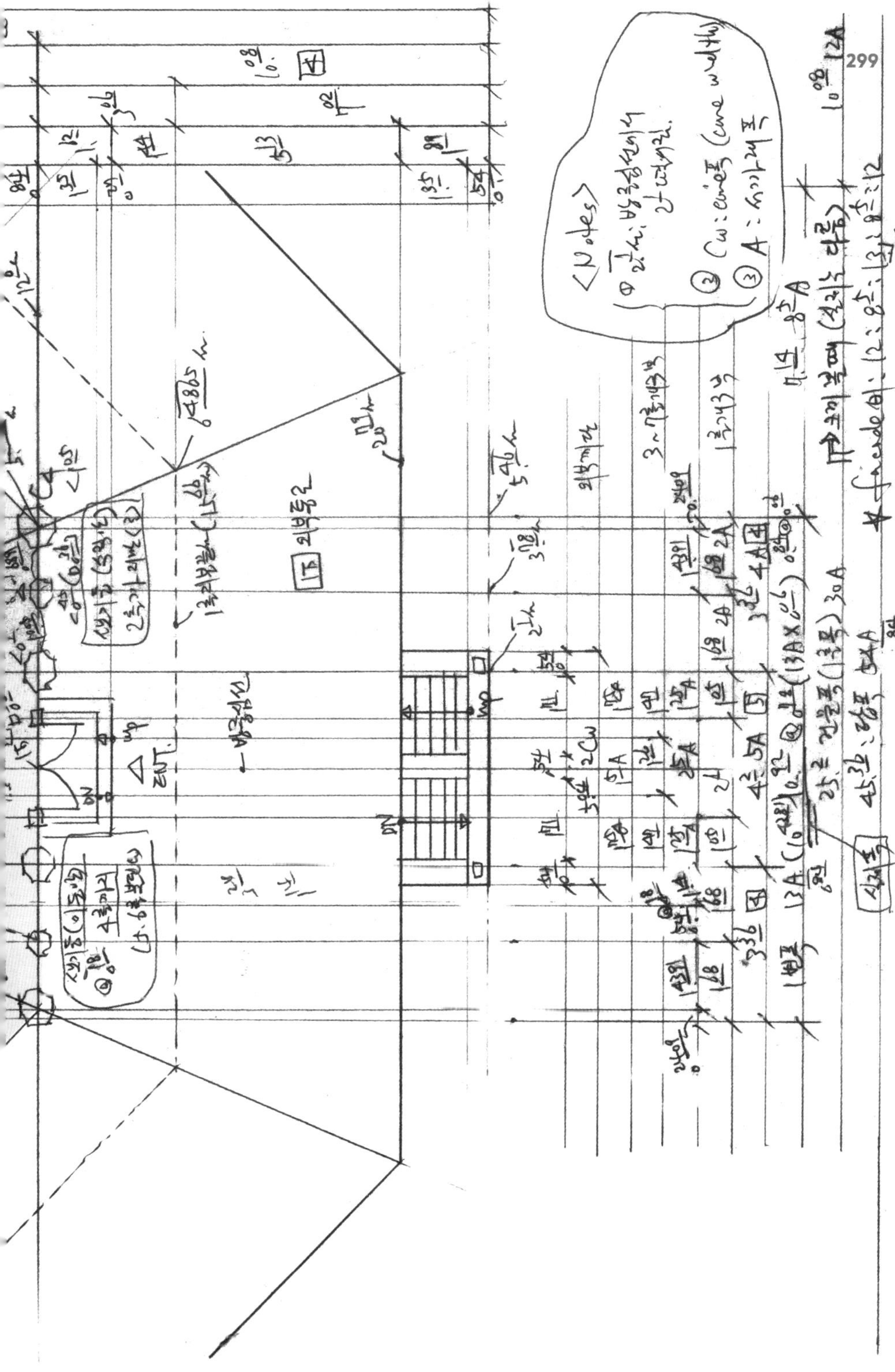
<Notes>
ENT.
DN
up

7층목탑 - 입면도 (3 core type/ 8각 사찰목탑형)

원본도면 29 (본문 p157)

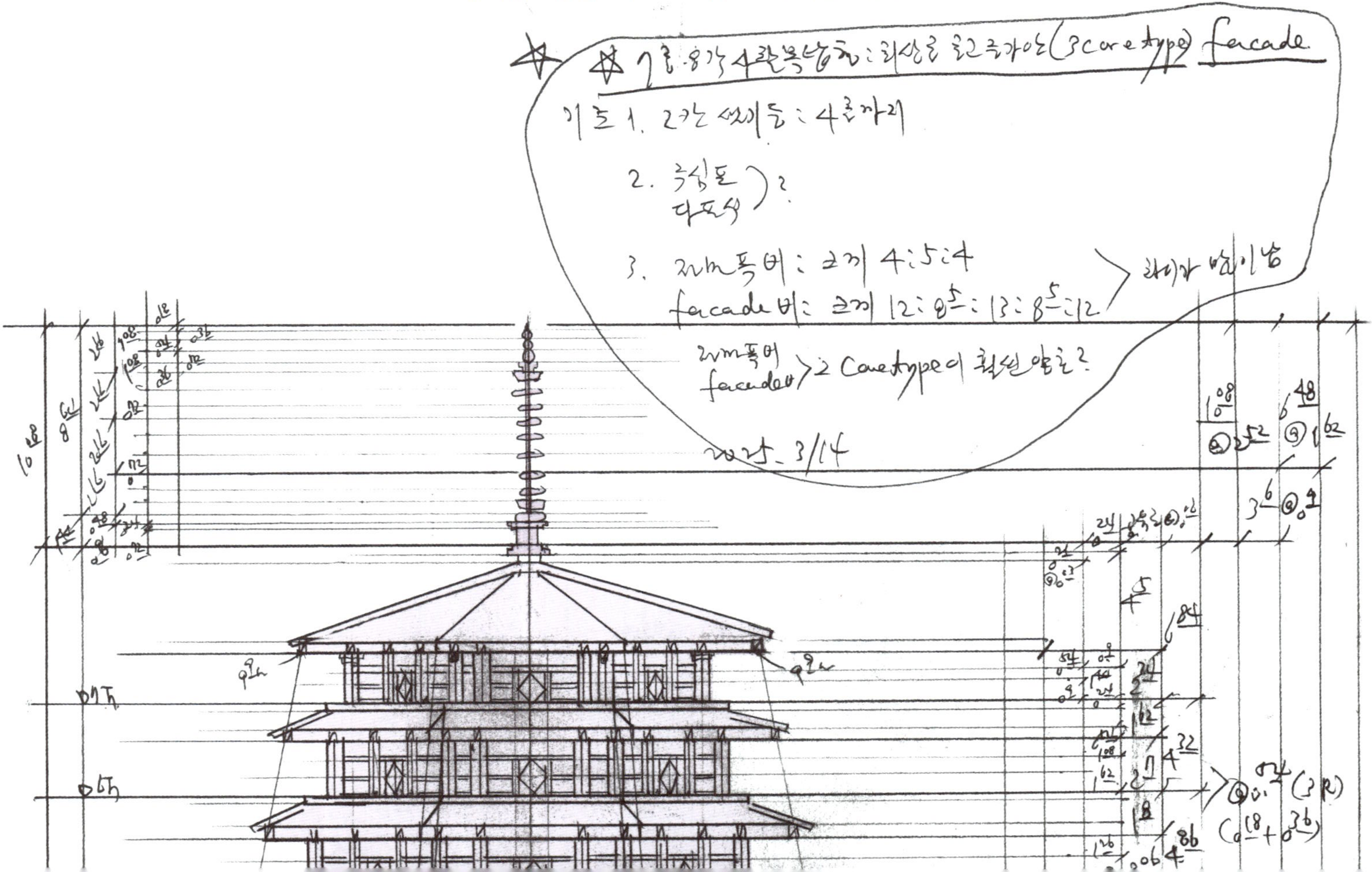

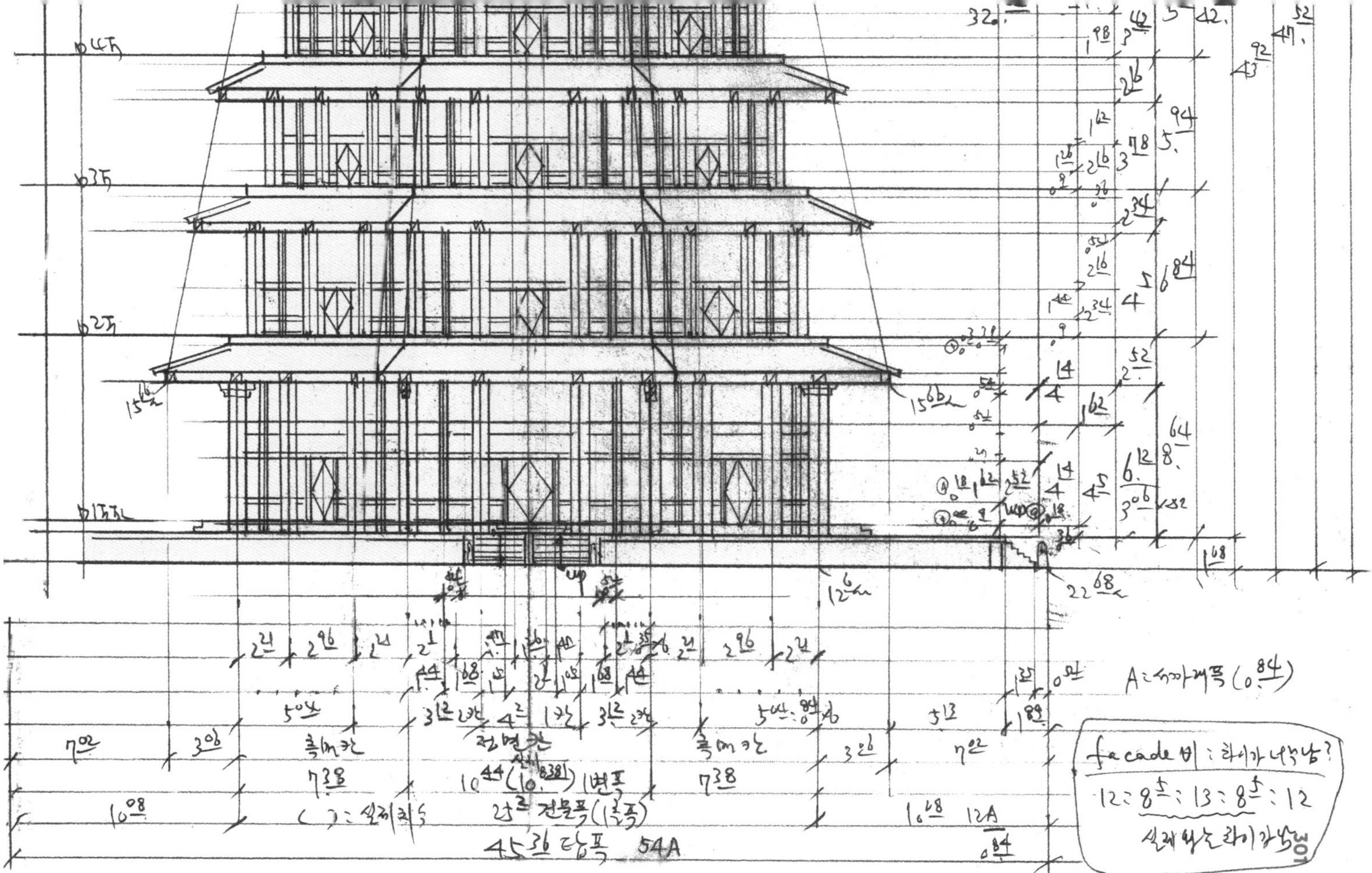

7층목탑 – 개념도 : 최상층층고증가안 (2 core type/ 8각 사찰목탑형)　　원본도면 30 (본문 p158)

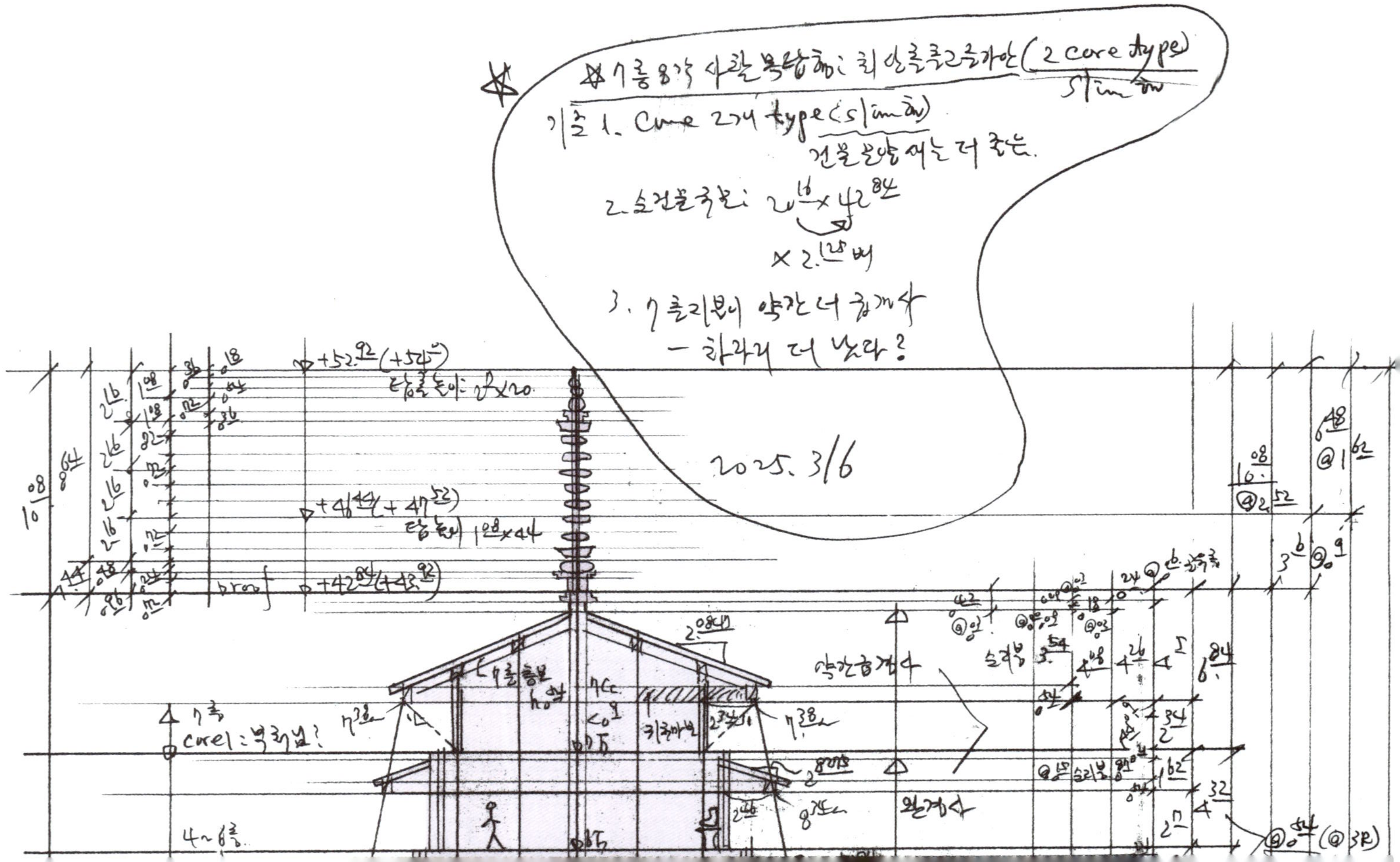

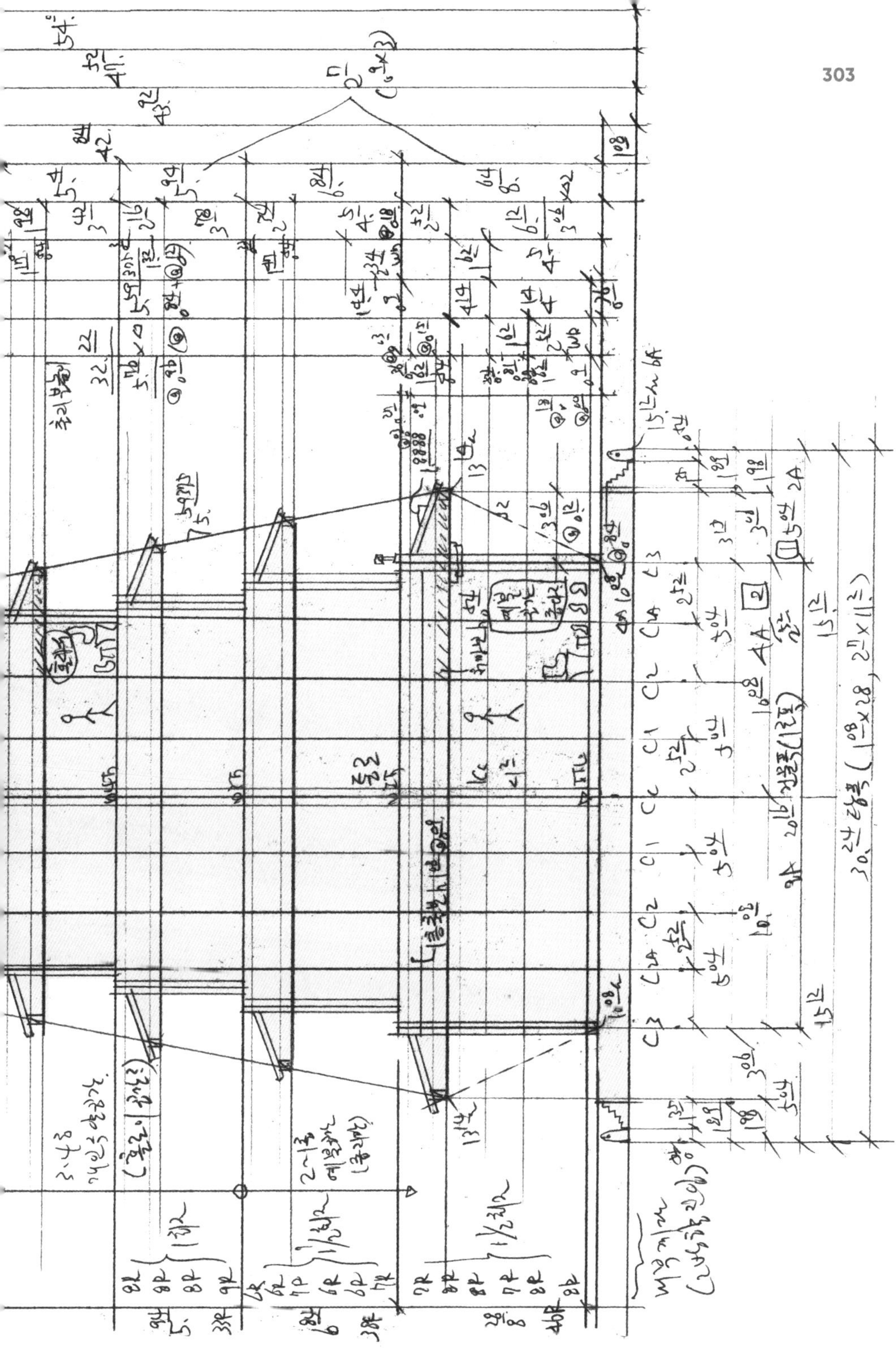

7층목탑 - 1층 평면도 : 1/8면 (2 core type/ 8각 사찰목탑형)

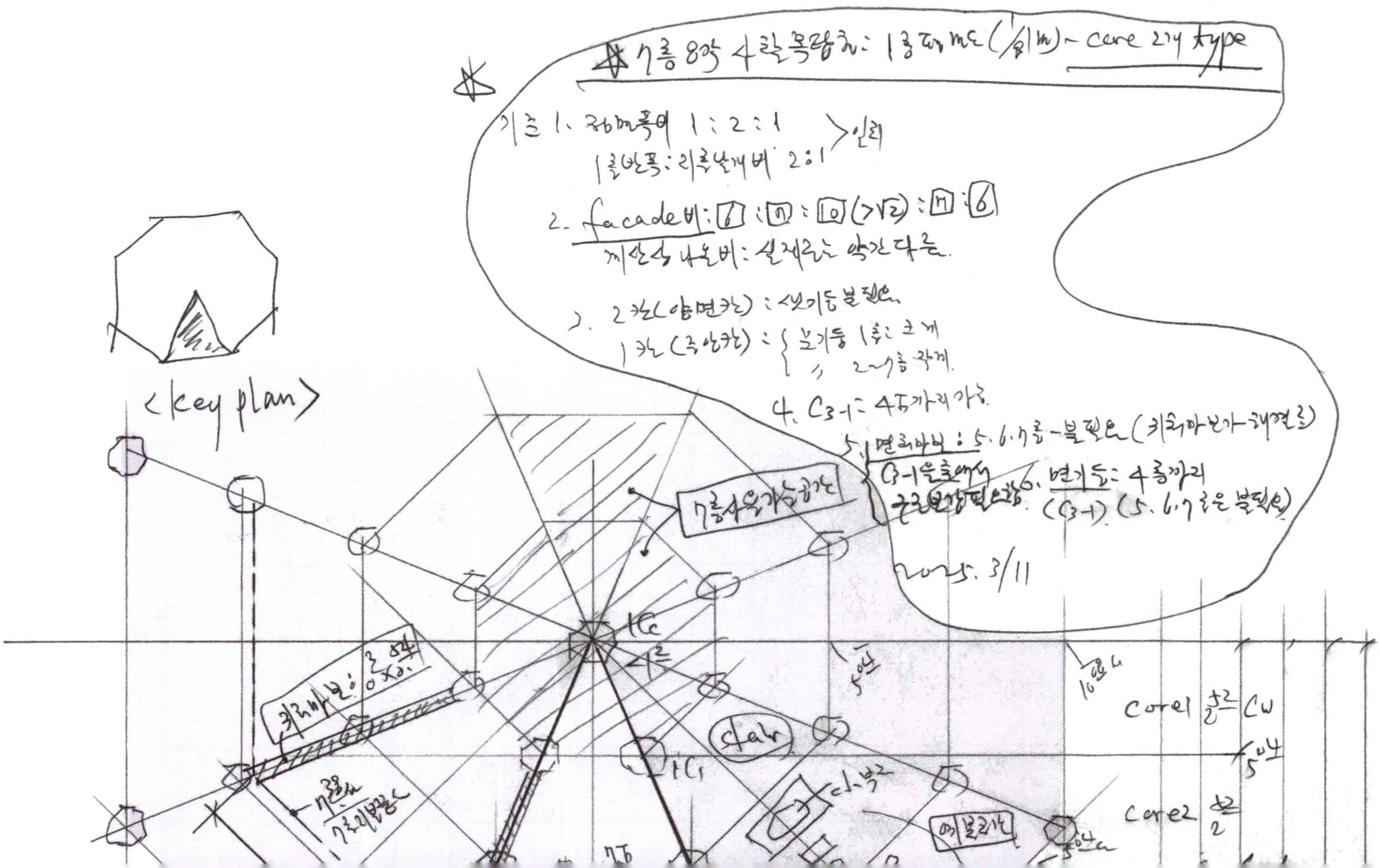

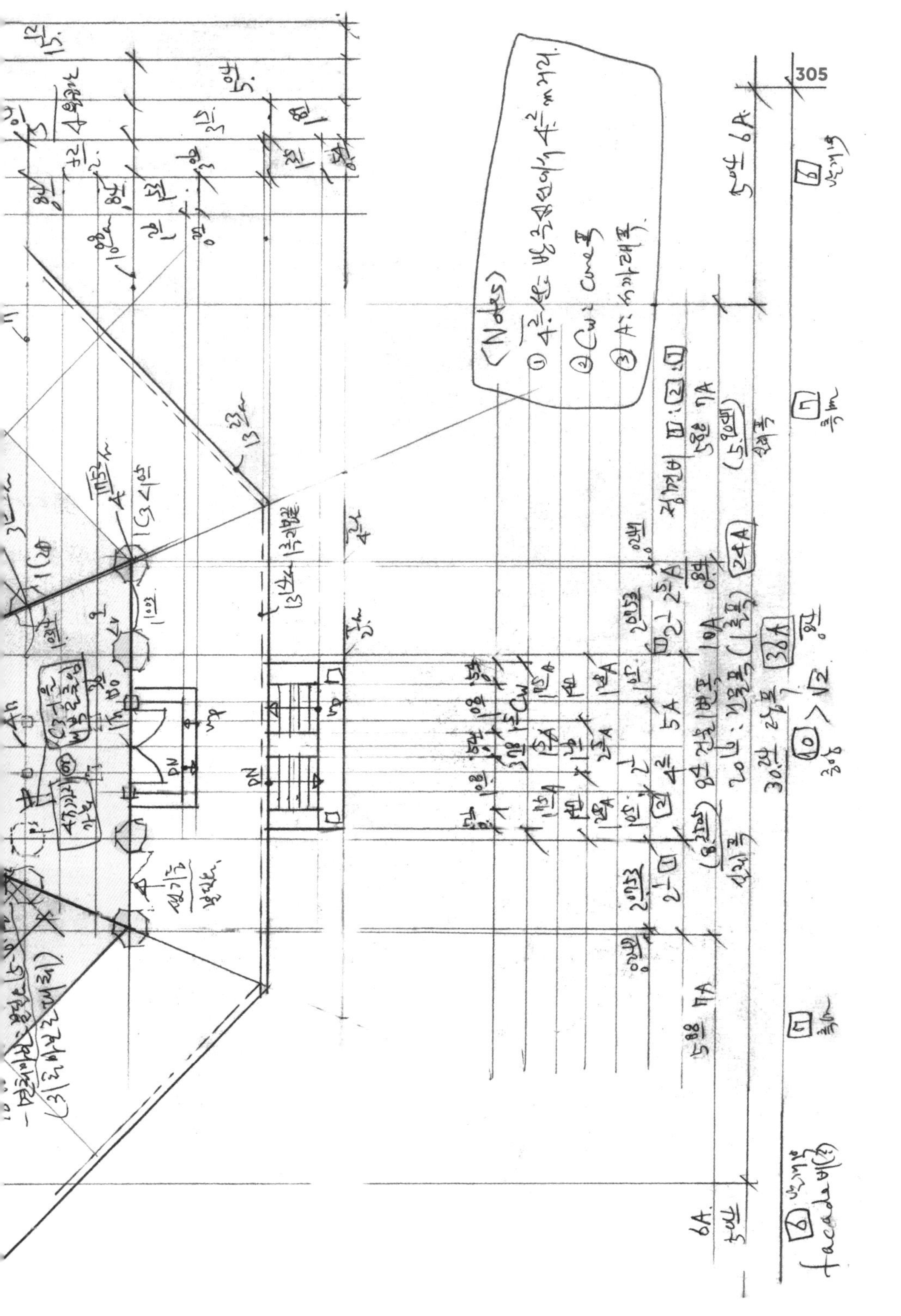

7층목탑 - 입면도 (2 core type/ 8각 사찰목탑형)

원본도면 32 (본문 p160)

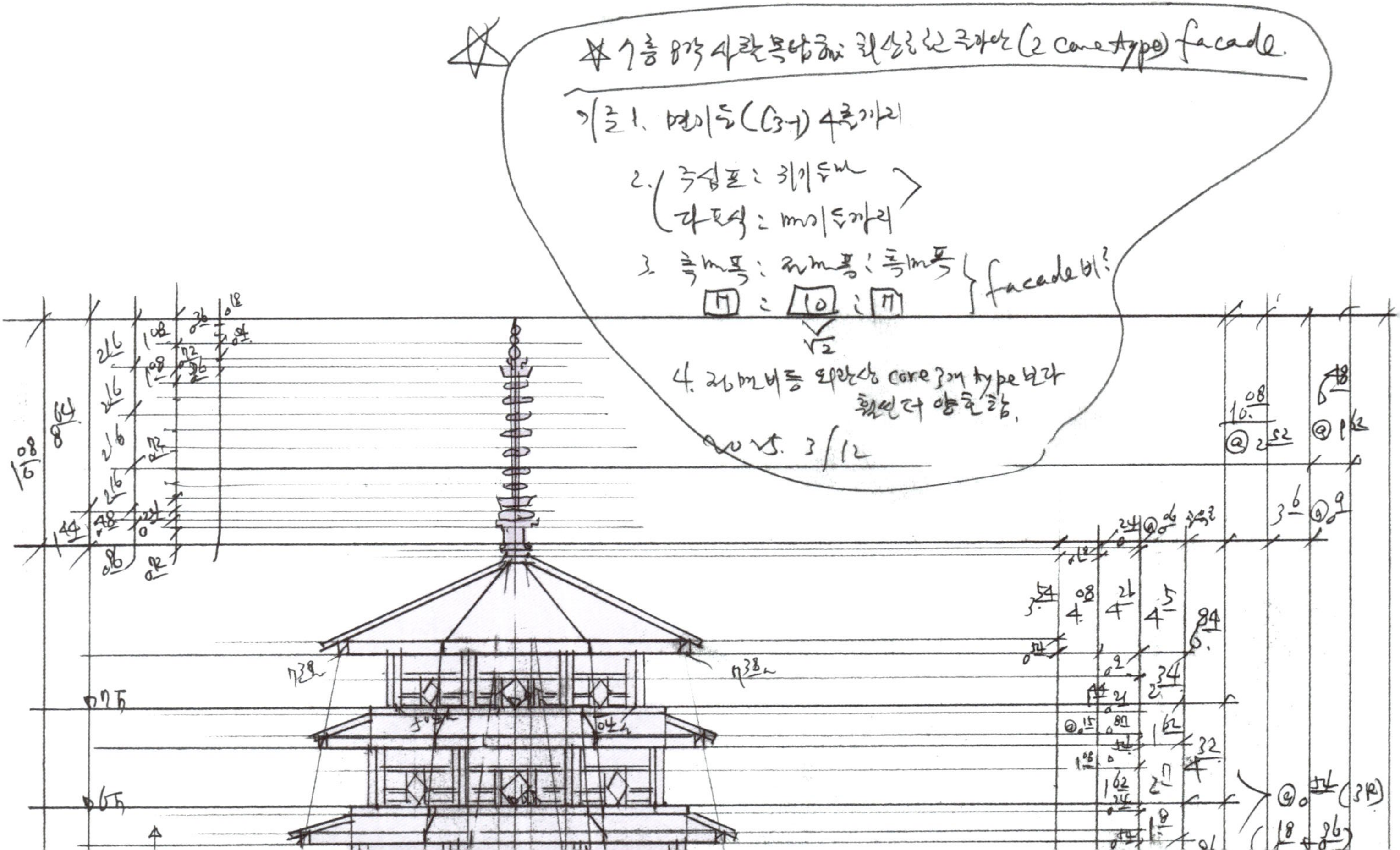

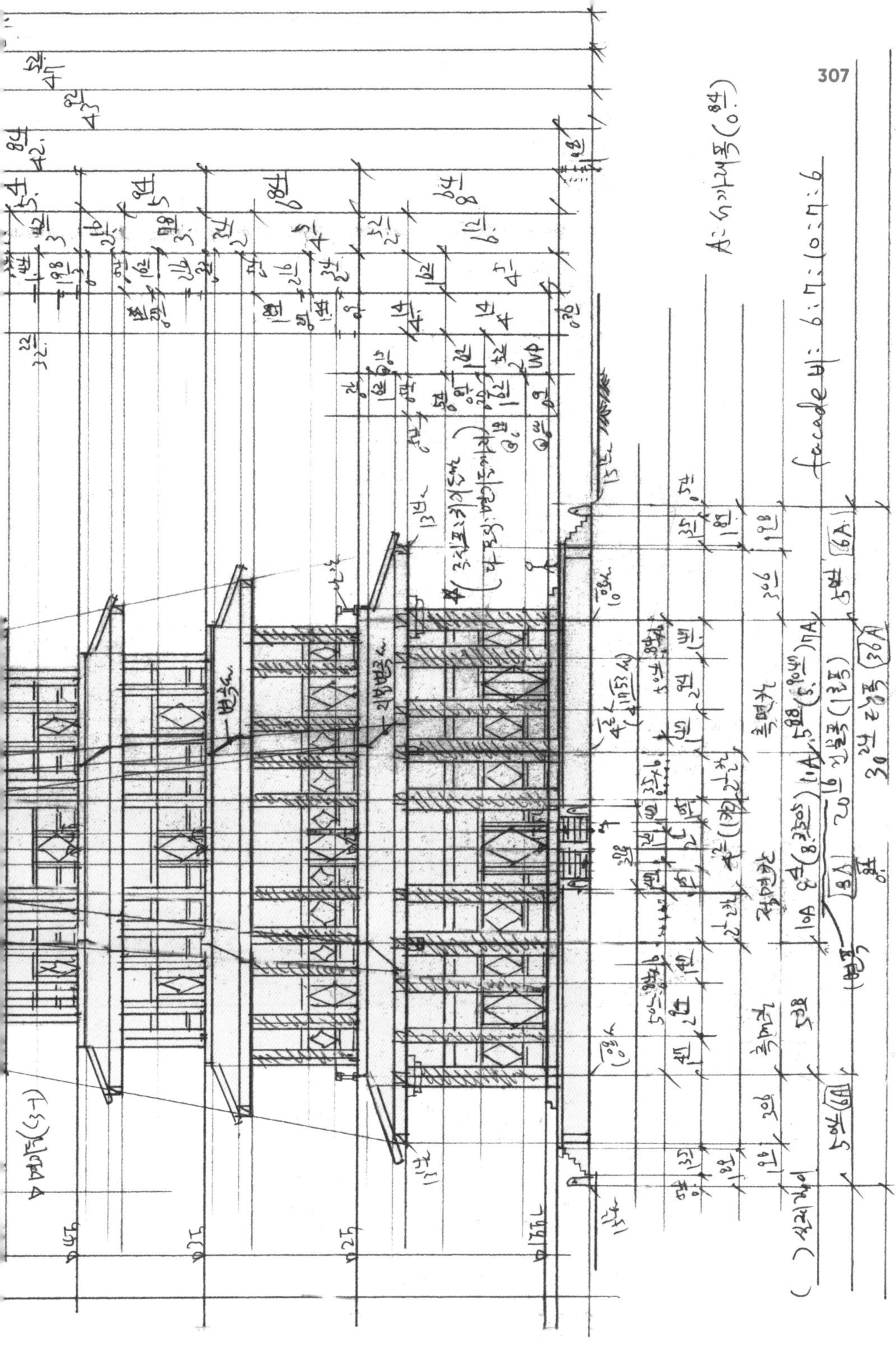
facade 비: 6:7:10:7:6

원본도면 33 (본문 p161)

1층목탑 - 개념도 (3 core type/ 8각 사찰목탑형)

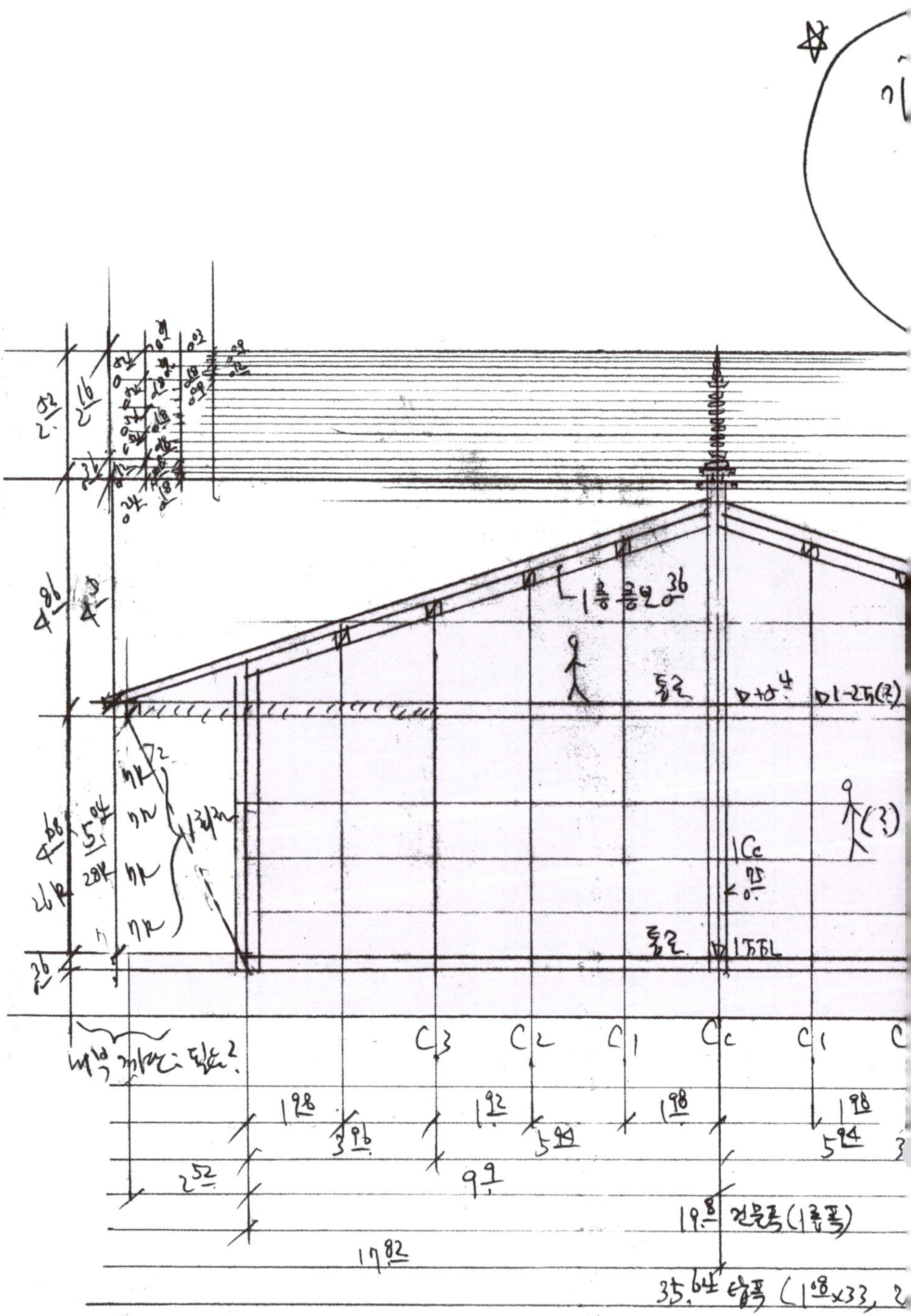

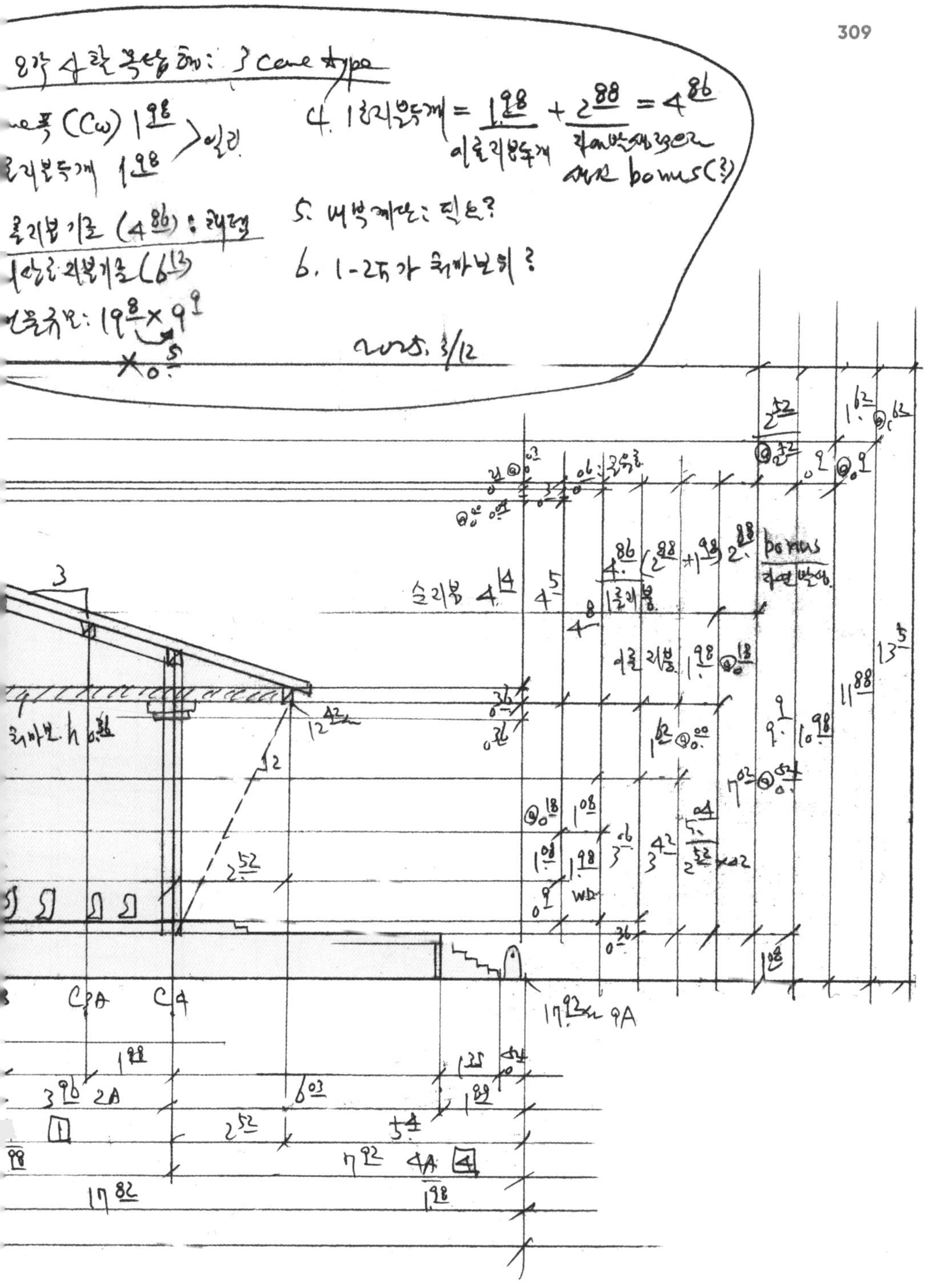

분황사7층석판탑 - 개념도

원본도면 34 (본문 p175)

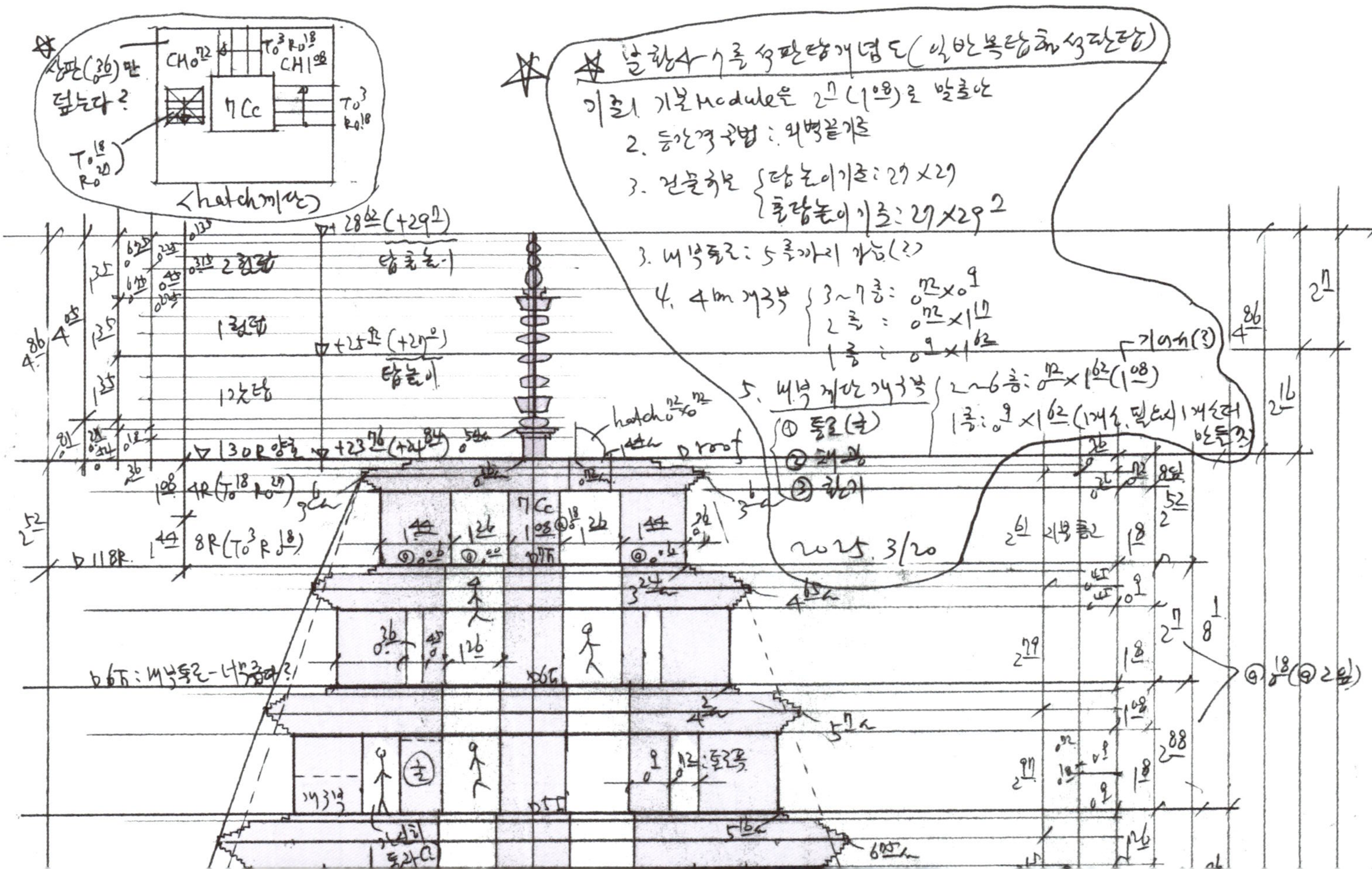

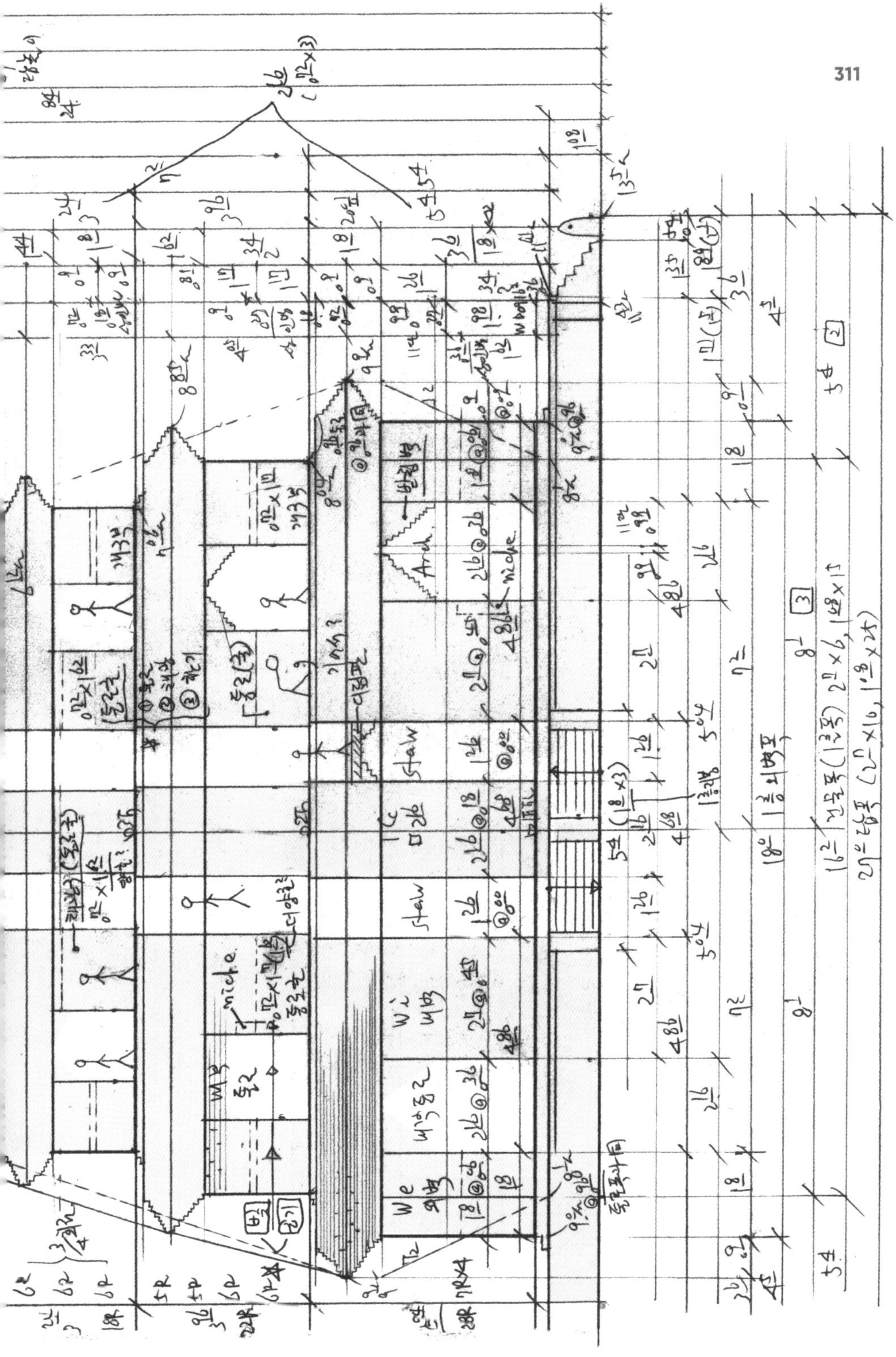

분황사7층석판탑 - 입면도

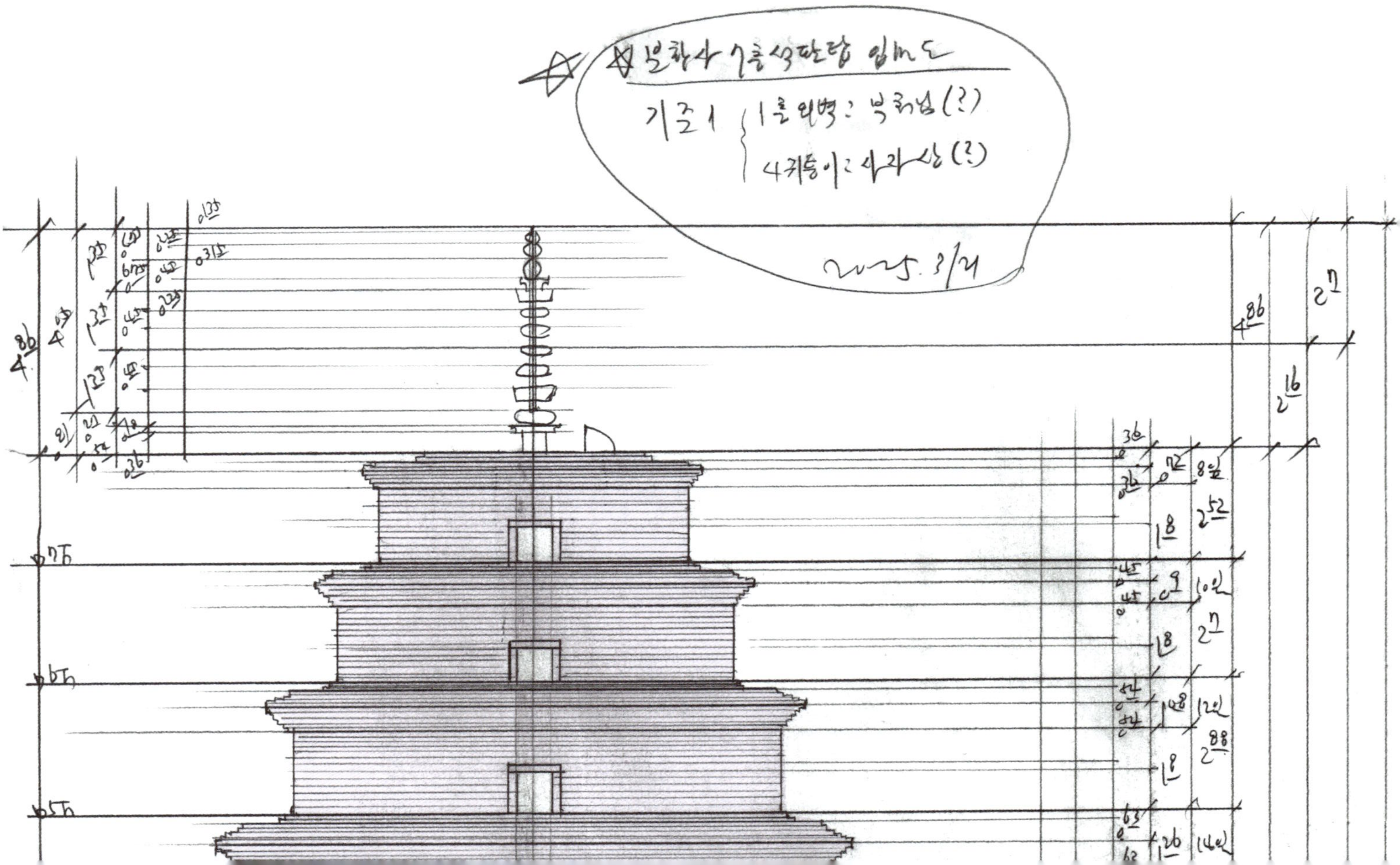

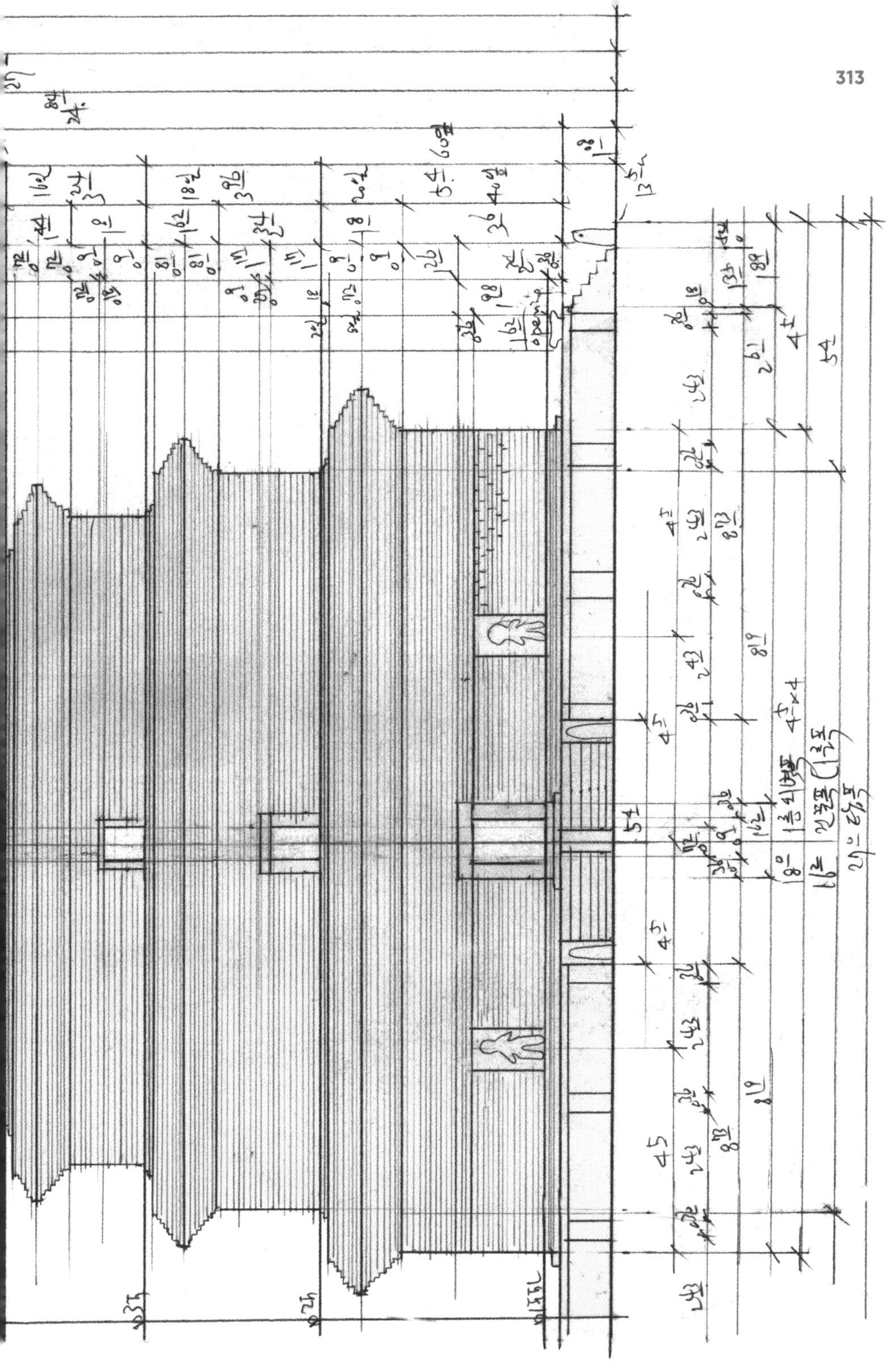

5층석판탑 – 개념도 : 최초안

원본도면 36 (본문 p190)

기준

01 _ 탑규모 : 21.6 x 18.9 / 총높이 : 21.6
02 _ 1층지붕 : 2우수선안
03 _ R(단높이) : 0.15
T(잎두께) : 0.075(015÷2) : 1층지붕하판 10잎기준?
04 _ 의자부높이 1.2가 쪼께 문제가 있음

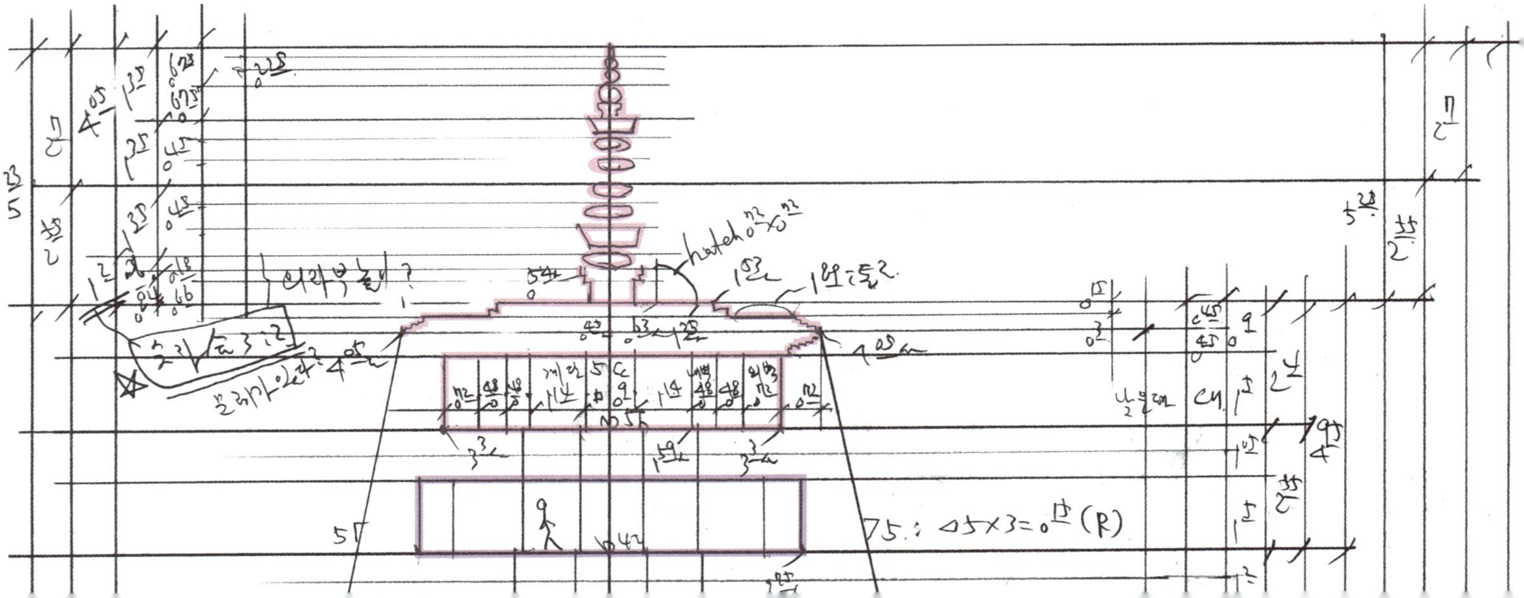

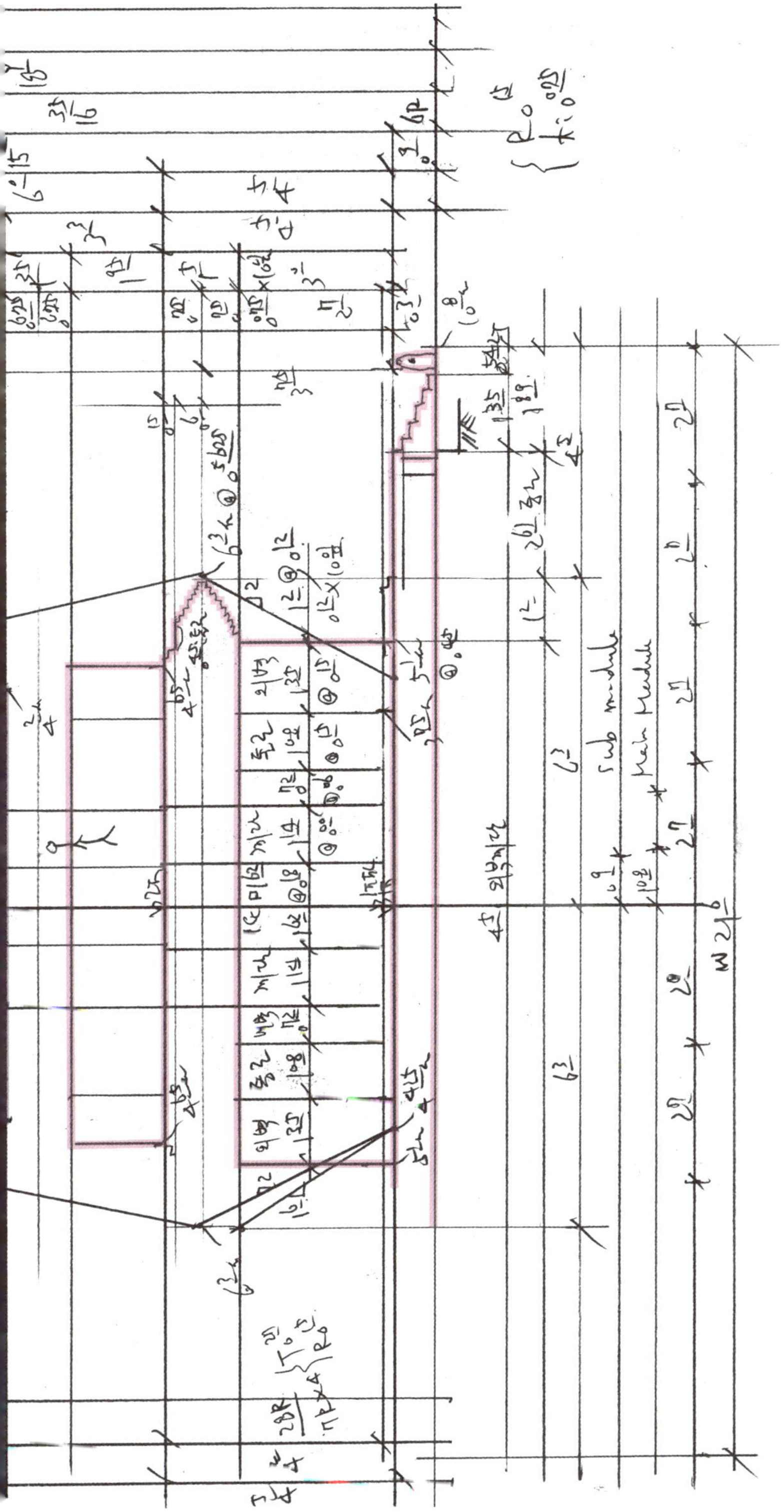

5층석판탑 – 개념도 : 최신형

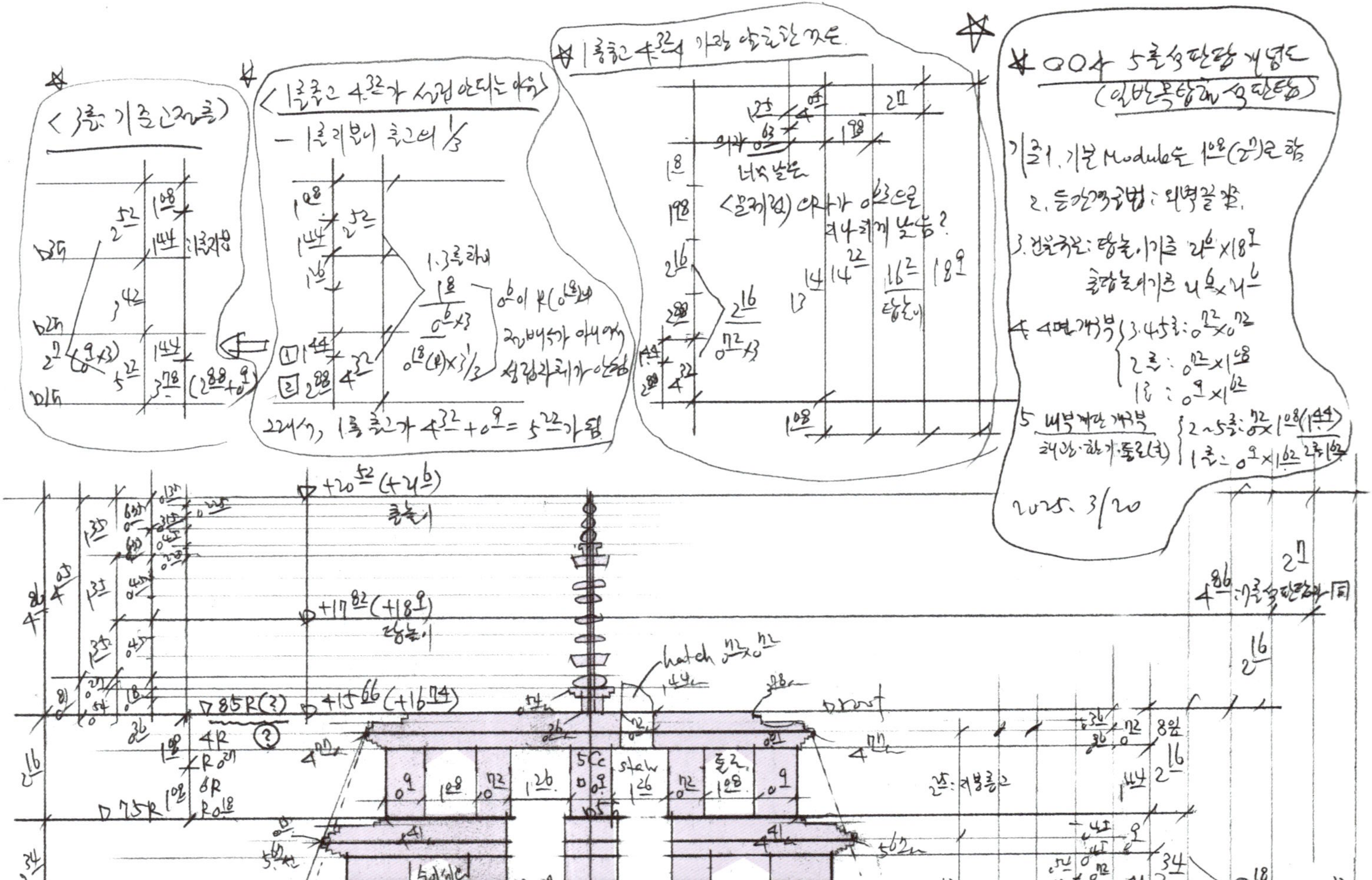

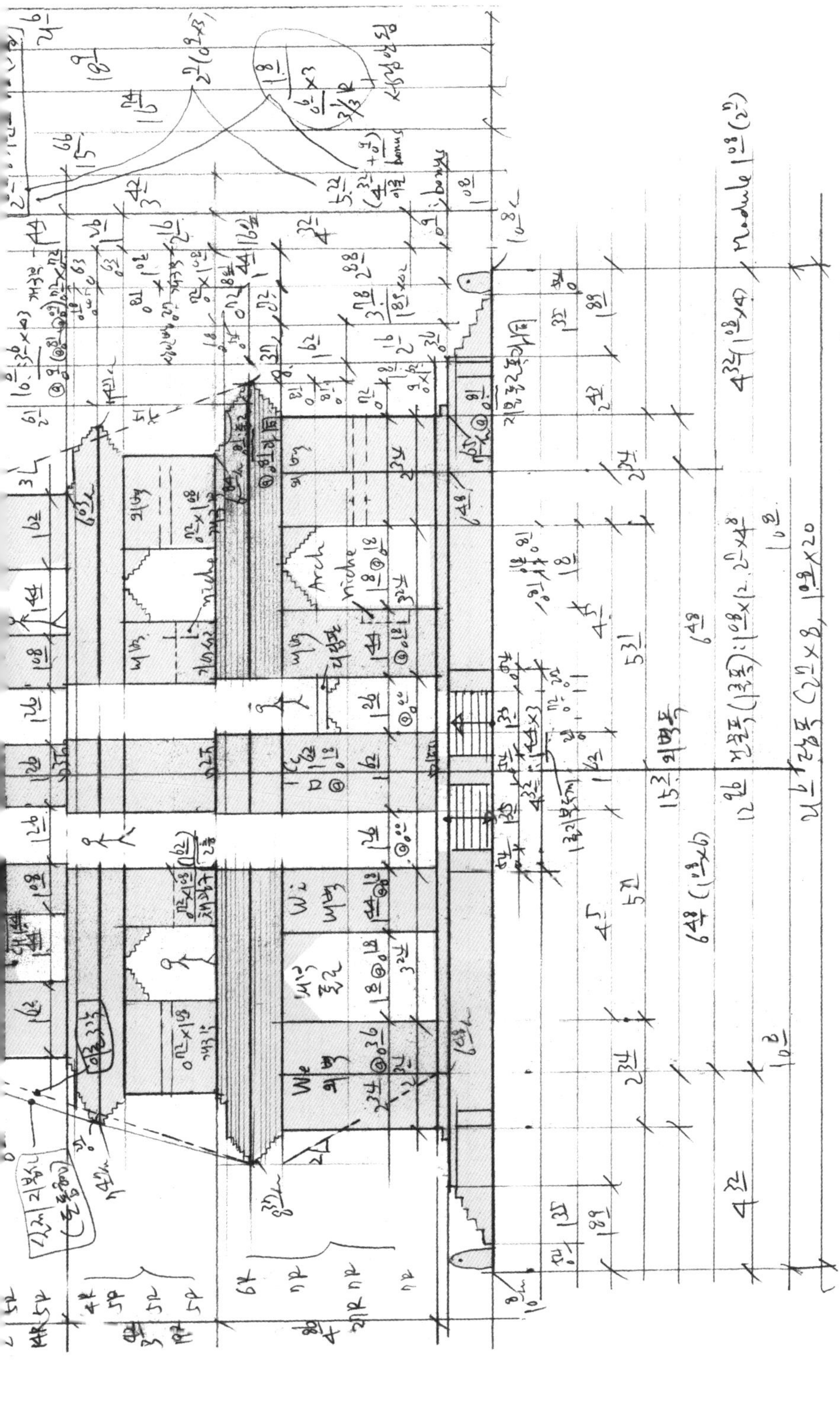

고선사지3층석탑 - 개념도

기준

01 _ 탑규모 :6.^{48} x11.^{34} (x1.^{75}) / 탑총높이 : 13.^{5}

02 _ 1층지붕 : 2우수선에 맞춘안임

03 _ 각층폭 : 감은사폭과 동일함

04 _ 실측치수에 최대로 근접한 안(?)

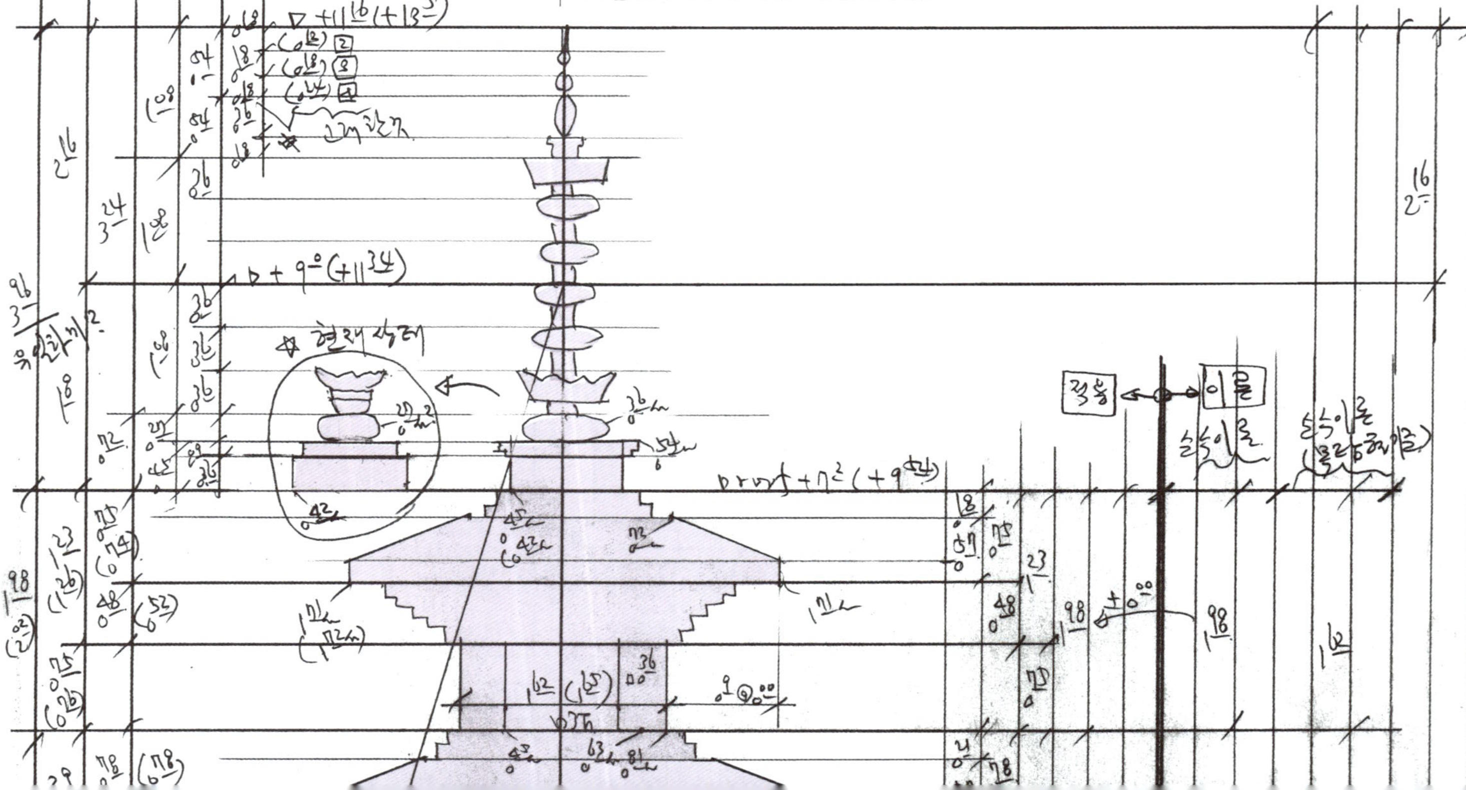

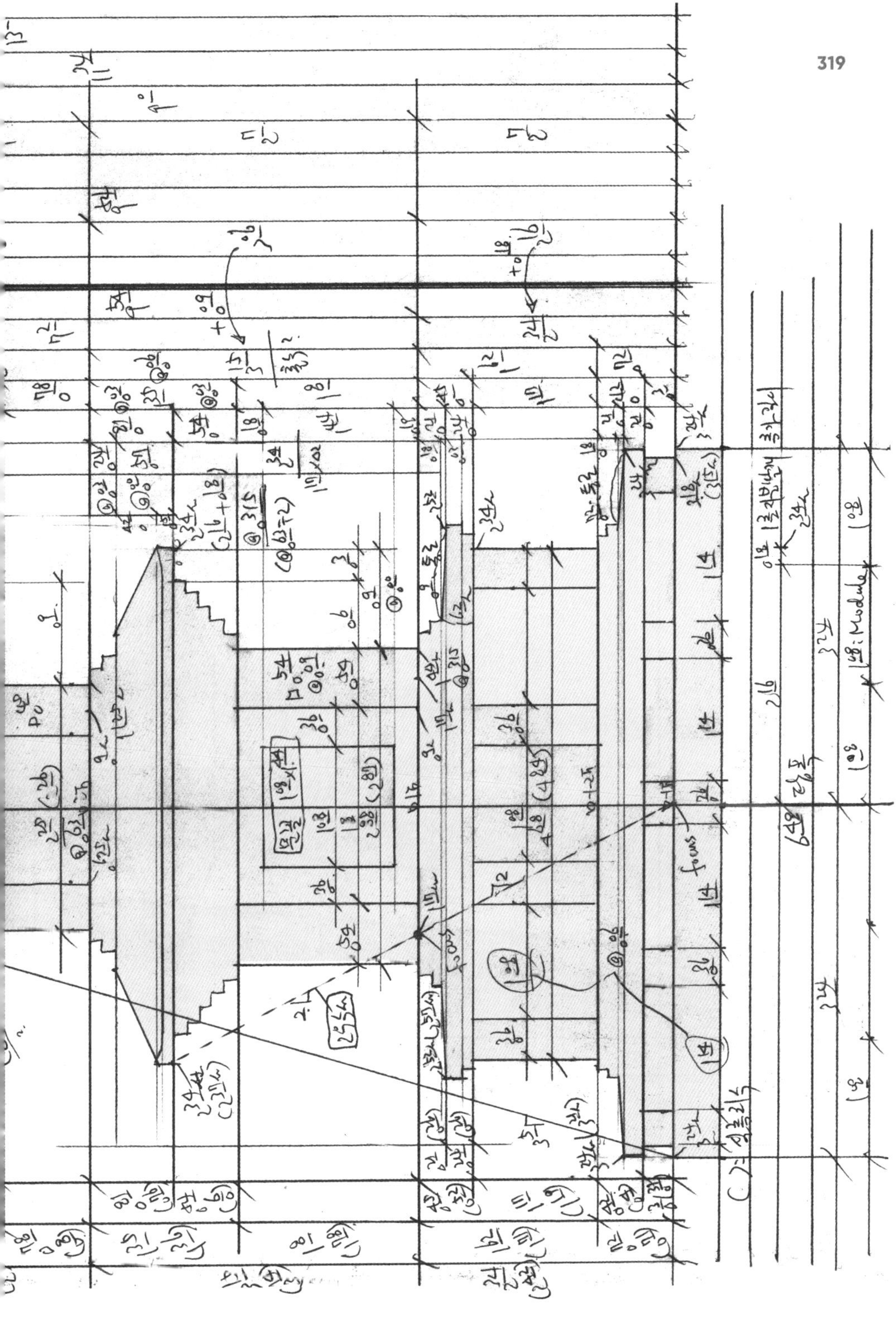

감은사지동3층석탑 - 개념도

기준

01 _ 건물규모 : 6.^{48} x 11.^{34} x1.^{75}

02 _ 탑총높이 : 13.^{5}

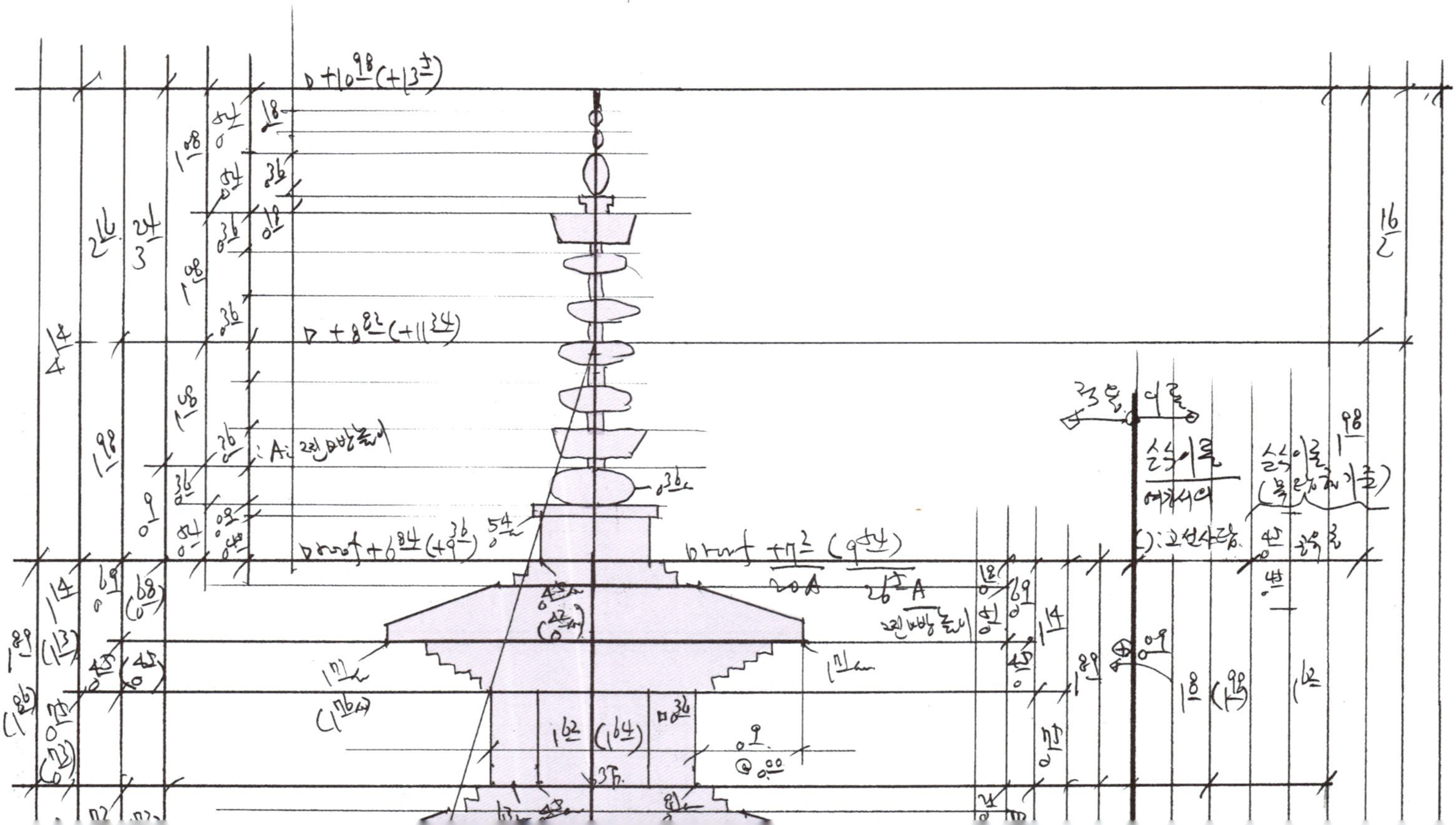

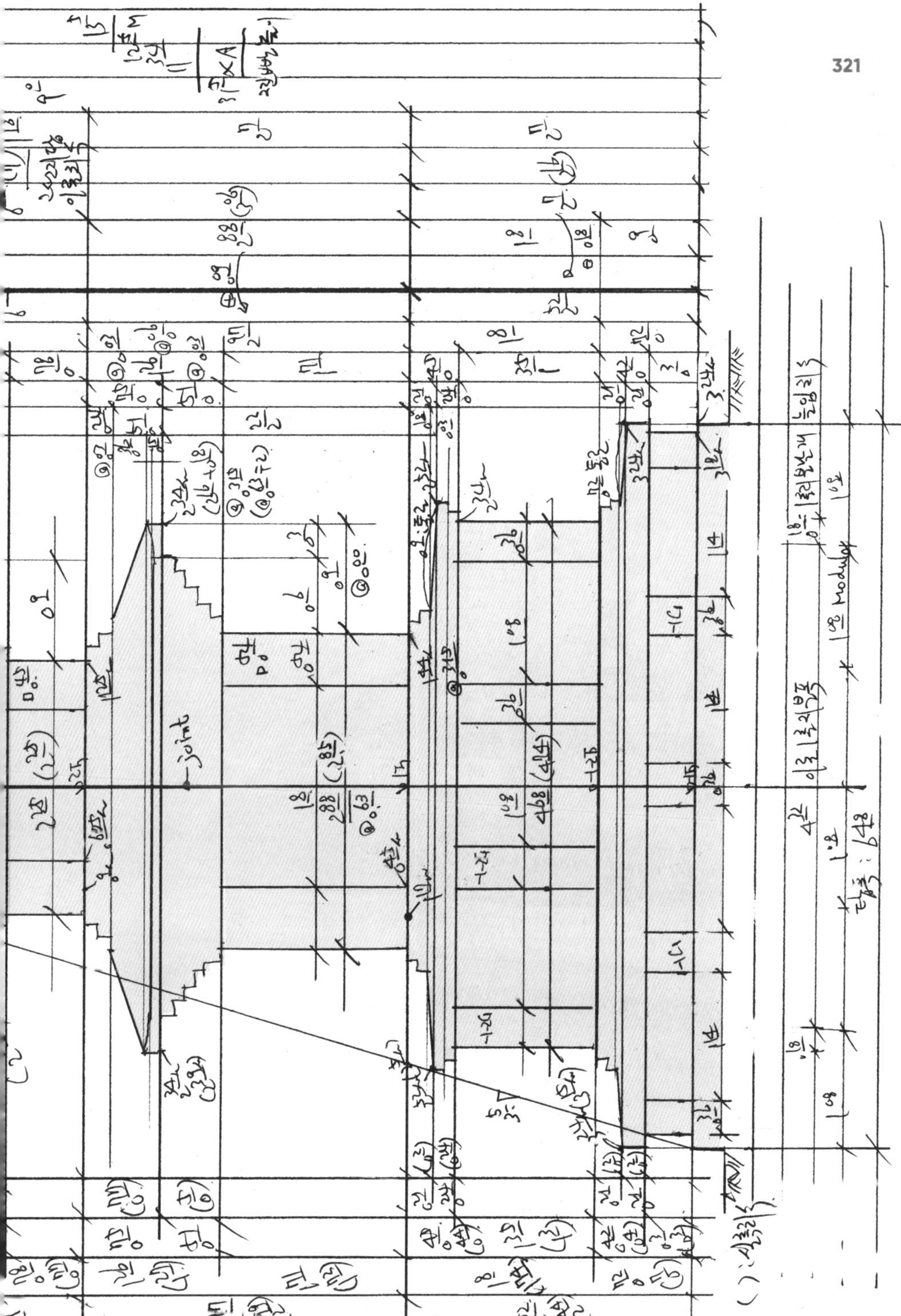

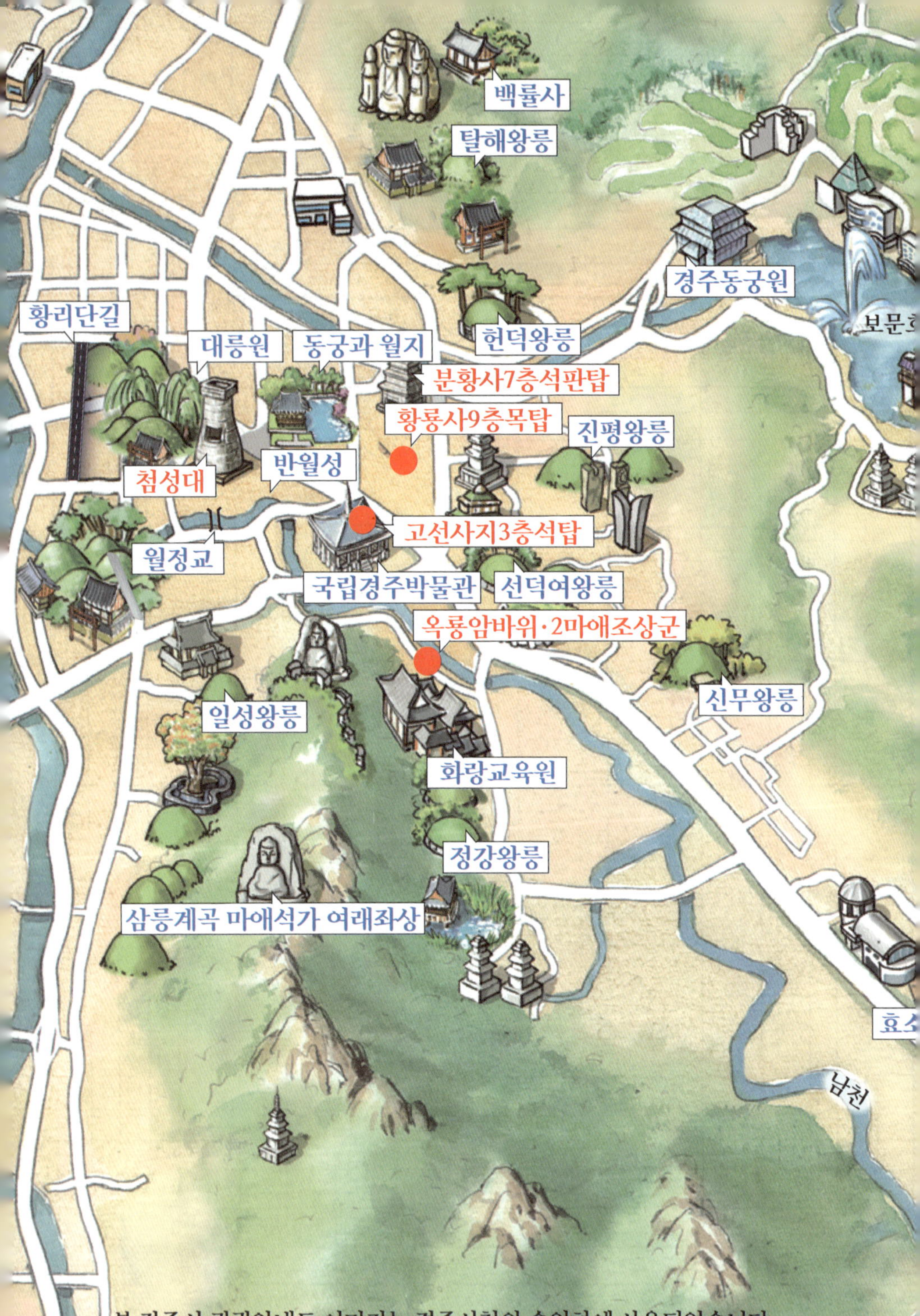

본 경주시 관광안내도 이미지는 경주시청의 승인하에 사용되었습니다.

감은사지 동서석탑
이견대
동해
토함산
대덕산
불국사
석굴암
추억의 달동네
다보1층석탑·석가3층석탑
성덕왕릉
동리목월문학관
영지석불
원성왕릉
감산사지 삼층석탑

皇龍寺

황룡사9층목탑의 높이

2025년 9월 25일 1쇄 발행

지은이 정상현
발행인 김기현
발행처 시공문화사 Spacetime Pub.
편집 / 도면그래픽 : 새담아키스토리
jade-comm@hanmail.net

등록 1993년 3월 12일
주소 서울시 서대문구 독립문공원길 13 극동프라자 5층

전화 02) 3147-1212
팩스 02) 3147-2626

http//www.spacetime.co.kr
spacetime@korea.com

ISBN 978-89-5592-497-8
정가 18,000원